《李吉均手稿》编委会

《李吉均手稿》整理人员

彭廷江　　冰川学讲稿
张　军　　论文集
张建明　　野外考察笔记
李　丁　贾福平　　人文艺术

选题创意

沈正虎　石兆俊　李　育　韩艳梅

责任编辑

雷鸿昌　张国梁　王曦莹

李吉均

(1933—2020)

Li Jijun

李吉均，兰州大学资源环境学院教授、博士生导师，著名自然地理与地貌学家，中国科学院院士。主要从事冰川学、自然地理学、地貌学与第四纪地质学和干旱区人地关系的教学科研工作。在具有西部特色的青藏高原冰川、黄河起源与地貌演化、第四纪黄土、高原隆升及其对我国自然环境形成等方面提出许多有国际影响的理论。作为我国青藏高原隆升研究的代表学者，提出高原新生代以来经历两次夷平、三次上升的观点，最近的强烈上升始于360万年左右，经青藏运动A、B、C三幕、昆黄运动和共和运动达到现代高度；提出"季风三角"概念，生动刻画了中国东部第四纪环境演变的空间模式；对我国现代冰川和第四纪古冰川进行了系统研究，特别对季风海洋性冰川有新见解，主编《西藏冰川》和《横断山冰川》。关心国家建设，为西部开发和生态环境建设建言献策，提出建设纵贯青藏高原的西部大十字等重要观点。

李吉均先生从事地理学教育工作64年，对我国地理学教育与学科建设发展贡献巨大，为国家培养了一大批地学人才；指导了100多名硕士和博士研究生，许多人已成为我国地理学领域研究的学术带头人（其中4人已当选中国科学院院士，2人当选发展中国家科学院院士）；师生三代勇闯"地球三极"的事迹已成为学术佳话，激励莘莘学子继续从事地理学习和研究。

兰州大学"双一流"建设引导专项文化传承与创新资助项目

李吉均学术成长资料采集工程项目资助(项目编号:CJGC2019-K-Z-GS01)

序

Preface

李吉均先生是我国著名地理学家、地貌学家、教育家和社会活动家。他是中国科学院院士、国务院学位委员会首批博士生导师、兰州大学资源环境学院教授，是兰州大学地理学科的主要开拓者之一。他还是第八届全国人民代表大会代表、甘肃省第七届人民代表大会常务委员会委员。

李吉均先生1933年10月出生于四川彭县一个书香门第，家族子弟多以教师为业。他自幼聪慧，五岁即开始在母亲的教诲下识字、算数，背诵古文诗词经典，幼年的启蒙教育为他日后学术研究奠定了良好的文理功底。中学时代积极参加各种社团活动，曾担任学生会主席，并赴重庆参加“西南区第一届学生代表大会”。1952年，先生以优异的成绩从彭县中学毕业，之后考入四川大学地理系。一年后，由于全国高等院校进行专业调整，转入群星荟萃、名师满门、师资雄厚的南京大学地理系学习。在南京大学，先生徜徉于地理世界的知识海洋，如饥似渴地吸吮知识，并得到任美锷先生、杨怀仁先生等名师的指点。1956年，他以优异的成绩毕业，被推荐到兰州大学地理系攻读地貌学，成为著名地理学家王德基先生的研究生。

李吉均先生自1958年开始在兰州大学地理系执教，1962—1963年在北京大学地理系地貌专业进修，1984—1985年在美国华盛顿大学第四纪研究中心访问研修，1991年当选为中国科学院院士。他曾任兰州大学地理科学系主任、兰州资源环境科学研究中心首席科学家、甘肃省地理学会理事长、国务院学位委员会地理学科评议组召集人、中国地理学会地貌第四纪专业委员会主任、中国地理学会副理事长、教育部地理教学指导委员会副主任；曾担任国家自然科学基金委员会第三、第四、第五和第七届地理学科专家评审组成员，在80岁高龄时仍亲自带领年轻教师和学生在陇中盆地开展新生代沉积和地貌演化野外考察，为我们在治学和研究上做出了榜样。

李吉均先生是中国青藏高原隆升研究的代表学者，以“读万卷书穷通世理，行万里路明德亲民”为座右铭，一生奔走于名山大川、高原盆地，凭借深厚的人文思想和大量的野外实地考察，形成了许多重要学术建树。主编《西藏冰川》《横断山冰川》等10余部著作，发表论文350余篇。他创立并发展了关于青藏高原隆升的系统理论，提出了“青藏运动”“昆黄运动”等科学概念，对河流阶地发育、黄河和长江形成演化、黄土沉积与地文期等均有深入研究；提出了“季风三角”概念，生动刻画了中国东部第四纪环境演变的空间模式；对我国现代冰川和第四纪古冰川进行了系统研究，特别对季风海洋性冰川有新见解，划定了中国大陆性冰川与海洋性冰川的界线；首次指出了庐山存在大量湿热地貌遗迹和部分寒冻与泥石流地貌系统，替代冰川成因解释；提出了建设纵贯青藏高原的西部大十字铁路和西部水资源科学利用等重要观点。曾获得中国科学院首届竺可桢野外工作奖、全国高等学校先进科技工作者、第一批冰川冻土野外工作奖、第二届中国地理科学杰出成就奖、甘肃省劳动模范、百年兰大·特殊贡献奖、坚守·奋斗杰出贡献奖等称号；获评国家自然科学一等奖1项、二等奖3项，中国科学院基础研究奖特等奖、二等奖，教育部科学技术进步奖一等奖、二等奖等。

李吉均先生深知地理学与地质学的紧密联系，将二者融会贯通，以求真理为己任。野外实地考察是科学研究的重要基础，第一手的野外资料为他在地理学领域的研究奠定了坚实基础，而他对知识的渴求和宽广的知识面使他能够将地理学与大气科学、生物学等学科完美结合，以多学科的视野审视地球的规律与奥秘。谈及先生的研究领域时，冰川学不可或缺。他深入探索青藏高原的冰川，对贡嘎山、海子山、祁连山等展开了综合考察，将自然地理与人文因素相结合，不仅关注冰川的形态和变化，更关注其对人类社会和生态环境的影响。他对藏东南海洋性冰川和甘肃马啣山多年冻土等特殊地理现象的研究，为深入了解地球的冰川和气候变化提供了宝贵的线索。这一点至关重要，或许就是我等后辈从研究冰川到关注气候和气候变化，进而提出和发展冰冻圈科学的“先兆”！此外，他治地理学且具有深厚的地质学、生物学、大气科学、水文学等基础功底，加上广博的哲学、历史、文学、社会学等知识，他的科研获得极大成功，修养得以极大提升，生活也获得极大丰富。但先生还主张“学有专攻”，他告诫我们：做学问不能漫无边际，必须形成自己的专业方向，这样才能在学术上立足。否则，即使先天资质很高的人，也会一事无成。如何把握广博和专攻的程度，拿捏到恰到好处并获得成功，先生为我们做了极为出色的表率。

说到读书，李吉均先生嗜书如命。他的阅读极为广泛，不仅有古今中外的地理、地质学名著，还有莎士比亚的英文原版诗集等，还说过将来退休后要尽情“享受”世界文学大师的名著。他爱书、爱读书、博览群书，但他可不是书斋中的地理学家。他鼓励学生要“志在高山流水”，要读万卷书，还要行万里路，他带领学生爬越青藏高原的冰川险峰，祖国西部黄土高原的梁峁沟壑，支持弟子们奔赴地球三极开展实地科学考察。他野外工作经验丰富，洞察力敏锐，鉴别力卓越，尤其在冰川地貌与沉积、各种成因的沉积相与地层、各种构造形迹及其与地貌的关系等方面有独到之处。他讲述理论知识和野外现象之所以逼真生动，对学生有很强的感染力，使学生能心悦诚服地迅速进入学术领域，很重要的一点是，作为地理工作者，书斋、大自然和社会不可偏废，必须老老实实拜它们为师。

随着地理科学的发展和学术研究的深入，越来越多的学者开始关注和探索中国的地理变迁与环境演化。在这一领域中，先生是一位具有重要影响力的学者，他的研究成果和学术贡献有力地推动了地理学的发展。“李吉均手稿”系列汇集了他多年来的学术思考和实地研究成果，为深入了解中国地理环境的演变提供了珍贵的资料和启示。“手稿”所呈现的内容涉及先生在多个领域的研究成果，包括高山冻土、大陆性冰川与海洋性冰川、青藏高原现代冰川与第四纪冰川，青藏高原隆起的时代、幅度和形式，冰川地貌与冰川沉积相、中国东部第四纪冰川与环境研究、季风三角、黄河阶地和黄河起源、黄土沉积与地文期、青藏运动、陇中盆地新生代沉积与环境研究以及西部开发研究，等等。在“手稿”里，他对传统地貌学理论都有文字记载和个人见解，足见先生对地学基本理论的重视。对基本理论重视的另一个例子是，单就彭克地貌理论和戴维斯地貌旋回而言，在我做研究生时的入学考试、复试和第一学期期末考试中就考了三次，角度不同，反复锤炼，他加强学生基础理论学习的良苦用心，可见一斑！当然，“手稿”内外，这一系列研究成果无不凝聚了先生多年来的心血和智慧，展现了他对地理科学的深刻理解和对知识的灵活运用。在这些领域中，先生的贡献不仅体现在他对理论的构建和科学概念的提出上，更重要的是，他通过大量的实地考察和研究，揭示了中国地理环境的变迁与演化的复杂过程，这不仅丰富了地理学的学术体系，也为深入认识中国的地理特征和自然环境提供了有力支撑。无论是对黄河、长江的起源，还是对青藏高原隆升及其对中国环境的影响，先生都以其深入的思考、精确的研究和创造性贡献为学术界树立了榜样。

李吉均先生对学术的兴趣与追求永不停息。在他晚年，由于健康原因行动不便，不能再上青藏高原等高海拔地区，于是他将工作重点转移到高原东部边缘地带。他不顾病痛，跋涉于祁连山东端、甘肃马啣山、陇中盆地，研究与青藏高原隆升密切关联的夷平面分布、河湟阶地发育与地文期演变、新近系红土地层与环境、第四纪黄土等重大科学问题。同时，他持续关心中国东部第四纪冰川问题争论，不断有高水平论文发表。先生曾说，“我对这片土地爱得深沉”，这绝不是随口虚言！

作为著名教授和地理学教育家，李吉均先生很重视学生综合素质的培养。他特别强调人格塑造，“欲做学问，必先做人”是他的一贯主张。为学者，不仅要“笃学慎思，求真务实”，更要品行端正，具有家国情怀。在他70岁生日座谈会上，他曾向学生推荐毛泽东主席以及历史先贤的几篇精品文章，希望大家能够弘扬中国人赤诚、敬亲、浩然正气和怀祖忧国的优良传统。先生自1956年就坚守、奋斗在高等教育战线，一个甲子多的时间为中国和世界培养了大批的地理学人才。难以计数的本科生受到他的启迪与熏陶，培养的硕士、博士研究生达到120多人，在我国地理学科学研究、教学、学科建设以及组织领导等方面发挥了重要作用。由于注重德才兼备、忧国忧民、科学研究与高水平人才的有机结合，他带出来的学生中，有中国科学院院士，长江学者、国家杰出青年科学基金获得者，中国科学院“百人计划”入选者以及国家级教学名师，等等。他们在先生的指导下，在地理学领域取得了突出的成就，为中国地理学的发展做出了卓越贡献。这种学术传统和人才培养模式，使得先生的影响力得以延续和扩大，形成了一种学术传承的良好氛围，也是他作为教育家的独有特点。他带领团队立足西部，推动改革创新，建设一流的国家理科地理学基地。兰州大学是李吉均先生辛勤耕耘的摇篮，也是他教书育人的舞台。在他的领导下，兰州大学地理科学崛起为中国高校知名学科之一，自然地理学更曾荣获国家重点学科的第一名，兰大人也在地理学领域取得了举世瞩目的成就，他们献身地理学教育事业的奋斗与追求，是先生持久追求理想和科学真理精神的硕果，得到国内外地理学界尤其是后辈学者的广泛尊敬与仰慕。我作为先生的学生，又是第一代开门研究生，从1978年开始接受先生的系统指导，“劳筋骨”“苦心志”，耳濡目染、心领神会，感触良多。毕业走上工作岗位后，与先生在学术、感情和心灵上的联系和沟通从未间断，且越来越浓烈深厚，深感成为他的学生十分荣幸与自豪！

李吉均先生十分关心国家发展和经济社会建设。作为人民代表，他利用各种机会，以雄辩的语言，抓住机会为甘肃的改革发展、脱贫致富和“西部大开发”鼓与呼。他特别强调干部的素质和领导的眼光，可以说是直话直说，说到了实处。他结合地理科学发展和社会需要，在地理系专招人文地理专业的博士研究生，目的是方便学以致用，服务西部发展。他很早提出过铁路建设的“西部大十字计划”，随着青藏铁路通车得以部分实现。在西部发展中，他还有许多构想。他强烈的人文关怀，不仅对学生有很强的感染力，对广大群众、社会和决策层也同样有很大影响。

“李吉均手稿”系列是李吉均先生探索地理科学阶段性的思想凝结，是他智慧和经验的真实写照，也是地理科学的重要参考文献。读这些“手稿”，可以感受和体会到他对地理学的挚爱、对人才培养的独特以及为学术事业无私奉献的科学家精神。“手稿”的出版，对于传承和发扬先生的学术精神、推动地理学教学和科研的改进和发展，具有重要意义。作为历史见证，系列手稿的出版，也为广大读者提供了一扇窥探中国地理环境变迁的窗口。

走进李吉均先生的学术殿堂，其所映射的思想火花与科学光辉，会激发我们努力探索地理科学奥秘的兴趣，增强我们推动中国地理学繁荣和进步的信心。翻阅先生手稿，如沐春风，如饮甘露，百感交集，无限怀念，仿佛回到了当年激情四射的时代，感慨不已，对先生的辛勤耕耘和诸多贡献，表示由衷的敬意！希望“李吉均手稿”系列广泛传播，为中国地理科学的发展贡献力量！

最后，让我们秉承李吉均先生的学术精神，为繁荣和发展地理科学，为实现人类可持续发展而砥砺奋斗、永不懈怠！

学生　秦大河

2023年秋于北京

目录

Contents

上册

*本篇收录作者前后两篇手稿,前者为草稿,后者为定稿;前者页码(20)置于前,后者页码(67)置于后。下同。

上 篇
高原隆升与环境演变

青藏高原隆升

古地理环境

夷平面

晚新生代

上新世

第三纪

地貌演化

环境演变

冰期与间冰期

大陆性冰川

海洋性冰川

亚洲季风

Geomorphological development

Quaternary glaciation

黄土记录

季风三角

青藏运动

昆黄运动

共和运动

亚洲干极

兰州大学

青藏高原隆起的过程

（中国科学院青藏高原综合科学考察队）

李吉均 李炳元 王富葆 張青松
文世宣 郑本兴

青藏高原隆起是新生代亚洲大陆发生的伟大的地质事件，许多学者曾从不同的角度研究过这一问题。E.那琳（1935）曾认为高原的隆起幅度从中生代末算起至少已达六千米，而主要的隆升发生于新生代的最近时期。B.M.西尼村（1962）十分重视青藏高原的隆起对亚洲中部气候变干的影响，他认为上新世末青藏高原已达到3,000－3500米的高度。施雅风和刘东生（1964）根据在希夏邦马峰北坡上新世地层中发现的高山栎等植物化石，推算喜马拉雅山自上新世以来

20×15＝300　　第 1 页

青藏高原隆起的过程

兰 州 大 学

已上升了三千米。本文主要根据中国科学院青藏高原综合科学考察队近年来所取得的新资料，试图对青藏高原隆起的过程进行探讨。不妥之处希同行们批评指正。

青藏高原上有一系列大致平行的东西走向的山脉，它们的造山运动的年代由北向南依次变新，反映亚洲大陆向南增生和特提斯海逐步封闭的过程。至白垩纪晚期，青藏地区除冈底斯山以南及喀喇昆仑山还有海相地层沉积外，广大地面均为陆地。那琳等早曾发现，在羌塘高原的西部，塞诺曼海侵之前地面曾经历过长期的风化夷平作用，有一个广泛分布的夷平面被复盖在晚白垩世地层之下。但是，他似乎认为这个

20×15=300　　第 2 页

兰州大学

被埋藏的夷平面是现代羌塘高原的基础，显然这是不要忽的。上复的晚白垩世以海相灰岩为主的地层名铁隆滩群，总厚度540—1967米，但后期的构造运动也发生很大的变动。羌塘高原的许多丘陵低山多由此岩层组成。因此，青藏高原不可能有早于老第三纪的夷平面存在。老第三纪的海相地层在青藏高原上范围狭小，在藏南的定日、岗巴和仲巴等地是些残余的古海湾，沉积著名的货币虫灰岩，时代属始新世中期。昆仑山此时已升起成剥蚀区域，故由中亚东伸的古海湾仅沿昆仑山西段北麓展布。始新世以后青藏地区完全脱离海侵，这和欧亚板块与印度板块的直接碰撞有关。这次碰撞的直接结果是形成一条地球上表现得最清晰的地缝合线，即雅鲁藏布江—印度河缝合线，东西延伸达

20×15=300　　第5页

青藏高原隆起的过程

兰州大学

千余公里，原先的陆间洋壳物质被挤压上升，沿大断裂侵入到海沟沉积中去形成规模巨大的蛇绿岩带。莫尔纳等最近(1975)[ ]的研究说明，始新世印度板块与欧亚大陆相撞后北向漂移的速度锐减一半。那么这巨大的压力是否立刻造成了青藏高原的隆起？现有的证据~~显然不是太~~

而下

兰州大学

似乎也能说明当时的冈底斯山确实已经隆起，沿着山地南坡地缝合线所在的凹陷地带有反映山地上升的磨拉式沉积，如雅鲁藏布江中游一带的"罗布莎群"，南木林芒乡一带巨厚的砾岩等。但是，整个高原看来并未强烈隆起。众所周知，印度的穆里群沉积物不是来自喜马拉雅山而是来自南方的印度地盾含铁的普那纳群[ ]，可见当时北方还不存在喜马拉雅山。而昆仑山北麓同期乌恰群也主要是由粉砂岩和泥岩组成，反映昆仑山与塔里木盆地之间地势差异不大。可以设想，大陆碰撞之后一方面是印度板块插到欧亚板块之下并引起冈底斯山的上升消耗了部份能量，另一方面二板块内部因脆性破裂发生深部岩浆岩等的广泛喷发和溢出也是消耗的主要方式。结合高原和冈底斯山广泛分布的早第三纪

20×15=300　　第 4 页

青藏高原隆起的过程

兰 州 大 学

玄武岩和其他火山岩类说明了这一点。

另外，始新世南北大陆直接碰撞后青藏高原不曾立刻强烈上升（冈底斯山除外）还可以从古地理环境的研究中找到有力的证据。首先谈谈迄今所知的青藏高原第三纪地层的化石证据。据徐仁研究，阿里地区属于下第三系的门士组含有棕榈、榕树和杨梅等大植物化石，其位置正在冈底斯山南麓的大板块接合的边沿[ ]；伦坡拉盆地牛堡组（渐新世）孢粉组合以水杉和落羽杉占优势，它处于高原腹地部位[ ]；在高原北麓的塔里木盆地的下第三系沉积中也常见桃金娘、罗汉松等热带和亚热带植物；东北部的柴达木盆地和河西走廊渐新世地层（下干柴沟组和火烧沟组）中不仅有木兰、银杏、榕、水龙骨科，甚至还有典型的热带份子山龙眼科出现[ ]。由此

20×15=300 第 5 页

兰 州 大 学

可见在始新世大陆碰撞后，高原南北仍盛行着热带和亚热带气候，地势低平是显而易见的。青藏地区老第三纪的脊椎动物化石发现不多，张毅卿等曾报导过在柴达木盆地德令哈附近发现有属于渐新世或中新世早期的犀牛牙齿化石（ ）。这是很珍贵的信息，使我们记起葛利普早在半个世纪以前曾经写过的关于巨犀的一段话。他说"体型如此巨大的动物（指巨犀——校作者注）在亚洲分布这样广泛（当时已在巴基斯坦的俾路支、蒙古和中亚发现这种动物的化石——本文作者注）显然表示当它们生存的时候各个产地之间不存在地形阻碍。而在喜马拉雅山和其他山地升起之后，这种动物是无法作长距离迁徙的，因为高山会成为这种巨型动物不可克服的障碍"（ ）。其实，这一段闪耀着理性的光辉的文字还可从另一角度来表述。

20×15=300　　第 6 页

青藏高原隆起的过程

兰州大学

正是欧亚板块和印度板块的互撞为南北动物群的交换提供了可能性，而这种可能性的实现的条件则是青藏高原在大陆碰撞之后並未立即强烈隆升，老第三纪夷平面发育的过程並没有被打断，青藏高原下第三系地层几乎都清楚地显示出从下到上由粗变细的正旋回韵律，反映广大地区经历了一个长期的夷平过程。渐新世是夷平面发育到十分成熟的时期，故区系动物群能往来迁徙於广漠的亚洲大陆之上。

20×15=300　　第 7 页

兰州大学

。当地的地面景观在唐古拉山之南是热带和亚热带森林，在此之北为稀树草原甚至半荒漠或荒漠，地层中有石膏等蒸发岩出现。应当指出，青藏地区在老第三纪经历长期的夷平作用并不是孤立的事件，当时整个世界都是一个夷平作用盛行的时期，以致处于地中海山带的青藏地区也不例外。L.C.金氏最近的研究（1976）[ ]把这一夷平时期叫"莫尔兰夷平时期"，指出这是目前世界上分布最广的山顶夷平面形成的时期。在非洲形成"非洲夷平面"，在澳洲为"大澳大利亚侵蚀循环"，在北美洲为著名的"斯库里准平原"，我们拟把青藏高原这一级最高的夷平面叫做"青藏夷平面"。这级夷平面是青藏高原以后地貌发育的起点，目前均以最高级夷平面的形式出现在许多山地的顶部，往往成为平顶冰川发

20×15=300　　第 8 页

青藏高原隆起的过程

兰州大学

齐的地形基础（照片　）。这级夷平面在青藏高原的西北角喀喇昆仑山与昆仑山之间有大面积的保存，海拔高度在6000米左右，那琳在「西藏西部地质考察」（Geological Explorations in Western Tibet, 1946）一书中载有几帧关于这级夷平面的很好的照片（　）。在唐古拉山的西段和祖尔肯乌拉山一带，这一级夷平面上覆盖有百米左右的中基性火山岩，主要为层状的玄武安山岩。这一火山熔岩向西伸延广泛出露于藏北高原，常形成桌状山，推想当它未被后期剥蚀时曾为面积广阔的岩被。它不整合地覆盖在下第三系风火山群之上，顶部与上伏的新第三纪碎屑岩组亦为不整合接触。后者时代可与唐古拉山南坡含三趾马动物群化石的布龙组相对比，故可知火山熔岩的形成时代不晚于中新世，而下伏的夷平面即

20×15=300　　第 9 页

兰州大学

可据此断定其时代应为老第三纪。

老第三纪的夷平面在青藏高原上分布十分广泛，东至川西的沙鲁里山、北至祁连山都有保存。其高度降至5000米上下，但由于雪线不高，仍有平顶冰川发育。如祁连山西南吐尔根大坂山的依克夏哈尔郭勒平顶冰川就是依托这一级夷平面发育出来的，面积达55.6平方公里，夷平面海拔4900米左右（照片　）。

以上的古地理环境的分析似乎说明，在始新世印度板块和欧亚板块相接之后有过一段地壳相对宁静的时期（这时消减带的俯动减弱以至停止），广阔的夷平面得以发育起来。但是，这种宁静至中新世中期被剧烈的造山运动所打断，横向北推进的印度板块因前

20×15＝300　　第 18 页

青藏高原隆起的过程

兰 州 大 学

沿着推覆带表现为两种方式的运动，它的基底继续向欧亚板块底部下插，而其盖层则被刮削向南形成叠瓦式的推覆体，沿着低角度的冲断层（断层面北倾）有同位素年代为10—20百万年的电气石花岗岩侵入。这些推覆体的向南突起的头部为形成最初的喜马拉雅山。而在山脉的南坡开始了著名的西瓦利克群的沉积，它沿着喜马拉雅山的南麓连续伸延二千余公里，与穆里组不同，其物质来源仰给于喜马拉雅山。在青藏高原内部，这次运动表现为广泛的断裂活动，藏北高原有碱性火山岩沿裂隙喷发和溢出，随后在断陷盆地中堆积起新第三纪的沉积，在青海为查马俗群，在西藏为丁青组，布龙组及外马组、野博康加勒砾岩等。除了靠近山脉轴部的沉积主要表现为砾岩（细）外，如希夏邦马峰北坡的野博康加勒砾岩和唐古拉山口之西的曲果组砾岩之外，青藏高原大部份地方新第三纪的沉积颗

20×15=300　　第 11 页

兰州大学

都很细，主要是泥岩和粉砂岩，属湖相或河流相。即使在喜马拉雅山南麓，属于中和上新世的下西瓦利克和上西瓦利克也以泥岩和泥质砂岩为主；同样，在高原北麓河西走廊的疏勒河盆地也是如此，缺乏反映山地强烈上升的典型磨拉斯式沉积（如扇砾岩和山麓砾岩）。这种情况说明中新世中期喜马拉雅运动第二幕虽然在构造上是强烈的，但并没有促成高原的强烈抬升。相反地，经过中新世晚期和上新世的长期剥蚀与夷平，地面再度趋近于夷平状态，而前述的以湖相为主的上新世沉积乃是其相关沉积。这级夷平面在青藏高原上目前分布最广，即一般所谓的高原面。在藏北昆仑山南坡，它的高度可达5,000米至5200米，向南至班公湖—怒江断裂谷降为4700—4800米，更南至冈底斯山又升到5,000

20×15=300　　第 12 页

青藏高原隆起的过程

兰州大学

的高度，向东到川西高原它保持在4600—4700米左右，至折多山一带降到4200米，并以断层大陡坡的方式降入云贵高原和川西边山地，高度达到三千米以下，如丽江一带为3000—3500米，大理洱海之东为2400米。这一级新第三纪夷平面与老第三纪夷平面的高差在高原内部一般为500—800米，在山区常以大宽谷的形式伸入被分割的老第三纪夷平面，愈近山脉中部而相对高差愈小，如在念青唐古拉山垭口两级夷平面相差只200—300米。这是符合夷平面发育的规律的，较新的夷平面夷平程度不够高，河流还维持相当的坡降。早年巴尔博曾注意到在丝钦附近有这两级夷平面的遗迹，事实上在澜沧江河谷许多段落都能清晰地看出这种关系，图 和图 表明了这种情况。

20×15=300　　　　第13页

兰州大学

在大多数情况下，由于目前被抬升很高，这级新第三纪的夷平面已经过相当大的改造，或被河湖分割或在冰缘环境下改造，而在干旱的西部和北部山足面还在继续发育。但是，夷平面上的遗留地形和沉积物中的化石可帮助我们恢复当年的古地理环境并借以推测其高度。近年青藏考察在许多地方发现，凡有可溶岩分布的地方，峰林、石林、溶洞等古岩溶现象是很普遍的（照片 ）。夷平面上的红土风化壳有时可达2米以上，显然是在地势低下气候炎热的条件下形成的。青藏高原已经发现的三趾马动物群与印度、华北、西北以至中亚都有十分相似的面貌，说明上新世青藏高原上有着与亚洲其它产三趾马的地区相似的生态环境。布龙盆地三趾马属森林型，与西瓦利克群的Chinji组相类似，时代稍早于吉隆盆地的

20×15=300　　第 14 页

青藏高原隆起的过程

兰州大学

三趾马。而后者属森林—草原型，显示前后期气候和景观有所变化，草原在扩大。但都没有脱离热带和亚热带的范畴。但是，在恢复古地理环境时我们在植物化石上发现了与其他环境证据相矛盾的情况。动物化石和古土壤、风化壳是热带或至少是亚热带的，但植物化石却含不少温带成份；更而当人们把上新世的植物化石所代表的垂直植被带与现代喜马拉雅山南坡相合的植被带作对比时发现据此推算的上新世青藏高原的地面高度竟高达2000—3000米，这和夷平面的发育、古土壤、风化壳显然是矛盾的。在不同的学科工作者之间因此产生了不同的观点。一种认为青藏高原上新世末已经很高了，达到2000—3000米，这和西方学者早年的意见是符合的。另一种意见认为当时高度不超过1000米，青藏高原是一个低的高原，强烈隆升是第四纪以来的事。本文作者

20×15=300 第15页

兰州大学

倾向于后一种意见。我们认为上新世植物化石中较多的温带成份可用当时存在着较高的地形来解释，正如在著名的伦敦粘土（始新世）中温带成份虽高达11.5%，仍不足以否定其热带面貌的基本特征一样。考虑到前述二夷平面相差可达千米，高夷平面上还有蚀余残山，而低夷平面因均夷程度不够亦当有较大的高度（特别是在山地和盆地内部），所以，上新世青藏高原某些山地超过2000米是完全可能的。这完全足以允许在山地上部形成温带森林。至于把上新世相同植被换成现代植被带的高度来计算显然是对"以今论古"原则的一种滥用。这种完全没有考虑到隆升前和隆升后的高原有着很不相同的气候。近年青藏高原气象学研究的一大成就是发现青藏高原是一个强大的热源，它比同纬度的其他地方气温要高得多，而大陆性气候本身也使植被带被相应地抬高许多。以暗针叶林的上限来

20×15=300　　第 15 页

青藏高原隆起的过程

兰州大学

说，青藏高原要比同纬度地区高出1000—1400米。以热带季雨林上限来说，在墨脱竟可上升到1200米的高度，单就水平距离即比东部北移了5个纬距，实际上等于上升了近2000米的高度。因此是不能用青藏高原现代植被的高度来作标准计算青藏高原上新世时的地面高度的。我们综合推算的结果，认为青藏高原上新世时一般高度为1000米左右，只有耸峙在夷平面上的山地有较高的高度能有植被的垂直分带而出现温带森林。

20×15=300　　　　第17页

中国科学院地理研究所 本文第 页

青藏高原隆起的时代、幅度和形式的探討

Studies on the history, altitude and charecteristics concering the upheaval of Tibetan plateau in late Cenozoic era

(讨论稿)

一九七七年十二月

兰州大学印.

30×25=750 本期第 页

青藏高原隆起的时代、幅度和形式的探讨

中国科学院地理研究所　　　　本文第　　页

青藏高原隆起的时代、幅度和形式的探讨

摘要

本文根据新的资料（地层、古生物、地貌、冰川等）探讨了青藏高原在新生代晚期强烈上升的时代、幅度和形式等问题。印度板块在北向漂移中在始新世与欧亚大陆相撞，青藏地区因此结束海侵而全部露出海面。第三纪中青藏地区曾经两度被夷平或接近夷平状态。上新世末的青藏地区除喜马拉雅山等较高的山脉外，大部份地区为平缓的低平原，其间广布着淡水湖盆。上新世时期大部份时候气候温暖，生长着热带和亚热带森林及森林草原；灰岩地区发育有峰林等喀斯特地形；平原上奔驰着三趾马动物群。上新世末开始的喜山运动第四期青藏高原表现为大面积大幅度的断块式抬升，隆起中有明显的阶段性和后期速度加快的现象。高原隆起诱发[illegible]的季风环流，晚更新世喜马拉雅山脉因隆起过高而成为印度洋季风的障碍，高原内变干变冷，永久冻土发育而冰川规模相对变小。整个高原平均累计上升4000米左右。上升中有南高北低、西高东低及东南最低的明显差异。珠穆朗玛峰自末次冰期以来上升了1200米。

30×25=750　　　　本期第　　页

青藏高原隆起的时代、幅度和形式的探讨*

（同一题名讨论会的总结）

一、前言

青藏高原的隆起是晚新生代以来亚洲大陆发生的最伟大的地质事件之一。隆起的高原对周围广大地区产生的影响极其深刻。东亚的大气环流以及北半球的环流形势、高原及邻近地区的生物、土壤、地质、地貌等无一不因高原的隆升而发生变化。因此，要了解我国及相邻地区自然环境的现状和演变历史，不可不对青藏高原隆起的问题作一番研究。

一九六四年，我国科学工作者首先在希夏邦马峰北坡上新世地层中发现高山栎等植物化石，据此推论出上新世以来希夏邦马峰北坡已上升了三千米[1]。随后，在1966—1968年珠穆朗玛峰地区的科学考察中，又在帕里、加布拉、泊古湖及亚里等地第四纪地层中发现了植物化石和孢粉化石[2,3]，为研究第四纪时期喜马拉雅山的上升提供了依据。我国科学工作者在利用古植物资料推论喜马拉雅山的上升幅度时，还考虑到第三纪以来和第四纪冰期和间冰期中气候变化对植物分布高度的影响，并力求把这种影响排除在外，以便得出山地的纯上升量。这种研究工作获得了不少很有意义的成果[4,5]。

七十年代以后，参加青藏高原科学研究的我国科学工作者人数激增，高原科研呈现一派欣欣向荣的可喜景象。其中尤以中国科学院组织的青藏高原综合科学考察队，无论就研究领域的广度和参加考察的

* 本文为同一题名讨论会的综合成果，各有关部份分别由文世宣（南京古生物研究所）、张青松（北京地理所）、王富葆（南京大学）、郑本兴（兰州冰川冻土沙漠研究所）和李吉均（兰州大学）起草，最后由李吉均执笔写成，施雅风同志对文章写作进行了指导。

青藏高原隆起的时代、幅度和形式的探讨

中国科学院地理研究所　　　　本文第 2 页

人们来说，都是规模空前的。有鉴于青藏高原隆起是决定其他环境诸因素发展变化的主导因素，一开始就被列为整个科考工作的主要课题。从1973年开始，青藏考察已历时五年，参加工作的许多同志从各门学科的领域出发，收集到大量关于高原隆升的实际资料。为了及时交流成果和进一步推动关于青藏高原隆起问题的研究，一九七七年十一月二十二日至三十日在青藏队的主持下，召开了关于"青藏高原隆起的时代、幅度和形式"的讨论会。到会的除科考队有关专业的同志外，并邀请部份科研和生产单位的代表参加。通过讨论，对一些基本问题有了进一步的认识，一致同意把主要问题归纳成文，以资交流并征求各方面同志的批评意见。

二、关于青藏高原隆起的时代

号称"世界屋脊"的青藏高原，在强烈隆起之前曾广泛地、反复地遭受海侵，直到始新世中期之后，古特提斯海才全部撤出目前青藏高原所在的地区。始新世中期之后，青藏地区全部成陆，开始了新的地质和地貌发育历史。在这长达四千万年的时期中，该地区曾两度夷平，或者接近夷平状态。只是从上新世晚期开始，青藏高原才逐渐地、有阶段性地、强烈地和加速度地隆升起来，直到今天获得她那样空前出世的世界屋脊的雄姿。

在高原隆起时代问题上，我们……着重……上在探讨

30×25=750　　　　本 期 页

中国科学院地理研究所　　本文第 3 页

新世末高原强烈隆升发生前地面环境状况及其演变由来的研究上。因为，只有这时才是高原强烈隆起的真正的起点。

查看青藏地区的地层记录，各部份结束海侵的历史不同（表一）。

地区			最高海相地层及其时代
喜马拉雅区	喜马拉雅山		遮普热组　始新世中期
	雅鲁藏布江南北	西段	含货币虫灰岩　始新世中期
		东段	日喀则群　晚白垩世
拉萨—狮泉河区		西部	郎山组　晚白垩世早期
		东部	塔克那组　晚白垩世早期
羌塘高原—横断山区	羌塘高原		雁石坪群　中侏罗世—晚侏罗世早期(?)
	横断山脉		察雅组　中侏罗世
喀喇昆仑区			含固着蛤灰岩　晚白垩世
可可西里—昆仑区			含瓣鳃类复理石建造　晚三叠世

表一，青藏地区各部分最后期海相地层及时代

可可西里和昆仑山地区海水退出最早，那里的海相地层最晚是三叠纪晚期。其后，海退逐渐南移，但直到始新世中期，藏南的定日、岗巴、雅鲁藏布江源头的仲巴县，甚至拉萨以东地区仍然有海相地层分布，主要为含货币虫灰岩。不过，这时的地中海范围狭小，有残余海性质。根据徐仁同志的最近研究[6]，印度板块在向北漂移的过程中，到始新世才与欧亚大陆相撞而接合起来。早已发现西藏特提斯沉积中有上古生代冈瓦那大陆的冰碛岩，科考队近年陆续在喜马拉雅山以北不远发现了南大陆所特有的舌羊齿植物化石。而在雅鲁藏布江以北的拉萨附近，白垩纪地层中植物化石即为欧亚大陆习见的种属。这说明欧亚板块与印度板块以雅鲁藏布江大断裂为缝合线在始新世互相碰撞而结合乃是一个可靠的事实。这一碰撞最终结束了青藏地区的海侵历史，海水自东西方向分别退出。

30×25=750　　本期第　页

海侵历史的结束，即成为陆地的开始。由海变成陆，是地壳上升的标志；但进一步隆起成为有相当高度的高原，并不在此之后立即发生。西藏地区老第三纪陆相地层发现地点较多，但发现植物化石与孢粉的仅有两处。冈底斯山南麓有属于始新世早期的门士煤系，中含榕树等热带或南亚热带植物化石。伦坡拉盆地有巨厚的经过后期构造变动的第三纪陆相地层，其中迪欧组与牛堡组被认为属于老第三系。迪欧组含种类繁多的热带亚热带花粉，主要为榛、桃金娘、栎及悬铃木科等，其时代为始新世。牛堡组下部含以水杉、落羽杉、栎为主的孢粉组合，其时气候温暖而潮湿，时代被订为早渐新世。应当指出，高原上所发现的陆相老第三纪地层北部和南部有很大的区别。大致以狮泉河、改则、安多、丁青一线为界，南方即为上述反映气候比较温热，在热带—亚热带环境条件下沉积的含煤建造。在这条界线以北，则全是红色碎屑建造。除少数剖面夹有灰色层外，几乎都是不同鲜暗程度的紫色。可可西里以北的红层里还夹有许多薄层状石膏，数目以百计。显然，它们生成的环境虽然十分温暖，但必然又是十分干燥的。二者之间，作为过渡类型，出现了一些含油页岩的杂色碎屑建造。总的看来，海退后处于低海拔的青藏地区，早第三纪时存在着东西方向较稳定，南北方向变化明显的自然地带现象。北部是亚热带的草原或半荒漠，南部是亚热带森林。

不能认为老第三纪青藏地区地壳是宁静的，发生在晚白垩世（同位素年令为79百万年）和始新世末—渐新世初（同位素年令为34百万年）的两次喜马拉雅运动在青藏地区沿着许多断裂带形成一系列断陷盆地和断裂谷地，正是在这些盆地和谷地中接纳了来自周围侵蚀区的碎屑

30×25=750　　本期第　页

沉积。与此对应，相对隆起的地区则经历着长期的风化剥蚀。以唐古拉山为例，在老第三纪的大部分时间内，它是一个上升和剥蚀的区域。山的两侧沉陷带中接纳了大量沉积，主要即是前述陆相紫红色碎屑岩，厚度达4500米。这套岩层的粒度变化很有规律，即自下而上逐渐变细，反映构造运动逐渐变弱以及相应的地形蚀低变缓的过程。至老第三纪末期，唐古拉山已被剥蚀夷平成一准平原地形，现在以高一级的古夷平面的形态出现在5600—5750米的高度上。在这一级夷平面上还矗立着一些由于岩性坚硬而保留下来的古蚀余山岭，成为现代冰川发育的中心。进入中新世，喜山运动第三期开始，唐古拉山西部有火山活动，溢出的玄武岩和安山岩覆盖在前述夷平面上，成为确定这一级夷平面年代的可靠证据。(同期的酸性侵入岩同位素年代为10—20百万年)

喜山运动第三期十分强烈，在原来已经夷平的地面上又形成许多断陷盆地，老第三纪地层被褶皱、断裂，形成一些新的山地。中新世的气候曾一度变冷，含煤地层沉积区更向南移动，南木林地区含煤的乌龙组下部所含化石种类已不是老第三纪喜欢温热的植物，而是一般温带气候落叶阔叶林常见的树种，如桦、榆、柏及山核桃。伦坡拉盆地中新世的丁青组，同样反映为温带气候下的针阔混交林。中新世的构造运动对喜马拉雅山至关重要，雄伟的喜马拉雅山只是到这时才初具雏形。在山的南坡，从始新世海退之后，在渐新世和中新世早期只有少量的陆相沉积，即穆里组。这一地层由于具有特殊的铁染颜色，它的物质来源区被认为是南边的印度地盾。穆里组之上覆盖着著名的西瓦利克群，它包含大量的脊椎动物化石，其沉积最早时期为中新世中期。西瓦利克群是喜马拉雅山隆升的可靠证据，它的物质来源区唯一地仰给于整个青藏地区。中新世因构造运动而起伏加剧，南边有了初具规模的喜马拉雅山，并因气候向干凉方向

青藏高原隆起的时代、幅度和形式的探讨

发展而开始草原化的过程，苗大陆马的演化生动地反映了这种环境变化。进入上新世，三趾马动物群成为欧亚大陆从太平洋岸直抵大西洋之滨的主要居民，它们的生态习性是研究古代环境的另一个可靠的指标。

上新世由于紧靠第四纪，至今保留着许多遗留的证据可供我们恢复当时的古地理环境。下面我们将从地层、地貌、化石（包括脊椎动物化石和植物化石）四个角度来论证当时的自然环境，特别着重于论证当时青藏地区的海拔高度。

关于遗留地貌

1、夷平面问题　根据近年来在青藏高原各地的野外观察和室内对地形图的解析，可以确认在高原上一般有两级夷平面。高一级夷平面分布在高山之顶，切过地层多数为三叠系、侏罗系及白垩系砂页岩、灰岩和火山岩等，最新的地层是老第三系砂岩、泥岩和砾岩等，上覆地层最早为中新世火山岩。低一级夷平面亦即一般所指的高原面，它在大面积地区内保持着稳定的海拔高程，作微波状起伏，中间分布着宽浅的湖盆宽谷。许多地方发现，这个夷平面逐渐过渡为上新统湖相地层的顶面，显然后者应是夷平面的相关沉积。这个夷平面的形成时期一直延续到上新世末期。它把中新世喜山运动第三期造成的山岳地形全部夷平。因此，目前雄踞世界屋脊的、海拔平均4500—5000米的高原面，在上新世末期曾不过是一片坦荡无垠的低平原。毫无疑问，夷平面上曾经有过（就像现在还有一样）蚀余山，甚至在隆升活跃的地方保持着颇为高峻的山地（如喜马拉雅山），但较之今日的雄伟高原和高山，它们不过是一些侏儒而已。

2. 古岩溶现象（喀斯特）　青藏高原的古岩溶现象早已引起我国科学工作者的注意[8]。最近数年来更在高原各地普遍发现了这种与现代高寒环境极不协调的遗留地形。青藏高原上古岩溶主要表现为石墙、石林、峰林、溶洞等，有些地方还有残留的溶蚀漏斗、干谷及喀斯特泉。峰林皆有大规模的穿洞，特别是在安多北山，灰岩面上还保留着热带岩溶所特有的溶痕。这些岩溶现象可分为三期，分别处于上、中、下三层不同的地貌部位。分布在高原面的岩溶现象虽然最古老，但却最为丰富多采，说明上新世夷平面形成时气候湿热，最有利于岩溶发育。下层喀斯特不过为一些小型的溶洞而已，反映这时高原已强烈隆升，[illegible]，即使间冰期岩溶亦不能很好地发育。在我国华南，峰林仍在发育的地区海拔大多在1,000米以下。如漓江谷地中的峰林、孤丘皆在300—500米间，而作为热带喀斯特的石林，在广西的靖西和云南南部的孟力腊、勐醒一带也都在海拔500—1,000米以下，[illegible]云贵高原的石林和峰林由于海拔达1500—2,000米却已遭到破坏。因此，把上新世发育石林和峰林时期青藏高原当时的海拔高度视为在1,000米以下是可行的。

〔关于地层和化石〕

1. 地层　上新世地层在青藏高原分布很广，除在希夏邦马峰北坡发现野博康加勒群外，近年来在西藏各地十余处均相继发现了同时代的地层。其中有四处找到了三趾马动物群的化石，成为确定上新世地层的可靠根据。[illegible]地点是：吉隆盆地、扎达盆地、比如布龙盆地和聂拉木达涕盆地（原名聂聂雄拉）。据古脊椎与古人类研究所的同志研究，布龙盆地所产三趾马动物群属上新世早期，吉隆盆地属上新世中期。[illegible]青藏高原的上新世地层，绝大部份分布在断陷盆地或断裂谷地中。少数是继承老第三纪的断陷盆地（如伦坡拉盆地），多数是新第三纪断陷盆地，盆地中只有上新世地层（如吉隆沃马盆地、聂拉木达涕盆地等）。除后期侵蚀破坏外，盆地中上新世地层的顶部一般逐渐与周围高原面呈过渡关系。就岩相来说，西藏所见各处上新世地层都是以粘土粉砂岩为主的湖相和河湖相细碎屑沉积。除普兰组和野博康加勒群下部有较厚的砂砾岩外，其他地点均以灰黄色粉砂岩和泥岩为主，其间虽有砂砾层夹层，但厚度很小，粒度较细（属河流相沉积）。水生动物化石主要有淡水湖泊的螺、蚌和介形类，如聂拉木达涕[illegible]统含有：杜氏珠蚌（Unio cf douglasia Grif et pidg）河北珠蚌（Unio tschiliensis sturrany）豆蚬（pisidium sp.）球蚬（Sphaerium sp.）小隐螺（Adelinella ? sp.）萝卜螺（Radix sp.）隆起土形介（Ilyocypris gibba (Romdohr)）疑湖浪介（Limnocythere dobiosa paday）湖浪介（Limnocythere sp.）。在吉隆盆地沃马组中，所含恒河螺（Gangetia ex gr. rissoides odhner）[illegible]值得注意，此为南亚种，过去仅见于广西，是生于湍水的小形螺。以上所述湖相层中夹河流相砂砾层及水生生物为淡水类型并有南亚种分子的情况说明，这些上新世湖泊不同于目前青藏高原习见的内陆湖盆，它们应当是互有联系的。发现于藏南的上新世湖相沉积中，大多还含薄层的褐煤或煤线。此外，对吉隆沃马组所作的岩性分析说明（①剖面内不见辉石之类的不稳定矿物）：在其底部（相当于上新世中期）粘土矿物为高岭土—水云母组合，Fe_2O_3和CaO含量甚低，而含炭量较高，反映气候湿润温热。沃马组上部（上新世晚期），粘土矿物为蒙脱石—水云母组合，Fe_2O_3和CaO的含量较高，而含炭量低。蒙脱石只能在碱性介质中生成，反映当时比较干而热。在阿里地区的札达和普兰盆地，上新世地层顶部砂层中多有脉状石膏，也反映当时气候较干，湖水的含盐量增高的事实。综合上述上新世地层的岩相、岩性等特征来看，当时青藏地区构造运动比较微弱，气候湿润炎热，只是到晚期才变得干燥起来。在这种构造和气候条件下夷平面的发育是比较有利的。(A. Bautig；C.A. Cotton)

2. 三趾马动物群及其生态环境　西藏地区发现三趾马动物群化石的地点虽有四处，但仅有两处有较多的化石。其中属于上新世早期的布龙组包含有：

黑河低冠竹鼠	Brachyrhizomys hehoensis sp. nov.
巨斑鬣狗(西藏变种)	Crocuta gigantea var. thibetense var. nov.
古猫	Metailurus sp.
唐古拉大唇犀	Chilotherium tanggulaensis sp. nov.
西藏三趾马	Hipparion thibetensis sp. nov.
萨摩兽	Samotherium sp.
羚羊	Gazella sp.

属于上新世中期和晚期的吉隆沃马组产化石为：

吉隆三趾马	Hipparion chilongensis sp. nov.
西藏大唇犀	Chilotherium thibetensis sp. nov.
麂鹿	Metacervulas capreolinus
小齿古颈鹿	palaeotragus microden
葛氏羚羊	Gazella gaudryi
鬣狗	Hyaena sp.
吉隆短耳兔	Bellatona chilung

根据古脊椎动物学家研究，布龙组三趾马动物群属森林型，与南亚西瓦利克同时期的动物群比较接近。说明上新世初，欧亚非三大洲的三趾马动物群的交往很少受现今地形的影响，基本是畅通无阻，地面比较低平 [illegible]。[illegible] 上新世中晚期的沃马组，所含三趾马

青藏高原隆起的时代、幅度和形式的探讨

动物群的成员则与华北常见的三趾马动物群大体相似，而和邻近的印度西瓦利克同时期的动物群有所区别。这表明，喜马拉雅山当时已成为动物迁移的障碍。比较西瓦利克群的岩性，下部主要是泥岩和细砂岩夹页岩，是湖相沉积，说明山地不高；但到该群的中部（上新世）粒度加大，砂岩、页岩还夹砾岩，说明山地已显著抬高。吉隆三趾马是森林草原型。无论布隆组和吉隆沃马组，当时都是热带亚热带环境，特别是其中的长颈鹿（萨摩兽和小长颈鹿）都是热带稀树草原上的动物。从我国及相邻地区已经发现三趾马化石的地点来看，除青藏高原外，见山西、陕西、甘肃、宁夏及内蒙古等地，分布高度均在300～400米或700-800米。河北成安甚至在井下400米深处找到三趾马化石，显然因为华北平原是沉降地区。而前述各地带的同时期均有抬升，以往研究地文期从地貌发育的角度早已说明了这个问题。在印度西瓦利克群产三趾马化石的地方，海拔高程也不过500米左右。这再度证明，三趾马是在低平的地面上生活的。这个动物群的至今尚未绝灭的后代，它们撤退到非洲和印度的热带稀树草原中，活动高度最大并不超过1,500米。有鉴于此，把当时青藏高原面的高度平均确定在海拔1,000米左右，应当是符合情理的。

3. 孢粉化石提供的论据　　孢粉化石在地层中量多而易于保存，故孢粉分析是恢复古地理环境和判断地层地质时代的有力工具之一。我国科学工作者在使用孢粉分析来推断珠穆朗玛峰和希夏邦马峰地区上新世以来的山地上升量方面，曾作出了重要贡献。随着青藏高原各地考察工作的广泛展开，在更多的地点发现了含孢粉化石的地层，其中首推上新世地层为最多。凡是已发现的上新世地层一般

中国科学院地理研究所　　本文第 11 页

都作了孢粉分析。分析证明，上新世青藏高原各地是森林葱茏、水草丰美的地区。北起昆仑山垭口，南迄喜马拉雅山，高原上是亚热带的常绿阔叶或落叶阔叶林、森林南北带是亚热带森林草原或灌丛草原。在算王拉卡和西部的山地上，分布着以铁杉、雪松、桦木为主的针阔混交林，在更高的山顶则分布着山地暗针叶林，云冷杉占据主导地位。这些林带目前在青藏高原的东南部，特别是在喜马拉雅山南坡，按不同的海拔高度形成完整的植被垂直带谱。根据"以今论古"的原则，它们为我们对比古植被所处的高度，提供了依据。但是，机械地搬用是不合理的，必须考虑地质时代中气候变化本身的影响。比如冰期来临，植被带将被迫从高处移向低处。又如上新世气候比现代炎热，植被带在其他条件相同的情况下应比目前分布位置高。另外，在把喜马拉雅山南坡的植被带分布高度用于藏北高原作对比依据时，还应考虑纬度地带性的差别。按青藏高原目前情况，每北移一个纬距，植被带将下降110米。所有这些，都可以叫做古植被位相高度的气候订正。但是，随着研究工作的深入，我们发现，上述气候订正中还必须考虑到隆起的大高原所产生的"山体效应"(Massenerhebung effect)，即我们大家所熟悉的高原的加热作用。关于后者，我国气象工作者有很大的贡献[9,10]。对于青藏高原加热作用的影响，三十年代魏斯曼作过研究[11]。他指出，拉萨与同纬度的庐山牯岭相比，年平均温度如果按0.6°C/100m递减率订正到海平面，拉萨为30.8°C，牯岭为17.1°C，两者相差达13.7°C。他还作了一个我国从东海之滨到西部高

* 我们在这里使用古植被位相高度一词，是考虑到这种研究新构造运动的方法，和地貌学中作阶地位相图以判断新构造运动的方法相同。妥否，尚希同志们指正。

本期第　　页

青藏高原隆起的时代、幅度和形式的探讨

中国科学院地理研究所　　本文第 12 页

江之流亚热带植物上限、作物生长上限、森林上限及雪线依次升高的剖面图。本次讨论会上，李文华同志统计了欧亚大陆七十六个暗针叶林的资料，在他的文章中指出"云冷杉林分佈的最高点出现在东经75°—90°的范围，由此向西和向东，云冷杉林分佈的高度均逐渐下降，形成一个二次抛物线形的分佈"。"从云冷杉在欧亚大陆分佈的总的规律来看，把暗针叶林分佈的上限的高度按其所在的地理位置作一个三维定向的图，它像一块由南向北倾斜的屋瓦，瓦的脊背恰好是沿青藏高原向阿尔泰方向连成一条直线"。比如说，最近在浙江庆元海拔1800米的高度发现了残存的几棵百山祖冷杉，推算该地如有更高的山地，云冷杉林的上限将在3,000米附近，西延至川西山地边缘，云冷杉林的上限即上升到3500米，更西到西藏东南部及喜马拉雅山南坡，云冷杉林上限竟高达4300米。如以温度计算，拉萨高于九江13°C（前述），即以森林生长茂密、气温较低的波密易贡来说，也要高出九江附近10°C。这10°～13°C的温度差完全是高原隆升所引起的结果。由此可见，当进行古植被位相高度的气候订正时，特别是对于上新世高原尚未强烈隆升时的古植被，必须剔除隆起后引起的"高原效应"。从上新世早期到现在，世界气温下降了3—4°C，以高原加热作用为10°C计，两相抵销，尚有6—7°C必须加以订正。这就是说，把西藏东南部和喜马拉雅山南坡现代的植被高度拿来作上新世古植被位相高度的标准时，必须降低1000—1200米方能使用。

30×25=750　　本期第　　页

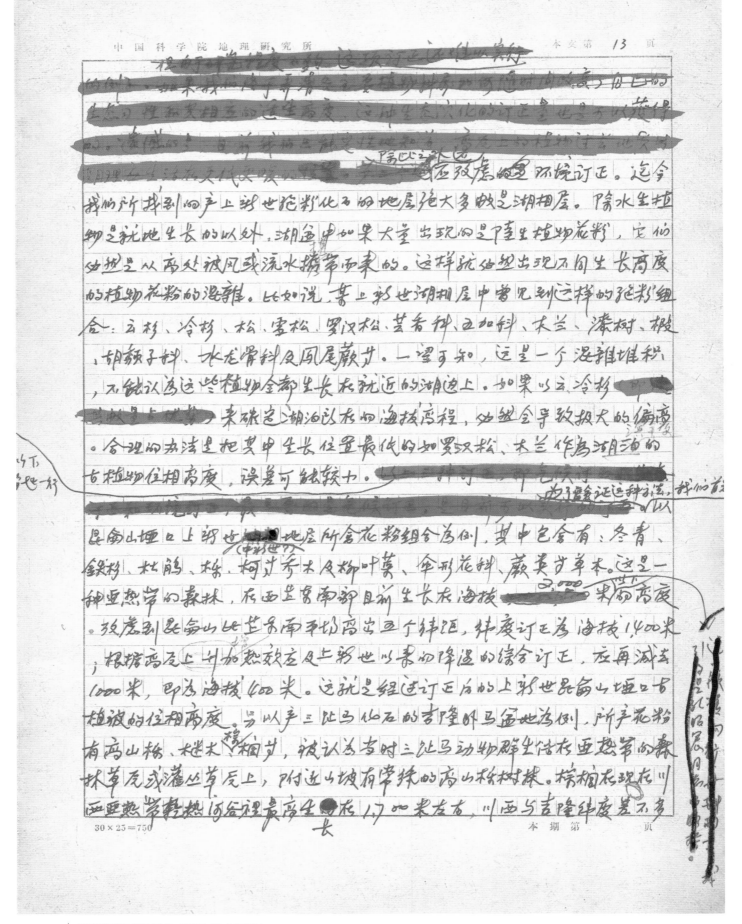

除此之外还应考虑环境订正。迄今我们所找到的产上新世孢粉化石的地层绝大多数是湖相层。除水生植物是就地生长的以外，湖盆中如果大量出现的是陆生植物花粉，它们必然是从高处被风或流水携带而来的。这样就必然出现不同生长高度的植物花粉的混杂。比如说，某上新世湖相层中曾见到这样的孢粉组合：云杉、冷杉、松、雪松、罗汉松、芸香科、五加科、木兰、漆树、椴、胡颓子科、水龙骨科及凤尾蕨科。一望可知，这是一个混杂堆积，不能认为这些植物全都生长在就近的湖边上。如果以云、冷杉来确定湖泊所在的海拔高程，必然会导致极大的偏高。合理的办法是把其中生长位置最低的如罗汉松、木兰作为湖泊的古植物位相高度，误差可能较小。为了验证这种方法，我们试以昆仑山垭口上新世（中新世？）地层所含花粉组合为例，其中包含有：冬青、铁杉、杜鹃、栎、柯等乔木及柳叶菜、伞形花科、蕨类等草本。这是一种亚热带的森林，在西藏南部目前生长在海拔2,000米以下的高度。考虑到昆仑山比藏南平均高出五个纬距，纬度订正为海拔1,400米；根据高原上升加热效应及上新世以来的降温的综合订正，应再减去1000米，即为海拔400米。这就是经过订正后的上新世昆仑山垭口古植被的位相高度。另以产三趾马化石的吉隆沃马盆地为例，所产花粉有高山栎、桦木、棕榈等，被认为当时三趾马动物群生活在亚热带的森林草原或灌丛草原上，附近山坡有常绿的高山栎树林。棕榈在现在川西亚热带干热河谷里最高生长在1,700米左右，川西与吉隆纬度差不多

青藏高原隆起的时代、幅度和形式的探讨

，可不作纬度订正。经综合气候订正，吉隆盆地当时的海拔应在700米左右。这和吉隆三趾马群反映的生态高度是很一致的。

综上所述可见，无论从上新世的遗留地形、沉积岩相和古脊椎动物和古植物孢粉化石来看，当时应当是一个海拔不高于1000米的低平原。喜马拉雅山是较高山脉，足以阻止三趾马与印度西瓦利克动物群的交换。

三、关于青藏高原强烈隆起的历史和幅度讨论

青藏高原的强烈隆起是从上新世末和第四纪初开始的。首先是沉积岩相发生了巨大的变化。如前所述，上新世高原各处沉积主要为湖相粘土，反映了地壳活动不强及侵蚀微弱。但进入第四纪，在高原南北早更新世均为巨厚的山麓砾岩堆积。喜马拉雅山南麓为著名的上西瓦利克巨砾岩组，厚达1800米。塔里木南沿昆仑山北麓西域砾岩厚度达2-3000m。这说明青藏高原在南北边缘已形成巨大的山系，河流急速下切，携大量的粗颗粒碎屑进入山麓，成磨拉石建造。相形之下，高原内部比较平静，在昆仑山和唐古拉山之间，沉降盆地主要仍然为湖相地层。只有在喜马拉雅山北麓出现与上西瓦利克对应的贡巴砾岩。在强烈断裂陷落的唐古拉山个别段落、沉积有近千米厚的砾岩（唐古拉山垭口西的至里白里湖），这是高原内部早更新世沉积最厚的记录。贡巴砾岩一般不超过三百米，以假整合或低角度不整合的方式常复盖於Nq湖相地层之上，成为形态独特的"顶盖砾岩"。为便于比较，特将早更新世青藏高原边沿及内部的沉积地层列为表二。

表2　早更新世青藏高原及边沿地区的地层

地点		地层名称	厚度(米)	岩性及一般特征
喜马拉雅山南		上西瓦利克	1830米	砾岩为主，沿喜马拉雅山南麓广布
昆仑山北麓		西域砾岩	一般数百米，最大2—3000米	灰色砾岩，磨圆及分选均差，巨砾达1米左右，夹钙质砂岩
柴达木盆地		七个泉组	260—550m，最大914米	山麓为灰色砾岩，盆地中心为砂质泥岩，夹岩盐及石膏层。含蒙诺及草原动物化石
川西滇北		浑脂砾岩(川) 元谋组(滇)	1~200，700	灰黄色砾岩夹粉砂岩及褐煤层。产元谋人化石及其他哺乳动物化石。孢粉为亚热带型，古地磁年代测定170万年。
高原内部	甘南	贡巴砾岩	100—300	灰及灰黄色砂砾岩，冰水相及河湖相，与 N_2 湖相地层不整合呈"披盖砾岩"产出。钙质胶结。
	唐古拉山	五里由里满砾岩	1000	砾岩夹粘土透镜体
	青海南部高原		?~520	湖相沉积，粉砂岩、泥岩和泥灰岩，含孢粉化石很多。仅在昆仑山垭口被后期抬升切割成露头剖面，其他均见于钻孔中。
	阿里札达		300	湖相粉砂岩、泥岩，象泉河切开出露，含孢粉

与高原上升和沉积物颗粒变粗相对应，新第三纪形成的低平夷地形被改造，在夷平面上下切形成宽缓的壮年期谷地。金沙江、澜沧江和怒江在早更新世晚期都摆荡在大宽谷之中。川藏公路经过的邦达草原所在的大宽谷，与紧相邻接的怒江和澜沧江深切峡谷截然不同，属于更新世早期的遗留地形。这级宽谷面与夷平面(N_2)之间高差一般400—500米，说明当时夷平面的抬升量并不太大，因而切割亦不太深。从贡巴砾岩的砾石成分来看，它们主要来自沉积盖层，结晶基底的片麻岩及花岗岩所占比例极小。例如聂聂雄拉南坡的贡巴砾岩中，石英砂岩、砂岩占41.5%，灰岩占41%，花岗岩占10%，片麻岩不到2%。但

N_2-Q_1 上升幅度？

青藏高原隆起的时代、幅度和形式的探讨

上覆的房子中更新世贡巴雄拉冰碛—冰水台的砾石成分中，片麻岩占26%，花岗岩占33%，其他变质岩占15%，来自沉积盖层的石英砂岩等岩类只占23%。这说明喜马拉雅山当时的河流尚未深切到结晶岩基底或花岗岩体中去。当时发源于喜马拉雅山南坡的河流溯源侵蚀并不很远，分水岭比现代偏南，这从贡巴砾岩分布位置较后期沉积更靠近喜马拉雅山轴部这一事实可以看得出来。在昆仑山垭口以北的西大滩一带，早更新世为湖泊占据，沉积了厚达五百余米的湖相地层，当时昆仑山分水岭必然是在西大滩以北的地方。总之，在经历了上新世末第四纪初的强烈抬升之后，高原上在大山之麓沉积砾石层；低平的湖盆中沉积湖相地层；外流水系从夷平面上下切500米或更多些，形成此年期宽谷；在高原外侧顺坡河则切入沉积盖层，溯源侵蚀尚不很远。

早更新世在青藏高原诸山脉中仍以喜马拉雅山为最高，因而在气候变冷进入冰期时个别山峰因超过雪线而发育小型的山麓冰川。例如在希夏邦马峰北坡，就曾发现古老的冰碛平台和残丘分布在5700—6200米的高度上，有的地段被现代冰川覆盖。这种古老的冰川遗迹后来在阿里地区普兰附近喜马拉雅山丁嗜山口亦曾找到。由于最早发现地点在希夏邦马峰，因此被命名为希夏邦马冰期。希夏邦马冰期的外围冰水或河流沉积即为前述的贡巴砾岩，从砾岩被钙质胶结及含孢粉化石极少，少数已发现的孢粉亦属草原类型来看，当时气候干燥；在定结萨尔及定日贡达浦砂砾岩中见有薄层硅藻土层，说明第四纪初期气候确曾出现过较寒冷的时期。广泛分布于青藏高原各地的早更新世湖相地层被认为主要属于间冰期沉积。北京植物所和地质力学所的同志们近年来对从唐古拉山到昆仑山之间青藏公路沿线的许多钻孔岩芯进行了孢粉分析，研究了该地新第三纪到第四纪初期植物群落的演化。他们发现从上新世进入第四纪，亚热带花粉明显减少；并根据更新世初期全球气候变冷的原则，把连续剖面中第一次草原期的出现作为第四纪的开始；继草原期后的森林植被时期则对应于早更新世的间冰期。在昆仑山垭口，间冰期孢粉反映主要是高山针叶林；在喜马拉雅山的帕里和扎达则为针阔混交林，主要是暖温带类型。亚热带成分的明显减少固然和植物群落本身的演化有关，但更主要的是和高原隆起环境发生巨大变化有关。但是，当我们使用古植物化石组合来推算古地面海拔高程时，和上新世一样也应作综合的气候订正。考虑到高原当时海拔远不及今日之高，加热作用引起的山体效应不会有现在这样大。喜马拉雅山当时的高度与今日川西峨眉山可能比较接近，西藏峨眉山同纬度的波密易贡森林上线从4300米降到3500米即低下800米。第一间冰期据徐仁同志研究与目前气温相近[12]，据其他人计算则高于现代约1.5°C[13]。经综合气候订正，帕里和扎达在早更新世间冰期时，森林应比目前喜马拉雅山南坡同类森林分布位置要降低550—800米。目前帕里以南亚东一带喜马拉雅山南坡针阔混交林分布在2500—3000米，经气候订正为2000米左右（早更新世同类植被生长高度）。这大体上即是早更新世湖相层沉积时地面的高度。用同一方法计算其他几个地点，结果大致相同。由此可见，以上新世青藏高原地面为1000米计算，按地形抬升量为早更新世已大于1500米的高度；按孢粉组合得出的古植物位相高度为2000米左右；参照早更新世的地层厚度，认为青藏高原在早更新世已被抬升到了平均2000米的高度，是合乎逻辑的。喜马拉雅山当时最高峰于那时大概有4000米左右的高度，由于冰期雪线下降，发生最早的冰川。

一个平均海拔2000米，边缘有3000—4000米高山围绕的早更新

青藏高原隆起的时代、幅度和形式的探讨

世的青藏高原，它与上新世海拔平均1,000米或连这个数字都不到的低
的地面对周围环境的影响是会很不一样的。日本气象学家真锅(Manabe)近年来
用数值实验的方法，研究和比较了有和没有青藏高原的大气流动，其结
果是，当青藏高原存在时，就有越过赤道冲入印度半岛的西南气流，
即所谓季风爆发。认为大致在某一天，有突然开始的季风现象与青藏
高原的出现相对应。如果没有青藏高原，也就不会有西南季风(14)。我
们认为，这里所谓的"某一天"，就是从上新世末到早更新世，其时代大
约在300—250万年前这个时段。青藏高原的隆起是触发季风环流的
根本原因。由于西南季风是一个比较深厚的天气系统（高达6,000米）
，在早更新世完全能越过高原一直达到内陆，致使包括柴达木盆地的
广大地区均可受雨泽之惠，因而有广阔的湖盆和稠密的水网。但是
发源于西伯利亚的冬季风则难于逾越昆仑山，就像今天还不能穿越秦
岭一样。原因是它很薄，一般才只有4000米左右。这种冷空气被迫转向
东南，从而与太平洋进行水热交换，东亚季风由此形成。查看地质记录
，上新世时，三趾马动物群横贯欧亚，从华北直展布到喜马拉雅山的北
麓；华北的保德红土和青藏高原夷平面上的红土风化壳，以及到处可
见的亚热带植物孢粉组合，说明当时气候带均匀和行星风系占主导地位的
事实。进入早更新世，青藏高原变冷，山陕高原黄土盛行，取代了反映
亚热带气候的保德红土，反映干冷冬季风在此占主导地位的事实。但
是，在太行山东麓及山东半岛等华南等一样存在发育红壤型风化壳，气
候的经向分异乃是季风确立的结果。

早更新世末，青藏高原内外经受了一次强烈的构造运动，因而早
更新统地层发生断裂、掀斜和褶曲，同时还有火山活动。各地所见早
更新世地层一般有10°左右的倾角，唐古拉山南麓最大可达22°，因此常
见中更新统与早更新统地层呈角度不整合接触。聂聂雄拉南坡到西夏

喜山北坡上新世盆地消失遭到河流的侵蚀下切加积盆地

以作为代表。

→N

Q_1 fgl+al

Q_2 gl+fgl

J 基岩

N_2 l+al

图1，聂聂雄拉南坡剖面

早更新世末的这次强烈的新构造运动使高原和山地隆起到更大的高度，因而当中更新世冰期来临时，青藏高原发生了一次规模最大的冰期。由于冰川发育的地形基础是被断裂抬升的夷平面或壮年期谷地，因而大多表现为规模巨大的山谷冰川和山麓冰川。以希夏邦马峰北坡拉克多拉河流域为例，那时冰川覆盖的面积比现代冰川要大15倍。喜马拉雅山南坡聂拉木冰川当时长达40公里左右，末端比现代冰川低千余米。喜马拉雅山北坡宽广的聂聂雄拉冰碛（包括部分冰水）平台表明冰川直抵山麓呈山麓冰川性质。由于聂聂雄拉冰碛平台反映这期冰川作用较为典型而且最早被研究，因而这期冰川作用被命名为聂聂雄拉冰期。在夷平面保存较好的地方，还曾经形成过局部的覆盖式冰川。如唐古拉山口当时因周围地形切割不深，在起伏和缓的山原面上发育起面积在二千平方公里以上的高原冰帽。冰碛物南达托纠山一带，北坡到达布曲河谷109道班附近，有的出露地表为冰碛丘陵平原，低洼地区则被以后松散沉积覆盖。在102道班，该期冰碛埋在地表200米以下，钻深404米仍未钻透冰碛层，厚度当远超过200米。另外在加布拉和聂拉木均发现，此期冰碛有两个明显的冰碛平台，说明可划出两个阶段。在昆仑山垭口，地质力学所同志把这次冰期叫做望昆冰期，冰碛层不整合覆盖在倾斜10°左右的早更新世湖相地层上。值得注意的是，冰碛中有片麻状花岗岩漂砾很多，但目前昆仑山分水岭并无这种岩体。却发现能为冰碛提供这种成分的片麻状花岗岩体分布在西大滩之北的较低的山地里。这说明自昆冰期后地形有巨大的变化，昆仑山主山脊线南移，反在北方的山地相对下降，西大滩及惊仙谷（或纵向谷）皆为后期断陷盆地。造成这样巨大的构造和地形变迁的是中更新世晚期强烈的地壳运动。在珠峰之西的加布拉谷地，河谷从冰碛平台下切1000米，成为晚更新世珠穆朗玛冰期冰川槽谷的基础。在布夏却玛峰北坡，中更新世冰碛平台被下切200米。各地河流均强烈下切，从河谷阶地发育及沉积物特征、年代来看，青藏高原的现代地貌乃是这次下切所奠基的。因此可以把晚更新世之前及中更新世晚期这个时段叫做地形大分割时期。图2关于蚌鲤曲的剖面表示了地貌和第四纪沉积物

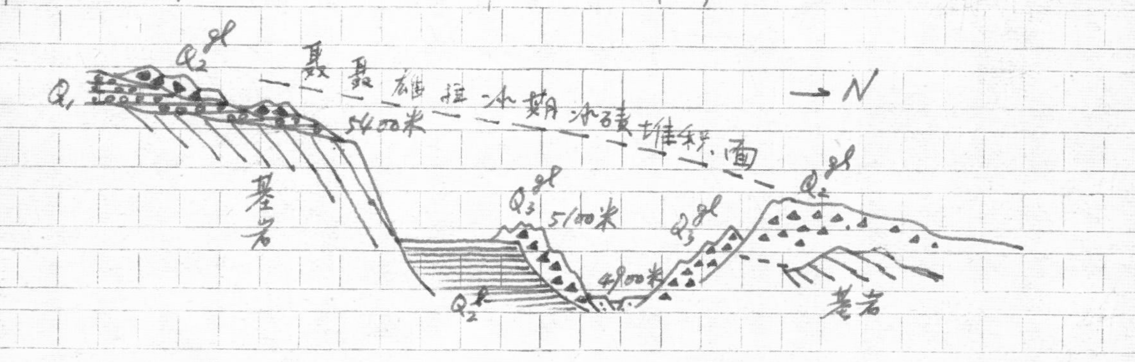

图2. 定日蚌鲤曲第四纪及地貌剖面

之间的关系。

中更新世晚期是高原地形大分割的时期，同时也是气候温暖的大间冰期，许多地方在中更新世冰碛物表面发育有一层棕红色或黄棕色的古土壤。在当雄日前海拔4800米的冰碛古土壤经分析pH 6-7，钙质反应无或极少，土体化学组分SiO_2/Al_2O_3之比为2左右，与亚热带红壤比较接近。其中粘土矿物以伊利石和高岭石为主，有时见少量蒙脱石。在羊八井芒布曲高阶地上，尚见有类似华北离石黄土中的褐色土古土壤，粘土矿物以水云母及蒙脱石为主，亦见高岭石。在青藏高原东部

土壤名称请核对

川芷线新都桥之东，阶地上的黄土中曾见到多达三层的棕红色埋藏土壤。这些情况表明，在中更新世晚期是一个温暖时期，气温最高时曾发育过红壤，一般情况下为褐色土。根据间冰期湖相堆积的孢粉分析，多数地区为暖温带针阔混交林，少数地方有过亚热带常绿阔叶林的记录，这和古土壤的情况基本是一致的。现代红壤在青藏高原邻近地区最高可达2000米左右（云贵高原山地褐红壤），棕壤可达3000米。考虑到间冰期比现在温度略高2~3℃，而中更新世高原已达相当规模，高原热效应与现代相差亦不太悬殊，二者相抵，即可认为高原在当时已具有平均3000米的海拔高程（红壤是在间冰期最盛海拔当代的情况下发育的）。以古植物孢粉组合计算，定日之南加布拉地区中更新世间冰期湖相沉积所含孢粉基本上为云杉纯林，在喜马拉雅山南坡类似植被分布在海拔3100~3500米；在佩枯错湖岸阶地中所含孢粉是以松、桦为主的针阔混交林，同位置喜山南坡相当植被生长在2500—3100米。按前述综合气候订正值为零则可视产孢粉化石的地层当时所在的高度即为同类植被目前在喜山南坡分布的高度。此外昆仑山南坡清水河钻孔中所见第二间冰期的植物孢粉组合为松、桦、栎构成的针阔混交林，按纬度订正喜山南坡植被同类者至此为1800—2300米，可参考同纬度太白山同类森林分布在2000米左右的高度上，作经向订正（亦为高原加热作用引起）至清水河应达2400米左右。按间冰期森林上线、高程以取植物带上限高值为宜，则清水河当时应为2300—2400米的海拔高度。可能代表间冰期较早最暖时的高度。

总之，各种方法计算结果，趋向于支持中更新世晚期高原面由于剧烈地整体抬升而达于平均海拔3000米的高度。现代地貌的基本骨架于此时已基本形成，雅鲁藏布江、印度河（上游象泉河与狮泉河）及三江流域各大河流均已强烈下切，喜马拉雅山及昆仑山、唐古拉山

30×25=750　　本期第　页

、念青唐古拉山已遭到强烈分割。由于这个缘故，当进入晚更新世冰期时，冰川普遍地沿谷地前进，成为典型的阿尔卑斯式的山谷冰川。珠峰和希峰附近就是明显的例子。

晚更新世包括距今十余万年至一万年以前（全新世开始）的这个时段。近一、二十年由于绝对年代测试手段的进步，已经把这期间发生的地质事件研究得比较清楚了。传统的玉木冰期根据格陵兰和南极冰盖的冰岩心记录的研究（Dansgaard等，1971），开始于距今75,000年前，止于约一万前即前北方时期（pre-boreal）。在此时期，75,000—40,000年为玉木冰期早期，25,000—10,000年为玉木冰期晚期或主玉木冰期。二者之间为一个较温暖（比现代冷）的间阶段。从75,000年前上溯到130,000年左右是一个间冰期，即一般所称的里士/玉木间冰期，其时温度平均比现代要高出2—3°C（Flint，1971），其中尤以128,000—116,000 BP温度为最高，即北美的桑加蒙和北欧的埃姆间冰期。>130,000 BP即为里士冰期，起始时期不很确切。迄今为止，我们所知的晚更新世的冰期年表大体是如此。在我国，渤海湾9,650±190 BP C^{14}年代开始发生了黄骅海侵，可视为全新世的开始。但在32,000 BP C^{14}年时亦曾有过海侵，叫献县海侵，应代表上述玉木冰期早期和晚期之间的间阶段。在钻孔以下还发现有一个更早的海侵时期叫沧州海侵，它理应与最末一次间冰期即里士/玉木间冰期对比。另外，还发现在长江口外海面以下100米的海底有这种在岸滨生活的软体动物贝壳，C^{14}年代鉴定为15,000—20,000 BP，此即晚期玉木冰川最盛时的低海面的证据。渤海岸外200公里海底曾打捞到披毛犀的化石，说明在晚更新世冰川最盛时，世界洋面降低，渤海和东海大部份浅水区露出为陆地，给这种大型的哺乳动物提供了栖息的场所。有了这些前人的研究作基础，我们在研究青藏高原晚更新世的隆升问题时，就有了可供比较的尺度和依据。

通过近几年青藏高原的野外考察，可以明确地肯定有形态表现的冰碛有两套，分别可对应于里士和玉木两个冰期。在青藏高原的东南部，里士冰期规模最大，古冰川当时长达100—200公里，高大的侧碛残留在高于河床500—800米的谷坡上，如则普冰川和笑里冰川等当时曾经占据波得藏布河谷并流出卡达桥达村古乡附近，总长度达133公里，因此可把这次冰期叫做古乡冰期。察隅河谷冰川曾占据整个贡日嘎布曲，经沙马直达瓦弄，总长近200公里。不仅如此，在怒江和拉萨河的分水岭岭地卡（嘉黎县）还留下古盖地式冰川的遗迹，大型的鼓丘到处可见，覆盖面积达5600平方公里。在冰川规模最大时，有的地方发生冰川翻越300余米的山岗及逆流侵入支谷的现象，如在然乌湖以南阿扎山口以北即是如此。玉木冰期冰川规模比前者显著减小，在波得藏布终碛达到白玉村，因此叫做白玉冰期。前期白玉冰期冰川稍大于后期，冰碛垅经风化凌夷，形态和缓，表面常有薄层黄土覆盖。后期玉木冰期终碛、侧碛、冰碛丘陵、冰水阶地形成完整的冰川和冰水沉积系列，并且可分为许多冰退阶段。

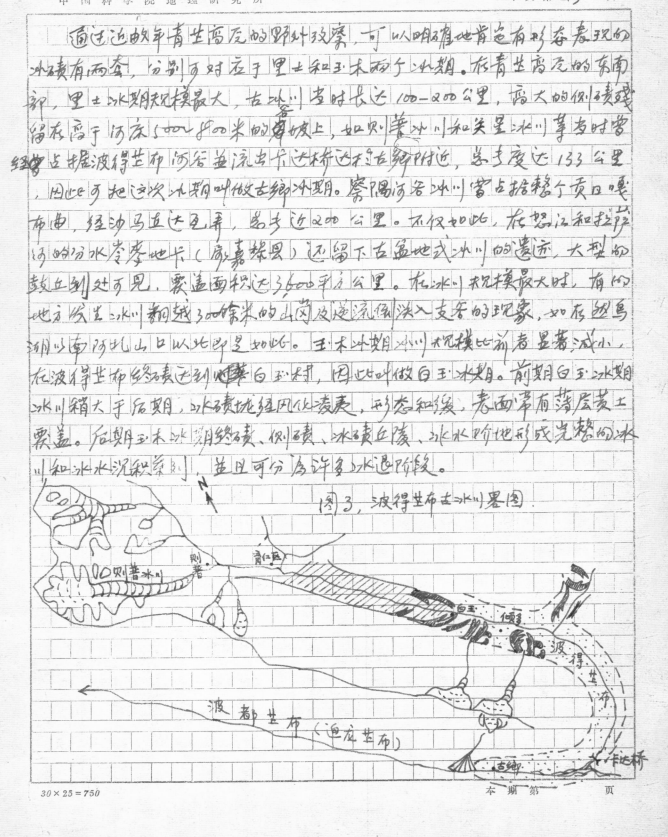

图3，波得藏布古冰川略图

青藏高原隆起的时代、幅度和形式的探讨

如果说晚更新世西藏东南部古冰川发育最为强盛，在高原内部则是另外一番景象。较之聂聂雄拉冰期来说，珠穆朗玛冰期的冰川要小三倍，不再出现山麓冰川的类型。这种情况表明，随着晚更新世青藏高原的强烈隆起，特别是喜马拉雅山急剧增高，高原内部被隔绝，印度洋季风带来的雨水被迫降在喜马拉雅山的南坡山麓地带。广大高原处于雨阴地区　只有西藏东南部不仅绝对高度低，还有很多朝南开口的峡谷成为南来水汽的通道，因而成为青藏高原最温润的地方。从冰川性质来说，目前海洋性冰川在青藏高原主要分布在东南部及喜马拉雅山南坡某些山地；根据聂聂雄拉冰期高原内部冰川规模极盛的情况来看，当时高原不高，温润气流能够北上，海洋性冰川应有更大的分布范围。从冰川演化的角度，可以看出从中更新世大冰期到晚更新世青藏高原的环流和气候发生了质的变化，这在古土壤、植被等方面都有突出的表现。在末次间冰期，高原内部冰碛物上一般只发育棕黄色古土壤，红壤型土壤绝迹。而一些属于中更新世遗留下的古红壤中发生了次生钙的富集，土壤结构中出现二元现象（或复钙现象），在显微摄影片上能看到土壤基质的孔隙中常有大量针状的$CaCO_3$结晶。对红土壤来说，这是后期气候变干再产生的异体，不是原来具有的东西。末次间冰期在高原上再也未出现像中更新世间冰期那样的针阔混交林，更不要说亚热带的常绿阔叶林了。已经发现的晚更新世间冰期的孢粉化石组合都是山地暗针叶林如云杉、[illegible]及松（班戈湖、茶拉卡，西藏地质队）。作为高原在晚更新世强烈变干和上升的另一个有力的证据是永久冻土在晚更新世的强烈发育和冰缘现象的广布。[illegible]但在藏北高原地面上常能发现巨型的多边形土，有的直径可达100-150米，在一些松散堆积物剖面亦常见大型的土楔，这些都不是目前气候所能形成的。根

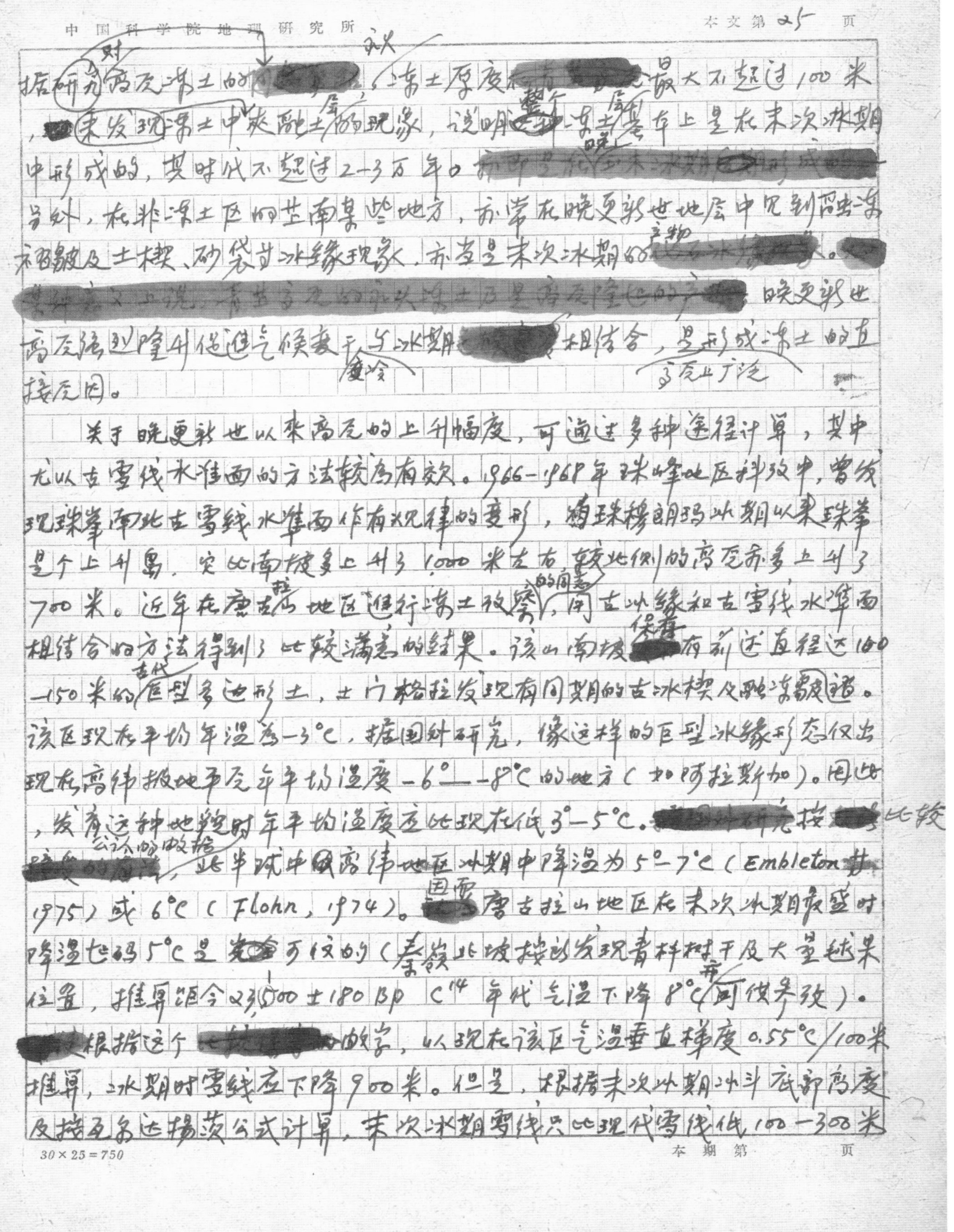

中国科学院地理研究所　　　　本文第 25 页

据对高原冻土的研究，冻土厚度最大不超过100米，未发现冻土中残留融土层的现象，说明冻土层全部是在末次冰期中形成的，其时代不超过2-3万年。另外，在非冻土区的甘南等地方，亦常在晚更新世地层中见到冰楔假型及土楔、砂楔等冰缘现象，亦当是末次冰期的产物。晚更新世高原强烈隆升促进气候变冷与冰期相结合，是形成冻土多处广泛的直接原因。

关于晚更新世以来高原的上升幅度，可通过多种途径计算，其中尤以古雪线水准面的方法较为有效。1966-1968年珠峰地区科考中，曾发现珠峰南北古雪线水准面作有规律的变形，自珠穆朗玛冰期以来珠峰是个上升鼻，它比南坡多上升了1000米左右，较北侧的高原亦多上升了700米。近年在唐古拉地区进行冻土考察的同时，用古冰缘和古雪线水准面相结合的方法得到了比较满意的结果。该山南坡保存有前述直径达100-150米的古代巨型多边形土，其中广泛发现有同期的古冰楔及融冻褶皱。该区现在年平均温为-3°C，据国外研究，像这样的巨型冰缘形态仅出现在高纬极地年平均温度-6°—-8°C的地方（如阿拉斯加）。因此，发育这种地貌时年平均温度应比现在低3°-5°C。比较公认的数据，北半球中高纬地区冰期中降温为5°-7°C（Embleton等1975）或6°C（Flohn，1974）。因此，唐古拉山地区在末次冰期最盛时降温也有5°C是完全可信的（秦岭北坡接近发现青杆树干及大量毬果位置，推算距今23500±180 BP C^{14}年代气温下降8°C（刘俊秀文））。根据这个数字，以现在该区气温垂直梯度0.55°C/100米推算，冰期时雪线应下降900米。但是，根据末次冰期冰斗底部高度及按[illegible]公式计算，末次冰期雪线只比现代雪线低100-300米

30×25=750　　　　本期第　页

青藏高原隆起的时代、幅度和形式的探讨

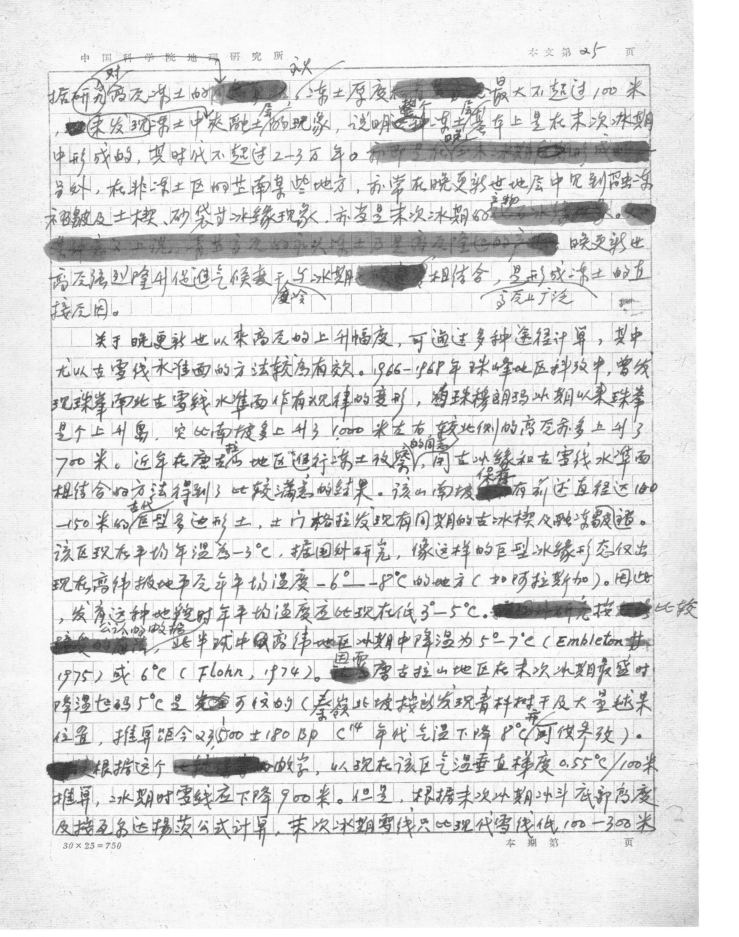

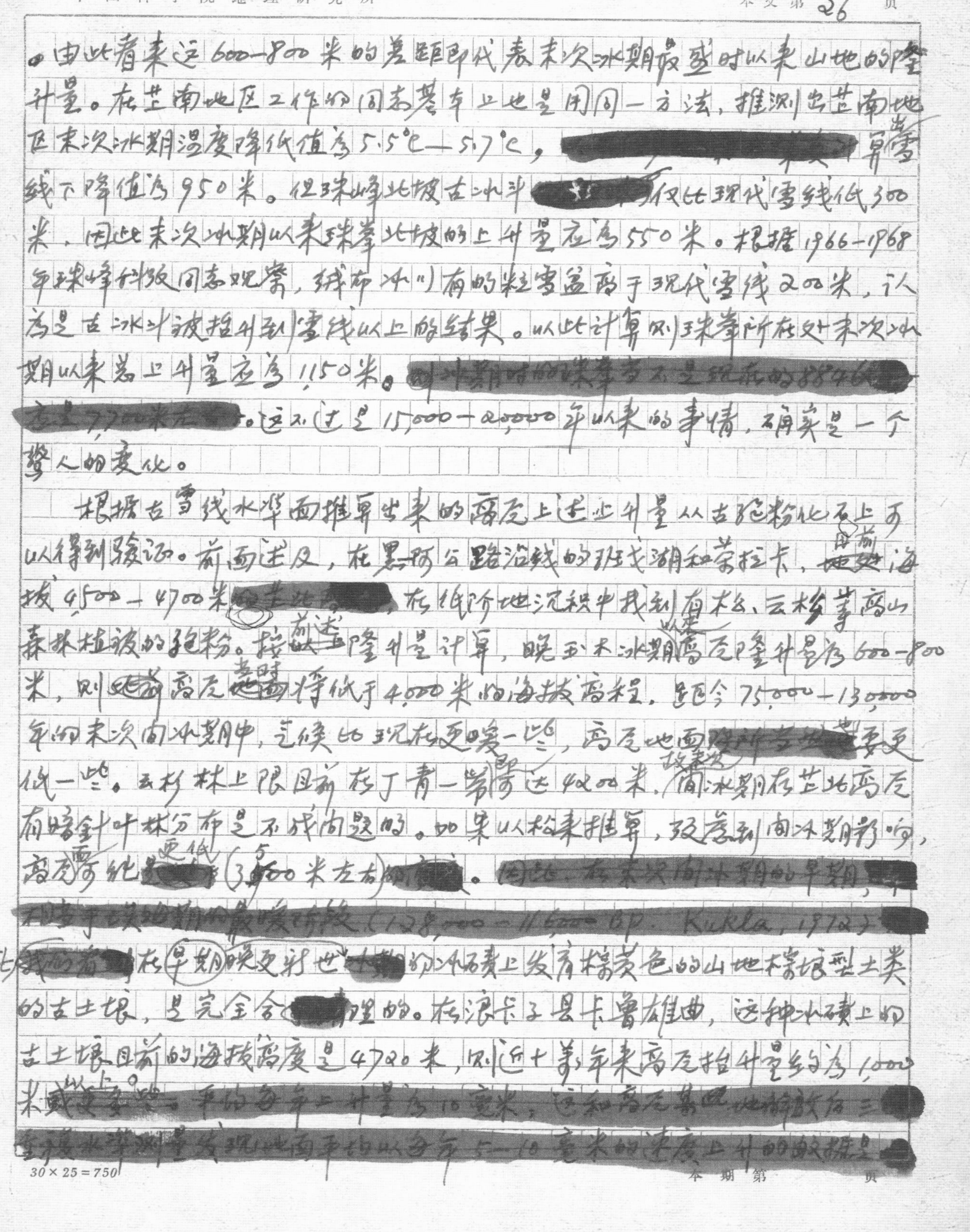

中国科学院地理研究所　　　　本文第 26 页

由此看来这600—800米的差距即代表末次冰期最盛时以来山地的隆升量。在藏南地区工作的同志曾本止也是用同一方法，推测出藏南地区末次冰期温度降低值为5.5℃—5.7℃，算出雪线下降值为950米。但珠峰北坡古冰斗仅比现代雪线低300米，因此末次冰期以来珠峰北坡的上升量应为550米。根据1966—1968年珠峰科考同志观察，绒布冰川有的粒雪盆高于现代雪线200米，认为是古冰斗被抬升到雪线以上的结果。以此计算则珠峰所在处末次冰期以来总上升量应为1150米。这不过是15,000—20,000年以来的事情，确实是一个惊人的变化。

根据古雪线水平面推算出来的高原上述上升量从古孢粉化石上可以得到验证。前面述及，在黑河公路沿线的班戈湖和安多拉卡，目前海拔4500—4700米，在低阶地沉积中找到有松、云杉等高山森林植被的孢粉。按前述隆升量计算，晚玉木冰期以来高原隆升量为600—800米，则当时高原将低于4000米的海拔高程。距今75,000—130,000年的末次间冰期中，气候比现在更暖一些，高原地面也要更低一些。云杉林上限目前在丁青一带可达4000米，故末次间冰期在藏北高原有暗针叶林分布是不成问题的。如果以松来推算，鉴于到间冰期影响，高原可能更低（3,500米左右）。

因此在早期晚更新世冰碛上发育棕黄色的山地棕壤型土类的古土壤，是完全合理的。在浪卡子县卡鲁雄曲，这种冰碛上的古土壤目前的海拔高度是4720米，则近十万年来高原抬升量约为1000米或以上。

30×25=750　　　　本期第　　页

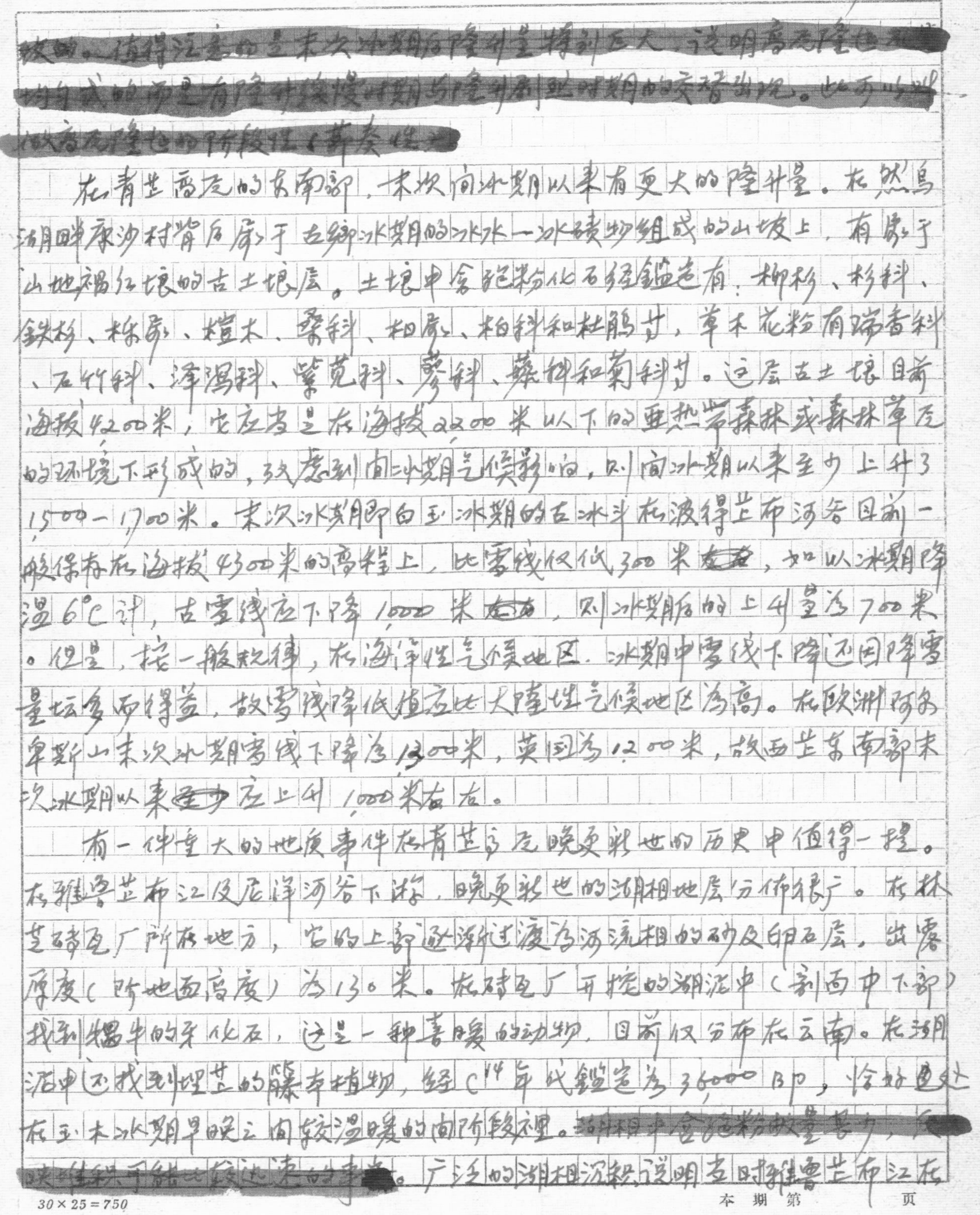

中国科学院地理研究所 本文第27页

在青藏高原的东南部，末次间冰期以来有更大的隆升量。在然乌湖畔康沙村背后属于古乡冰期的冰水—冰碛物组成的山坡上，有属于山地褐红壤的古土壤层。土壤中含孢粉化石经鉴定有：柳杉、杉科、铁杉、栎属、桤木、桑科、柏属、柏科和杜鹃等，草本花粉有瑞香科、石竹科、泽泻科、紫苋科、蓼科、藜科和菊科等。这层古土壤目前海拔4200米，它应当是在海拔2200米以下的亚热带森林或森林草原的环境下形成的，考虑到间冰期气候影响，则间冰期以来至少上升了1500—1700米。末次冰期即白玉冰期的古冰斗在波得藏布河谷目前一般保存在海拔4300米的高程上，比雪线仅低300米，如以冰期降温6°C计，古雪线应下降1000米，则冰期后的上升量为700米。但是，按一般规律，在海洋性气候地区，冰期中雪线下降还因降雪量增多而得益，故雪线降低值应比大陆性气候地区为高。在欧洲阿尔卑斯山末次冰期雪线下降为1300米，英国为1200米，故西藏东南部末次冰期以来应上升1000米左右。

有一件重大的地质事件在青藏高原晚更新世的历史中值得一提。在雅鲁藏布江及尼洋河谷下游，晚更新世的湖相地层分布很广。在林芝砖瓦厂所在地方，它的上部逐渐过渡为河流相的砂及卵石层，出露厚度（距地面高度）为130米。在砖瓦厂开挖的湖泥中（剖面中下部）找到犀牛的牙化石，这是一种喜暖的动物，目前仅分布在云南。在湖泥中还找到埋藏的藤本植物，经C^{14}年代鉴定为36000 B.P.，恰好处在玉木冰期早晚之间较温暖的间阶段里。广泛的湖相沉积说明当时雅鲁藏布江在

30×25=750 本期第 页

青藏高原隆起的时代、幅度和形式的探讨

大拐弯峡谷可能发生过一次较长时期的堵塞（地震、山崩是可能的原因）。

在西藏东南部还可看到一级比较残破的冰斗，保留在3800–4,000米的高度上，应属于晚更新世早期即古乡冰期的冰斗。由于它们低于白玉冰期冰斗约300–500米，故古乡冰期雪线下降值至少应达1300–1500米。古乡冰期是一个更低温的时期。

全新世即所谓现代间冰期，在近一万年的时期中，青藏高原也和其它地区一样经历过一系列气候变化，构造活动也很剧烈。1966–1968年珠峰科考即已发现，在全新世中期有个高温时期叫亚里期，当时高山森林比现在分布位置高出600–900米，减去气候影响，自亚里期以来山地上升量为300–500米。近年工作找到确实材料证明这一观点是正确的。在藏北无人区有大量中石器和细石器时代的古人类文化遗物，说明那时高原气候比现在更适宜于人类居住。在羊卓雍湖C^{14}年代鉴定为3160 BP的湖相层中，含有木本植物如松、桦和栎以及胡桃科的花粉。现在羊卓雍湖仅有少数柏树生长，根本不能生长这类树林。当地居民至今在地里还常能发掘出巨大的树根。在西藏东南部，新冰期冰碛之下掩埋有古山地棕壤，有机质年代为1700–1900 BP。这种棕壤被埋藏在现代冰川旁海拔达4000米，高于现代该地（易贡）棕壤上限（3200米）达800米之多。扣除温度订正，近2,000年上升量为300–500米。

高温期后新冰期的推进近年来已被证实。1966–1968年珠峰科考曾把亚里期之后的冰川推进叫做绒布德小冰期。在西藏东南部近年相继发现，阿扎冰川在2,980±150 BP C^{14}年代有过一次强大的前进，规模比现代冰川约大一公里；若果冰川在1500–1,900 BP C^{14}年代有两次冰进，破坏沿途森林，末端比现代冰川末长出一公里多；西藏须嘎附近发现最新的冰川前进，用地衣年代测定法知其前进年代为上世纪二十年代至七十年代达于最大，其所形成的新终碛堤因很不稳定而易于发生冰湖溃决的灾害。1954年江孜年楚河大水及1964年尼洋河唐不朗沟冰川泥石流爆发都是这种冰湖溃决直接造成的。青藏高原新冰川时期冰川前进所反映的气候波动和竺可桢根据古代文献整理出的我国五千年来气候变化的历史基本是符合的。[15]

至此，我们基本上按照地质时代的顺序讨论完了青藏高原从上新世晚期隆升以来直至今天的全部历史。我们基本上是把高原作为一个整体来看待其隆起的，高原面的大体同一高度给了我们以依据。其次，我们基本上是从气候变化为已知的常数的基点上出发来解释构造运动的。这使我们的结论特别是隆升量的计算具有先天的弱点，无论是植物、土壤所依据的高程区间均以数百至千米为精度；雪线降低值既受温度亦受降水的控制，变化亦动辄以数百米计。我们手中拿的是一个刻度过于粗疏的尺子，因此不能对其精度要求过高。比如说300米和500米究竟哪个正确的问题肯定超过了我们方法精度的范围。我们认为，所获数据以±500米为幅度是最大可能的误差。当然，在晚更新世和全新世，误差较小。为了便于查阅，下面将各种方法提供的有关高原隆起的资料汇集成一张表。

青藏高原隆起的时代、幅度和形式的探讨

时代	项目		地层	地貌发育	古植被	古土壤	古岩溶	古人类与脊椎动物	雪线降低值	经订正后高原面的近高度	备註
全新世	新冰川时期 高温期		新冰期终碛垅	仝下	高山灌丛(草甸?)			林芝人	300-500米	4700米 4300米	高原面以唐古拉山以北海拔高度作代表。西藏南部晚更新世土壤植被与现代地方差别很大故未列出。
晚更新世	珠穆朗玛冰期 白玉冰期	晚	最盛期及冰期终碛垅	依次缩小的山谷冰川 三江大峡谷切深切	?			(林芝)牦牛	900-1200米	4000米	
		中	林芝湖相层								
		早	黄土覆盖终碛								
	末次间冰期		阶地沉积		云杉、松(林芝?)	冰碛上棕壤	溶洞	定日普地苗石器			
	古乡冰期		冰碛		草原				>1500米		
中更新世	大间冰期		三湖相沉积 300m ([illegible])	大切割时期 200-1000米 (喜山北坡)	针阔混交林及常绿阔叶林	冰碛上红壤 灰棕壤				3000米	
	聂聂雄拉冰期		规模最大冰碛 (唐古拉厚200米以上)	高原面上的山麓冰川	草原				1900 米		
早更新世	第一间冰期		湖相沉积 100-600米	壮年期宽谷下切>500米	针叶林及针阔混交林	阿干土	谷坡上喀斯特(峰林)			2000米	
	希夏邦马冰期		冰碛及贡巴砾岩(1-300米)	高原面上的山麓冰川	草原				被抬升到现代雪线以上		
上新世	非冰川时期		吉隆组 布龙组 (400-600米)	夷平面形成 (高原面)	热带及亚热带森林与森林草原	夷平面上红壤型风化壳	夷平面上高原喀斯特(石林及峰林)	三趾马动物群		<1000米	

表三. 青藏高原隆起事件一览表.

四、关于青藏高原隆起的性质和形式

在关于青藏高原隆起的性质的问题上，首先是隆升在空间上的整体性和其在时间上的连续性立即引起普遍的注意。但是，仔细研究，在整体隆升中却具有明显的差异性；在隆升区的附近往往伴随着强烈沉降地区，因而具有强烈的对照性。就时间序列来说，连续的上升过程中可看出明显的阶段性，愈到后期则显现出速度加快的性质。下面我们分别来探讨这各方面的问题。

青藏高原隆升的整体性是一目了然的。在二百余万平方公里的区域内，高原面始终保持在四千余米到五千米之间。这个事实本身就是对整体隆升的有力支持。这个高原面波状起伏，无边无际地伸向高原的各个部份。它的海拔高程总的来说是西北高而东南低，在西昆仑山南坡，它高达五千米；在长江上源为4700米左右。在川西滇北，它从西北的4600–4700米向东南下降到4100–4200米。[16] 顺便指出，高原面海拔的这种差异显然是控制着高原水系流向的根本原因。但是，这还不是高原隆起差异性的唯一表现。研究夷平面发现，构成上述高原面的上新世夷平面在东西走向的各山脉所在的地方，都显著地被抬升到更高的高度。以唐古拉山为例，它上升到5,400–5500米的高度，高于南北两坡的高原面约为500–800米。这是唐古拉山在高原隆升中，沿着南北两侧古老的边界断裂重新活动，作继承性断块上升的结果。又如喜马拉雅山，以珠峰附近为例，如前所述单只在末次冰期以来，其北部就比藏南高原多上升了700米。沿青藏公路作一条穿过高原的剖面，将发现高原有明显的向南抬高的趋势。下面是关于上新世夷平面在这条剖面上的高度变化的记录。

青藏高原隆起的时代、幅度和形式的探讨

表四　青藏高原（沿青藏线南北剖面）各地晚第三纪夷平面高度

地名	晚第三纪夷平面高度(米)	累计上升幅度*(米)
昆仑山	5100—5200（中段）	4100—4200
青南高原	4600—4700	3600—3700
唐古拉山	5400—5500	4400—4500
藏北高原	4900—5000	3900—4000
念青唐古拉山	5800—6800	4800—5800
藏南高原	5200—5300	4200—4300
喜马拉雅山	6800—7800	5800—6800

* 上升前夷平面以1000米计算

在高原隆升的差异性中就富有[illegible]对照性。作为喜马拉雅山强烈上升的镜子，西瓦利克群出现於山麓；唐古拉山的上升，伴有早更新世近千米的粗颗粒堆积。在昆仑山北麓，柴达木盆地的沉降更是富有启发意义。相对於上升的昆仑山来说，它是一个持续下降的沉积区。研究古植物孢粉的同志发现，在海拔4700米的昆仑山口早更新世湖相地层中有一层含有大量淡水水生植物花粉（主要为盘星藻、香蒲、眼子菜及黑三棱等）。可巧的是，在柴达木盆地井下800余米的第四系中亦发现了同一层位，孢粉组合完全一样。两地海拔高程相差达2800米。这意味着二地自早更新世以来[illegible]有2800米的相对升降运动。这和我们前面关于高原隆升的推算是[illegible]符合的。另外，柴达木盆地的下降还逐渐扩展到盆地南沿的部份昆仑山。其证据是：一、格尔木河出山口表现为海湾式溺谷现象，大量近代冲积—洪积物埋藏河谷，[illegible]；二、前已述及，最大冰期时为南坡提供泥砾状花岗岩漂砾的主山脊（西大滩之北）现在已降落

当时的

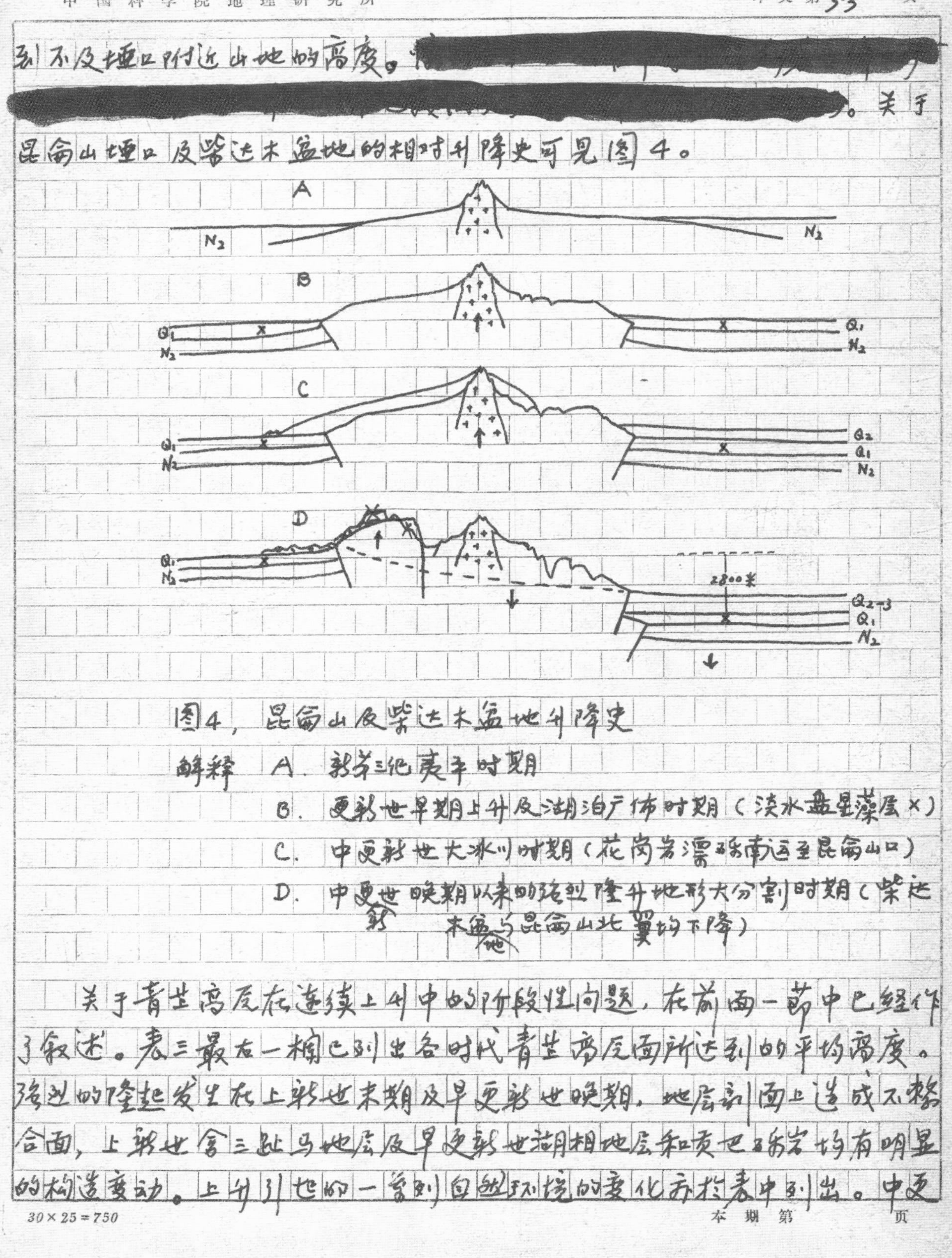

中国科学院地理研究所　　本文第33页

到不及垭口附近山地的高度。[blacked out]。关于昆仑山垭口及柴达木盆地的相对升降史可见图4。

图4，昆仑山及柴达木盆地升降史

解释　A. 新第三纪夷平时期

B. 更新世早期上升及湖泊广布时期（淡水盘星藻层×）

C. 中更新世大冰川时期（花岗岩漂砾南运至昆仑山口）

D. 中更新世晚期以来的强烈隆升地形大分割时期（柴达木盆地与昆仑山北翼均下降）

关于青藏高原在连续上升中的阶段性问题，在前面一节中已经作了叙述。表三最右一栏已列出各时代青藏高原面所达到的平均高度。强烈的隆起发生在上新世末期及早更新世晚期，地层剖面上造成不整合面，上新世含三趾马地层及早更新世湖相地层和贡巴砾岩均有明显的构造变动。上升引起的一系列自然环境的变化亦于表中列出。中更

30×25=750　　本期第　页

青藏高原隆起的时代、幅度和形式的探讨

新世晚期开始的隆升尤为剧烈，主要表现为地形的强烈分割，现代地形即于此时奠基。自玉木冰期以来（15,000—20,000年）青藏高原隆起幅度在珠峰达1150米，唐古拉山达600—800米，西藏东南部亦达1,000米，平均每年上升速度为30—80毫米。如以大间冰期以来总上升量平均1,700米（按表3），时段为29万年（W. Butzer, 1974. INQUA 1969.）则平均每年上升速度为5.8毫米。如以早更新世末70万年除2700米的总上升量，所得每年上升速度为3.9毫米。如以上新世末至今为200万年计，除3700米的上升总量，则每年上升速度仅为1.9毫米。把这些数字点在图5，确实可以使人感到高原隆起速度是愈来愈快。但是，也有这种可能，即高原隆起速度是跳跃式的。目前我们正处在一个地壳积极活动的时期，过去也可能有过长期地处于比较宁静的状态。至于是否有过绝对下沉的时期尚需进行研究。但相对下沉是毫无疑问的，昆仑山北翼的相对下沉就是最明显不过的例子。

上升速度 mm/年

1.5—2万BP

29万BP

70万年BP

200万BP

末次冰期　晚更新世　B/M　中更新世　早更新世　上新世

图5. 各时代高原隆起速度

青藏高原隆升的这种明显的阶段性在动植物的演化上有很好的反映。水生生物研究所的同志对广泛分布在青藏高原及相邻地区的鲤科裂腹鱼亚科的演化作了别开生面的、创造性的研究。发现在裂腹鱼的演化过程中，愈来愈获得适应高原不同高度水温、激流（流速）环境的能力，相应地分化出不同属的鱼类。分布在不同（高程）区间的鱼类，应是在高原隆升到一定高度较长期地稳（定）下来，使鱼的演化也有一个较稳定的环境从而派

阶段性的论据：①河谷（纵剖）上只有三个明显的裂点。②“梯”……有三个台面、夷平面的[illegible]地形。

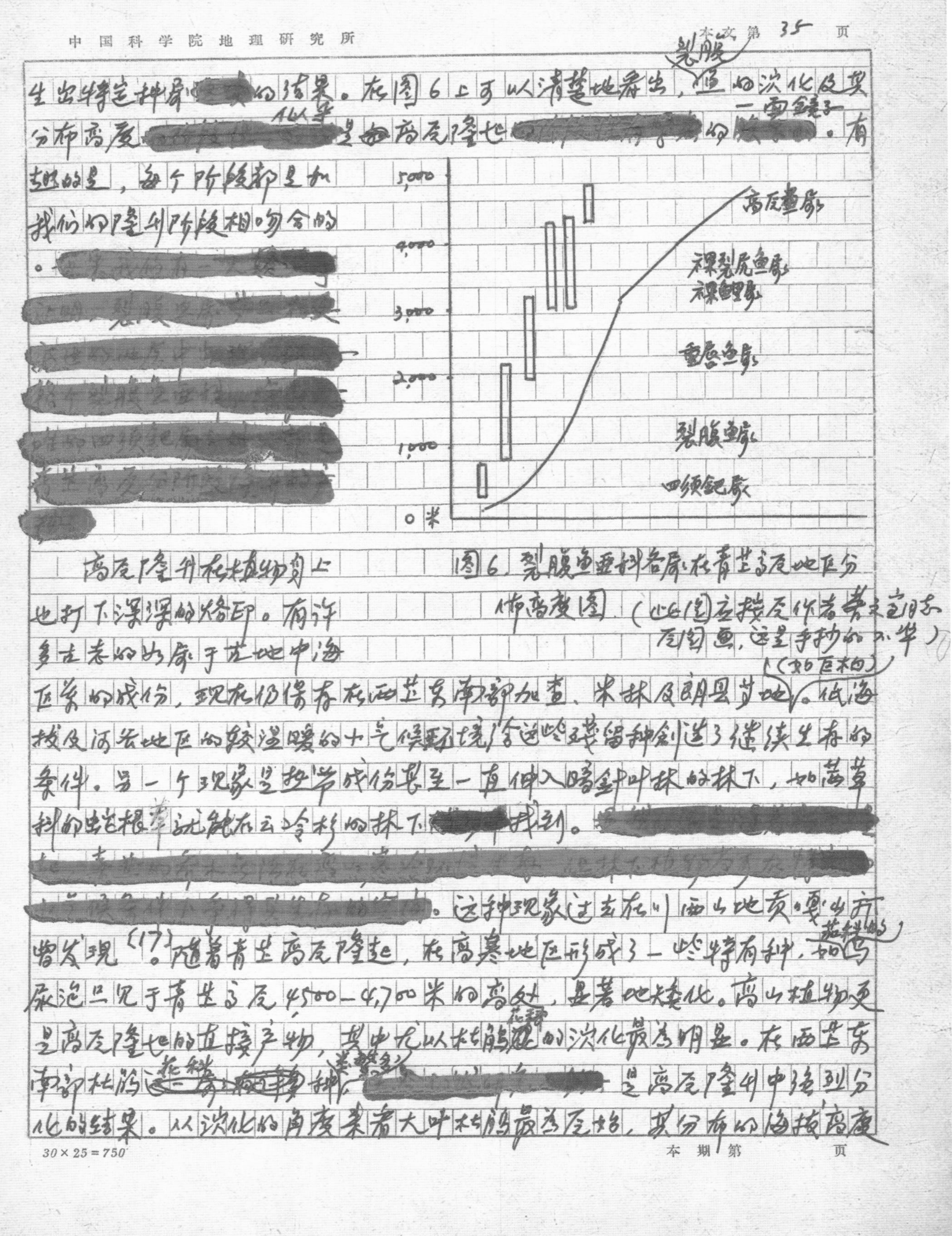

中国科学院地理研究所　　　　本文第 35 页

生出特定种属的结果。在图6上可以清楚地看出，这些演化及其分布高度是与高原隆起的。有趣的是，每个阶段都是和我们的隆升阶段相吻合的。

图6. 裂腹鱼亚科各属在青藏高原地区分布高度图（此图应按原作者曹文宣同志原图画，这是手抄的不準）

高原隆升在植物身上也打下深深的烙印。有许多古老的成份于古地中海区系的成份，现在仍保存在西藏东南部加查、米林及朗县等地（如巨柏）。低海拔及河谷地区的较温暖的气候环境给这些残留种创造了继续生存的条件。另一个现象是热带成份甚至一直伸入暗针叶林的林下，如茜草科的蛇根草就能在云冷杉的林下找到。这种现象过去在川西山地贡嘎山亦曾发现[17]。随着青藏高原隆起，在高寒地区形成了一些特有种，如马尿泡只见于青藏高原4500—4700米的高处，显著地特化。高山植物更是高原隆起的直接产物，其中尤以杜鹃花科的演化最为明显。在西藏东南部杜鹃花科……是高原隆升中隔离分化的结果。从演化的角度来看大叶杜鹃最为原始，其分布的海拔高度

30×25=750　　　　本期第　页

青藏高原隆起的时代、幅度和形式的探讨

也较低，常分布在林下。分布在林线以上的小叶杜鹃细胞显著退化，有浓郁的芳香味，是高原隆升以来它们的新的特性。

下面我们转过来谈谈关于青藏高原隆起的形式问题。在作了前述各方面问题的探讨之后，我们来对高原隆起的形式问题进行有限的讨论是必要的。至于高原隆起的原因，已超出了本文的范围，而且材料本身也很少有助于这一巨大课题的解决。在我们面前展现的作整体式抬升的青藏高原，南北都有巨大的边界断层把它限制着。在它的东边龙门山大断裂带并使它与扬子地台隔开。这些断层主要是一些逆断层，断层面倾向高原内部。根据现有资料除喜马拉雅山南麓的主边界断层角度较低外，其它大多是高角度的逆掩断层。从这样的事实出发，把整个青藏高原的隆升看作是断块上升是合理的。不仅如此，即使在高原内部，古老的山脉也都是承袭着过去的边界断裂在新的隆升时期发生继承性的上升，因而把新第三纪统一的夷平面分割成高低不同的部分。断块式的隆起使整个青藏高原像一个巨大的楔子一样，被夹持在欧亚板块和印度板块之间。与断块上升相对应，在高原内部及外缘分别形成一些大大小小的断陷盆地和谷地。除柴达木盆地这样巨大的断陷盆地外，在高原面上，而且经常是与隆升剧烈的块断山同时出现断距很大的断陷谷地和盆地。唐古拉山早更新世曾在断陷谷里堆积有上千米的砂砾岩；布曲河谷第四纪沉积的电探深度亦达到800—1,000米，而已有的钻井404米尚未打穿中更新世的冰碛层。即使在晚更新世这样较短的地质时期内，断陷谷的规模也是很惊人的。西大滩是中更新世大冰期后强烈断陷下沉的地区，已经接纳了晚更新世以来达百米的松散堆积。应当指出，青藏高原以断块方式进行的新构造运动，还给我们带来宝贵的地热资源。如羊八井的地热田就是随着发生于中更新世晚期的强烈断层活动而造成的，沿断层带形成了可供开採的硫磺矿床。青藏高原地热资源如此丰富，强烈的断裂运动是其中很重要的一个原因。当我们着重指出高原隆起主要是断块形式的时候，并不是说除此以外没有其他种形式的上升。在唐古拉山从夷平面变形看出该山的隆起还具有拱曲的性质，山的轴部夷平面比边缘要高出200米。夷平面的拱曲变形可能是作穹形隆升的结果，但更可能是来自两个方面的侧压力形成的大褶皱。近代青藏高原上大多数主要断层作东西或NWW伸延，均属压性断裂这一点可以得到验证。另一方面，在柴达木盆地，有一系列的作东西向平行式排列的最新的短轴背斜出露在地表，该褶皱的地层最新为中更新世。这说明南北向的挤压至今还在活动。与南北向的挤压同时，东西方向拉伸的张力导致张性断层的出现，不少断陷谷地与之有关，如一再提及的布曲河及昆仑山口的经向谷（又名清仙谷）就是如此。

当我们谈高原隆起的断块方式，又从断块而谈到南北向的挤压的时候，我们就很自然地走到了涉及青藏高原隆起原因问题的门槛上。帕米尔高原是青藏高原上唯一有深震出现的地区，根据对地震震源机制的分析，有的学者认为，帕米尔是印度板块与欧亚大陆板块最早相接的地方，因而有大量的地壳被挤入地幔，从而给深源地震的发生创造了良好的条件。喜马拉雅山虽然很高，但已经查明，它和地中海山带的西段如阿尔卑斯山等完全不同。它不是褶皱山，而是断块山；其地壳结构花岗岩层与玄武岩层的比率为0.6，(Gr/Bs Ratio) 而阿尔卑斯山是1.2。就其位置来说，大喜马拉雅山既不在西兰特提斯带，也不在更古老的[illegible]中央凹陷带，恰好处在南北两大沉积盆地间的结晶轴上。新生代晚期以来印度板块沿喜马拉雅山南麓主边界断层以低角度向北俯冲，通过具有相当刚性的青藏断块把压应力传递到北方的更坚硬的塔里木和柴达木台块上，使二者块沿边界断裂作相对的下降，于是整个青藏断块被抬升起来。帕米尔及喜马拉雅山由于最靠近印度板块而被抬升得最高，那高高翘起的断块的南部边缘乃成为世界上最高山峰群集的地方。[18]整个青藏高原南高北低及西高东低，特别是东南最低者由此得到合理的解释。

青藏高原隆起的时代、幅度和形式的探讨

五. 讨论.

至此为止，我们基本上是把眼光局限于青藏高原本身，从在高原上获得的地质事实出发来作出我们认为是合乎逻辑的推论。我们得出的结论颇与已往的看法不同，归结到一点就是认为青藏高原是惊人地年青。B.M.西尼村(1962)曾经认为上新世末青藏高原已达到3,000—3,500米的高度，但却又同意那琳等的意见，以为全新世以来高原上升了1300—1500米。这岂不是说，在第四纪为时最长的更新世中高原竟停滞不动? B.Э.莫尔札也夫(1970)根据我国学者在六十年代发表的文章，曾经认为喜马拉雅山在第四纪中总共上升了2500米，早更新世上升幅度为1,000米。以目前喜马拉雅山平均高度为6000米计算，他得出结论，说中更新世时喜马拉雅山平均高度应为4500米，高原面则低于此数。看来，他们都有一个先入为主的印象，认为大高原是古已有之，不过稍低一些而已。早年一些地质学家在分析上新世三趾马动物群的分布时，亦曾认为，青藏高原是该动物群不可逾越的障碍。所以，像葛利普就曾认为，三趾马是从华北经新疆入伊朗高原，再由伊朗向东南回迁到喜马拉雅山南麓，加入到西瓦利克动物群中去的。根据我们近年在高原的工作，这些观点必须加以改正。和亚洲其他地方一样，老第三纪时，整个亚洲是地壳相对稳定的时期，外力夷平作用超过了内力作用，因而形成了多成因的统一的夷平面。夷平面由于十分低平，当海面略微上升或地壳稍作下沉运动时，就发生大规模的海浸。由于这个原故，阿拉伯海曾越过伊朗，阿富汗，经图尔盖凹地与北冰洋相通，隔断了欧亚大陆之间的交通。海水东延进入西天山、昆仑山段北麓，世界屋脊被海淹没，喜马拉雅山南北均为海洋，东部则为缅甸和阿萨姆海湾。青藏地区三面被暖海包围，以海面为基准发育夷平面是不言而喻的。在图乌拉尔山东坡，西天山以及喀什米尔喜马拉雅山西段的发现海相地层复盖在砖红壤风化壳所在的古夷平面上。当渐新世中期海退之后，大面积地区陆地十分低平，气候炎热潮湿，亚洲大陆当时在广大的夷平面上生活着以巨犀（*Baluchitherium grangeri*）为代表的动物群。这是新生代迄今所知陆地上最庞大的动物，它的躯体长7.3米，肩高达到5.2米。它在亚洲分布很广，在蒙古、哈萨克斯坦、巴基斯坦，我国西北部曾找到它们的化石。葛利普正确地指出，这样笨重的体型能在广漠的亚洲大陆上分布开来，必须要求没有高山高原阻挡才行，当时的气候分带也是比较均匀的，南北差异不应过于悬殊。青藏地区当时更是处于热带亚热带的范围内，植被中大量出现水杉、落羽杉、棕榈、桃金娘等喜暖成分。由于工作未能深入，今后在青藏高原上找到这一动物群的化石是完全可能的。中新世中期隆起的构造运动使许多山地升起，其中突出的是喜马拉雅山和帕米尔。在喜马拉雅山南麓沉积了西瓦利克群，在帕米尔则为达尔瓦兹砾岩。西瓦利克群下部和中部是较细的碎屑岩，从其岩性在大范围内比较均一来看，印度地质学家巴迪亚以为随着海水西退存在着一条巨大的古西瓦利克河由东南流向西北再南折入信德海湾（古）。但是，达尔瓦兹砾岩的存在说明帕米尔的隆起在当时是很剧烈的，高度可能超过了喜马拉雅山。拉里夫金早曾指出认为帕米尔由于在晚第三纪已升起很高因而应有最早的冰川发生。这和日本学者关于帕米尔是两大板块最早接碰的地方的推测是相吻合的。的确，当卡尔斯伯格海岭扩张推动印度板块向北和向东移动时，帕米尔所在地方正像一只最早插入亚洲大陆的楔子，迫使帕米尔高原上升，使兴都库什山和喀拉昆仑山发生弧形弯曲，被褶皱的地层最晚为中生代。相反地，在印度板块的东北角，第三系地层极为发育，厚度达15,000米，阿拉干山等被卷入阿萨姆弧形山脉的地层主要为第三系，这就说明，三角形的印度

青藏高原隆起的时代、幅度和形式的探讨

中国科学院地理研究所　　　　本文第 40 页

板块确实是西北早于东南与亚洲大陆发生碰撞的。但是，虽然喜马拉雅山和帕米尔等山区在中新世确实升起了，但它们，特别是喜马拉雅山的高度是有限的。古地中海已经撤出印度北部平原及青藏地区，但在伊朗、西亚及里海一带仍保有很大范围，受暖海影响。中亚及青藏高原尚未立刻显著变干。草原化代替森林的过程是逐渐的，上新世三趾马动物群仍是一种森林的动物。与三趾马同时出现的红土风化壳在中亚可分布到巴甫洛达尔，说明当时气候的炎热程度。在西藏，上新世气候的炎热湿润从动物群、植被及粘土矿物、古喀斯特等的发育程度都可得到证明。不过，由于喜马拉雅山的崛起，它总是起着遮挡作用，更多的降雨被截在山地南麓，因而山南为极其湿润的热带雨林，平原上河流、湖沼、森林发育。在亚洲大陆广大地区森林向干燥方向发展的总背景上（北方泰加林已逐渐扩大取代阔叶落叶植物群的地盘），唯独古西瓦利克河沿岸水草丰美，因而成为珍奇兽类竞相荟萃的地方。三趾马和鹿类从青藏地区越过喜马拉雅山的低平山口进入印度平原，大象和河马则从遥远的非洲迁徙而至，西瓦利克成为新生代亚洲最兴旺的古代动物园。由于图尔盖海峡的消失，三趾马从东海之滨一直奔驰到大西洋岸。老第三纪的夷平面虽经抬升，但经中新世和上新世的漫长时期的剥蚀和夷平，又再一次发展成接近大海水准面的夷平面。金氏（1962）在论述全世界的夷平面发育时，正确地指出，即使是像亚洲内陆如蒙古这样的内地，长期的夷平也必将最后导致终极夷平面的形成，其时代也应与其他地方同步。青藏地区距海较近，向世界洋面接近的夷平面发育也本是意料中事。迄今所知，印度半岛老第三纪和新第三纪两级夷平面（有上、下二层红土覆盖）经近期上升不过1000米，中西伯利亚高原上升后为平均1300米，中亚哈萨克斯坦则仍然只有200—300米。戴维斯（1903）早曾指出"我们

30×25=750　　　　本期第　　页

见述的未经分割的准平原的最好例子是在西伯利亚近谢米巴拉丁斯克的地方"。这种地形指的是额尔齐斯河沿岸的准平原，平均海拔至今不过150米。由此看来，青藏地区也不应当例外，当发育准平原的时候，其地面的高度不应过于悬殊。我们所说的平均1000米的海拔，已经实乃上升后的地面，前期当不致如此之高。

在本文的第一部份，我们在计算孢粉组合所反映的古植物位相高度时，曾经使用了青藏高原加热作用的原则。对于这样一条原则任何人是不会否认的，但增热效应究竟以多大为合理，肯定会有不同的意见。同时，随着高原的隆起，西伯利亚冷高压北移到现在的位置并日益加强，寒流侵袭我国东南沿海机会增多。因而，当论及青藏高原的增热效应时，不能不考虑我国东部的降温问题。据研究，我国东部地区，在北纬30°附近年平均气温要比同纬度理论计算值要低2°C。这中间显然包含着降温的因素。不过，根据地质资料，亚洲东部地区较之欧洲和西亚有一个显著的特点，即在漫长的第三纪中（甚至一直延入更新世早期），它的气候和植物群变化不甚明显，保持着古老的特征。西居村在解释这一特点所持的观点是正确的，即这和欧亚大陆东西两岸海陆变迁正相反的特点有关。西亚欧洲是沧海变为桑田，海水从大西北地区退出）陆地。如果在老第三纪中西还是气候湿热，古海中有珊瑚生长，陆地上有红土层沉积的话，新第三纪就逐渐变为干旱的萨瓦那并最后成为温带草原了。但是，在亚洲东部，则经历着相反的过程，新第三纪日本海很浅，东海和渤海还是陆地（南海大部份也是陆地），只是到晚期才发生剧烈的地壳活动，使我国东部许多地方沉降，海水入侵，古长江有很长一段已被淹没在东海之中。华北平原下埋藏着唐县期的地面，说明它从上新世以来经历了由剥蚀区变为沉降和堆积区的巨大变化。海水内侵无疑地起到对近海

青藏高原隆起的时代、幅度和形式的探讨

地区增温和多雨的作用。因而，我国东部第三纪晚期年代内经历着由干燥向湿润气候的发展过程。在总的全球性气候变冷中，我国（特别是东部）作为独受海侵和季风逐渐强化之惠，气候变化并不十分突出。较之欧洲、中亚，那里的热带亚热带第三纪何时还是普遍的地质烙印，反映在植被、土壤、古岩溶上很突出，现在已是西北全部，形成典型的沙漠景观。从这种意义来说，西伯利亚寒流并不是对东部降温起决定作用的因素。事实上，第三纪植物区系，特别是老第三纪的植被区系早已反映出欧亚大陆东部较西部早就冷得多。欧亚温带植物群与阔叶植物群的分界线，大致从英格兰北部经北德平原、波兰、乌克兰、哈萨克斯坦向东斜直到我国的山东半岛，大陆东西间一景观界限竟相差达20°纬度。这就是说我国东部气温平均比同纬度偏低是早已确立的地质事实，并不是近入第四纪才有的。我国气候的保守性和第三纪植物种保存较多的事实是一致的。因此，可视为我国东部平原因季风强化变冷（西伯利亚寒流）并不重要，宁可说，第四纪的两面起码相互抵销，海侵使夏季风更深地侵入内地带来的水热影响不可轻视。

纵观我国地貌，西部地区强烈地反映着印度板块北向移动的影响（包括隆升的盆地），形成了巨大的高原和山地，远及中亚。第三纪海退是陆地普遍隆起的直接结果，大气环流亦从行星风系改为南亚季风。我国东部，太平洋板块向西北移动，造成大陆边缘的一系列岛弧，在岛弧内侧形成一系列华夏式的凹陷，有的则成为新的海盆。这一凹陷带之西则有高原升起，但其规模较之我国西部大为逊色，可能反映海洋地壳与大陆地壳相撞的特点而与大陆地壳互撞的结果有所区别。地壳运动的这一特点决定了我国的地貌结构，并影响到大气流场的结构变化，自然景观的其他诸因子亦随之变化。这应当是理解我国新

中国科学院地理研究所　　　　本文第 43 页

生代以来自然史的关键。

这样，在大自然的剧烈运动中，印度板块被撞碎了，玄武岩流从地壳的深部沿破裂的缝隙溢流，形成复盖整个印度半岛的熔岩高原。太平洋板块屈服了，沿着西太平洋岛弧外侧的深邃的海沟，悄悄地消失在地壳下部。古老的亚洲大陆则像中流砥柱一样站立在世界的东方，以他那欲与天公试比高的巨人丰采，赢得了世界屋脊和地球第三极的光荣称号。这是名符其实的亚洲大陆的新崛起，是地球史上最新和最光辉的一章。

说明：本文的前四节写成后，在北京曾经有关同志传阅和讨论，并根据同志们的意见修改后缮成第二稿。这里是第一稿，很不成熟，但考虑到各有关专业同志提供的资料都很宝贵，作者回兰州后又就一些问题写了第五节。前四节全部未予更动，为的是让它的毛病暴露得更清楚一些，以此就正于青藏队内外的同志们，好让我们的理论工作做得更好一些。当在青藏考察处於紧张的总结提高的现阶段，这样做应当是有益的。

李吉均　1978.元月18日

30×25=750　　　　本期第　　页

青藏高原隆起的时代、幅度和形式的探讨

参考文献

〔1〕徐仁、陶君容、孙湘君：1973，希夏邦马峰高山栎化石层的发现及其在植物学和地质学上的意义　植物学报　15卷　第1期

〔2〕周昆叔等：1976，根据孢粉分析的资料探讨珠峰地区第四纪古地理的一些问题　珠穆朗玛峰地区科学考察报告（1966-1968）第四纪地质，科学出版社

〔3〕徐仁等：1976，珠峰地区第四纪古植物学的研究，同上

〔4〕赵希涛：1975，喜马拉雅山脉近期上升的探讨　地质科学　1975（3）

〔5〕郑本兴、施雅风：1976，珠穆朗玛峰地区第四纪冰期探讨　珠穆朗玛峰地区科学考察报告（1966-1968）第四纪地质　科学出版社

~~〔6〕王开发等：1975，根据~~

〔6〕徐仁：1977，大陆漂移与喜马拉雅山上升的古植物学证据（本次讨论会宣读论文，未发表）

〔7〕王开发等：1975，根据孢粉组合推论西藏伦坡拉盆地第三纪地层时代及其古地理　地质科学　1975（4）

〔8〕崔之久、郑本兴：1976，珠穆朗玛峰地区的喀斯特　珠穆朗玛峰地区科学考察报告（1966-1968）现代冰川与地貌　科学出版社

〔9〕~~杨理华、刘东生：1974，珠穆朗玛峰地区新构造运动　地质科学　1974（3）~~

~~叶笃正~~ 徐淑英、高由禧：1962，青藏高原的季风现象　地理学报

中国科学院地理研究所　　本文第　页

〔10〕

〔11〕H.V.威斯曼　中国更新世冰川概况
第四纪地质参考资料　第二辑　（华北地质科学研究所）
原文为英文 发表于中国地质学会会志 1937 Vol.17 No.2.

〔14〕朝仓正：1974，西藏高原与世界气候
国外气象参考资料（第一辑）科技文献出版社 1976

〔12〕徐仁：喀什米尔第四纪第一间冰期的孢子花粉分析
中国第四纪研究 1（1958），1

〔13〕徐近之：1960　青藏地理资料（地文部分）

〔15〕竺可桢：1973　中国近五千年来气候变迁的初步研究
中国科学　1973（2）

〔16〕罗来兴、杨逸畴：1963　川西滇北地貌形成的探讨
地理集刊　第5号　科学出版社

〔17〕Heim A.：1936　The glaciation and Solifluction of Minya Gongkar. Geog. Jour., Vol. 87, No.5

〔18〕杨理华、刘东生：1974，珠穆朗玛峰地区新构造运动
地质科学　1974（3）

30×25=750　　本期第　页

青藏高原隆起的时代、幅度和形式的探讨

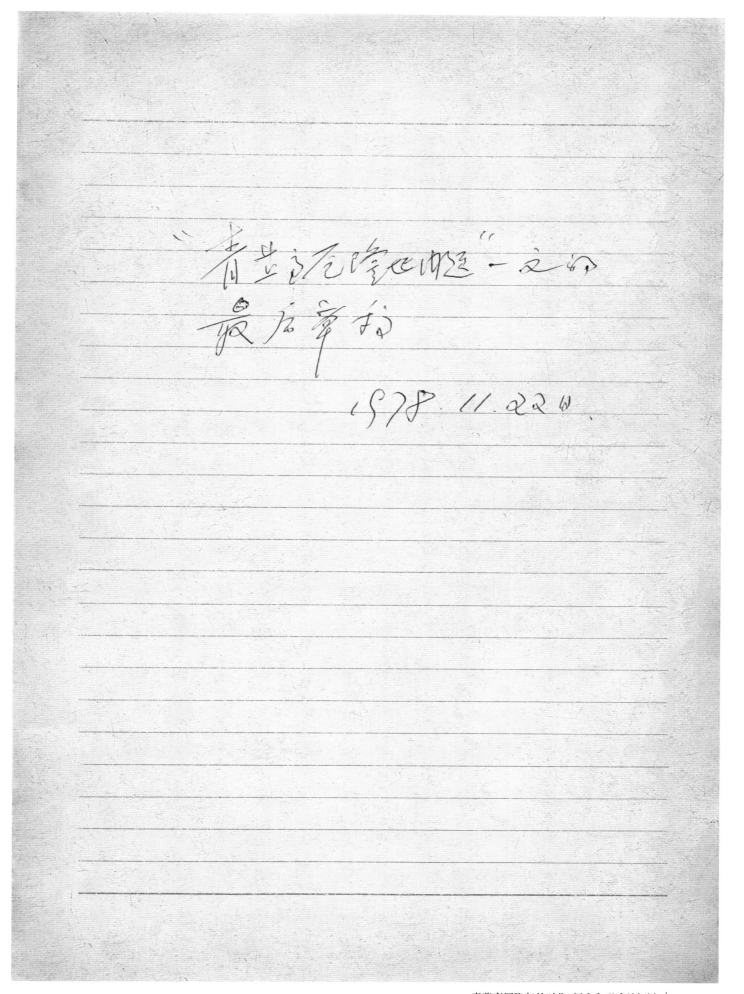
“青藏高原隆起时代”一文的
最后章节

1978.11.22日

青藏高原隆起的时代、幅度和形式问题的探讨

（李吉均 文世宣 张青松 王富葆 郑本兴 李炳元）

一 前言

300字

青藏高原的隆起是新生代晚期亚洲大陆上发生的最伟大的地质事件之一。一九六四年我国科学工作者在希夏邦马峰北坡上新世地层中发现高山栎等化石，据此推算上新世以来该区已上升了3000米[1][2]。在1966—1968年珠穆朗玛峰（以下简称珠峰）地区的科学考察中，对第四纪地层、冰期划分和喜马拉雅山的隆升问题等继续进行了探讨[3.4.5.6.7]。从1973年开始，中国科学院青藏高原综合科学考察队对青藏高原开展了规模更大的科学考察，地学与生物学各学科均收集到不少有关高原隆升的新资料。1977年11月下旬，该队在山东威海发起召开"青藏高原隆起的时代、幅度和形式问题讨论会"。本文综合了与会大多数同志的意见，藉以抛砖引玉，以期对这一重大理论问题的解决有所推动。错误之处，敬希读者批评指正。

二 关于青藏高原隆起的时代

（一）青藏高原的发育，大陆增生和古地中海的消亡

横贯于欧亚大陆南部的特提斯海从早二叠世晚期开始由于相继发生的海西、印支、燕山等构造运动而逐步向南撤退。这是一个欧亚大陆向南增生和古地中海逐步缩小的过程。表一总结了近年青藏高原地层研究的部分成果，清楚地揭示了这一发展趋势。

表一 青藏地区各部份最高海相地层及其时代

青藏高原隆起的时代、幅度和形式的探讨

喜马拉雅运动使欧亚大陆和属于南部大陆的印度次大陆联结起来，古地中海完全封闭，青藏地区最后结束了海浸。这个时期发生在始新世之末，即一般所指的喜马拉雅运动第一幕。由于南大陆向北推进的巨大力量，雅鲁藏布江缝合线之北的冈底斯山于此时开始隆起。但是，整个来说这时的青藏高原是不高的。从所发现的下第三系沉积岩相来看，砾岩成份很少，多为砂岩、页岩、泥灰岩，长江上游沱沱河盆地中下第三系产有此时的腹足类和介形虫化石[8]，属内陆湖盆沉积，地形起伏在当时是不大的。还应指出，青藏地区下第三系沉积相南北有很大差异，大致以狮泉河、改则、班戈和丁青一线为界，以南为反映气候湿热、森林茂密的含煤建造，如阿里地区冈底斯山南坡门士煤系中含有桉树(Eucolyptus)、榕树(Ficus)和杨梅(Myrica)等。以北为红色碎屑建造，其北部还含大量膏盐石膏层，说明气候炎热而干燥，二者之间是含油页岩的杂色碎屑建造。这种明显的纬向气候分异表示当时可能还不存在季风环流。青藏高原下第三纪夷平面即是在这种气候条件下发育起来的。目前，这一级夷平面一般出现在高山顶部，常有蚀余山突兀其上成为现代冰川发育的中心。如长江源头的各拉丹东雪山(6621米)即属于这种蚀余残山发育的大冰川，而在该山之南，这级夷平面隆升到5,600米左右，因而发育起百余平方公里。

的斯堪地那维亚型高山冰帽。值得提出的是，在更西的祖尔肯乌拉山南北，这级夷平面上广布着中新世早期溢出的玄武岩和安山岩，东西延长近百公里，南北宽30~40公里，成为确定该夷平面形成上时限的重要证据。1)

（二）上新世青藏高原的古地理环境和高度

中新世发生的强烈的喜马拉雅运动使喜马拉雅山逐步隆起，在该山南麓开始形成著名的西瓦利克群。这时青藏高原内部的地形也受到很大改造，形成一些新的断陷盆地和山岭。南木林含炭的乌龙组和伦坡拉盆地的丁青组(四)含丰富的亚热带阔叶林及针阔混交林的植物化石，显示气候较早第三纪变冷，山地隆起于此中起重要作用。但是，经过其后千余万年的长期剥蚀，到上新世末期，一度变得崎岖的地形再度趋于夷平。目前，我们在青藏高原上到处看到的起伏微弱的湖盆宽谷与低缓地形交错的所谓高原面就是这段时期形成的。它切过包括下第三系在内的古老地层，在盆地中则为广状平缓的上新世湖相地层，乃是这一级夷平面的相关堆积。在本世纪三十年代，德·特拉在青藏高原西南角班公湖一带所见到的晚第三纪高原面（plateau level）[9]和巴尔博在云南西北德钦附近所见的唐县期地面[10]

1) 据徐叔鹰、张林源及中华人民共和国"区域地质调查报告书（1/100万）温泉幅（1970，青海省地质局）

3

青藏高原隆起的时代、幅度和形式的探讨

只不过是高原内部广阔的高原面的南部延伸而已。在高原内部其高程一般为4500—5000米。值得注意的是这一级夷平面上凡有可溶性岩石分布的地方，常可发现古岩溶遗迹，如峰林、石林、石墙、溶洞、天然桥等。按峰林等岩溶地形乃热带和亚热带气候下的产物，我国华南目前发育峰林的地方均在海拔1000米以下，即使在赤道新几内亚，峰林上限也不超过1500米[11]。这从另一侧面表明高原面是在低海拔的位置形成的，而这也是符合大陆夷平面发育的规律的[12]。

自六十年代在希夏邦马峰北坡发现含高山栎植物化石的上新世地层以来，青藏高原各地又相继发现同时代地层有十余处。其中有四个地点找到三趾马动物群化石。所有上新世地层均主要为湖相泥岩和粉砂岩，反映构造活动微弱和沉积环境比较稳定，这是和夷平面的发育相对应的。软体动物为淡水型，吉隆卧马组中找到的[illegible]螺型恒河螺（广义种）（*Gangetia ex gr rissodes odhner*）说明当时西藏与南亚的水系是沟通的。卧马组底部（N_2^2）粘土矿物为高岭石—水云母组合，Fe_2O_3和CaO含量低而C含量高，反映气候湿热。卧马组上部（N_2^3）粘土矿物为蒙脱石—水云母组合，Fe_2O_3和CaO含量增高而C含量下降，表示上新世晚期气候变干[13]。在普兰扎达盆地上新世地层顶部有[illegible]石膏，而毕达

4

木鱼也上新世晚期为主要成盐时期，唐古拉山以北青藏公路沿线钻孔中常在第四系以下见第三系时的石膏层，均说明上新世末期气候变干是普遍的。

黄万波等同志研究青藏高原三趾马动物群时指出，布隆盆地三趾马动物群比较原始，应属上新世早期。当已发掘到的动物种属是：黑河低冠竹鼠（Brachyrhizomys hehoensis）、巨斑鬣狗（西藏变种）（Crocuta gigantea var thibetensis）、古猫（Metailurus sp.）、唐古拉大唇犀（Chilotherium tanggulaensis）、西藏三趾马（Hipparion thibetensis）、萨摩兽（Samotherium sp.）、羚羊（Gazella sp.）。这些成分与南亚西瓦利克群的Chinji组相似，属森林型。说明当时喜马拉雅山不高，不足以成为动物群迁移的障碍。吉隆盆地三趾马动物群则与华北常见种相似，应属上新世中期。当时华北与青藏高原保持着对该动物群来说可能是大致相同的生态环境。吉隆沃马组所含成分是：吉隆三趾马（Hipparion chilongensis）、西藏大唇犀（Chilotherium thibetensis）、麂（Metacervulus capreolinus）、古长颈鹿（Palaeotragus microden）、高氏羚羊（Gazella gaudryi）、鬣狗（Hyaena sp.）、吉隆短耳兔（Bellatona chilung）。吉隆三趾马属森林—草原型。沼泽湖泊栖息着犀牛，森林—草原上生活着长颈鹿、三趾马，山坡上是亚热带森林。杨钟健教授早曾指出，[14] 上新世时秦岭南北的沉积环境是一

5

青藏高原隆起的时代、幅度和形式的探讨

样的，古时的秦岭既不高，也不是气候上的界限。从以上所述关于青藏高原上新世的地形，从植物和动物群的生态来看，其和我国东部地区差别也不大，热带和亚热带的森林和稀树草原景观是我国当时大部分地区占主导地位的自然景观。青藏高原当时的高度约在海拔1000米左右。

（三）古植物学的论据

古植物学特别是孢粉分析是恢复古地理环境的重要方法，国内外不少学者以此来计算山地的隆升量。但是，植物的生长高度并非常数，随着气候变化其生长高度也发生变化。最显著的莫过于冰期和间冰期的影响，以及上新世以后全球降温这一事实。

用古植物学特别是孢粉分析的方法来研究山地隆升，近年来在国内外都有人在进行尝试。此中重要的问题是要进行气候变化的订正。如上新世与现代的温度差别，冰期与间冰期的差别等。在威海讨论会上，同志们还注意到必须对高原隆起所产生的加热作用，即"山体效应"（Masserhebung effect）予以重视。不少同志之所以把上新世青藏高原的高度订得太高，主要原因即在于此。[15] 以亚高山暗针叶林的上限为例，在华东一带按推算应在3000米左右。但在同纬度的西藏，其上限可上升到4300—4600米。这是青藏高原夏季作为热源引起气温大幅度上升的结果。即以年平均温度来说，西藏比同纬度的华东也要热得多。如拉萨

6

即比同纬度的庐山气象站订正到同一海拔高度年温要高11.1°C。气候温润而森林茂密的西藏东南部各地按相同方法订正也要比同纬度的华东高8–9°C。这种"山体效应"的意义在于，当我们发现上新世的古植物化石点时，其高度不应按现代高原上的植被的海拔高度来确定。因当时高原很低，增热作用极微或不存在，因而必须把它减去。具体来说，上新世气温年均比现代要高3°–4°C，增热作用为8–9°C，两相抵销，仍有4–6°C所代表的高程应从古植被所对应的现代植被高度中减去。按垂直递减率每百米0.6°C计算为700–1000米。

此外，在作孢粉分析时对沉积环境的影响亦应予以重视。在西藏迄今发现的上新世地层均为湖相和河流相。孢粉中除水生植物外，陆生植物必然是在比湖盆更高的地方生长着。风和流水常使不同植被带的孢粉混杂。例如，曾见到某地层中有如下孢粉：云杉、松、冷杉、榆、栎、雪松、罗汉松、五加科、芸香科、苏铁、山毛榉、漆、藜科、麻黄、蕨等。很明显，这是一个混杂堆积。而耐寒的云杉、冷杉绝不可能和喜暖的苏铁、罗汉松生在一起。这样，不管云、冷杉花粉含量有多高（是係花粉的高产量和风媒性质所致），只能以分布位置最低、喜暖的苏铁和罗汉松等来确定当时沉积盆地的高度。

为了验证上述方法，我们将产三趾马化石的聂拉木

7

述泽组为例。在150米的沉积中孢粉组合可分四个阶段。从下而上是雪松纯林——→桦与雪松混交林——→桦树林——→森林草原。前二阶段最温暖，与红土风化壳及古岩溶、大型哺乳动物如犀牛等的生态环境接近，可以用来推断上新世夷平面生成时的地面高度。雪松在第一阶段占全部乔木花粉的70.9%。目前雪松纯林在喜马拉雅山西段出现在1800米左右的高度上。但第一阶段中还有更喜暖的油杉、罗汉松、山核桃、凤尾蕨等；第二阶段除占优势的桦和雪松外，尚有喜温热的凤尾蕨、水龙骨蕨及槐叶萍等出现。雪松纯林按前述上新世温度变化及垂直作用订正应减去700—1000米，考虑到有更喜暖的油杉、罗汉松等，当时的地面高程应在1000米或更低。吉隆盆地产三趾马化石地层孢粉中亦有栎木、棕榈、雪松等，情况与此接近。我们检验了迄今所知青藏高原上新世地层作过孢粉分析的地点，其高度经订正均在1,000米左右。这和前面根据夷平面、古岩溶、古动物生态的估计是一致的。

三、青藏高原隆起的历史和高度

青藏高原强烈隆起的时代始于上新世末。这从沉积地层的岩相上首先反映出来。高原内外进入第四纪沉积岩相发生突变，湖相与河流相的泥岩、粉砂岩变为砾岩。喜马拉雅山南麓的西瓦利克群属于第四纪的部分是所谓上西瓦利克"砾岩时期"（Boulder Stage），在河西走廊为玉门砾岩，而在高原内部则是以"贡巴砾岩"为代表的山麓

8

砾岩。它们常以"顶盖砾岩"的方式不整合（或假整合）地覆盖在上新世湖相地层之上。贡巴砾岩的砾石成分主要来自沉积盖层，来自结晶基底的花岗岩、花岗岩仅占12%。说明喜马拉雅山河流下切还不深。

（一）早更新世的古地理环境和高原隆升量

贡巴砾岩含孢粉很少，为草原类型。它结构复杂及与日贡达布该砾岩中夹落层硅藻土，则和昆仑山垭口早更新世地层中有冰缘遗迹（融冻褶皱）。看来，当时有一段时期气候寒冷，在少数高山可能发育了冰川，即希夏邦马冰期。据古冰川遗迹来看，是发育于深切山头流到山麓不远的小型山麓冰川。贡巴砾岩当是同时期的冰水或河流沉积。与喜马拉雅山南麓的塔特罗期砾岩相当（Tatrot）。青藏公路沿线许多钻孔揭示，上新世顶部石膏层以上沉积层中孢粉亚热带成分明显减少，第一段草原型花粉组合与贡巴砾岩情况是一致的。继草原花粉段落之后，出现森林植被的花粉组合，相当于温暖的间冰期。这时山地主要生长着云杉和冷杉，高原面上主要是属于山地暖温带的针阔混交林和落叶阔叶林，成分有榛、雪松、鹅耳枥、栎、胡桃、芸香科和凤尾蕨等。高原面的高度据此推算应在2,000米左右。这就比上新世时高出近1,000米。河流从夷平面上下切数百米，在川西高原，即罗乃尝所指的浅切河谷。[15]

一个平均海拔2,000米的高原，山地可能达3,000米或更高，其在气候上的动力作用和热力作用是不

9

能低估的。近年来我国和外国的大气学家都指出（叶笃正、陶诗言 1973[16]，Manabe，1974[17]），青藏高原的存在与南亚季风有依存关系。没有青藏高原，就没有南亚季风，一旦有了青藏高原（热力作用），就有横过赤道的西南气流。另外，由于西南季风是一个深厚的天气系统，在早更新世完全可以越过高原直达内陆。柴达木盆地上新世晚期十分干燥是主要成盐时期，但在早更新世却又出现广阔的湖盆和稠密的水网，这种气候由干变湿应与季风形成有一定关系。

（二）中更新世古地理环境和高原隆升

中更新世是青藏高原构造运动和气候变化十分剧烈的时期。一是发生了第四纪最大规模的冰川作用，即聂聂雄拉冰期；二是继冰期之后是气候最温暖的大间冰期；三是强烈的构造运动后发生的地形大切割。贡巴砾岩不仅与下伏的上新世地层，与上覆的中更新世地层亦呈不整合接触（图一）。高原北部的昆仑山垭口早更新世地层亦被向西南掀斜8°-12°，并被倾向北倾角达70°的压性断层断开。看来，早更新世末的构造运动是遍及高原各地的。这次运动使高原抬升到更大的高度，古气候

图一

10

变冷时乃发生大规模的冰川。希夏邦马峰北坡那边多拉河（朋曲上游）流域，冰川面积比现在大十五倍，南坡冰川延长40公里。喜马拉雅山北坡形成宽广的山麓冰川，留下大面积的冰碛和冰水平原，聂聂雄拉平台便是其中之一。进入间冰期后流水侵蚀十分活跃，高原各大河流如雅鲁藏布江、印度河及东部三江流域各河均于此时强烈下切。象泉河在扎达盆地从上新世—早更新世巨厚的湖相与河流相地层中切成宏伟的峡谷，目前已抵达基岩，切割深度近800-900米。因此，可以毫不夸张地把中更新世开始的这次侵蚀叫做地形大切割时期。从各地切割深度来看，中更新世高原上升总不下1000米。

中更新世大间冰期气候很温暖，冰碛物上常发育棕红色的古土壤，厚度可达一米。札当雄（4200米）的古土壤经分析pH值为6-7，钙质反应很弱，土体化学组分SiO_2/Al_2O_3比率为2，与红壤接近。粘土矿物以水云母和高岭石为主，有时亦见少量三水铝石，表示温热气候中存在干期。仲巴附近所见中更新世古土壤则属棕壤类型。看来，大间冰期最低处或最暖时段曾发育红壤型土壤，高处一般形成棕壤。其间特点是土壤发育都很成熟，显示间冰期延续时间很长。

（三）晚更新世古地理环境和高原隆升加速

中更新世晚期强烈的构造运动在喜马拉雅山南

11

青藏高原隆起的时代、幅度和形式的探讨

裂表现为主边界断层的强烈活动，从中新世中期沉积直到中更新世为止的全部西瓦利克层都被逆掩和褶皱[ ]。在高原内部，断裂活动也十分普遍，并伴有广泛的水热活动。昆仑山有火山活动。在羊八井、念青唐古拉山南麓的中更新世冰碛被许多断层断开，并形成硫磺矿床。羊八井地热田的形成也可能就在这个时期。这一强烈的构造运动使喜马拉雅山与青藏高原剧烈抬升，进入晚更新世，终于因山地上升过高而成印度洋季风难于逾越的障碍，致使高原内部强烈变干。冰川规模相对缩小，多年冻土则广泛发育起来。

经中更新世的地形大分割之后，青藏高原特别是其边缘山高谷深的面貌已接近现代。因此，晚更新世冰川基本沿以前的河谷前进。在气候干燥的高原内部，晚更新世珠穆朗玛冰期前后两阶段区别不大。但在西藏东南部则表现为清楚的两次冰期，即古乡冰期和白玉冰期。波密古乡冰期冰川长百余公里，白玉冰期仅70公里。白玉冰期又可分为前后二阶段（图二）。高原内部晚更新世时古土壤中常含大量的钙质，甚至

图二

12

中更新世红壤型古土壤中这时又发生次生钙的富集，微结构中呈二元现象（复钙作用）。高原的盐湖也源于这一时期形成。

如果说直到中更新世大间冰期，高原内部尚能发育红壤，生长很好的森林植被，高原面高度一般不超过3000米的话，到此时代，广大的高原面已达4000—5000米。故自晚更新世十多万年以来，高原又上升了1500—2000米。

（四）全新世的气候变化与高原上升

全新世即现代间冰期至今延续了一万年，青藏高原在此期间的气候变化和构造上升也是很剧烈的。在与黄河流域仰韶文化大体相同的高温期中，西藏的冰川也比现代小得多。如在西藏东南部易贡附近的若果冰川发现高温期形成的山地棕壤型的古土壤一直分布到海拔4000米的高度，它被C^{14}年代为1700—1900年前的新冰期的一次冰川推进所形成的冰碛所覆盖成为埋藏古土壤。现代山地棕壤在该地最高可分布到3200米（比古土壤最高分布线低800米）。根据竺可桢研究[ ]，高温期时气温比现在约高2—3°C，则当时的植被带可向上（平均）移动300—500米，这样还有300—500米应是高温期后数千年中地壳上升的结果。另外，近年在藏北无人区发现许多旧石器中石器和细石器时代的古人类文化遗物，说明当时比现代温暖湿润，淡水湖较多，地面高程比现代也

13

~~比现代~~低一些，因而适于史前人类居住。藏南的羊卓雍湖旁的十湖沉积物在C14年代为3160年前水位比现代要高22米，与羊卓雍湖连为一体。那时沉积下来的湖相层中含有松、桦、栎及胡桃科花粉，现在这些树木在当地已完全不能生长。高温期后全球性的温度下降和高原的继续隆升使青藏高原上的冰川重新前进，目前已有的资料说明最明显的前进有三次，一次发生在2980±150年前，察隅的阿扎冰川在前进中毁灭了许多森林；一次发生在1500—1900年前，即前述若果冰川前进掩埋了高温期形成的古山地棕壤；最近一次发生在近三百年，我们用地衣年代法及树木年轮法测得，西藏的许多冰川在上世纪二十年代、八十年代最晚于本世纪初年达到最大。本世纪三十年代冰川开始强烈退缩一直延续到五十年代。六十年代青藏高原是个温度下降和雨量增多的时期，西藏各气象台站记录到气温平均比五十年代平均约低0.7°C，降水则依地增加~~5—27%~~ 5%至27%不等。近年在昆仑山西段的考察说明，许多冰川自六十年代以来发生了明显的前进。~~高温期后气温的下降和高原的继续隆升~~

表二按时代顺序列出~~近年来~~青藏~~科考队各~~高原隆起过程中所经历的环境变迁和高程变化。~~其中~~（在晚新生代强烈）

~~关于第四纪时代的划分在目前缺乏绝对年代和古生物证据的情况下暂时按地貌沉积的方法划分冰期和~~间

14

小型时进行控制。显然，随着今后研究程度的深入，一定会发生变化。关于高原面在各时期隆升的高度由于该探讨而是环境对比的方法显然也是不严格的 反映的是我们现在所达到的研究程度 随着今后工作的深入一定会有重大的修改。

另外，限于篇幅，在文章中有些表中列出的项目在本文中并未一一阐述，将待出版的 读者如果有兴趣可参看即将出版的威海会议的文集。

四

表二.

15

青藏高原隆起的时代、幅度和形式的探讨

四.

接第二行直接修改.

1978.11.22日.

(最后定为11,000字.不能再少了)

16

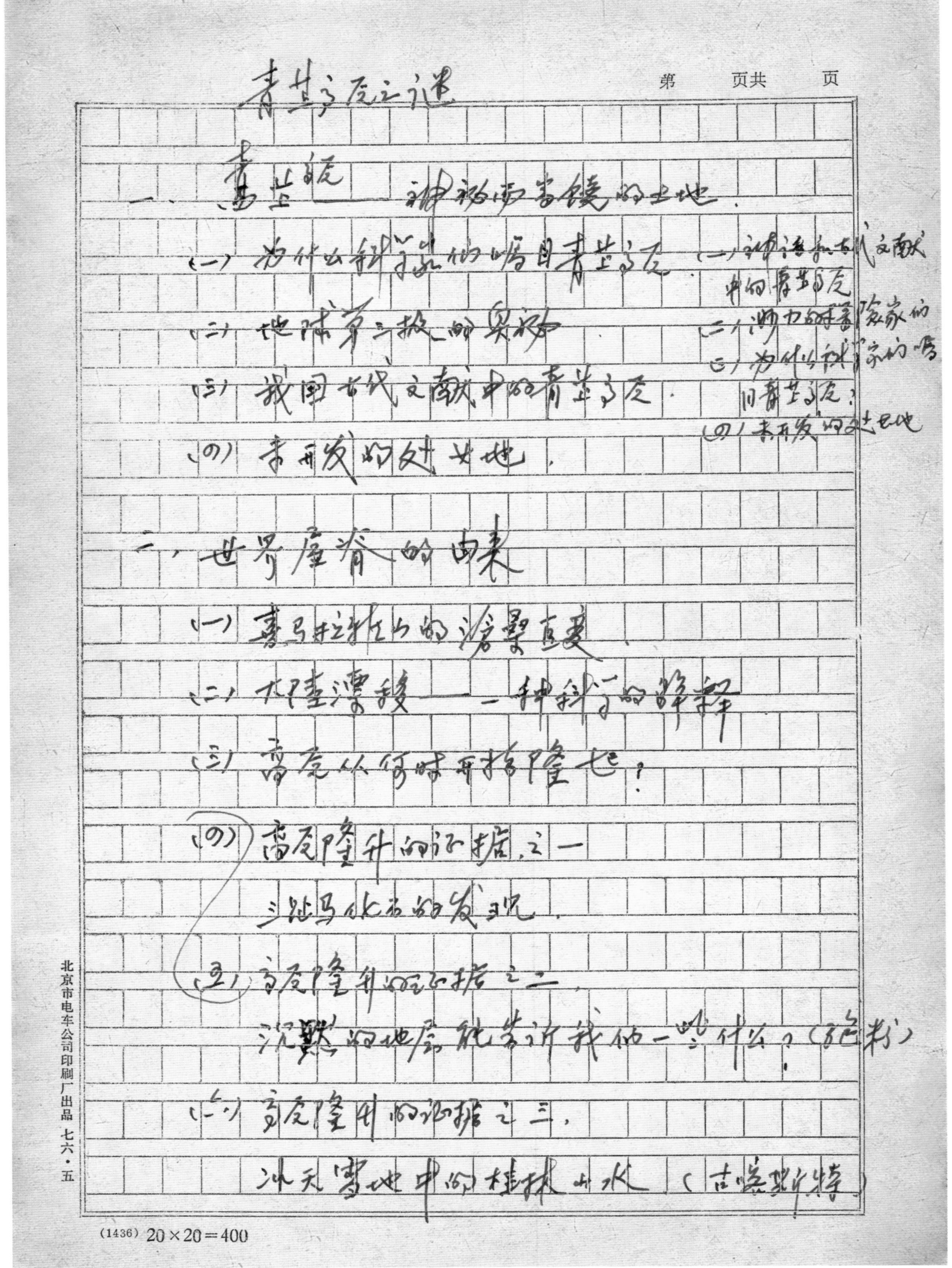

青藏高原之谜　　　　第　　页共　　页

一、青藏高原——神秘而富饶的土地。

(一) 为什么科学家们瞩目青藏高原

(二) 地球第三极的奥秘

(三) 我国古代文献中的青藏高原。

(四) 未开发的处女地。

(一) 神话和古代文献中的青藏高原
(二) 外国探险家的
(三) 为什么科学家们瞩目青藏高原？
(四) 未开发的处女地

二、世界屋脊的由来

(一) 喜马拉雅山的沧桑巨变。

(二) 大陆漂移——一种科学的解释

(三) 高原从何时开始隆起？

(四) 高原隆升的证据之一

三趾马化石的发现。

(五) 高原隆升的证据之二

沉默的地层能告诉我们一些什么？(孢粉)

(六) 高原隆升的证据之三。

冰天雪地中的桂林山水 (古喀斯特)

北京市电车公司印刷厂出品 七六·五

(1436) 20×20=400

《青藏高原之谜》之《青藏高原——神秘而富饶的土地》

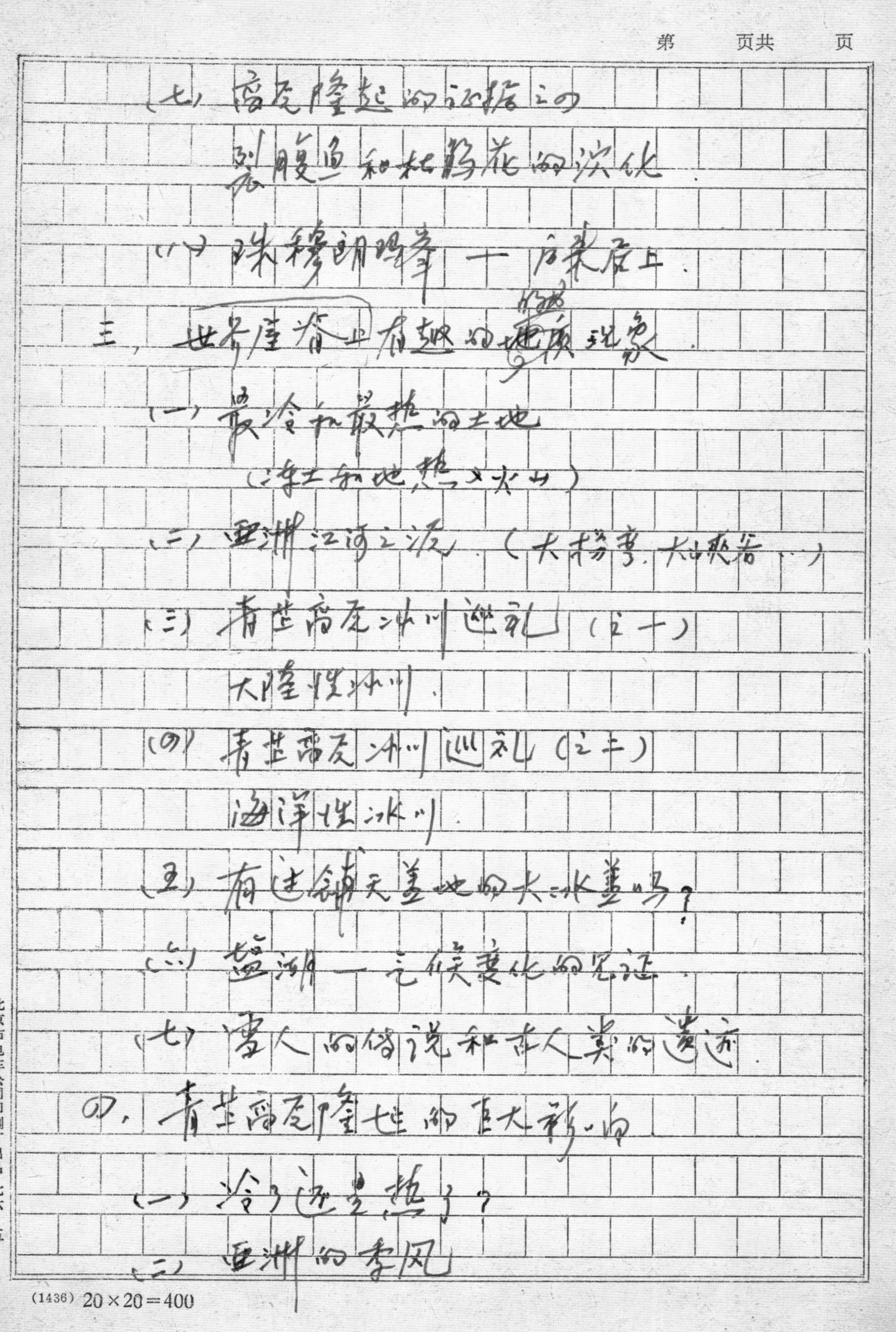
第　　页共　　页

(七) 高原隆起的证据之四

裂腹鱼和杜鹃花的演化

(八) 珠穆朗玛峰——后来居上

三、世界屋脊上有趣的地质现象

(一) 最冷和最热的土地

(冻土和地热、火山)

(二) 亚洲江河之源 (大拐弯、大峡谷……)

(三) 青藏高原冰川巡礼 (之一)

大陆性冰川

(四) 青藏高原冰川巡礼 (之二)

海洋性冰川

(五) 有过铺天盖地的大冰盖吗?

(六) 盐湖——气候变化的见证

(七) 雪人的传说和古人类的遗迹

四、青藏高原隆起的巨大影响

(一) 冷了还是热了?

(二) 亚洲的季风

北京市电车公司印刷厂出品 七六·五

(1436) 20×20=400

《青藏高原之谜》之《青藏高原——神秘而富饶的土地》

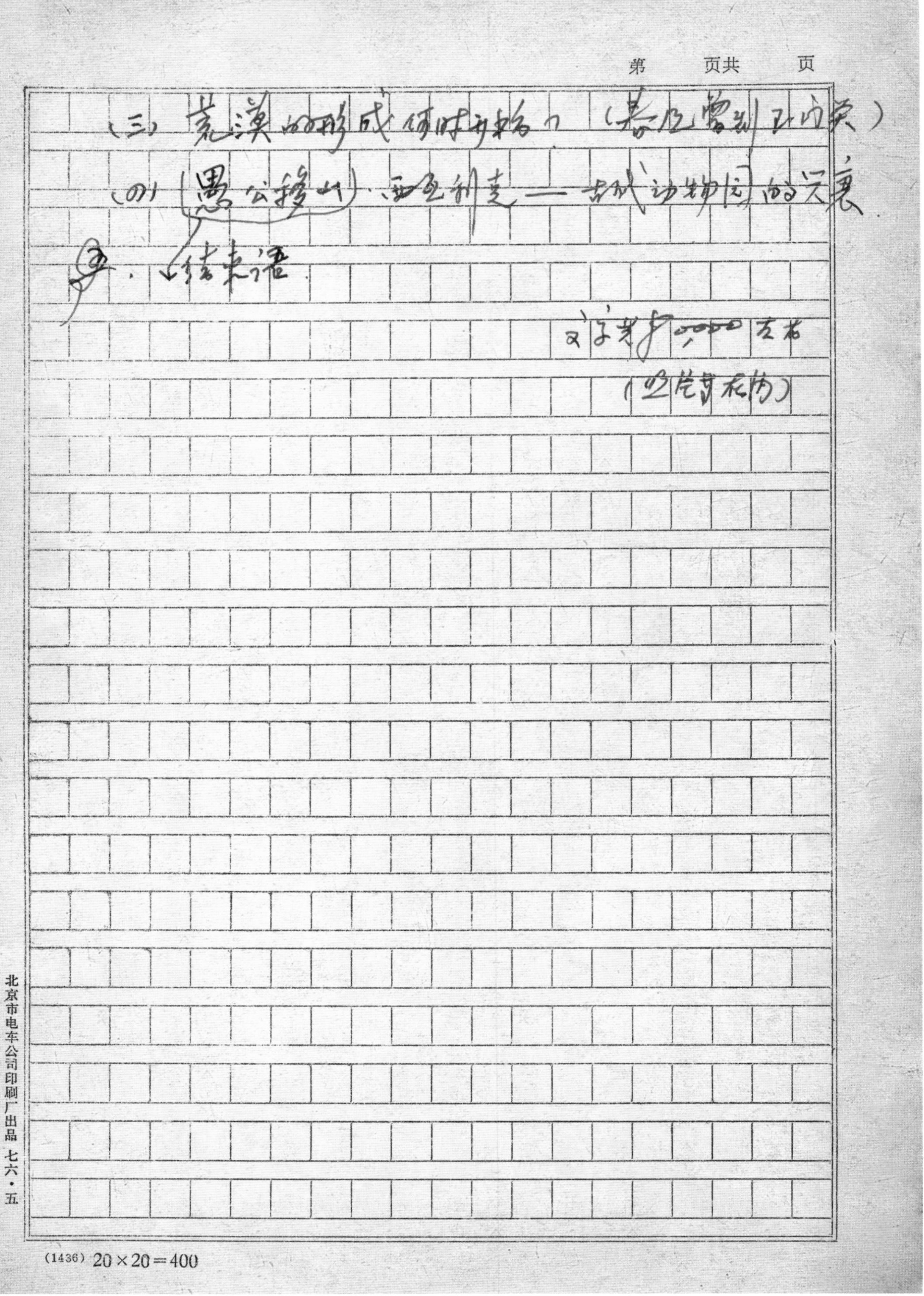

《青藏高原之谜》之《青藏高原——神秘而富饶的土地》

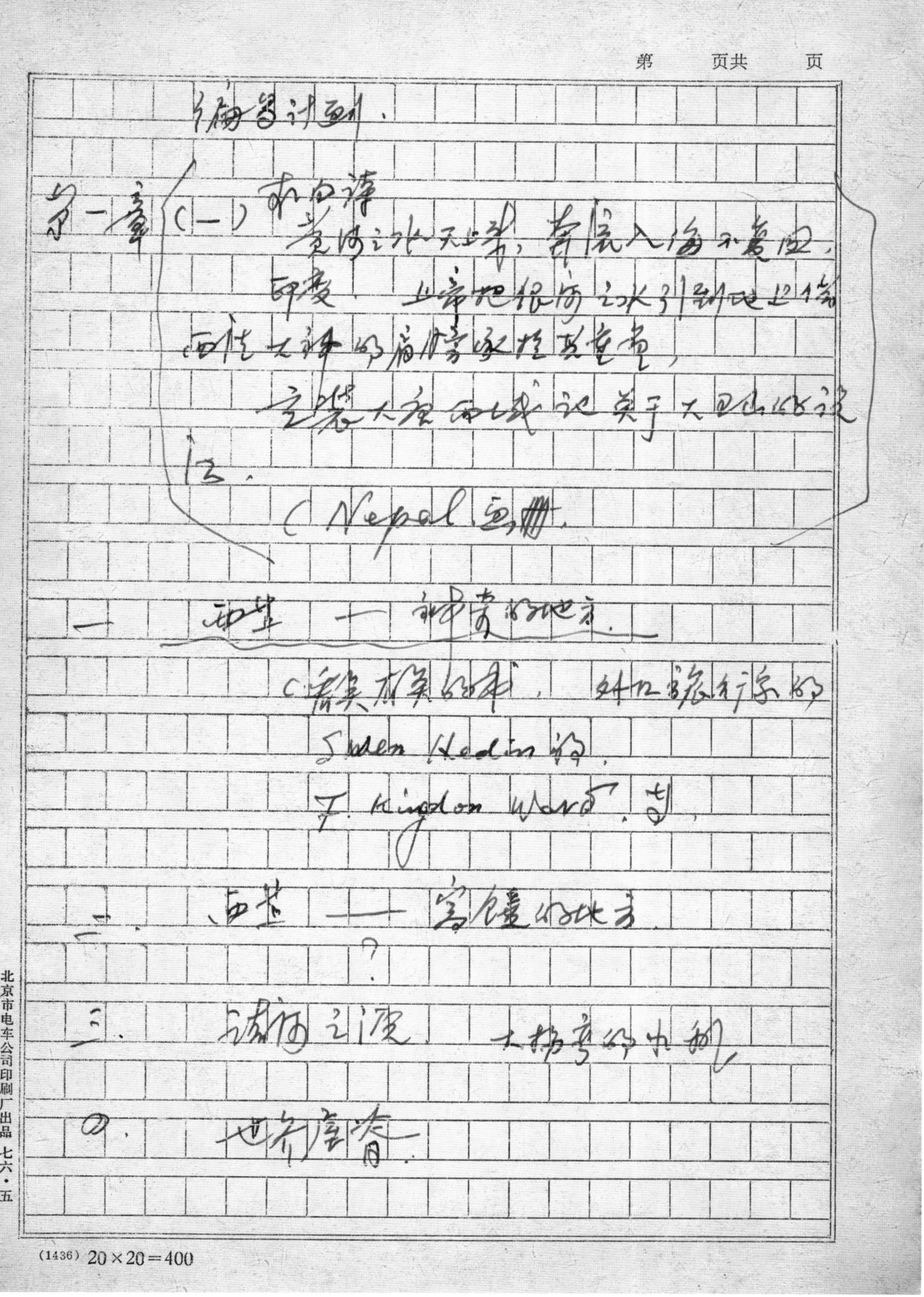

第　　页共　　页

编写计划.

第一章（一）李白诗

黄河之水天上来，奔流入海不复回.

印度　上帝把恒河之水引到地上经

西藏大神的肩膀缓缓流下，

玄奘大唐西域记关于大雪山的记

述.

（Nepal 画册.

一、西藏——神秘的地方.

（参考的书，外国旅行家的

Swen Hedin 的，

F. Kingdon Ward 等，

二、西藏——富饶的地方.

?

三、诸河之源　大城市的水机

四、世界屋脊.

北京市电车公司印刷厂出品　七六·五

(1436) 20×20=400

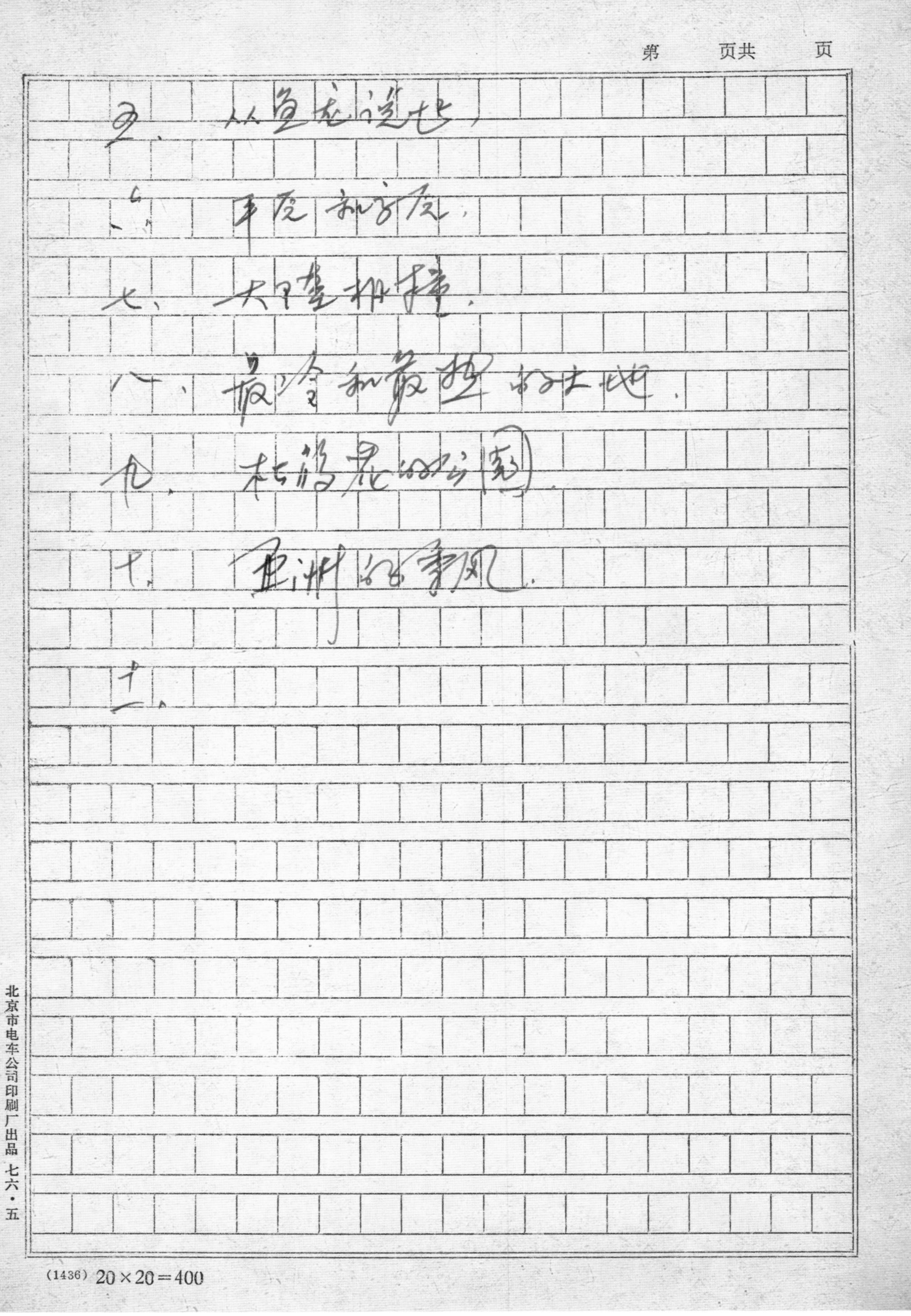

第　　页共　　页

五、从鱼龙说起，

六、羊皮和狗皮，

七、大陆在相撞。

八、最冷和最热的土地。

九、杜鹃花的故乡。

十、亚洲的季风。

十一、

北京市电车公司印刷厂出品 七六·五

(1436) 20×20=400

｜《青藏高原之谜》之《青藏高原——神秘而富饶的土地》

青藏高原之谜

一、青藏高原——神秘而富饶的土地.

(一) 为什么科学家们瞩目青藏高原

(二) 地球第三极的奥秘

(三) 我国古代文献中的青藏高原

(四) 未开发的处女地

(一) 神话和古代文献中的青藏高原

(二) 勇敢的探险家们.

(三) 为什么科学家们瞩目青藏高原?

(四) 未开发的处女地.

一、神话和古代文献中的青藏高原.

当今世界，除南北极地区外，没有哪一个地方能像青藏高原这样吸引了人们如此之大的注意。特别是那一座座坐落在高原上的崔嵬山峰，每年都吸引着众多的登山健儿，希望到达它们的峰巅，攀登一显身手。"欲穷千里目，更上一层楼"，登高，从来在我民族的文化意识中都象征着意志力量和智慧的象征。孔子生活在二千多年前的春秋时代，就曾说过："登东山而小鲁"，"登泰山而小天下"。需知，泰山之高不过

20×15=300　　第 1 页

蘭州大學

1533米，但在古人来说却认为是高不可攀的神圣山头了。像秦皇汉武这些封建帝王皆甘愿匍拜在它脚下，祈求异庇。随着社会的发展人类的地理知识愈加丰富，方知天外有天，山外有山。于是古人认为神圣不可侵犯的泰山（像大山），与我们西部特别是青藏高原的山岳相比都不过是弹丸似的小丘罢了。自16世纪开始的地理大发现时期以来，人们在我们居住的这个星球上相继发现了不少的高山和大海。但是，只要把这些高山的名字一排队，就可以发现青藏高原无论就其山峰的绝对高度和高峰群集的数量来说都是世界上无可伦比的。我们现在知道全球七大洲中，只有南美洲的安第斯山有两座高峰能超过了七千米，其余北美、非洲、南极洲的最高峰不过比六千米略高，而欧洲最高峰阿尔卑斯山的Monte Blanc仅不过4807米。大洋洲的高峰就更低了。而在青藏高原四周围，我们粗略统计即有100多座山峰超过七千米，其中

20×15=300　　第2页

《青藏高原之谜》之《青藏高原——神秘而富饶的土地》

蘭州大學

……崛起达八千米，成为世界屋脊之巅，而六千年以前的喜马拉雅尚且是汪洋大海的了。

我们的先民，在长期的生产活动中早就觉察到中国地形是西高而东低的，并把它编织在神话中成为优美而动人的故事。如《淮南子·天文训》中就记述着共工“以头触不周山，以致天柱折，地维绝”，“天倾西北，故日月星辰移焉，地不满东南，故水潦尘埃归焉”。《山海经》和《禹贡》是我国成书最早的两部地理著作，从所记述的山川地势来看都十分清楚地阐明了中国地势和水系是由西北向东南的（以后的著述的地域以及对地理知识的范围都扩大了）。及至魏晋“谈作水经注”，明白了中国的地理形势，以致“葱岭三龙”之说一直流传到近代，都说明中国的山都是由西部向东延伸而势渐低的。至于水，从《禹贡》的记述“大禹治水”“导河积石，至于龙门”已经知道黄河是发源于青藏高原的积石山了。但是，作为青藏高原的整体的概念，是经过许多地质学者的探

20×15＝300　　第3页

兰州大学

接着谈谈规律的。例如，张骞首次出使西域回以后给汉武帝的上书中有：

"臣在大夏时，见邛竹杖、蜀布，问曰：'安得此？'大夏国人曰：'吾贾人往市之身毒，身毒在大夏东南可数千里，其俗土著，大与大夏同，而卑湿暑热云。其人民乘象以战，其国临大水焉。'以骞度之，大夏去汉万二千里，居汉西南，今身毒国又居大夏东南数千里，有蜀物，此其去蜀不远矣。今使大夏，从羌中，险，羌人恶之；少北，则为匈奴所得；从蜀宜径，又无寇。"

汉武帝接纳了他的建议，派他到犍为（四川宜宾），他派出的先遣队因受少数民族阻挡未能到印度，但这个情报是完全对的。所谓"从羌中险"主要指的是青藏高原地势高而行旅艰难，不得从甘肃北部的河西走廊天山南路通道，而张骞建议的经四川则是想绕道南方以通西域，为的是避开这个高原中央的

20×15=300　第4页

《青藏高原之谜》之《青藏高原——神秘而富饶的土地》

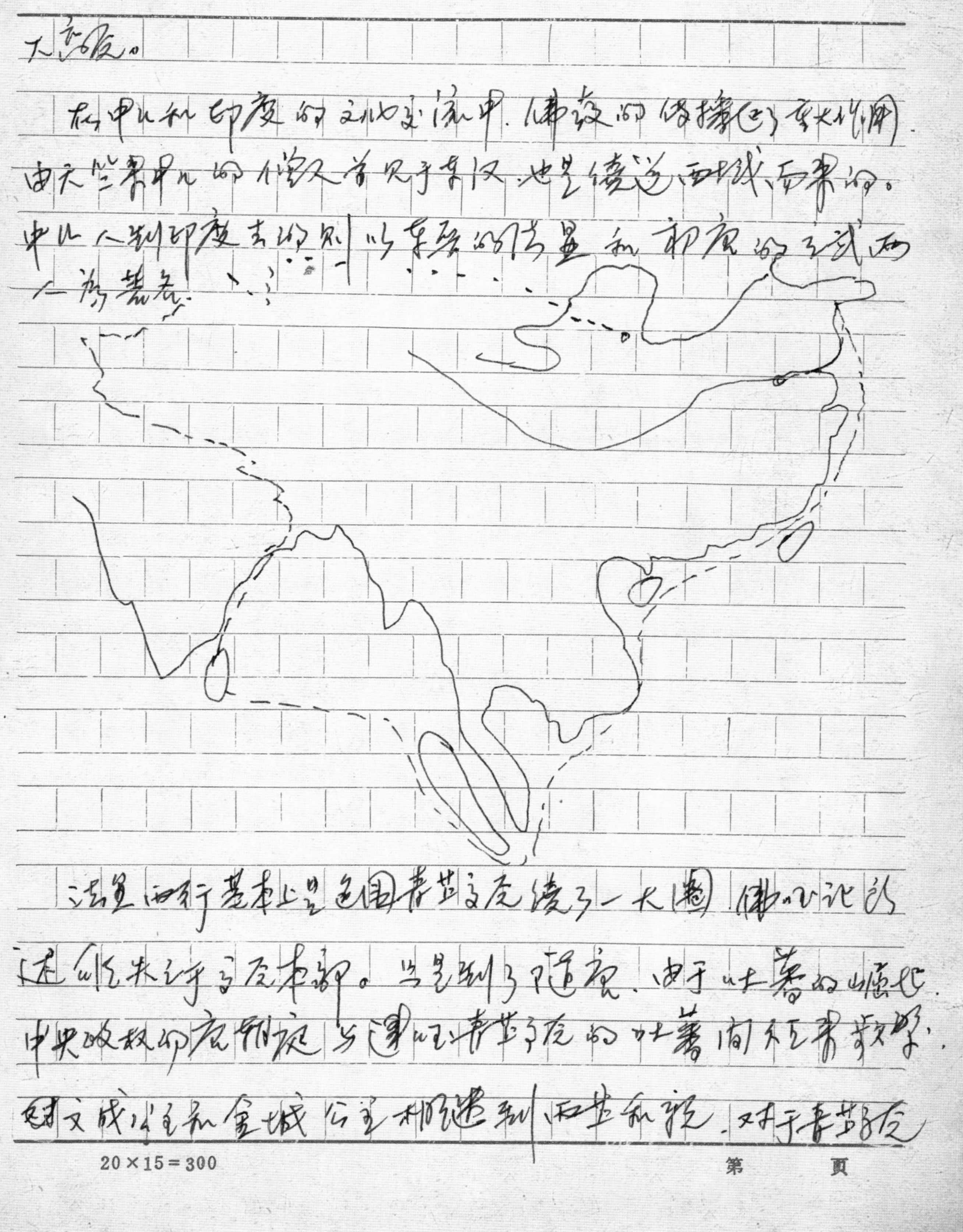

蘭州大學

大高原。

在中国和印度的文化交流中，佛教的传播起了重大作用。由天竺来中国的僧人首见于东汉，也是绕道西域而来的。中国人到印度去的则以东晋的法显和唐代的玄奘两人为著名。

法显西行基本上是围绕青藏高原绕了一大圈，佛国记所述绝未涉及高原本部。只是到了隋唐，由于吐蕃的崛起，中央政权和唐朝廷与建立于青藏高原的吐蕃间经常联系，如文成公主和金城公主相继远嫁西藏和亲。对于青藏高

20×15=300　　第　　页

兰州大学

认识才逐步完善起来。但就是在近代时，关于高原的山川大势仍是极为模糊的。其中大半出于神话和猜测，如玄奘的大唐西域记中曾正确地指出青藏高原地据欧亚大陆的腹地，以其地势拔高而成为亚洲诸大河流的发源地。如：

"其赡部洲[1]之中地者，阿那婆答多池也。在香山之南，大雪山之北，周八百里矣。金、银、琉璃、颇胝，饰其岸焉。金沙弥漫，清波皎镜。……出清冷水，给赡部洲。是以池东面银牛口流出殑伽河，绕池一匝，入东南海；池南面金象口流出信度河，绕池一匝，入西南海；池西面琉璃马口流出缚刍河（喷赤河，乌浒水），绕池一匝入西北海；池北面颇胝师子口流出徙多河（叶尔羌河），绕池一匝，入东北海，或曰潜流地下，出积石山，即徙多河之流，为中国之河源云。"

(1) 按玄奘以为世界为一大海"海中可居者，大略有四洲焉。东毗提诃洲，南赡部洲，西瞿陀尼洲，北拘卢洲。"亚洲（中国、西域、印度等）即南赡部洲。

20×15=300　　第 5 页

《青藏高原之谜》之《青藏高原——神秘而富饶的土地》

蘭州大學

据说藏族朋友自述的青藏高原，诸河发源的传说显然出自于印度根据他们的宗教经典，其中记载的曲折描述的。这种传说实际一直到今天还保持在西藏和邻近地区人民的记忆中。打开我们的地图一看，在西藏西部阿里高原喜马拉雅山（即大唐西域记所说之大雪山）之北有玛法木错和兰加木错并列（藏语分别谓之为"神湖"和"鬼湖"）。湖之东为雅鲁藏布江上游称马泉河，冈仁波齐峰北为狮泉河，之西为象泉河，并为印度河上游。南有孔雀河为恒河源头之一，与其他的恒河上源向南流入河流并而南在印度境内。这个河即恒河，入东南海即指今之孟加拉湾。信度河入阿剌伯海亦位于西南。只是说缚刍河源出此地不实，而又以徙多河发源于此亦不对。至于说入东北海（罗布泊）而又说潜流地下为积石山黄河之源的说法则是承袭了以前的错误的说法。但是，倒底是玄奘第一个指出亚洲许多大江

20×15=300　　第 6 页

蘭州大學

大河均发源于青藏高原，而其地貌上位于亚洲中部则是了不起的一个贡献。

由于青藏高原高耸的地势，大江大河从高原流向周围的地区，切割成雄伟的峡谷。因此山川极其壮丽，不能不使古代各民族的诗人们赞叹和歌颂这种奇伟景色的诗篇。如李白有"黄河之水天上来，奔流入海不复回""西岳峥嵘何壮哉，黄河如丝天际来。黄河万里触山动，盘涡毂转秦地雷"。刘禹锡亦有诗云"九曲黄河万里沙，浪淘风簸自天涯。如今直上银河去，同到牵牛织女家"。印度神话中说，上帝想把银河的水引向大地，但大地经受不了银河水的冲击震动，因此命令西伐神以其身躯承受河水的力量。这样逐渐喜马拉雅山脉的青藏高原成了西伐神的化身。而山坡上的森林成了西伐神的头发，而众多的河流则是银河的支流。河流是人类文明的摇篮，而河流的流域也就成了各民族哺育和发展

20×15=300　　第 7 页

《青藏高原之谜》之《青藏高原——神秘而富饶的土地》

蘭州大學

区的圣地，大家所熟记到达的圣山，指其位置在圣湖之北，即学者们所说冈底斯山的主峰冈仁波齐峰。从公元前青藏高原若干世纪以来，它就是南亚许多民族的圣山。印度教把它看成为湿婆神所住的天堂，佛教则说它为弥勒佛的北身，谓之须弥山。古往今来，朝拜圣山圣湖之途吸引了多少前来拜谒的香客。

在中国古老的典籍中，秦汉以前关于青藏高原及其人民的记载是很粗略的，谓其地为荒芜之地，泛称为西南夷。其中与汉族接触较多的是羌，及至隋唐时，吐蕃松赞干布统一全境建立吐蕃王朝，其人其地才像一颗突然出现于天际的彗星一样进入到中国和世界史的伟大长河中来。在一个相当长的时期中，吐蕃曾十分强大的，曾发兵助唐使王玄策平定天竺之乱，也曾与唐王朝中央政权争雄于西北，甚至曾击败唐名将薛仁贵的十余万大军于青海。但由于吐蕃王族与奴隶主阶级通婚关系，吐蕃也有很好的时候

20×15=300　　第 8 頁

蘭州大學

，并因之深受唐文化的影响。吐蕃时期西藏之宫殿服饰文物与唐代的风格。之其中尤以佛教之影响为最大。迄至元明，西藏乃正式纳入中国之版图。此皆说明过藏祖国各民族间融合的必然结果。本书不拟论述西藏之历史与社会问题，所举例证乃以证明青藏高原世居其地之民族自古即为我中华民族不可分割的一部分！

20×15=300　　第 9 页

《青藏高原之谜》之《青藏高原——神秘而富饶的土地》

兰州大学

二、独特的探险家们

十九世纪末叶及廿世纪初年，西方世界资本主义走向帝国主义阶段，对外抢夺殖民地成为他们政治的焦点。积弱贫穷的中国在封建统治者统治下的旧中国遂成为各帝国主义国家争相抢夺蚕食的对象。处于边陲地区的西藏地区更成为帝国主义特别是英帝与沙俄争相角逐的地方。许多打着考察队旗号进藏的所谓考察家，实际上大多是帝国收集军事、经济和政治情报的帝国主义分子。例如，在清朝初年，我国中央政府即派人在西藏地方测绘了地图，详细注记了山川城邑的名字，其中大多数是藏语名称，一部分为汉语，皆为我国各民族的语言。但近代有些外国考察队竟不顾这些，擅自给山川改名，特别以沙俄之流为最露骨。如黄河源的鄂陵湖和扎陵湖，在我国已经载之史籍许多世代，俄人竟在考查中擅改为"俄罗斯湖""考察队湖"，把金沙江以西之雄伟山脉，叫做"莫斯科[illegible]山脉"，完全反映了这些帝国主义（这简直是天大笑话，需知早在这些地方有了中文名字之前，俄罗斯还是未开化的蒙昧之地呢！）

20×15=300　第10页

兰州大学

分子的贪婪与无知。有个叫做多杰也夫的俄国间谍，甚至攫到达赖的身边，成为十三世达赖的侍讲，企图煽动西藏上层人物背叛祖国投入帝俄的怀抱。但是，由于藏族人民热爱祖国和反对帝国主义侵略的坚定立场，帝俄和其走狗的侵略活动是进行得很不顺手的。如被沙皇吹嘘为"伟大英雄"的普尔热瓦尔斯基，就曾窜入西藏但到黑河后即被阻止前进，不得不原路返回。其他如别夫佐夫、柯兹洛夫也曾遭到同样的命运。

英帝国主义自征服印度以后，对西藏一直垂涎三尺，先后派遣不少间谍潜入西藏收集情报，甚至训练一批甘心为虎作伥的边民中的土著乔装成香客或行脚僧到西藏内地进行窃取情报绘测地图的工作。如受雇于英帝驻印度殖民当局登记代号A.K.名为克里希纳（Krishna）的印度人就曾走遍川西地区及西藏东南部波密察隅一带，测绘了不少交通城镇的草图，其所使用的里程计数方法是数念珠，可以达到相当精确的程度。其他如南·辛格、金杜布都是这一类的间谍份子，以其为敌服务的累累成绩而臭名显赫一时。

20×15＝300　　第11页

《青藏高原之谜》之《青藏高原——神秘而富饶的土地》

兰州大学

达赖喇嘛上的

对那些亲自出马的帝国主义分子更以其丑恶的历史使他们的政策做了最好的注脚。如吴忠信揭露的荣赫鹏，就是其中之一。这个在本世纪初率军从印度攻入拉萨，大肆烧杀，后来又被腐败的清政府签订丧失主权的不平等条约的

英军上校

帝国主义分子，在上世纪末即以考察探险为名，在中国西藏、喀喇昆仑山一带的崇山峻岭中往来，盗窃情报。另外，如本世纪二三十年代很活跃的华金栋（英国人）就是英属印度政府中的一个上尉，他曾经通过西藏去了东南半壁，搜集了不少植物标本和写了不少文章书籍。但从他大肆鼓吹英印占领我国领土这一点，他的侵略者面目是暴露无遗的。

当然，在对我国处于半封建半殖民地时期来到中国来考察青藏高原的外国旅行家、考察者，我们也应该进行具体分析。除了上述一些明显的怀着帝国主义野心的侵略者或其帮凶以外，也有一些是对科学事业热心而努力工作的研究工作的。就是那些心存不良的[illegible]探险家们，他们所留下的关于本事业的科学记录，我们仍然给以客观

文献，只要是

20×15=300　　第12页

兰州大学

的评价，绝不屈从于人。此外如斯文赫定、那林、德·特拉、特林克勒等以及桑布鲁契夫都曾对青藏高原的研究作出过贡献，他们收集的标本，至今仍在被研究着。但是，由于当时交通不便，面对庞大的青藏高原，少数几个学者考察性的工作，他们所得到的资料不过是凤毛麟角，很难说明整个青藏高原的问题。因此，在相当长时期中关于高原某一问题的报告，仅为一家之言而难以核对。而有些问题的争论也因双方立论的根据都不足而不能得到解决，如关于青藏高原上是否有过大冰盖问题，两种观点讨论了几十年得不到解决。其他如雅鲁藏布江、恒河、印度河上游，及喜马拉雅山诸河是否为先成河的问题，也因证据不足而只是处于一种假说而已。因此，在伟大的青藏高原面前，科学家们常感到束手无策，人们感到自己的力量似乎显得是如此渺小。青藏高原在科学上长期处于神秘状态，就像它的古老的宗教和人民生活不被世界各地所理解，人民的理解

20×15=300 第13页

《青藏高原之谜》之《青藏高原——神秘而富饶的土地》

兰州大学

冰峰。

Hayden对藏南的考查（1907，1922），俄罗斯的考察队对昆仑北部（1889—1890）别夫佐夫。斯文赫定对昆仑的考察，1894—97，1899—1902，1906—08，他收集了大量标本。De Filippi（1913—14及1930）意大利考察队对喀喇昆仑和昆仑西部的考察。P. Visser领导的荷兰考查队1922，1925，1929—30及1935对E. Trinkler（1927—1928）领导的德国考察队。E. Shipton 1937年英国考察队对K2山的立体测绘。[illegible]中印边界附近，大部分地区[illegible]构造活动特强，[illegible]太不多考察。Norin 1932年由[illegible]出发，南进，经过喀喇昆仑山口北4656m[illegible]为了[illegible]测两月。[illegible]（1912）N. Ambolt同行作测绘工作，刘慎谔参加，收集了一些标本，[illegible]。Leuchs 1913[illegible]河上游的Achig-Köl湖地

20×15=300　　第14页

兰州大学

只剩有许多被剥蚀的熔岩覆盖在第四纪（?）湖相层之上。上世纪末本世纪初许多经过这条喀拉昆仑大道的旅行者即已从火山熔岩及保存很好的火山锥上推想这些火山可能是全新火山，许多证据也支持这一点。但Norins认为不对，这是现代湖积层中之有些熔岩碎屑。普通阿克赛钦湖北部那边方有岩山崩落，不然可见于冲积层中，可能来自上游风积。马乍木湖北（82°45′E，35°30′N）有熔岩厚350m，它跨伸于古流向东、南，可能此为一大地，分达约[illegible]00m。其边为坎，5450高达350m，面积5000km²。

斯文赫定在其南段旅行时对藏北印江河流、葛洛迈作了探讨。

邓金栋、邓林，Shipton均曾测量风貌。

只剩是最第一阶，在本世纪初年曾在西藏东南部一带进行勘测。在中印边境冲突中，只剩下这是十分有名的。这位英国上尉在经过该路后报告说，该路可以进行[illegible]，路线明了通行，因此印军防守之人很多。我军接收后发现不合的战术，建议由此抛出部队，推入敌后，致使印军全线溃败，这是沿路[illegible]的破产。

只剩不过就是由本世纪初该人探测而得名。但这里没能帮助……

在二次世界大战后，[illegible]人之地理[illegible]大开，[illegible]他们最后在新西兰世界一位[illegible]的世界[illegible]组织探险

20×15=300　　第15页

《青藏高原之谜》之《青藏高原——神秘而富饶的土地》

兰州大学

事毕后到处招摇撞骗。但结果是在事实面前碰得头破血流，本人亦偷偷地溜走了。

珠峰北坡曾被西方登山家宣布为死亡的路线，原因是不少人一去不返。

心劳日拙的侵略者因我中国各族人民万众一心是彻底地失败了。妄想把西藏从祖国分割出去的阴谋未能得逞。西方一些江湖骗子式的登山者们的肥皂泡也破灭了。赤手空拳仍继续天天那样一样往上爬去。如今，我国也还有登山健儿中几人员踏在这里写出最新最美的文章，画出最新最美的画图。

解放后我们多次组织了各种登山队伍和兄弟人民一道攀登青藏高原的高峰，登上青藏高原的顶峰，结束了中国土地被外人染指的被欺侮的历史。

20×15=300　　第16页

兰州大学

三、为什么科学家们瞩目青藏高原？

青藏高原素有世界屋脊之称，而那雄踞在喜马拉雅山脉群峰之上的珠穆朗玛峰更是被称为世界的第三极。这些形容词并不是故意夸大人们所闻的溢美之辞。众所周知，北极和南极分别是在　　和　　年被人类征服的，而那高耸入云的珠穆朗玛峰，虽然从本世纪初就开始有不少登山家和探险家多次向它发起冲击，但一直到1960年才有两人经过艰苦卓绝的努力而达到了它的光辉的顶点，已经比人类达到南极的时间晚了将近半个世纪。从这一意义来说，把它称作世界第三极不是很恰当的吗？正是由于青藏高原处于副热带的同纬度，所以至今还有许多地区人迹罕到，以致科学家[illegible]。再者，冰雪封冻，在地球上从赤道到两极，随着太阳高度角的减小，地面获得的太阳辐射逐渐减少，而气温不断降低，终于在极地出现冰天雪地的冰雪世界，从赤道往北依次森林、草原等各种类型的景观因地而异。但是，这种气候的变化是非常缓慢的，中间跨越几千公里，而在青藏高原范围内的[illegible]甚至人

20×15=300　　　　第17页

兰州大学

这怎样也想不到还有是热带的,九火流金的赤道之像的。但是,在喜马拉雅山脉附近的山坡上,相距不到十公里的垂直距离内,山下是热带丛林集林茂密的地方,随着高度上升,也就是中国南方的亚热带地带,都是风光明媚的常绿林海,再往高处的森林变成挺拔挺立的苍松古柏,而超过四千米左右亚高山针叶林的上限后,却又是山花烂漫的高山杜鹃丛林,一望如茵的草地铺在山坡和山谷之中,然后乃至林木渐次稀少而最后完全消失,但见怪石山岩嶙峋,雪崩和山崩不时发生的奇峰异壑缝隙与流石为伍。再上去就是那终年不化的雪山冰川了,当天气清朗时,它们像一把把银剑直刺苍天,颇有"刺破青天锷未残"的磅礴之势。像这样短距离内集热带、温带、寒带于一地,集气候带于一地的奇异景观,真使人美不胜收!好像神话广大的仙人运用法术在神话中指导的缩地法那样把全部地球的青山青水缩为一体好让人类欣赏享受一样。同样

20×15=300　　第18页

蘭州大學

可以概括地说，地球上从赤道到两极的气候和地理景观的变化叫做纬度地带性的水平地带性，而山地随高度而景观依次变化则叫做垂直地带性。一个山区的垂直地带性与水平地带性虽然不完全相同，但大体上是一致的，这就给登山者观察地带性变化带来很大方便，登一座高山就好像从赤道到两极旅行了一趟。单以此一点而言

（登山的妙处）。

把地球和气候带的顺序再现了。另外，如果说珠峰山坡是缩小了的全地球地理景观的缩影的话，在广大的高原上这些景观随着纬度和经度有时又被放大到广阔的地面上来。如我国的西藏东南部，分布着亚热带常绿森林，这是我国第二大

20×15=300　　第　頁

《青藏高原之谜》之《青藏高原——神秘而富饶的土地》

林区，盛产各种经济和工业用的木材。而在更高的高度上则是一望无际的高山草原，成为重要的牧业基地。而到了羌北和阿里高原，由于地势高亢，寒冷[illegible]与北极圈的地方很接近，它们在交通建筑上均引起一系列的问题需要研究。因此，研究这些问题不仅是科学理论上的重大课题，而且具有巨大的实际意义，与边疆地区经济建设密切相关。我们认为一切从事这项研究的人都应该[illegible]

从地质学的角度考虑，这个独一无二的大高原[illegible]是无与伦比的，而是检验和发展新理论的好地方。

六十年代以后地质学发生了一次革命，这是大陆漂移学说和板块学说的形成和重新复活。海洋与陆地永久固定的传统观念被打破了，人们发现海底在不断地扩张，海洋地壳向大陆推挤，在大陆边缘进入深海沟，由于它的运动引起了剧烈火山爆发和地震，像环太平洋火山地震带的分布，正在海陆交会处，一个是有名的环太平洋带，一个是在欧亚大陆的地中海山带。但是大陆板块碰撞产生的地质结果还研究不够，因此有的学者认为大陆上地质工作者的板块学说只适用于海洋地质，或海洋大陆交会的边缘地带，在大陆就得另外一

20×15=300　　第20页

兰州大學

气理论，问题是板块理论难于上大陆，其实，这是研究者们还做得不够的问题，不是说了理论不适用于大陆的问题。青藏高原是世界上最年轻的两块大陆板块即欧亚板块与印度板块迎头相撞的地方，这正是检验板块学说是否适用于大陆的良好场所。除了这个理论以外，还有我国地质学家李四光的地质力学的观点用地球自转的观点解释青藏高原的成因，叶俊之在此基础上提出了断块学说的理论，究竟何种观点能较客观而圆满地解决青藏高原的成因呢？这是个谜底，同时也是地质学家们深刻探讨青藏高原不能回避的。

另外，青藏高原究竟如何从古海之底变为陆地，在此过程中究竟发生了哪些变化，结果这不仅造成了地形的改变，生物繁衍，人的居住环境，而且在对流层等，高达数千米的大气层也要影响到大气环流。二次大战后，中外学者注意到西风急流因青藏高原存在而冬季被迫分为二支（南北）的现象，而北部西风气流在高原下在东经100°被迫分为二支而引起人们注意。这直接影响到中国西北各地的季移动方向。近年以来，人们用模型模拟与数值模拟计算的方法相继发现，青藏高原的存在与东亚和南亚的季

20×15=300　　第21页

《青藏高原之谜》之《青藏高原——神秘而富饶的土地》

兰州大学

风环流有密切的关系，没有青藏高原就不会有季风，中国的气候格局将会另外一个样子。所以青藏高原究竟为何隆升，季风怎样在此背景上形成发展，这些问题不甚清楚，我们近数千年的湖泊变迁变化的历史还说不清楚的。因此研究青藏高原对全球气候，在全球气候变化研究中有极其重大的理论意义和实际意义，是解决中国东部环境变化的关键。

根据达尔文的进化论，今天的生物世界是由过去的生物变化而来的，强烈隆起的青藏高原在一百万年间发生过如此翻天覆地的变化，就不能不影响到高原周围的生物界。早就注意到高原上有蛇生活，而蛇是冷血动物，不会是后来从低地爬上去的，又发现一些江森林中有原来生长在亚热带的林下植物，它们就是

随着演化……针叶林是就地起源还是从北方迁来的，尚待解决。

强烈隆起的青藏高原拥有这样动人而又重要的大自然的奥秘，它之所以吸引世界各国的科学家的密切关注就不足为奇了。如果说，上世纪下半叶和本世纪初，许多外国青藏考察的人多是带有野心的话，当今世界的学者们已经深刻地认识到它的巨大的科学意义和它在科学上的价值。

20×15=300　　第27页

蘭州大學

四 未开发的处女地

它的意义绝不限于科学理论方面,它的资源是十分丰富的。

面积达226万平方公里的青藏高原占全国陆地的1/4,由于缺乏前代的工作积累,对其资源至今仍然不清楚的。因此在许多前人的文献中,常常可以看到,西藏高原是个人迹罕至、交通不便的地方,有的甚至说那是不能发展的地方,根本不能开发。在我们研究中,我们看到过去有的学者也说那是不毛之地而只能游牧民族,这显然是荒唐地说,对当地人来说,这种认识的确是过去未开发的。而青藏高原在伟大祖国的河山中它是一块宝地,它是可以实现富足的土地,不但就是个重大的原则问题。

这就我们先来回顾一下历史。现在的西藏共有168万人口,土地广人稀,加上以前青海和甘肃、四川藏区也不过百万左右人口。但是这完全是历代反动统治造成的恶果。在公元八世纪松赞干布统一西藏时,西藏当时的人口是很兴旺的,据说有记述"西藏现在人口太少,历史上曾达到1000万人……"原书记载

20×15=300　　第22頁

《青藏高原之谜》之《青藏高原——神秘而富饶的土地》

蘭州大學

蒂与唐朝发生战争时，吐蕃一次就出兵40万，如打败薛仁贵20万大军的那次大非川之战就是如此。西藏人口在以后之所以逐渐减少是宗教的封建统治者等统治阶级利用宗教来麻痹人民的结果，马克思说过"宗教是人民的鸦片"，在西藏人口的发展上这个理论是真实的说明。所以，既然在中世纪的古代，生产力比较低还能养活这样多人口的情况下，西藏还能养活上千万的人口，所以在社会主义社会生产力迅猛发展的情况下，将来这里能够养活更多的人的生存，这是没有问题的。因此，那种认为西藏是不毛之地的说法是完全站不住脚的。事实上，凡是到过西藏来此调查的人，谁都不能否认西藏还有大片的荒地等待利用，遍地的珍宝更有待人们去发掘。

即以农业来说，一般人们都以为青藏高原既高且寒之地，产量一定不高的。其实这是一种误解。实践证明，高寒固然限制了作物生长，延长了作物的生长期（如西藏小麦一般生长期在11月26天内以上），但这却恰恰说明了高原日照强，夜间的低温，抑制了作物的呼吸作用，十分有利于营养的储存，因此高原上作物都籽粒饱满，粒重大，如小麦千粒重比[illegible]高，内地[illegible]单产刚[illegible]亩产超过千斤，[illegible]一千斤。西藏作物之所以这样高的另一个原因就是高原上太阳辐射强，日照时间长，积温高，拉萨素有日光城之称。据计算青藏高原是我国太阳能最丰富的地方，如拉萨年总辐射值达195千卡/厘米²（比成都（海拔500米）[illegible]）

20×15=300　　　　第2[illegible]页

《青藏高原之谜》之《青藏高原——神秘而富饶的土地》

兰州大学

要高出一倍还多。而以日照时数计算，拉萨全年日照达3005小时，成都仅为1239小时，还不到拉萨的一半。这种丰富的太阳能资源大大提高了植物的生长速度。根据近年青藏综考队调查，西藏东南部亚高山针叶林的木材蓄积量以单位面积计算（每公顷可达2000立方米），超过了著名的东北林区[illegible]。此外，单株树木也十分惊人，如波密岗乡有一株云杉，其高度达80米，单有木材40立方米……（略）

资源。由于亚洲许多江河都发源于青藏高原，它们在高原上时常蜿蜒曲折，在到达高原边缘部位则切割成一条条深邃的峡谷，河水奔腾咆哮，蕴藏着巨大的水力资源。据计算，我国水力资源40%集中在西藏地区。单雅鲁藏布江大拐弯地区在不到250公里的河段内落差即达2200米，如果兴建电站可发电6000万千瓦，又如羊卓雍湖……

除水力以外，高原的地热资源[illegible]，羊八井地热电站已投入生产。高原上又是一块未开发的处女地，在那星罗棋布的湖泊中蕴藏着硼砂和食盐，柴达木盆地是一个巨大的聚宝盆，许多地方有油气蕴藏，我国的铬铁矿、铜和稀土资源都蕴藏丰富。在目前这里交通还很不便进行开发，随着祖国四个现代化的到来，这些沉睡了千万年的宝藏必将逐步为开发为祖国人民造福。

20×15=300　　　第25页

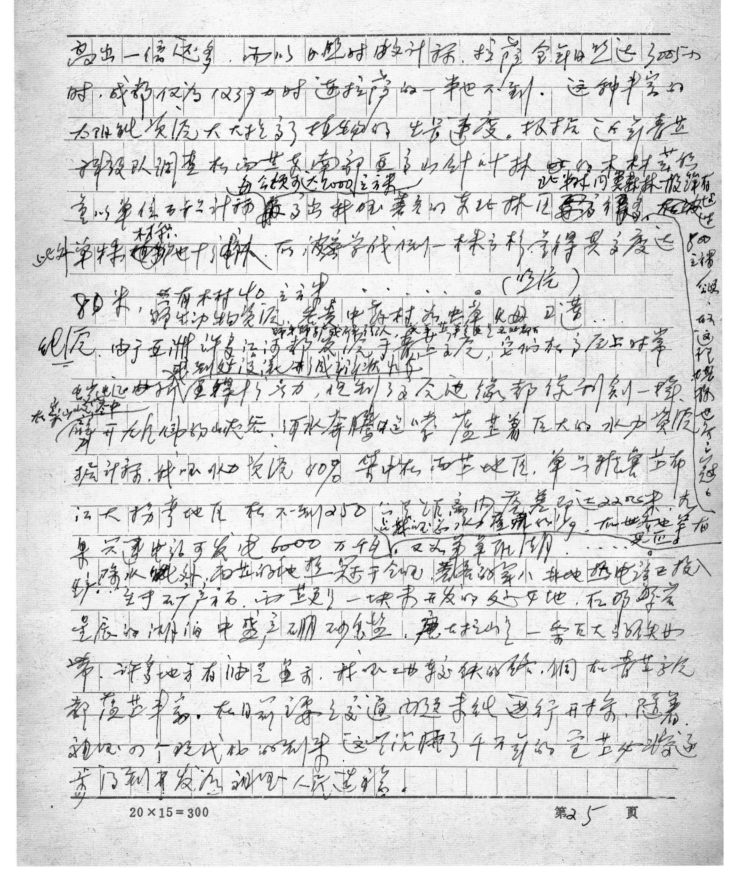

《青藏高原之谜》之《青藏高原——神秘而富饶的土地》

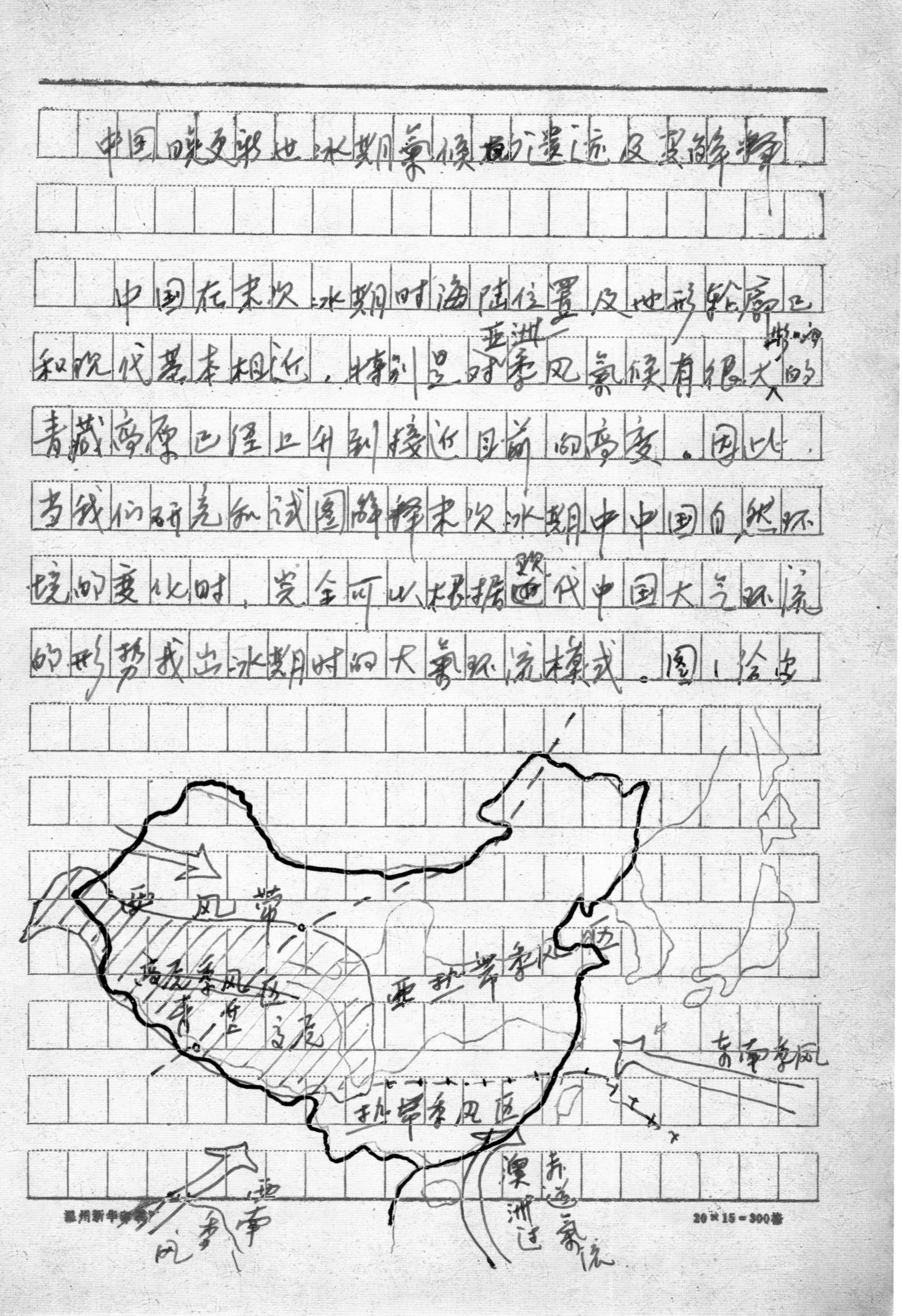

中国晚更新世冰期气候的遗迹及其解释

中国在末次冰期时海陆位置及地形轮廓已和现代基本相近，特别是对亚洲季风气候有很大影响的青藏高原已经上升到接近目前的高度。因此当我们研究和试图解释末次冰期中中国自然环境的变化时，完全可以根据现代中国大气环流的形势找出冰期时的大气环流模式。图1给出中国气候特别是季风气候的大致轮廓。以加拉满都拉沈克到呼和浩特再顺大兴安岭东北延伸到一条线，此线以西北为西风带影响地区，东南为季风地区。现在查明青藏高原上空夏季形成的青藏高压是激发和维持亚洲季风环流的重要因素，青藏高压的盛衰强弱直接关系到印度季风和东亚季风开始的迟早和强弱。青藏高原海陆分布和西风带的季节移动也是影响亚洲季风的重大因素。如只有当西风带北撤到高原上空，西风南支急流时南亚季风才突然爆发。冰期时青藏高原冰川规模扩大，积雪时期延长，直接推迟或甚至抑制了高原上空的青藏高压的建立，冬季风带南支急流的撤退不迟也使夏季风开始推迟减弱。这样，冬季风将维持很大势头，中国大部分地区全年都将受冬季风的影响。夏季风在撤减弱，故冰期时中国

温州新华印刷厂　　20×15=300格

中国晚更新世冰期气候的遗迹及其解释

时的季风地区将蒙受变得干燥而寒冷。加上海岸线的大幅度后退，中国大陆上气候的大陆度将剧烈增加。冬季漫长干燥酷冷，夏季则短促，沿海只有近海地区有较多的降水。长江下游一带类似目前冬春季情况，因从南从西侧越过青藏高原的两支气流的会合而有较多的降水。在这种天气形势下只有长江以南

温州新华印刷厂　　20×15＝300格

地区仍然是受夏季风影响的地区，暖温带和亚热带植被在偏南移。长江以北为冬季风和西风带影响的地区，十分寒冷干燥，黄土最盛时一直收扩堆积到汉江一带。根据近年的研究在20000—10000 BP向这种暖温带植被（　　）而不是目前的中亚热带植被，故冰期时中国气候带的梯度以此最大。另外在中国西部，西风急流的南支即使在盛夏也未北完全撤上高原，故在青藏高原南侧也形成一个气候梯度变化最大的带。

温州新华印刷厂　　20×15＝300格

中国晚更新世冰期气候的遗迹及其解释

兰 州 大 学

PROBLEMS OF THE QUATERNARY ENVIRONMET EVOLUTION AND GEOMORPHOLOGICAL DEVELOPMENT IN THE LUSHAN

LI JIJUN ZHANG LINYUAN
(DEPARTMENT OF GEOLOGY AND GEOGRAPHY,
LANZHOU UNIVERSITY)
DENG YANGXIN ZHOU SHANGZHE
(LANZHOU INSTITUTE OF GLACIOLOGY
AND CRYOPEDOLOGY, ACADEMIA SINICA)

JANUARY. 1983

15×20=300 第 页

Problems of the Quaternary Environment Evolution and Geomorphological Development in the Lushan

兰州大学

Problems of Evolution of Quaternary Environment and Geomorphological development in the Lushan

Li Jijun Zhang Linyuan

(Department of Geology and Geography Lanzhou University)

Deng Yangxin Zhou Shangzhe

(Lanzhou Institute of Glaciology and Cryopedology, Academia Sinica)

15×20=300 第 页

Problems of the Quaternary Environment Evolution and Geomorphological Development in the Lushan

兰 州 大 学

Problems of the Quaternary Environment Evolution and Geomorphological Development in the Lushan

Li Jijun Zhang Linyuan

(Department of Geology and Geography,

Lanzhou University)

Dong Yangxin Zhou Shangzhe

(Lanzhou Institute of Glaciology

and Cryopedology, Academia Sinica)

Abstract

The climatic deterioration (refrigeration) of the Lushan in the Quaternary Era has occurred mainly in the late Pleistocene. It was during this time that a periglacial environment with the frost shattering and gelifluction as active processes prevailed ~~on the high land~~ above 1000 m a.s.l. summits The data from the pollen-spore analysis, fossil fauna, paleosol and the elevations of the snow line in the

15×20=300 第 页

兰 州 大 学

ice ages have proved that no conditions for the development of the glaciers had ever existed in the Lushan during the early and middle Quaternary period. Evidences of the glaciation have not been found in the studing of the typical sedimentary sections in Yejialong (Xingzi Xian) and Da jiao chang gully. There are a lot of landform relics of the humid tropics rather than glacier ice. Finally the problems of the development of landform in the Lushan have been discussed

15×20=300 第 2 页

兰 州 大 学

Since the theory of the Quaternary glaciation in the Lushan was put forward by prof. Li Siguang (J. S. Lee) in the thirties of this century, many scientists at home and abroad have engaged in the debate continuously[1-7]. Authors of this paper have done research work several times in the Lushan area in recent years. In this paper, we would like to make an attempt to discuss the problems of the Quaternary environment evolution and the landform development in the Lushan area. Cherishing at the same time high hopes of promoting the settlement of the problems mentioned above and through debate between different views, learning from others to improve ourselves.

15×20=300 第 3 页

兰州大学

1. Analyses of the Quaternary environment and conditions for the development of the glaciers in the Lushan area.

At present the Lushan is located at the northern border of the middle subtropic zone of China. The annual mean air temperature and precipitation at Jiujiang on the piedmont plain are 17.0°C and 1397 mm respectively, whereas 1834 mm of the annual precipitation and 11.4°C of the annual air temperature were recorded at Gulin (1164 m) on the summit of the Lushan. The higher part of the mountain above 1000 m a.s.l has a climate of the mountain warm temperate belt with the natural vegetation ranging from deciduous

15×20=300 第 4 页

Problems of the Quaternary Environment Evolution and Geomorphological Development in the Lushan

兰州大学

broadleaf forest to mixed broadleaf and coniferous woodland, and the soil being the type of yellow-brown forest soil. The climate of subtropic forest is dominant below 1000 m a.s.l. and the evergreen broad-leaf forests grow on the slopes with the soil being of yellow earth. On the other hand, as the soil parent materials the vermiculated red earth and the Hsiashu loess are widespread in the Lushan area, which can be taken as the hard evidence of the climatic changes. The vermiculated red earth is a ~~final~~ end product of tropical to subtropical lateritic weathering while the loess was formed under the temperate steppe climate. We are now in the time of the Holocene, also known as

15×20=300 第 5 页

兰州大学

the present interglacial. It is neither very hot and humid to enable the vermiculated red earth to develop nor cold and dry enough to make the loess accumulated. In the case of the shift of climatic zones in the Quaternary period, Sometimes the Lushan have had like that of the coast region in the southern of China of the tropical monsoon rainforest climate, but there was a climate of semi-arid temperate grassland of the inner Mongolia at present. Whatever estimation may be taken, the shift of climatic zones is equal to 10° of latitude.

The above intensive climatic change, however, took place in the Lushan area and also in the whole East Asia quite late. The weathering crust of red earth type expanded

15×20=300　　第 6 頁

Problems of the Quaternary Environment Evolution and Geomorphological Development in the Lushan

兰 州 大 学

northward as far as the southern part of the Northeast of China during the early and middle pleistocene, and withdrew on a large scale to the south of the Chang Jiang in the late pleistocene. Correspondingly, the loess extended southward to the middle and lower reaches of the Chang Jiang. In the history of the Quaternary environment evolution in the East Asia it is a large event which is worthy to be recorded with the capital letters and might be called as "loess invading southward" (or "southward invading of the loess") on a large scale. It is not doubtful that "loess invading southward" had occurred many times in the Quaternary period and essentially were special issues of ~~reflecting~~ the glacial climate in the monsoonal area of the East Asia. Nevertheless, considering

15×20=300 第 7 页

兰州大学

the enormous extent of the "loess invading south-ward" in the late pleistocene, it can not explained merely by a glacial coming. Another very important factor is upheaval of the Chinghai-Xizang plateau ~~took place~~ commencing violently since the middle pleistocene. As a result ~~of the upheaval~~, the rising plateau became eventually a great barrier for the moist monsoonal air current from south to north, and therefore the Siberian high was strengthened, making the invasion of the cold waves ~~very~~ stronger never before in ~~its invading~~ East Asia and then increasing the continentality of the climate. Especially during the ice age, the summer monsoon got weaker and the winter monsoon stronger, and what is more, the sea level depressed enormously. ~~resulting that~~ ~~with the result~~ Consequently, the coast line

15×20=300 第 8 页

Problems of the Quaternary Environment Evolution and Geomorphological Development in the Lushan

兰州大学

of the East China sea migrated eastward about 500 km and the climate became even more continental. Because of the joint action of many factors mentioned above, the glacial climate of East Asia in the last glaciation was unprecedented severe, with the result that the "loess invading southward" occurred in a large scale. Japan is now isolated from the Asian continent, but it was also deeply influenced by the same action. Numerous loess-like deposits have been found in Hokkaido island and the pumice fall deposits intercalated within them have an age of about 32,000 C^{14} years. The remains of the "mammoth fauna" which have been discovered many times in the North and Northeast of China were also

15×20=300　　第 9 页

兰 州 大 学

unearthed in Hokkaido, and some elements migrated even to the central part of Honshu.[8] On the potwar plateau in Northern Pakistan, the loess of Late pleistocene accumulated far and wide too. The cold and dry climate of Asia in the Late pleistocene glaciations was ~~did~~ not favourable to the development of glaciers, and then the Qinghai-Xizang plateau was covered by ice much smaller than that of the Nieniexiongla glaciation in Middle pleistocene. In East Asia, glaciation relics of Late pleistocene have been found only in Japanese islands, Taiwan and on (Shaanxi) Taibai shan. ~~No evidences glacier have developed in~~ Other mountains ~~because~~ were too low for the development of ancient glaciers. This is a common conclusion

15×20=300 第 10 页

Problems of the Quaternary Environment Evolution and Geomorphological Development in the Lushan

兰 州 大 学 it was ~~by~~ first by

in the geological world since H. von Wissmann

(1937) (put forward). Accordingly, the question ~~key~~

~~point in the Lushan area is~~ whether there were

conditions ~~of~~ for the development of glaciers on the Lushan before

the last glaciation become the ~~key~~ point.

In the following ~~text~~ paragraphs, we would

like to discuss this problem on the basis

of the data from fossil fauna, floral,

pollen analyses and ~~compa~~ the correlation (comparison) between

the heights of ancient snow lines in the neighbor

regions ~~[illegible]~~ 。

In his study on the evolution of the Quaternary

mammalian faunas of South China Li yanxian (1981)

pointed out that, as compared with those of North

China, they are characterized by 1) more lasting

15×20=300 第 页

兰 州 大 学

duration of the archaic forms; 2) earlier appearance of some living forms; 3) less clearness of the change of faunas.[9] Comrades of the Wuhan Institute of aquatic biology were engaged in studing the ecology and evolution of the fresh-water fishes and Lipotes vexillifer Miller (白鱀豚) in the middle and lower reaches of Chang jiang.[(1)] Their research work shows that most of them originated from ancient ages and belong to warm-liking forms. The existence of these archaic forms was incompatible with a glacial environment. ~~as fish and water~~ However, Huang Wanpo and others (1982) have recently reported a mammalian assemblage of the

(1) Cai Shuming and Guan Zihe, preliminary ~~study on the climatic changes in the Chang jiang~~ Quaternary Han shui and Dongting Basin. (1981. in Chinese)

15×20=300　　第 12 页

Problems of the Quaternary Environment Evolution and Geomorphological Development in the Lushan

兰 州 大 学

middle Pleistocene which was unearthed in the site of Homo erectus hexianensis (和县猿人), Hexian of the Anhui province. Among them there are many forms quite similar to those of the Peking man fauna of Choukoutien, indicating a rather cool climate prevailed then. Nevertheless, the climate must not be too cold because the Alligator cf. sinensis lived there at the same time.[10]

According to Wan Hosheng (1979), the variation of the Quaternary environment in South China is insignificant ~~by comparison~~ and the flora is rich in species especially endemic and relic species, bearing ~~character~~ evidence to its ancient origin.[11] It is worthy to be considered that the achievement

15×20=300 第 13 页

兰州大学

in pollen analyses in recent years enables us to reconstruct the paleoclimate in a given time and place. ~~Base~~ On the bases of several pollen assemblages colleted in Shanghai and Zhejiang, Liu Jinling (1977) concluded that ~~there were four periods with air~~ intensive temperature ~~dep~~ reduction have occurred four times in East China during the Quaternary period, which have also been correlated with the four glaciations of prof. Li siguang[1,2]. The fact which has been held to indicate the temperature reduction is appearance of the pollen of fir and spruce in the pollen assemblages ~~a t~~ dominantly.

The temperature reduction happened undoubtedly, but the key to the Question is that whether or not this kind of temperature reduction ~~was~~ make it possible to ~~develop~~ produce mountian glaciers.

75.8 20×300 第 14 页

Problems of the Quaternary Environment Evolution and Geomorphological Development in the Lushan

兰州大学

For instance, The zone II (25?-25?m in depth) of hydrologic drill hole 01 of Shanghai, which has been compared with Dagu glaciation by Liu Yinling, contains ~~24-92%~~ pollen of coniferous trees up to a percentage of 84-92% of the whole arborescent pollen. The dominant elements are Pinus, Keteleeria and then Picea, Abies. Sometimes ~~the pollen of~~ Picea reach occupies a percentage of 24%. Other elements of this pollen assemblage ~~includes~~ consist of Tsuga, Cedrus, Ulmus, Quercus, Castanea and Liquidambar, etc. It is worthy to note that 30% of Keteleeria and 30-40% of Pinus have been ~~found~~ given in the pollen diagram attached to the article. Keteleeria is a subtropical element which is now growing

15×20=300 第 15 页

兰 州 大 学

in the mountian evergreen broadleaf forests in Zhejiang and Fujian provinces. In the light of above conditions, the pollen diagram being held to glacciation is actually a mixed deposit involing those from different altitudinal vegetation belts. The subtropic species occupy a dominant position and then the elements of mountian warm temperate and subalipine dark coniferous forest. Considering the conditions in Gongga Shan in which upper limit of subtropic forest reaches an elevation of about 2000 m a.s.l, and at 5000–5200 m appear existing snow lines, and thus the difference between the two being about 3000 m, it is clear that only mountians above 3000 m a.s.l (such as Yu Shan in Taiwan and Taibai Shan in Shaanxi) could be possible to create conditions for a mountian glaciation in the ice age. Therefore

15×20=300 第 16 頁

兰 州 大 学

the data provided by Lin Jinking are not conducive to the glacial viewpoint.

An important breakthrough in pollen analysis was recently made in the so-called boulder clay and vermiculated red earth of Dagu glaciation in the Lushan area. There were not a few pollen having been separated from these deposits, for instance, in the boulder clay at Yang jiao ling, and the pollen spectrum was found to be mainly of Almus, Salix, Quercus, Juglans, etc. showing a paleoenvironment rather warm, under such conditions no mountain glaciation could have developed in the Lushan.[13] In her study of the vermiculated red earth on the terraces in the middle reach of Gan Jiang, Wan Manhua

15×20=300 第 17 页

兰 州 大 学

discovered an assemblage of pollen in which the main elements are Pinus, Podocarpus and Castanea, (40 [illegible]) followed by Liquidambar, Ilex, Platycarya, Pterocarya, Myrica, etc.(1), showing a typical appearance of subtropic type of vegetation.

It's a still direct approach to correlate the heights of ancient snow lines of neighbor regions. Next let us to deal with the problem of the conditions for the development of mountain glaciation in the Lushan by comparision of the heights of ancient snow lines. First of all, it is necessary to find a way to calculate the height of the presumptive snow line of the Lushan today. The simplest method

(1) Wan Manhua, A discussion on the pollen assemblage and paleoclimatic significance of the vermiculated red earth in the middle reach of Gan Jiang, Jiangxi. (1982, in Chinese)

15×20=300

18

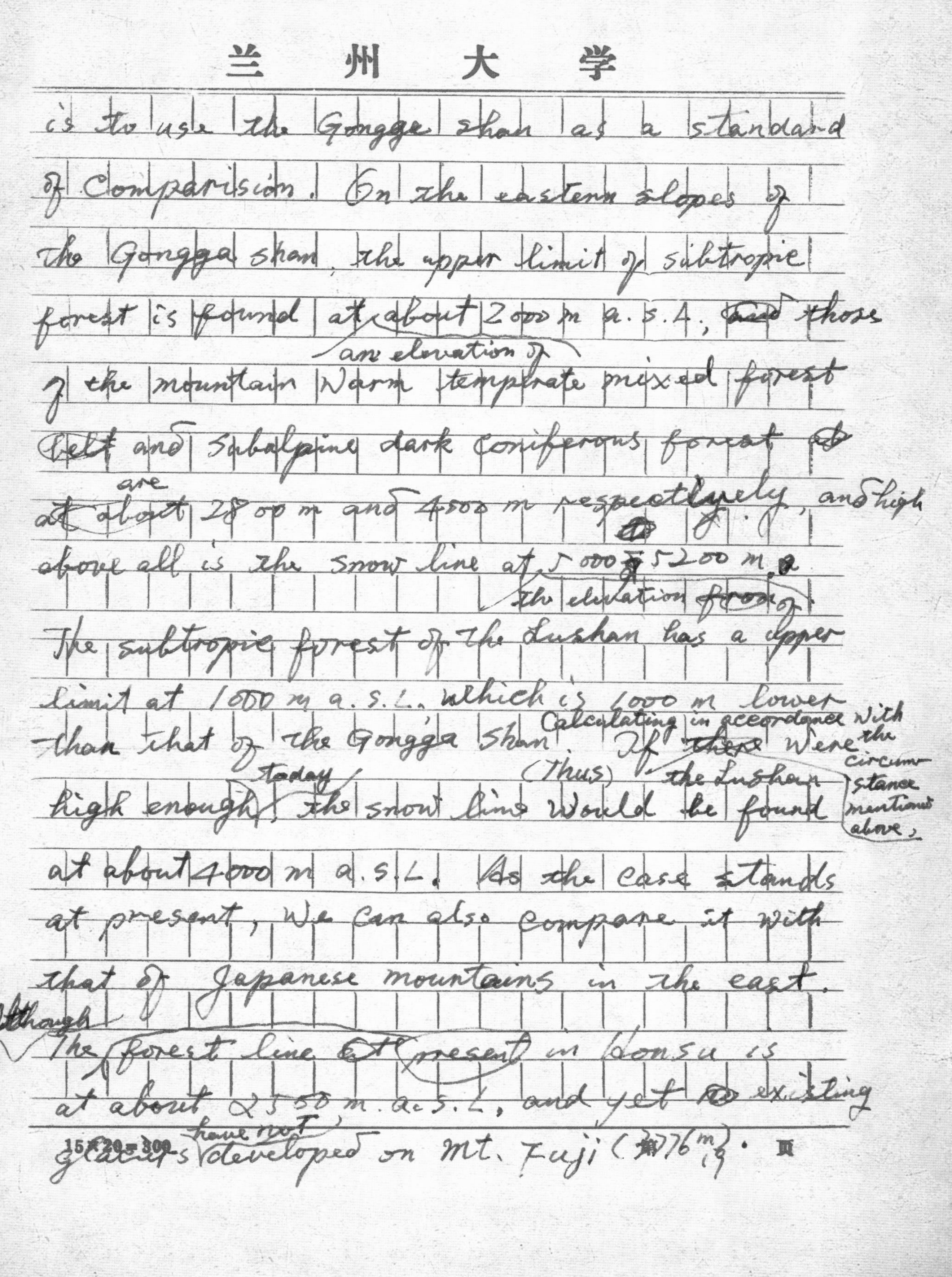

兰 州 大 学

is to use the Gongga Shan as a standard of comparision. On the eastern slopes of the Gongga Shan, the upper limit of subtropic forest is found at an elevation of 2000 m a.s.l., those of the mountain warm temperate mixed forest and subalpine dark coniferous forest are 2800 m and 4000 m respectively, and high above all is the snow line at the elevation of 5000–5200 m a.s.l. The subtropic forest of the Lushan has a upper limit at 1000 m a.s.l. which is 1000 m lower than that of the Gongga Shan. Calculating in accordance with the circumstance mentioned above, if the Lushan were (thus) high enough today, the snow line would be found at about 4000 m a.s.l. As the case stands at present, we can also compare it with that of Japanese mountains in the east. Although the forest line at present in Honsu is at about 2500 m a.s.l., and yet existing glaciers have not developed on Mt. Fuji (3776 m).

15×20=300 页

兰州大学

prof. S. Saitzaka (小野有五, 1980) suggested that the existing snow line there would be at about 4000 m a.s.l. and that of the last glaciation was about 2500 m a.s.l., 1500 m lower than the present. [14] The climate of Japan belong to the type of monsoonal maritime with heavy snow falling in winter, which is of benefit to the depression of snow line. Moreover, judging geographically of latitude the Lushan is 5° degree lower than the Japanese Alps in Honshu, the snow line of the Lushan area can not appear at an elevation lower than that of the latter.

On the basis of the estimated height of the snow line, it is possible to discuss how much the Pleistocene snow line was depressed. As mentioned above, it has been suggested that depression of

15×20=300 第 20 页

兰 州 大 学

snow line in the main Würm ("Tottabetsu") ~~called~~ in Honsyu (~~Japan~~) was 1500 m. During the early Würm (Poroshiri) however, the glaciation on ~~the~~ Japanese mountains was even greater and the snow line 300 m lower than ~~that~~ of Tottabetsu (户蔦别冰期) (8, 14) (1). The main glacial advance of the last glaciation in Gongga Shan occurred in 24,390—19,700 C^{14} years, when Hailougou glacier extended down the valley to an elevation about 2850 m a.s.l., 8 km longer than the present. The snowline then was about 4000 m, depressing about 800—1000 m from existing snowline, which is calculated by using the accumulation area ratio (AAR) and the level of ancient cirque bottoms. In the earlier (last but one) glaciation, the glaciers of Gongga Shan have extended down

15×20=300

第 21 页

兰 州 大 学

into the main valley of Moximian, but it is ~~unable to find a way to~~ difficult to ~~measure~~ determine the depression of past snowline.

(1) In earlier seventies Japanese scientists have correlated these ice ages with the Riss and Würm of European Alps, but the achievement of tephrochronology since then overthrew this conclusion and they have been correlated ~~again~~ with the early and main Würm respectively. The chief reason why the mountain glaciation in Japan during the Main Würm was smaller than that of the early Würm might be attributed to the large-scale depression of sea level during the Main Würm, resulting in the blockage of the sea of Japan. Under such conditions it was impossibly for the Kuroshio current to enter the sea of Japan through Tsushima strait, then sea ice expanded and water surface shrank with the temperature of air and water declining intensively and evaporation smaller. While the winter monsoon crossed over the sea surface, there were not more moiture to be provided, and therefore the witer was characterized by the deficiency of snowfall as compared with the early würm and present time. (the materials being supplied by prof. Shi Yafeng)

15×20=300 第 页

22

Problems of the Quaternary Environment Evolution and Geomorphological Development in the Lushan

兰州大学

Judging from the bottom levels of the ancient cirques in the Chola shan, the snow line of the last but one glaciation ~~was~~ is 300-500 m lower than that of the last glaciation. Thus it can be seen that the snow line have depressed 1500-1800 m in Japan during the last and last but one glaciations and 800-1500 m in Wester Sichuan. ~~Calculating~~ Having calculated in this way, the snowline should have been occurred above 2000 m at that time ~~it is unlikely~~ that there were no 50 conditions for the development of mountain glaciation on the Lushan. As for the even earlier glaciation, hard evidances have not yet obtained in Japan but in the Western part of China the last but two glaciation, known as the Nyhyshunla glaciation was the largest one in the Quaternary period, with the relics distributed far and wide. A reasonable explanation is that the Himalyas is/was not so high enough to prevent the Indian monsoon from reaching the interior part of the Qinghai-Xizang plateau, ~~thus causing~~ the

15×20=300　　第 23 页

兰州大学

middle pleistocene being the most favourable period for glacial development. According to the glacial relics in the Mts. Qomolangma and Xixabangma, ~~it is~~ the depression of the middle pleistocene snowline has been estimated at 1900 m.[15] Thus the rational inferred ~~that~~ elevation of the middle pleistocene snowline in the Lushan area could been not appeared less than 2100 m and there were no glaciers developed under such conditions. If the Lushan had glacierized during the Quaternary period, the "Lushan glacial" snowline would have to depressed 2800 m and the "Da gu glacial" snow line even 3500 m, ~~indicating~~ reflecting a temperature reduction ranging from 18° to 20°C or so. Considering that the annual mean temperatur at present is merely 17°C at Jiujiang, this kind of large-scale temperature depression must have lead to dramatic changes of the paleoenvironment in South China,

15×20=300 第 24 页

Problems of the Quaternary Environment Evolution and Geomorphological Development in the Lushan

兰 州 大 学

which is in conflict with the various evidences mentioned above of showing smaller changes of the natural condition during the Quaternary period. It is also ~~of~~ impossible to make a way out for the difficulties ~~as to~~ by assuming that the precipitation in ~~ice ages~~ the ice ages have increased to much as to compel the snowline depressing intensively, because the ice age in the monsoonal region of China was not associated with the pluvial ~~period~~ ~~phase~~ but the interpluvial characterized by a cold and dry climate with the loess accumulated.[16]

二、Analyses of the typical Quaternary sedimentary sections in the Lushan area.

As previously stated, the data obtained from studing of the paleosols, fossil faunas

15×20=300 第 25 页

兰 州 大 学

flora & pollen analyses and depression of the past snowlines show that no conditions for the development of mountain glaciation ever existed in the Lushan area during the Quaternary period. In the following we shall choose two typical Quaternary sedimentary sections for the purpose of sedimentologic studing in the top and foot of the Lushan in order to see if any information of former glaciation existed.

A gully section in the Valley of Da jiao Chang

There is a small gully with two heads in the Valley of Da jiao Chang near the confluence with the Luling Basin. It stretches 102 m from the north head to the road culvert and 10–15 m wide. Its bed cutting into the deeply weathered Gurinling strata in a depth of 6–8 m, exposes a excellent Quaternary section on the vertical wall. The Quaternary surficial sediments has a thickness of 3–7 m, can be divided into three layers. The best

15×20=300 第 26 页

Problems of the Quaternary Environment Evolution and Geomorphological Development in the Lushan

兰 州 大 学

exposure appears on the north bank near the gully head (Fig 1. photo 1).

Fig 1.

Yellow orange boulder layer. It occurs in the lower part of the section with a depth of 2-2.5m, many granualar and subgranualar pebles concentrates on the bedrock surface, sometimes still preserves their bedding and laminated clay lenses (photo 2). It is evident that there must have been an incipient alluvial deposit of mountain stream prior to the deposition of the yellow orange boulder layer, disturbed seriously when the latter was formed.

15×20=300 第 2 页

兰州大学

The incoherent bedrock beneath the boulder layer displays some epigenetic structures, such as small drag folding (photo 3) created by creeping of boulders above it and injection of stones onto the bedrock. There are a lot of boulders with long axes more than 1 m. Their blunted edges and corners associated with many concave faces clearly indicate percussion and water erosion under aquatic environment. The matrix is dominantly yellow orange (10 YR 7/8 on the Munsell color chart) sandy clay. There is considerable ferro-manganese staining and occasionally some orange (5 YR 6/8) clay film enveloping the clasts. The latter often has a thickness of about 1-5 mm, showing clear lamination. The A axes have no preferential orientation with dip angle about 10-30°. The large boulders

15×20=300 第 28 页

Problems of the Quaternary Environment Evolution and Geomorphological Development in the Lushan

兰 州 大 学

have even steep angle, sometimes ~~up to~~ nearly vertical, With the smaller clasts around them being droped down. The a-b planes of ~~the~~ clasts have a ~~rather~~ relative high principal part (14.6%) ~~with a~~, given an azimuth of 180° and a dip angle of 10° ~~which is~~ roughly in parallel with the local surface slope (Fig. 2 a.b). The fine component extracted from the matrix has a chemical molecular ratio ~~of~~ 2.00 for SiO_2/Al_2O_3 ~~2.00~~ and 1.46 for SiO_2/R_2O_3. All the foregoing evidences tell that the depositional agent is torrential flood or debris flow ~~which is~~ and the source area was a lateritic environment. Now we would like to point out in passing that somebody have recently taken a 8-12cm thick red and yellow laminated sandy clay

15×20=300 第 29 页

has thick of 8—12 cm and the bedrock surface layer, which appears between a great boulder just below the water fall at the north gully head, as a glacial grinding "Rock flour".(1) After investigation on it on the spot we conclude that it is merely no more than a fine-sized deposit by seeping water after the boulder layer had been formed (Fig 3).

It is a phenomena which can be many times in the sieve deposits, such as torrential flood and debris flow lobes, bearing no relation to glaciation. Too much striation have been reported in this boulder layer, including also "grooves". But in the opinion of ours none of them can be taken as the proper diagnostic feature of glacial origin.[17]

Dark brown sand and gravel overlying on

(1) Cheng Huahui and Zhao Liangzheng. New evidences of former glaciation in the U-shaped Valley of Da Jiao Chang. (in Chinese) 1982.

15×20=300 第 30 页

Problems of the Quaternary Environment Evolution and Geomorphological Development in the Lushan

兰 州 大 学

the boulder layer, but no sharp boundary can be found between them, the mean size is clearly less than that of the boulder layer, the larger clasts concentrating into layers to form so-called "stone link". On the top reveal sandy clay lenses, usually reddish brown (2.5YR 4/8) and bright reddish brown (5YR 5/8) in colour, which might be residual paleosol. Dark red stains being dispersed in the matrix, which is an inherent feature of the weathering residue, showing the relics of paleosol having not disintegration by running water. The chemical molecular ratio is 1.91 for SiO_2/Al_2O_3 and 1.5 for SiO_2/R_2O_3. The analyses of X-ray diffraction of the clay particles result in a clay mineral combination mainly consisted of kaolinite and illite. The facts show clearly that a humid and hot weathering have been prevailing after the middle section deposited and some clay particles then had been leached down the profile to create orange clay film

15×20=300 第 31 页

兰 州 大 学

on the boulder surface beneath. The A axes have no preferential orientation with dip angle of 10–30°; the principal part of a-b planes is 9.9 ~~dip angle~~ in an azimuth of 116°, obliquely intersecting the trend of Da Jiao Chang Valley (N50°E) at 46° angle and the dip angle of a-b plane is of 10° (Fig 7 c, d). It is made clear that the materials of middle section was laid down by slow ~~is a … product of~~ mass movement ~~and~~ combined with soil creep.

Brown yellow earth and large boulder layer

This is uppermost part of the whole section ~~with~~ in a thickness of 1-2 m. Large boulders more than 1 m in diameter are concentrated in the top of the section, showing a clear imbricate ~~structure~~ arrangement, sometimes being half buried, a product of frost shattered blocks which ~~have been~~ formed in the last glaciation and deposited by ~~a~~ solifluction in the Valley bottom.

15×20=300 第 32 页

On the slope of Wu Lao feng, facing the Qing Lian

Problems of the Quaternary Environment Evolution and Geomorphological Development in the Lushan

兰 州 大 学

valley, these blocks form typical periglacial clitter slope, moving down to the valley bottom with imbrication towards the mountain itself, and the dip angle of a-b planes is always more than 30°.

The gully section discussed above clearly elucidated the history of the natural environment changes and successive depositional processes occurred on the summit of the Lushan above 1000 m a.s.l. during the late Quaternary period. Before the whole section began to deposit, there had been a long lasting duration of humid-hot weathering, making the bedrock deeply weathered and soon after began the deposition of initial alluvial gravel bed by mountain stream, the pebble showing a facies of relative high roundness. Afterwards occurred a torrential flood (or debris flow) which had brought about a lot of boulders and clasts to form the yellow orange boulder layer. A long period of mass movement and creep succeeded resulting in a dark brown sand and gravel layer with "stone lines" as indicator of their process. On its top is a nonvermiculated red earth.

15×20=300 第 33 页

兰州大学

All of these events took place under a circumstance of humid-hot climate and then the climate deteriorated dramatically. The sedimentary regime changed, red colour of deposits turning yellow and the loess, which is known as the Hsiashu loess in this area, and associated earth ~~and~~ gravel and boulder were accumulated under periglacial climate. Great changes have been occurred after the pleistocene, the climate of Holocene is mild and humid and on the parent material of brown yellow earth developed a mountain forest soil. However, compared with the red earth ~~formed~~ before climatic deterioration the soil mantle type of Holocene is evidently in a low grade, indicating the climatic change ~~of~~ in the Lushan area in the late Quaternary being a process which can not be reversed.

Yejialong section

The section is exposed on the right bank of a vale leading to Shengling lake, local name ~~is~~ being called

15×20=300 第 34 页

Problems of the Quaternary Environment Evolution and Geomorphological Development in the Lushan

兰 州 大 学

jiong gafao. The bedrock being 2-3 m above vale bottom consists of deeply weathered Silurian sandstone. On the cutting bedrock surface overlays a thick gravel bed up to 13-15 m with 2 m boulders of high roundness appeared on top which imbricate towards the Lushan, showing a definetely alluvial facies of piedmont deposits. Upwards is thick earth, in which the lower part consists of vermiculated red earth interbedded with iron pans and the upper part become yellow but alternated with red earth. Several uppermost layers are imbued with considerable ferro-manganese staining and vermiculated mottles disappear. From bottom to top there are two layers of gravel and boulder and the earth layers amount to 12. The whol sequence has a true thickness of about 50 m as the strata dip towards S20°W in an angle of 10° (Fig. 4). We collected samples from the whole sequence systematically and have done various experiments on them, including particle size, chemical composition and X-ray diffraction analyses.

15×20=300 第 35 页

兰州大学

Fig 4.

The main results of particle size analysis are as follows: 1, clay in fine section occupies generally about 15–30 percent, while the particles over 0.25 mm is more than 0.5 percent and sometimes over 10 percent, moreover, some small gravels appeared in lower layers, especially in the iron pan, reflecting a poor sorting ; 2, The particle size become smaller gradually upwards in the upper layers silt and clay amount to over 90 percent or even more, showing the power of transport medium getting weaker or changing kind of agent and a possibility of eolian origin can not be excluded. The analyses of chemical composition for samples labelled as C. D. J. O. D. suggest: Sample C collected from the

15×20=300 第 36 页

first ferricrete on the boulder layer has a chemical molecular ratio 1.67 for SiO_2/Al_2O_3 and 1.30 for SiO_2/R_2O_3, which tells a typical

Problems of the Quaternary Environment Evolution and Geomorphological Development in the Lushan

兰 州 大 学

tropical lateritic crust, Sample D from the thick vermiculated red earth gave a chemical ratio of 2.04 for SiO_2/Al_2O_3 and 1.56 for SiO_2/R_2O_3, belonging to a typical red soil. Sample O and P near the top of section provide ratios of 2.36 and 2.32 for SiO_2/Al_2O_3 respectively, from which an environment to produce subtropical yellow-brown soil or at least temperate brown soil can be deduced. The change of soil colours from red to yellow and the existence of considerable ferro-manganese staining coincide with above conclusion. X-ray diffraction analyses

Table 1. results of chemical composition analysis of Yejialong section (not completely)

Sample Number	Items and results								molecular ratio of clay	
	SiO_2	Al_2O_3	Fe_2O_3	CaO	MgO	MnO	P_2O_5	TiO_2	SiO_2/Al_2O_3	SiO_2/R_2O_3
P										
O										
J										
D										
C										

15×20=300　　第 37 页

兰 州 大 学

has been taken for the whole 15 samples, giving ~~a~~ a result consistent with that of chemical composition analysis completely. The samples from lower layers always display a clay mineral combination mainly of Kaolinite-~~and~~ illite, but those from upper layers give a clay mineral combination of illite-Kaolinite with a few vermiculite, reflecting a climatic change from humid-hot to mild and dry (Fig.5)

Fig5

Besides, considering that the ratio between Kaolinite and illite is an indicator for weathering degree and climatic environment, we made a plot of Kaolinite/illite ratio of 15 samples against the depth of samples themselves, from which a general declining

15×20=300 第 38 页

兰 州 大 学

trend of weathering degree with several fluctuation can be seen, representing climatic variations ranging between warm and cold (Fig. 6). This should be taken as a reflection of glacial cycles in the world and perhaps provides new prospects for studying on climatic changes in years to come. But the climatic changes in the Lushan area, as already discussed above, were ranging between tropical and subtropical or at the most temperate, no conditions for the development of mountain glaciation ever existed.

Fig. 6.

15×20=300　　第 39 页

兰 州 大 学

B. Tropical morphological relics in the Lushan

To sum up, neither the information from the Lushan itself nor that derived from studing on the evolution of the Quaternary environment in East Asia supports the conclusion of former glaciation in the Lushan, and thus the "glaciogenic glacial erosion landforms", boulder clay, striae, etc., being held by Prof. Li Siguan to support glacial theory have to be explained by other way. In our opinion these morphological and sedimentary phenomena not only bear no relationship to former glaciation, but, on the contrary, were created under tropical humid-hot climatic environment mostly.

As a uplifting block mountain since the end of the Tertiary, the Lushan at present still preserves many low relief formed before uplift, such as landforms of planation surface, maturely broad valley, etc. The tropical crust of weathering which once covered the whole area thickly can be seen now on the summit of mountain sparsely,

15×20=300 第 40 页

Problems of the Quaternary Environment Evolution and Geomorphological Development in the Lushan

and the porcelian clay now exploited in granite area near Daihui is a direct evidence for deep chemical weathering under tropical climate. After the mountain uplifted or the climate became frigid the deep weathering regolith would be removed, it is just the way by which the tors on the summit of mountain and core stones in piedmont hilly land, for example, the Shiniu Shan near Daihui have evolved. Furthermore, relative typical Bornhardts (tropical inselbergs) also can be found in granite area (photo 4). The Xiamu rock near Baishizui which had been identified with a roche moutonnees is, in fact, none other than one karst erosion features by deep chemical weathering. Recently, when civil engineering being carried out, a lot of karstic phenomena have been discovered in buried purple clay. Among them a mushroom rock of two meters high is called "small Xiam rock" by local people (photo 5). Accordingly, it is important in coming years to concentrate our attention on studing of tropical morphologic relics instead of glacial.

兰州大学

In his studing on the boulder clay of Dagu stage prof. Shi ~~proved~~ used ~~countless~~ many facts to prove it is nothing else but debris-flow deposit.[13] What we would ~~the~~ like to add is that the debris-flow deposits of extensive distribution on the piedmont of the Lushan were ~~a~~ the inevitable product of combining the humid-hot climate with ~~orogeny~~ tectonic uplifting in a particular stage in the landform ~~evolution~~ development history of the Lushan. of a particular stage in the landform development history when the climate was humid and hot and the tectonic movement active. In earlier times while the Lushan was ~~only~~ still a low land ~~with~~ planation surface and broad valleys it is impossible to produce debris flow on a large scale. But ~~during~~ since the late ~~Pleistocene~~ Quaternary large-scale debris flow can not be produced also because the mountain had already been cut ~~deeply~~ intensively and once existed the thick tropical regolith was mostly removed. The fact that ~~the boulder~~ clays only ~~distributed~~ occur on the northern piedmont of the Lushan shows that they bear close relations to the geological structure and particularly lithological characters. Viewing from the angle of the behaviour of weathering, ~~the~~ massive Sinian ~~stone~~ sandstone is

15×20=300 第 42 页

Problems of the Quaternary Environment Evolution and Geomorphological Development in the Lushan

兰 州 大 学

similar to granite. According to the researches taken by B. P. Ruxton and L. Berry in Hong Kong (1957)[18], the deep chemical weathering profile of Granite in tropical zone may reach several tens or even hundred of meters; the upper part is mainly of kaolinitic clay, downwards appear half-weathered blocks controlled by joint patterns which take the form of that known as core stones or "rock eggs"[19], owing their shape to spheroidal weathering. It is not difficult to suppose that in the middle pleistocene when the Lushan attained a relative high elevation but still preserved thick regolith, including both clay and core stones, once came a summer rainstorm, the slope regolith would easily be saturated with water and reached its plastic or even liquid limits, thus causing the mass movement and debris flow on the slip plane. The relief of landscape in Hong Kong is not so high, but after a period of 24 hours of high precipitation (400 mm) mass movements on slops including landslids, debris avalanches etc.

兰 州 大 学

occurred more than 700 times, that is more, and most of them took place in the forested areas.[20] The climate in the middle pleistocene was one of high temperature and humidity in character, which is also evidenced by the ferricrete in vermiculated red earth at Yejialong. Consequently, the middle pleistocene should be considered to be the most favorable period for the occurrence of debris flow and then the boulder clays long held to be deposited in the Dagu stage are widely distributed over piedmont areas of the Lushan.

It seems convenient to point out that there are some half-closed "striae" on the boulder surface which have been held to derive from glacial origin. In fact, if they are found in association with paralleling striae on the polished surface as is often the case with the glacial boulder (in such condition they are known as crescentic gouges), they should be taken as the diagnostic features for glacial origin[17]. Based on the investigations taken by us on the spot, for example in Wangjiapo valley, Baishizui and Yejialong, these half-closed "striae" usually appeared at random, crowded together in which no regulation might be found (photo 6). It shows that the clasts

15×20=300 第 44 页

兰 州 大 学

in boulder clay were transported in water existed as a medium, and even more it should be a energetic environment, in which the clasts impinge upon each other and produce many conoid fractures. They give no evidence for glacial origin and, on the contrary, clearly show that debris flow or torrential flood had occurred.

4. The morphological development history of the Lushan.

The present Lushan belongs to multicycle Landscape forms which owe their shape to that created by successive uplifts and denudation under the control of geologic structures and lithologic characters. The humid-hot chemical weathering in long period left deep impressions on the Landscape and depositional materials, and only during the late pleistocene when climate became cold the periglacial processes occurred on the mountain summits and produced corresponding relics.

Successive block upheavals gave great effects on the landform development of the Lushan. Above all, those attract so much attention are the gigantic fault cliffs, piedmonttreppe and a series of nickpoint.

15×20=300　　第 45 页

兰州大学

in the valleys. There are two main nickpoints occerred at 250–300 m and 900–1000 m. respectively. The lower one may be represented by the gorge which cut into the lower reach of Wangjiapo Valley about 80–100 m, with its head reaching Zhonganshi by headward erosion. If we protract the bottom of Wangjiapo Valley in a natural way, it will meet the hill tops outside the mountain in an elevation of about 150–250 m to compose a gentle declined morphological surface. In the mountain is a perched plunging syncline and reasonably it a broad valley controled by widens outward with a bugle shaped embayment.

Outside the mountain are the piedmont steps (piedmonttreppe) consisted of dessected pediments. On the tops of the hills which derived from dessected pediment always appear some survivals of ancient boulder layer which

Some patches of residual boulders and gravel bed still preserved in existence today on the tops of some hill hills are not to be wondered at (photo 7), whereas to call on glacier to move them up on the hill top is unnecessary.

The higher nickpoint at 900–1000 m a.s.l. may be

15×20=300 第 46 页

represented by Santiequan (three cascades) just below the Qinglian Valley and also the others like hanging valleys

Problems of the Quaternary Environment Evolution and Geomorphological Development in the Lushan

兰州大学

at Lu ling bridge, Liangou valley, etc. Above the level of these nickpoints the older landscapes of the Lushan, such as Yang tien ping planation surface (photo 8), Lu ling basin, Da jiao chang valley, east and west valleys. They are mostly preserved without having been touched by the headward erosion. Actually, this is the fact which had been point out by prof. Ren Meie long ago.[21] In association with the low relief landforms also exist some relics of lateritic weathering crust which is a hard evidence for the longe period deep chemical weathering and tropical planation.[22] As a matter of fact, all the glacial hanging valleys in the Lushan which had been pointed out by prof. Li Shiguan have a close bearing on these nickpoints. Furthermore, hard sandstones like Nü'er cheng sandstones and Wulaofeng sandstones also often appear at this level so that the combination of cyclic nicks and tectonic nicks strengthens their resistance to erosion and thus extremely lead to develope many high hanging valleys and waterfalls. On the basis of the levels of these two nickpoints, the Lushan can be divided into three geomorphological steps:

15×20=300 第 47 页

兰州大学

The higher steps is mainly made of summit planation surfaces and broad valleys, middle step is formed by high hills and some valleys like that of Wangjiapo, and lower step consists of piedmont steps, fans and terraces, etc. An outline of the geomorphological steps of the Lushan has been shown in Fig 7.

It is not reasonable to take the so-called "poyang stage" boulder clay as the earliest Quaternary deposits in the Lushan area. At least the boulders and partly preserved vermiculated red earth on two piedmont steps (piedmonttreppe) must be much older than it. It seems to be the basal gravel bed of vermiculated red earth of middle pleistocene, merely

15×20=300　　第 48 页

Problems of the Quaternary Environment Evolution and Geomorphological Development in the Lushan

兰 州 大 学

disturbed by tectonic movement or landslip!

In addition, they lithalogical character are varied in, have good roundness and well sorted, so can not be laid down by small streams which take their sources from the Lushan.

Because simmilar deposits has been found along the poyang lake stretching like belt, an alluvial origin of past Gang Gan jiang should be inferred. Yejialong section is a well-developed Quaternary sedimentary sequence in the Lushan area, it covers a geological period of considerable length, in which deposited the boulder clays and vermiculated red earth, generally referred to "Da Gu stage", and possibly long being some lower units of the Hsiashu Group. We suggest a special term, Yejialong Group, to cover the whole sedimentary sequence.

The Yejialong group is a continual depositional sequence. The lower part consists of thick gravel and cobble bed, possibly laid down by debris flow or torrential floow from the mountain. After a capping layer of boulder alluvial origin deposited there prevailed a tropical humid-hot climate, during which a lateritic weathering crust (ferricrete) formed. later on began earth deposition. the climate fluctuated many times

15×20=300 第 49 页

兰州大学

between subtropical and warm temperate, in which at least existed three cold periods and two warm periods. the deposition of earth. The uppermost layers of the sequence was laid down under rather cold climate and we can not exclude the possibility of eolian explanation for their origin. The last cold period in the Lushan was extremely severe and so led to the accumulation of Hsiashu loess long held to derive certainly from eolian deposition, so that it is the largest "southward invasion of loess" in the Quaternary period and may correspond to with the last glaciation. (may At that time the higher part of the Lushan (above 1000 m a.s.l.) underwent periglacial processes, such as frost shattering, nivation, solifluction and so on. The periglacial products include slope loess, solifluction mantles, non-matrix clastics, etc. The following is a concise sequence of the morphological evolution and sedimentary regime, which is, we must admit, subject to future correction and supplement.

15×20=300. 第 50 页

Problems of the Quaternary Environment Evolution and Geomorphological Development in the Lushan

兰州大学

1. planation surface of Yang tien ping (above 1300 m a.s.l., survival of the root of lateritic weathering crust) period

?

2. Maturely dissected surface of Gu lin period (represented by broad valleys above 1000 m a.s.l., bedrock deeply weathered and survival of red vermiculated earth)

— uplifting, 900–1000 m nickpoints formed

3. Wangjiapo broad valley and piedmont treppe (divided into two benchland with boulders and gravel bed survived partially preserved)

— uplifting, formed 300 m nickpoints—

4. deeply cutting in the mountain and many debris flow fan and alluvial fans formed on the piedmont belts

— faulting among boulder clay and downcutting of rivers —

5. Hsiashu group — lower part being brown yellow clayey soil
upper part being eolian or slope loess & solifluctional deposits occurred above 1000 m a.s.l.)

— terraces and downcutting of gullies modern

15×20=300 第 页

兰 州 大 学

— end —

Acknowledgements

While authors were engaged in field research work in the Lushan in the summer 1980 helpful discussions have been carried on with prof. Shi Yafeng and Dr. E. Derbyshire (from Keele, England); in collecting data and writing this paper many colleagues gave us helps. We hereby express our ~~cordial~~ heartfelt thanks to them.

References

(1)

15×20=300 第 52 页

庐山第四纪环境演变与地貌发育问题

附图 英文

Fig. 1. The gully section of Da jiao chang Valley near Lu ling basin

图内解释（由上到下）

③ Brown yellow earth and large boulder layer (on the top is modern Brown forest soil)

② Dark brown sand and gravel (red earth on the top)

① yellow orange boulder layer

→ incipient alluvial gravel

→ deeply weathered bedrock (red clay intercalated in bedding and joint planes)

Fig. 2, clast fabric diagrams of gully section in Da jiao chang Valley

最大密度 largest density

Fig 3. Gully head section near the mouth of Da jiao chang Valley

Fig. 4. Quaternary deposition section of yejialong vale, on the right bank

黄色亚粘土　yellow clayey soil
网纹红土　vermiculated red earth
铁盘层　iron pan
冲积巨砾　alluvial boulder
网纹砾石层　vermiculated gravel bed
志留系砂岩　Silurian sand stone
主要采样点　main sampling sites
叶家垅切沟　Yejialong vale

Fig. 5. X-ray diffraction ~~curves~~ curves of clay minerals in Yejialong section (selected)

Fig. 6. Curve showing the illite/kaolinite ratio ~~agast~~ against depth for Yejialong section.

深度, depth.

Fig. 7. ~~outline~~ sketch map of geomorphological framwork of the Lushan.

① Summit relict landform (planation surface and mature landform)

② ~~deep cutting~~ deeply dessected hilly land ~~(deeply dessected)~~ on mountain front

③ piedmonttreppen, fans and terraces

④ A.B. nickpoint

PROBLEMS OF THE QUATERNARY IN THE LUSHAN

庐山第四纪环境演变和地貌发育问题

李吉均 张林源 邓养鑫 周尚哲
（兰州大学） （兰州冰川冻土所）

PROBLEMS OF THE QUATERNARY ENVIRONMENT EVOLUTION AND GEOMORPHOLOGICAL DEVELOPMENT IN THE LUSHAN

LI JIJUN ZHANG LINYUAN
(DEPARTMENT OF GEOLOGY AND GEOGRAPHY, LANZHOU UNIVERSITY)
DENG YANGXIN ZHOU SHANGZHE
(LANZHOU INSTITUTE OF GLACIOLOGY AND CRYOPEDOLOGY, ACADEMIA SINICA)

JANUARY. 1983

LANZHOU

中国科学院兰州冰川冻土研究所

Problems of the Quaternary environment Evolution and Geomorphological Development in the Lushan

Li Jijun Zhang Linyuan
(Department of Geology and Geography, Lanzhou University)

Deng yangxin Zhou shangzhe
(Lanzhou Institute of Glaciology and Cryopedology, Academia sinica)

January, 1983

2 001149.80.3 第 页

Problems of the Quaternary Environment Evolution and Geomorphological Development in the Lushan

中国科学院兰州冰川冻土研究所

Abstract

The Quaternary climatic deterioration of the Lushan area occurred mainly in Late pleistocene while a periglacial environment had prevailed on the high summits above 1000 m a.s.l. with the frost shattering and gelifluction arising. The data from the pollen-spore analysis, fossil fauna, paleosol and elevation of the snow line in the ice ages proved that no conditions for the development of the glaciers had ever existed in the Lushan during early and middle Quaternary period. Evidence of former glaciation has not been found in the studying on the type sedimentary sections in yejialong and Da jiao chang gully. There are a lot of relict landforms belonging to hot and humid tropics rather than to glacial. The problems of the landform development of the Lushan also have been discussed.

Abstract

The climatic deterioration of the Lushan area in the Quaternary Era has occurred mainly in the Late Pleistocene. It was during this time that a periglacial environment with the frost shattering and geliflution being active processes prevailed on the high summits above 1000 m a.s.l. The data from the pollen-spore analysis, fossil fauna, paleosol and the elevations of the snowline in the ice ages have proved that no conditions for the development of the glaciers had ever existed in the Lushan during the early and middle Quaternary period. Evidence of former glaciation has not been found in studing on typical sedimentary sections in Yejialong (Xingzi County) and Da jiao chang gully. There are a lot of retict landforms of the humid tropics rather than of glacier ice. Finally the problems

2　001149.80.3　第 1 页

Problems of the Quaternary Environment Evolution and Geomorphological Development in the Lushan

中国科学院兰州冰川冻土研究所

~~of the landform development of the Lushan have been discussed.~~

Since the glaciation hypothesis of the Lushan was put forward by prof. Li Siguang (J. S. Lee) in the thirties (~~this century~~), many scientists at home and abroad have engaged in the debate continuously[1-7]. Authors of this paper have done research work several times in the Lushan area in recent years. In this paper, we make an attempt to discuss the problems of the Quaternary environment evolution and the landform development in the Lushan area, cherishing at the same time high hopes of promoting the settlement of the problems stated above and, through debates between different views, learning from others to improve ourselves.

2 001149.80.3 第 2 页

中国科学院兰州冰川冻土研究所

1. Analyses of the Quaternary Environment and Conditions for the development of the glaciers in the Lushan.

The Lushan ~~(at present)~~ is situated at the northern border of the middle subtropic zone of China. The annual mean air temperature and precipitation at Jiujiang on the piedmont plain are 17.0°C and 1397 mm respectively, Whereas 1834 mm of the annual precipitation and 11.4°C of the annual air Temperature were recorded at Gu Lin (1164 m) on the Summit of the Lushan. The high part of the Lushan above 1000 m a.s.L. has a climate of the mountain Warm temperate belt with the natural vegetation ranging from deciduous broadleaf forests to mixed broadleaf and coniferous Woodlands, and the soil being of the type of yellow-brown forest Soil. The climate of subtropic forest is dominant below 1000 m a.s.L. and the evergreen broadleaf

2 001149.80.3 第 3 页

Problems of the Quaternary Environment Evolution and Geomorphological Development in the Lushan

中国科学院兰州冰川冻土研究所

forests grow on the slopes, the soil being of yellow earth. On the other hand, as the soil parent materials the vermiculated red earth and the Hsiashu loess are widespread in the Lushan area, which can be taken as hard evidence of climatic changes. The vermiculated red earth is an end product of tropical to subtropical lateritic weathering while the loess was formed under the temperate steppe climate. Now we are living in a period geologically known as Holocene or the present interglacial. It is neither very hot and humid to enable the vermiculated red earth to develop nor cold and dry enough to make the loess accumulated. As in the case of climatic zone shifting, the Lushan at times has previaled the tropical monsoon rainforest climate just like that of the coast region in South China; or semi-arid temperate grassland climate as in present Inner Mongolia at other times.

中国科学院兰州冰川冻土研究所

any estimation based on these indicators will show the climatic zone shifted up to 10° of latitude.

The above intensive climatic change, however, took place in the Lushan area and on a larger scale in east Asia in a quite late period. The weathering crust of red earth extended northward as far as the southern part of Northeast China during early and middle pleistocene, and then withdrew intensively to the south of the Chang Jiang in late pleistocene. Correspondingly, the loess extended southward to the middle and lower reaches of the Chang Jiang. In the Quaternary environment evolution of east Asia, this is a geological event worthy recording with capital letters and may be called as "Southward invasion of loess". It is not doubtful that "southward invasion of loess" occurred many times in the Quaternary period and it is essentially a

2 001149.80.3 第 5 页

Problems of the Quaternary Environment Evolution and Geomorphological Development in the Lushan

中国科学院兰州冰川冻土研究所

special issue of the glacial climate in monsoonal East Asia. Nevertheless, considering the enormous extent of "southward invasion of loess" in late pleistocene, it can not be explained merely by a glacial coming. Another very important factor is upheaval of the Qinghai-Xizang plateau violently starting from middle pleistocene. As a result the rising plateau eventually became a great barrier for the moist monsoonal air current moving from south to north, and therefore the Siberian high grew very strong, causing winter cold waves to invade so intensively as it had never done before in East Asia, and in so doing increasing the continentality of the climate. Especially during the ice age the summer monsoon got weaker and the winter monsoon stronger, and what is more, the sea level depressed enormously. Consequently the coast line of the East China sea migrated eastward

中国科学院兰州冰川冻土研究所

about 500 km and thus the climate became even more continental. Because of the combination of many factors mentioned above, the glacial climate of East Asia in the last glaciation was unprecedentedly severe, resulting in a large-scaled "southward invasion of loess". Japan ~~at present~~ which is isolated from ~~Asian~~ of the Continent, ~~but it~~ was ~~then~~ also deeply controlled by the same event. Some loess-like deposits have been found in Hokkaido ~~and~~ the pumice fall deposits intercalated within them have an age of about 32,000 C^{14} years. The remains of the "mammoth fauna" which have been discovered many times in the North and Northeast of China were also unearthed in Hokkaido, and some elements of ~~them~~ mammoth fauna migrated even to the central part of Honshu.[8] On the potwar plateau in Northern pakistan the loess of late pleistocene accumulated far and wide ~~too~~. The cold and dry climate of Asia in the

2 001149.80.3 第 7 页

Problems of the Quaternary Environment Evolution and Geomorphological Development in the Lushan

中国科学院兰州冰川冻土研究所

late pleistocene glaciation was not favourable to
the development of glaciers, and ~~thus~~ at that time the ice-covered area of Qinghai-
Xizang plateau ~~was covered by ice much~~ was not so large as ~~smaller~~
~~than~~ that of the Nieniexiongla glaciation in middle
pleistocene. In East Asia evidence of late pleistocene
glaciation has been found in the ~~Japanese~~ islands of Japan,
Taiwan and Taibai Shan (Shaanxi). Other
mountains are much lower for the development
of mountain glaciation. This is a generally conclusion
accept~~able~~ed ~~conclusion~~ in the geological world.
~~Since~~ it was ~~offerred~~ put forward first by H. von Wissmann
(1937). Accordingly, the question whether
~~or not~~ there were conditions for the development
of glaciers on the Lushan before the last
glaciation has naturally become a key point.
In the following paragraphs, we would like
to discuss the problem on the basis of data derived
from fossil fauna, flora, pollen analysis and

中国科学院兰州冰川冻土研究所

correlation between pleistocene snowline elevations in the neighbor regions.

Li Yanxian (1981) in his study on the evolution of the Quaternary mammalian faunas of South China pointed out that, as compared with those of North China, they are characterized by 1) more lasting duration of the archaic forms; 2) earlier appearance of some living forms; 3) less clearness of the change of faunas[9]. Recently some ~~comrades~~ colleagues from the Wuhan Institute of aquatic biology were engaged in studing the ecology and evolution of the fresh-water fishes and Lipotes vexillifer Miller (白鱀豚) in the middle and lower reaches of the Chang Jiang[(1)]. Their research work shows that most of these living things are originated from ancient ages and belong to warm-liking forms. The existence of these archaic

(1) Cai Shuming and Guan zike, preliminary study on the Quaternary ~~climatic changes in the Chang Jiang — Han shui and Dongting basin. (1981, in Chinese unpublished)~~

2 001149.80.3 第 9 页

中国科学院兰州冰川冻土研究所

forms was incompatible with a glacial environment. Huang Wanpo and others (1982), however, reported a mammalian assemblage of the middle pleistocene unearthed in the site of Homo erectus hexianensis (和县猿人), Hexian of Anhui. Among them ~~there are~~ many forms quite similar to those of the peking man fauna of Choukoutien, indicating the fact that a rather cool climate once previaled ~~at that time~~. Nevertheless, the climate ~~must~~ could not be too cold because the Alligator cf. sinensis lived there at the same time.[10]

According to Wan Hosheng (1979), the variation of the Quaternary environment in South China is not significant and thus the flora at our age is rich in species, especially endemic and relic species, which ~~bearing~~ evidence to its ancient origin.[11] It is worthy ~~to~~ noting that the achievements in pollen analysis in recent years ~~already~~ enable us to reconstruct paleoclimate in a given period and at a given place. In the study of several pollen assemblages

2 001149.80.3 第 10 页

中国科学院兰州冰川冻土研究所

found in Shanghai and Zhejiang Liu Jinling (1977) concluded that intense temperature reduction occurred four times in East China during the Quaternary period. These four cold periods have been correlated with the four glaciations of prof. Li Siguang[12]. The ~~fact which are held to indicate~~ reduction of air temperature is indicated by ~~appearance of~~ the pollen of fir and spruce the ~~dominantly~~ appearance in the pollen spectrum. It is undoubtful that the temperature reduction did happen many times, but the key to the Question is Whether ~~or not~~ this ~~kind of Temperature~~ reduction make it possible to produce mountain glaciation. For instance in the zone II (257-252m in depth) of hydrologic drill hole 01 in Shanghai, Which has been compared With Da Gu glaciation by Liu Jinling, Contains the pollen of Coniferous trees occupies ~~up to~~ 84-92% of the Whole durisilvae pollen. ~~Within them~~ the main

2 001149.80.3 第 11 页

中国科学院兰州冰川冻土研究所

elements are pinus, Keteleeria, followed by pecea and abies, sometimes pecea occuping occupying a percentage of 24%. Other elements of this pollen assemblage Consist of Tsuga, Cedrus, Ulmus, Quercus, Castanea and Liquidambar, etc. It ~~is worthy~~ should be to noted that 30% of Keteleeria and 30-40 of pinus have been shown in the pollen diagram attached to the article. Keteleeria is a subtropical elements which is now growing in the mountain evergreen broadleaf forests in Zhejiang and Fujian. In the light of the above statement, the pollen ~~diagram~~ assemblage ~~being held to mean~~ considered as an indication of former glaciation is actually a mixed deposit involving ~~those~~ pollens from different altitudinal vegetation belts. The subtropic species occupy a dominant share and ~~then~~ followed by those of mountain warm temperate and subalpine dark Coniferous forests. As Compar~~ing~~ed with the conditions ~~in Gongga shan, on which~~ where the upper limit of

中国科学院兰州冰川冻土研究所

subtropic forest reaches an elevation of about 2,000 m a.s.l, snowline appears at 5000–5200 m and so the difference between two limits ~~being~~ is about 3,000 m, it is evident that only the mountains having an elevation above 3,000 m a.s.l, ~~such as~~ say, Yu Shan in Taiwan and Taibai Shan in Shaanxi, could ~~create~~ have the necessary conditions for the development of mountain glaciation in the ice age. Therefore the data provided by Liu Jinling are not conducive to the glacial hypothesis.

An important breakthrough in pollen analysis was made recently in the ~~so-called~~ the known boulder clay and vermiculated red earth of Da Gu glaciation in the Lushan area. ~~There were not~~ A few pollen ~~having~~ s been seperated from these deposits. For example, in the boulder clay of Yang jiao ling the pollen spectrum was found to ~~be~~ consist~~ed~~ of Ulmus, Salix, Quercus, Juglans etc., showing a warm paleoenvironment. Under

Problems of the Quaternary Environment Evolution and Geomorphological Development in the Lushan

中国科学院兰州冰川冻土研究所

such conditions mountain glaciation could not be developed on the Lushan [13]. In her study on the vermiculated red earth on the terrace in the middle reach of Gan Jiang Wan manhua discovered a pollen assemblage ~~in which~~ the main elements of which are pinus, podocarpus and Castanea, followed by Liquidambar, Ilex, platycarya, pterocarya, Myrica, etc. (1), showing the typical appearance of subtropical ~~type of~~ vegetation.

A more direct approach to the solution of this problem is to correlate the heights of pleistocene snowline of neighbor regions. ~~Next~~ Now let us deal with the conditions for the development of mountain glaciation on the Lushan ~~by comparision of~~ with reference to the past snowline heights. First of all it is necessary to estimate the modern snowline height of the Lushan. The simplest method is to use the

(1) Wan manhua, A discussion on the pollen assemblage and paleoclimatic significance of the vermiculated red earth in the middle reach of Gan Jiang, Jiangxi. (1982, in Chinese, unpublished)

2 001149.80.3 第 14 页

中国科学院兰州冰川冻土研究所

Gongga Shan as a for comparision standard.

On the eastern slopes of the Gongga Shan, the upper limit of subtropic forest is ~~found~~ at an elevation of about 2000 m. a.s.l., those of the mountain warm mixed forest and subalpine dark coniferous forest are 2800 m and 4000 m respectively, and higher ~~above~~ than ~~all~~ these is the snow line at 5000-5200 m. The subtropic forest of the Lushan has an upper limit at 1000 m a.s.l., ~~which is~~ that is to say, one thousand meters lower than that of the ~~Go~~ Gongga Shan. According to the calculation ~~by comparision~~, if the Lushan were high enough today, the modern snowline would ~~be appeared~~ at about 4000 m a.s.l. ~~As the case stands at present~~, We ~~may~~ like to compare it with Japanese mountains. Although the present upper limit of mountain forest in Honsu is approximately at ~~about~~ 2500 m a.s.l., there is no existing glaciers developing on Mt. ~~Fujo~~ Fuji (3776m). prof. S. Kaizuka (小野有五, 1980)

2 001149.80.3 第 15 页

Problems of the Quaternary Environment Evolution and Geomorphological Development in the Lushan

中国科学院兰州冰川冻土研究所

suggested that the modern snowline would be at about 4,000 m. a.s.l. and that of the last glaciation was about 2500 m a.s.l., i.e. 1500 m lower than the present.[14] Today's climate in Japan is monsoonal maritime characterized by heavy snow fall in winter, which is benefitial to a lower position of the snowline. Moreover, judging from the fact that the Lushan is geographically 5° of latitude lower than Japanese Alps in Honsu, the snowline in the Lushan area can not appear at such low elevation as that of Japanese Alps.

As we obtained an apparent snowline height for the Lushan at the present age, we are now in a position to discuss how much the pleistocene snowline was depressed. As mentioned above it is said that the depression of snowline in the main Würm (in Japanese term "Tottabetsu" 户蔦别冰期) in

2 001149.80.3 第 16 页

中国科学院兰州冰川冻土研究所

Honsu is 1500 m. During the early Würm ("Poroshiri" 幌尻冰期), however, the glaciers on Japanese mountains were much greater with the snowline 300 m lower than that of Tottabetsu stage[8.14](1). The main glacial advance of the last glaciation in Gongga shan occurred in 24390–19700 C^{14} years, when Hailougau glacier, the biggest one of the existing glaciers, extended down the valley to an elevation about 1850 m a.s.l., 8 Km longer than the present. At that time the snowline was at 4000 m a.s.l, depressing 800–1000 m from the existing snowline. This is calculated by using both methods of AAR (accumulation area ratio) and ancient cirque bottoms. In the earlier the last

(1) In earlier seventies Japanese scientists have correlated these ice ages with the Riss and Würm of Europian Alps, but the achievements of tephrochronology since then overthrew this conclusion and they have been correlated anew with the early and main Würm respectively. The chief reason why the mountain glaciation in Japan during the main

2 001149.80.3 第 17 页

Problems of the Quaternary Environment Evolution and Geomorphological Development in the Lushan

中国科学院兰州冰川冻土研究所

Würm was smaller than that of the early Würm might be attributed to the large-scale depression of sea level during the main Würm, resulting in the blockage of the sea of Japan. Under such conditions it was impossible for the warm Kuroshio current to enter the sea of Japan through Tsushima strait, thereby sea ice expanded and water surface shrank, with the (temperature of air and water) declining intensively and evaporation reducing. While the winter monsoon crossed over the sea surface, there is less moisture to is provided, and therefore the winter of main Würm was characterized by deficiency of snowfall as compared with the early Würm and the present age. (The Data is provided by prof. shi yafeng)

but one) glaciation the glaciers of Gongga shan have extended down into the main valley of Moximian, but now it is difficult to find a way to determine the depression of the past snow line. Judging from the cirque bottoms in the chola shan, the snowline of the second to the glaciation is 300–500m lower than that of the last glaciation. To sum up, the snowlines have depressed 1500–1800m in

2 001149.80.3 第 18 页

中国科学院兰州冰川冻土研究所

Japan during the last ~~and last but one~~ two glaciations and 800—500 m in Western Sichuan.

Having calculated the past snowline depression by this method, ~~it is~~ we think it unlikely that in the Lushan might appear a snowline lower than 2000 m during the late Quaternary period, so that there were no conditions for the development of mountain glaciation. As for the even earlier glaciation, hard evidence has not yet been obtained in Japan, but in the western part of China the last but two glaciation, known as the Nyixyshanla glaciation, was the largest one in the Quaternary period, the relics of that glaciation ~~being~~ scattering distributed far and wide. A reasonable explanation for this is that at that time the ~~Himalayas~~ Himalayas was not high enough to prevent the Indian monsoon from reaching ~~to~~ the interior part of the Qinghai-Xizang plateau, and therefore the middle

2 001149.80.3 第 19 页

Problems of the Quaternary Environment Evolution and Geomorphological Development in the Lushan

中国科学院兰州冰川冻土研究所

pleistocene was the most favourable period for the glacial development. According to the glacial relics in the mts Qomolangma and Xixabangma, the depression of middle pleistocene snowline is 1900 m lower than the present,[15] thus as a reasonable inference the elevation of middle pleistocene snowline should appear at 2100 m a.s.l. and still no conditions for the development of mountain glaciation existed at that time. On the other hand, if the Lushan had been glacierized during the Quaternary period, the "Lushan ice age" snowline would have been depressed 2800 m and the "Da Gu ice age" snowline even up to 3500 m, which reflects the temperature reduction ranged from 18° to 20°C or so. Considering that the annual mean temperature today is 17°C at Jiujiang, the large-scale temperature reduction like this must possibly have led to dramatic changes of the paleoenvironment

中国科学院兰州冰川冻土研究所

in South China, which would be treacherous to the facts stated previously because all of them indicate a smaller changes in natural environment during the Quaternary period. It is also impossible to make a way out for the dilemma encountered by glacial hypothesis if one assumes that the precipitation in the ice age increased so much as to compel the past snowline to depress enormously; the reason is that the ice age in monsoonal China was not corresponded with the pluvial period but with the interpluvial which had a climate cold and dry to promote the loess accumulated.[16]

2. Analyses of type Quaternary Sedimentary Sections in the Lushan area

As previously stated, the data obtained from the study of the paleosols, fossil faunas, flora, pollen analyses and depression of the past snowlines

2 001149.80.3 第 21 页

Problems of the Quaternary Environment Evolution and Geomorphological Development in the Lushan

中国科学院兰州冰川冻土研究所

show that there were no conditions for the development of mountain glaciation on the Lushan area during the Quaternary period. In the following we shall choose two type Quaternary sedimentary sections at the top and foot of the Lushan for the purpose of sedimentologic studying, by means of which we want to see if any information of former glaciation existed in the sedimentary records.

A gully section in the valley of Da jiao Chang

There is a small two-headed gully in the valley of Da jiao Chang near the confluence with the Luling basin. It stretches 102 m long from the north head to the road culvert and 10-15 m wide. Its bed is cut into the deeply weathered Guniuling strata in a depth of 6-8 m and exposes an excellent Quaternary section on the vertical wall. The Quaternary surficial sediment has a thickness of 3-7 m. It can be divided into three layers which compose a good

2 001149.80.3 第 22 页

中国科学院兰州冰川冻土研究所

exposure on the north bank near the north gully head (Fig. 1, photo 1).

Fig. 1

Yellow orange boulder layer It occurs in the lower part of the section with a thickness of 2-2.5m. There are many ~~rounded~~ and subrounded pebbles ~~concentrated~~ spread on the bedrock surface, sometimes still preserving laminated clay lenses and bedding (photo 2). It is evident that there must have been an ~~initial~~ incipient alluvial deposit of mountain stream prior to the deposition of the yellow orange boulder layer which ~~is~~ disturbed the

2 001149.80.3 第 23 页

中国科学院兰州冰川冻土研究所

former seriously. The incoherent bedrock beneath the boulder layer displays some epigenetic structures, including small drag folding (photo 3) created by the creeping of the boulder layer and stone injection into the weak bedrock. There are many boulders of long axis exceeding 1 m. Their blunted edges and corners in association with concave faces clearly indicate the percussion and water erosion under aquatic environment. The matrix is dominently yellow orange (10 YR 7/8 on the Munsell color chart) sandy clay. There is considerable ferro-manganese staining present especially towards the base of the layer and occasionally some orange (5 YR 6/8) clay films envelop clast surfaces in a thickness of 1-5 mm, showing clear graded lamination. Most of clasts display no preferential orientation of A axes and have the dip angle about 10-30°. The largest ones have still steep angles, sometimes even assume a nearly vertical

2 001149.80.3 第 24 页

中国科学院兰州冰川冻土研究所

~~position and the~~ manner, some smaller clasts accompanying them ~~have a tendency of~~ and being ~~dropped~~ dragged down in parallel with ~~their~~ the surfaces. ~~The~~ principal part of a–b plane of clasts of the big ones is rather high (14.6%), giving an azimuth of 180° and a dip angle of 10° which is roughly in parallel with the local surface slope (Fig. 2a.b). The clay component extracted from the matrix has chemical molecular ratio of 2.00 for SiO_2/Al_2O_3 and 1.46 for SiO_2/R_2O_3. All the foregoing evidences tells us that the depositional agent ~~seems~~ might ~~to~~ be torrential floods or debris flows and the source area was in a lateritic environment.

We ~~would~~ like to point out in passing that a red and yellow laminated sandy clay of 8–12 cm thick which occurs under a great boulder just behind the waterfall at the north gully head has been taken by ~~somebody~~ ~~people~~ scholars as a glacial grinding "rock

2 001149.80.3 第 25 页

中国科学院兰州冰川冻土研究所

flour".(1) After investigation on the spot the authors of this paper arrived at the conclusion that it is was merely no more than a fine-sized deposit by seeping water after the boulder layer had been formed (Fig. 3). This is a phenomenaon which can often be found in the sieve deposits, such as torrential floods and debris flow lobes. It is has nothing to do with former glaciation. Too much have has been talked about striation in this boulder layer, sometimes "grooves" also reported. But in the our opinion of ours none of them can be taken as a proper diagnostic feature of glacial origin. Generally speaking, striations alone are not a criteria on of former glaciation because they can be made by agencies agents instead of other than glaciers.[17]

Dark brown sand and gravel This layer as overlying

(1) Cheng Huahui and Zhao Liangzheng, New evidences of former glaciation in the U-shaped valley of Da Jiao Chang. (1982. in Chinese, unpublished)

2 001149.80.3 第 26 页

中国科学院兰州冰川冻土研究所

on the previously stated boulder layer, but no sharp boundary can be seen between them. The mean particle size is obviously less than that of the boulder layer beneath, while the larger ones concentrate into layers to form "stone line". On the top are revealed sandy clay lenses, usually reddish brown (2.5 YR 4/8) and bright reddish brown (5 YR 5/8) in colour, which might be a preserved residual paleosol. Dark red stains are dispersed through the matrix. This is an inherent feature of the weathering residue, showing the remains of paleosol have not been disintegrated by running waters. Their chemical molecular ratio is 1.91 for SiO_2/Al_2O_3 and 1.5 for SiO_2/R_2O_3. The analyses of X-ray diffraction of clay result in a mineral combination which mainly consists of kaolinite and illite. The facts show that a humid and warm weathering has prevailed

2 001149.80.3 第 27 页

Problems of the Quaternary Environment Evolution and Geomorphological Development in the Lushan

中国科学院兰州冰川冻土研究所

after the middle section deposited and there were ~~are~~ some clay particles being leached down the profile to form orange clay films on the boulder surface beneath. A axes have no preferential orientation and generally have a dip angle ranging from 10° to 30°; the principal part of a-b planes has a density of 9.9 and the dip angle of 10° in an azimuth of 116°, being obliquely intersecting the stretching trend of Da jiao Chang Valley (N50°E) at 46° (Fig. 2 c, d). It is quite clear that the materials of the middle section were laid down by mass movement combined with soil creep.

Brown yellow earth and large boulder layer

This is the uppermost part of the section, about 1~2 m in thickness. large boulders with a long axis exceeding 1 m are concentrated on the top, showing a clear imbricate arrangement, sometimes in a manner of being half buried. They are products of frost

2 001149.80.3 第 28 页

中国科学院兰州冰川冻土研究所

shattering in the last glaciation and transported by solifluction from rocky ridges into the valley bottom. On the slope of Wu Lao feng, facing the Qing Lian Valley, these large blocks form typical periglacial clitter slopes, moving down to the valley bottom. The a-b planes of large blocks alway show a strong imbrication towards the mountain itself, the dip angle in some case exceeding 30°.

The gully section discussed above clearly elucidated the history of natural environment changes and successive depositional processes which occurred on the summit of the Lushan, above 1000 m a.s.l., during the late Quaternary period. Before the surficial sedimentary section began to deposit there had been a long duration of humid-hot Weathering, making the bedrock deeply Weathered; Soon after began the deposition of incipient

2 001149.80.3 第 29 页

Problems of the Quaternary Environment Evolution and Geomorphological Development in the Lushan

中国科学院兰州冰川冻土研究所

alluvial gravel bed caused by mountain streams, the pebbles having relatively high roundness; afterwards occurred a torrential flood (or debris flow) which brought about quite a lot of boulders along with gritty sand and clay to produce the yellow orange boulder layer. A long period of mass movement and soil creep succeeded, resulting in a dark brown sand and gravel layer with "stone line" indicating the process. On the top is a non-vermiculated red earth. All of these events must have happened under the humid-hot climate, but shortly afterwards the climate deteriorated dramatically. The sedimentary regime changed, the red colour of deposits was replaced by yellow and under cold and dry climate accumulated periglacial solifluction deposits, including boulders and slope loess which is an equivalent to Hsiashu loess. In the Holocene

2　001149.80.3　第 30 页

中国科学院兰州冰川冻土研究所

the climate became mild and humid, the mountain brown earth developed on the brown yellow parent materials. However, as compared with the red earth before climatic deterioration the soil mantle type of Holocene is evidently in a lower grade, indicating that the climatic change of the Lushan in the late Quaternary ~~being~~ was a process which ~~can~~ could not be reversed.

Yejialong section

The section is exposed on the right bank of a vale leading to the Shengling Lake, ~~local name being called~~ (Jiong Gabao, called by natives). The bedrock, 2-3 m above the vale bottom, consists of deeply weathered Silurian sandstone. On the cutting bedrock surface overlays a 13-15 m thick gravel bed with 2 m boulders of high roundness ~~appearing~~ on its top, which imbricate towards the Lushan, showing a definitely alluvial facies of piedmont deposits. Upwards ~~there~~ are is

2 001149.80.3 第 31 页

中国科学院兰州冰川冻土研究所

very thick earth deposits, in which the lower part consists of vermiculated red earth interbedded with iron pans and the upper part gradually turns yellow in colour with red earth intercalation. Several uppermost layers are imbued with considerable ferro-manganese staining while the vermiculated mottles disappear. From bottom to top the whole section includes 2 layers of gravel and boulder, 11 layers of earth deposits. The whole sequence amounts to 50 m in true thickness and ~~dip~~ inclines towards S20°W with a dip angle of 10° (Fig. 4). We have collected samples systematically in the whole sequence and have done many analyses, including particle size, chemical composition and X-ray diffraction analysis. The main results of particle size analysis are as follows: 1, Among the fine section clay occupies generally about 15-30% percent, while

2 001149.80.3 第 32 页

中国科学院兰州冰川冻土研究所

the particle over 0.25 mm is more than 0.5 ~~percent~~ %
and sometimes even exceeds 10%, small gravels
occasionally appearing in lower layers, especially in
the iron pan, reflecting poor sorting; 2, The
particle ~~size~~ becomes smaller in size gradually upwards, as it ~~slope~~ goes
silt and clay in the upper layers occupies 90%
or even more, showing the power of transport
medium was getting weaker or change of medium types
, and therefore the possibility of eolian origin
can not be excluded. The chemical composition
analyses of C. D. J. O. P samples suggest:
Sample C ~~that~~ collected from the first ferricrete
overlain on the boulder layer has a chemical
molecular ratio of 1.67 for SiO_2/Al_2O_3 and 1.30
for SiO_2/R_2O_3, which tells of a tropical lateritic
crust; Sample D from thick vermiculated red
earth gives a chemical molecular ratio of 2.04 for
SiO_2/Al_2O_3 and 1.56 for SiO_2/R_2O_3, showing a

2 001149.80.3 第 33 页

中国科学院兰州冰川冻土研究所

typical red soil. Samples o and p near the top of the section provide ratios of 2.36 and 2.32 for SiO_2/Al_2O_3 respectively, from which an environment that can produce subtropic yellow-brown soil or at least temperate brown soil should be deduced. The changing of soil colour from red to yellow and the existence of many ferro-manganese staining are consistent with the foregoing conclusion. X-ray diffraction analyses have been done for the whole 15 samples.

Table 1, results of chemical composition analysis of Yejialong section (incompletely)

Sample number	Item and result								molecular ratio of clay	
	SiO_2	Al_2O_3	Fe_2O_3	CaO	MgO	MnO	P_2O_5	TiO_2	SiO_2/Al_2O_3	SiO_2/R_2O_3
P	39.10	28.68	10.65	0.00	0.80	0.053	0.445	0.527	2.32	1.87
O	40.80	29.40	13.65	0.00	0.99	0.080	0.667	0.527	2.36	1.82
J	39.10	29.41	15.22	0.00	0.91	0.033	0.460	0.507	2.26	1.70
D	37.85	31.61	15.07	0.07	0.40	0.030	0.360	0.587	2.04	1.56
C	36.29	36.91	16.61	0.30	0.31	0.00	0.460	0.593	1.67	1.30

2　001149.80.3　第 34 页

giving results completely consistent with the chemical composition analysis. The samples from low layers always display a clay mineral combination in thich the kaolinite exceeds the illite, While those from upper layers give a clay mineral combination of illite-Kaolinite with a few vermiculite, reflecting climatic changing from humid-hot to mild and dry (Fig. 5). Besides, considering that the ratio between Kaolinite and illite is an indicator for weathering degree and climatic environment, We made a plot of Kaolinite/illite ratio of 15 samples against their depths, from which a general declining trend of weathering degree with several fluctuation can be seen, representing climatic

001149.824 15×20=300

35

Problems of the Quaternary Environment Evolution and Geomorphological Development in the Lushan

variation ranging between warm and cold (Fig. 6). This should be taken as a reflection of world glacial cycles and it may provide new prospects for the studying on climatic changes in years to come. But the climatic changes in the Lushan area, as discussed previously, were ranging between tropical and subtropical or at the most temperate, no conditions for the development of mountain glaciation ever existed.

3. Tropical morphological relics in the Lushan

To sum up, neither the information from the Lushan itself nor that derived from the studying on the evolution of Quaternary environment in East Asia supports the conclusion of former

001149.824 15×20=300

36

glaciation in the Lushan, and therefore the "glacial" erosion landforms, boulder clay, striation, etc. having been used held by prof. Li Siguan to support the glacial hypothesis have to be explained in another other way. In our opinion these morphological and sedimentary phenomena not only bear no relationship to former glaciation, but, on the contrary, were mostly developed created under tropical humid-hot climatic environment.

As an uplifting block mountain since the end of the tertiary, the Lushan at present still preserves many landforms of low relief formed before the uplift, such as planation surfaces, maturely broad valleys, etc. The tropical crust of weathering which once thickly covered the

001149.824　　15×20=300

37

Problems of the Quaternary Environment Evolution and Geomorphological Development in the Lushan

whole area can be found on the summit portion sparsely, and the porcelain clay exploited in granite areas near Haihui is a direct evidence for deep chemical weathering under the tropical climate. After the mountain was uplifted or the climate became frigid, the deep weathering regolith would be removed. It is very the way how tors on the mountain summit and core stones on the piedmont hilly land, for example the Shimu shan near Haihui have been evolved. Furthermore, relatively typical Bornhardts (tropical inselbergs) also can be found in the granite areas (photo 4). The Xiamu rock near Baishizui which was identified with a roche moutonnees is, in fact, none other than one of karst erosion features

001149.824 15×20=300

38

by deep chemical weathering. Recently, as civil engineering strips are being carried out, many buried karstic phenomena have been discovered beneath boulders and purple clay. Among them a mushroom rock of two meters high is significant, which is called "Small Xiamu rock" by the local people (photo 5). Accordingly it is important for us in coming years to concentrate our attention on the studying of tropical morphogenetic relics rather than glacial.

In his study on the boulder clay of Da Gu stage at Yang jiaoling prof. Shi yafeng (1982) cited many facts to prove that the boulder clay is nothing else but the debris-flow deposits[13]. What here we would like to add is that the debris-flow

001149.824 15×20=300

39

Problems of the Quaternary Environment Evolution and Geomorphological Development in the Lushan

deposits of extensive distribution on the piedmont of the Lushan are necessary products of a particular stage in the landform development history when the climate was humid and hot and the tectonic movement active. In earlier period when the Lushan was still a low land consisted largely with of planation surfaces and broad valleys it is impossible to produce large-scale debris flows. But during the late Quaternary large-scale debris flow can not be induced either because the Lushan itself already had been cut intensively and the previously thick tropical regolith was mostly removed. The fact that boulder clays only distribute on the northern piedmont of the Lushan suggests that they bear close

001149.824 15×20=300

40

relations to particular geological structures and lithological characters. Viewing from the angle of weathering, the behaviour of massive Sinian sandstone is similar to that of granite. According to the research work by B.P. Ruxton and L. Berry in Hong Kong (1957)[18], the deep chemical weathering profile on granite in the tropical zone may reach several tens or even up to hundred meters, the upper part is mainly consisted of kaolinitic clay, downwards appear half-weathered blocks controlled by joint patterns, which take the shape of balls owing to spheroidal weathering and so are known as core stones or "rock eggs"[19]. It is not difficult to suppose that in the middle Pleistocene when

001149.824 15×20=300

41

the Lushan attained a relatively high elevation but yet reserved thick regolith, including both clay and core stones, Once (Came) a summer rainstorm, the slope regolith ~~Would~~ ~~easily be~~ saturated with water would ~~and reached~~ its plastic or even liquid limits, immediately causing mass movement and debris flow to occur along ~~the~~ slip planes. Today Hong Kong has no high relief, but after a period of 24 hours of high precipitation (401 mm) in 1966 mass movements on slopes, including landslides, debris avalanches, etc. occurred more than 700 times and, what is more, most of them took place in the forested areas.[20] The climate in the middle pleistocene is thought to be one of high temperature and

001149.824 15×20=300

42

humidity in character, which is evidenced by the ferricrete in vermiculated red earth at Yejialong. Consequently, the middle pleistocene should be considered to be the most favorable period for the occurrence of debris flows and therefore boulder clays long held to be deposited in the Da Gu stage are widely distributed over piedmont areas of the Lushan.

It seems convenient for us to point out that there are some half-closed "striations" on the boulder surface which have been supposed to derive from glacial origin. In fact, if they are found in association with paralleling striations on the polished surface as is often the case with the glacial boulder — in such condition they

001149.824 15×20=300

43

are called crescentic gouges ——, they can be taken as a diagnostic feature of glacial origin indeed[17]. Based on the investigation we have made ~~taken by us~~ on the spot in Wangjiapo Valley, Baishizui and Yejialong, these half-closed striations usually occurred at random and crowded together in swarms, in which no regulation can be seen (photo 6). It shows that the clasts in boulder clay are transported in water, which acted ~~existed~~ as a medium, and even more it should be an energetic environment, in which the clasts impinge upon each other and so to produce many conoid fractures. It is the very evidence ~~of~~ for the presence of debris flows or torrential floods rather than for former glaciation.

001149.824　　　　15×20=300

44

4. The morphological development history of the Lushan

The (landscape of present) the Lushan is a multi-cycle landform that owes its basic features to successive upheavals and denudation under the control of particular geologic structures and lithologic characters. The humid-hot chemical weathering of long period left obvious signs on the Landscape and depositional materials. It is only in the late pleistocene when the climate became cold and dry that the periglacial processes did occur on the mountain summits and produced different relics.

The successive block upheavals during the Quaternary period produce great effects on the

001149.824 produce 15×20=300

45

landform development of the Lushan. ~~Those~~ What attracts ~~us~~ ~~so much attention~~ us most ~~are~~ is the gigantic fault cliffs, piedmonttreppen and a series of nickpoints in the valleys. There are two main nickpoints ~~occurred~~ separately at 250–300 m and 900–1000 m. The lower one may be represented by the gorge which was cut into the lower reach of Wanjiapo valley about 80–100 m deep, with its head ~~arrived~~ at Zhonganshi worked by headward erosion. Supposing we protract the botton plane of Wangjiapo Valley beyond the Lushan in a natural way, it will meet the hill tops at an elevation of about 150–250 m to compose a gentle declined morphological surface. ~~On~~ In the ~~inside~~ interior of the Lushan is the Wangjiapo valley, a broad valley, controlled by a

001149.824　　15×20=300

46

plunging perched syncline ~~at~~ and it reasonably widens outward in a bugle-shaped embayment. Outside the mountain are the piedmont benches (piedmonttrepsen) which Consisted of dessected pediments. Patches of boulders and gravel beds still preserved on some hill tops are no wonder; ~~not to be wondered at~~ (photo 7), there was no need for ~~whereas to call on~~ glaciers to move them up to the hill-tops ~~is unnecessary~~. The higher nickpoint at 900-1000 m a.s.l. may be represented by Santiequan (three Cascades) just below the Qinglian Valley as well as ~~besides~~ others like the one which lies by ~~like the~~ hanging valley ~~at~~ Luling Bridge, Liangou Valley, etc. Above the level of this nickpoint are the older landscapes of the Lushan, such as Yang tien ping planation surface (photo 8).

001149.824 15×20=300

47

Problems of the Quaternary Environment Evolution and Geomorphological Development in the Lushan

Luling basin, Dajiaochang broad valley, east and West valleys. They are well preserved and untouched by headward erosion. As a matter of fact, these phenomena were pointed out by prof. Ren Meie long ago[21]. In association with the low relief landforms there also existed some remains of lateritic weathering crust. All of them provide hard evidence for the long-termed deep chemical weathering and tropical planation[22]. Actually, all the glacial hanging valleys in the Lushan pointed out by prof. Li siguang have a close bearing on these nickpoints. Furthermore, hard sandstones like Nüer cheng sandstones and Wulaofeng sandstones also appear

48

at this elevation, so that the combination of erosional cyclic nick and tectonic nick greatly strengthens their resistance against erosion and thus promote the development of many spectacular hanging valleys and waterfalls. On account of these two nickpoints the Lushan can be divided into three geomorphological steps: The higher step is represented by summit planation surfaces and broad valleys. The middle step is consisted of high hills and some valleys like that of Wangjiao and the lower step includes the piedmont benches, depositional fans and terraces, etc. An outline of the landform steps of the Lushan has been given in Fig. 7.

It is not reasonable to take the so-called

001149.824 15×20=300

49

Problems of the Quaternary Environment Evolution and Geomorphological Development in the Lushan

"poyang stage" boulder clay as the earliest Quaternary deposits in the Lushan area. At least the boulders and partly preserved vermiculated red earth on the two piedmont benches (piedmonttreppen) must be much older than it. The "poyang stage" boulder clay seems to be the basal gravel bed of vermiculated red earth of middle pleistocene, but it is seriously disturbed by tectonic movements or landslips. In addition, on account of the variable lithological character and high roundness of boulders and gravels, the so-called "poyang stage" boulder clay can not be laid down by small streams originating from the Lushan. Because similar deposits stretching like belts have also been found along the poyang lake, an alluvial origin of past Gan

001149.824 15×20=300

50

Jiang could be inferred. Yejialong section is a well-developed Quaternary sedimentary sequence in the Lushan area; it covers a geological period of considerable length during which the boulder clay and vermiculated red earth deposited, generally referred to as "Da Gu stage", and possibly some lower units of the Hsiashu group might be deposited, too.

For convenience's sake we suggest a special term, Yejialong group, to cover the whole sedimentary sequence. The Yejialong group is a continual depositional sequence. Its lower part consists of thick gravel and cobble beds, possibly laid down by debris flows or torrential floods from the Lushan. After a capping boulder layer of alluvial origin deposited a tropical humid-hot

001149.824 15×20=300

51

Problems of the Quaternary Environment Evolution and Geomorphological Development in the Lushan

climate was prevalent; under this condition a lateritic weathering crust (ferricrete) formed. Later on started earth deposition, and the climate fluctuated several times between subtropical and warm temperate, at least including three cold periods and two warm periods. The uppermost earth layers of the sequence were laid down under a relatively cold climatic environment and the possibility of eolian explanation for their origin can not be excluded. The cooling of the last glaciation in the Lushan was extremely severe and thus led to the accumulation of Hsiashu loess which has long been supposed to derive from eolian deposition. It is the largest "southward invasion of loess" in the Quaternary period and may correspond to the last glaciation.

001149.824 15×20=300

52

At that time the higher part of the Lushan — above 1000 m a.s.l. — underwent periglacial actions such as frost shattering, ~~[illegible]~~ nivation, solifluction and ~~so on~~ the like, the periglacial products include slope loess, solifluction mantles, non-matrix clasts, etc. The following is a concise sequence of the morphological evolution and sedimentary regime, which is, we must admit, subject to future correction and supplement.

1. planation surfaces of Jang tien ping period (above 1300 m a.s.l., survival of the root of lateritic weathering crust)

—— ? ——

2. Maturely dessected surfaces of Gu ling period (broad valleys above 1000 m a.s.l., deeply weathered bedrock and survival of vermiculated red earth)

001149.824 15×20=300

53

Problems of the Quaternary Environment Evolution and Geomorphological Development in the Lushan

— uplifting, 900—1000 m nickpoints formed —

3. Wangjiapo broad valley and piedmonttreppen (divided into two benchlands with boulders and gravel bed partially preserved)

— uplifting, 300 m nickpoints formed —

4. deep cutting in the mountain and many debris-flow fansand alluvial fans formed on the piedmont belts

— faulting among boulder clays and downcutting of rivers —

5. Hsiashu group — the lower part being brown yellow clayey soil; the upper part being eolian ~~or~~ or slope loess (solifluction deposits ~~occurred~~ above 1000 m a.s.l.)

— terraces and downcutting of modern gullies —

Acknowledgements

While authors were engaged in field ~~reseach~~ work

001149.824 15×20=300

54

in the Lushan in the summer of 1980 helpful discussions have been carried on with prof. Shi yafeng and Dr. E. Derbyshire from keele. England; in the course of collecting data and writing this paper many colleagues have given us helps. We Hereby express our heartfelt thanks to them all.

001149.824 15×20=300

55

Problems of the Quaternary Environment Evolution and Geomorphological Development in the Lushan

Referrences

[1] 李四光，中央研究院地质研究所专刊，乙种第2号(1947).

[2] H. Von Wissmann，中国地质学会志，17(1937)，2: 145—168.

[3] G. B. Barbour，中国地质学会志，13(1934)，4: 648—656.

[4] 丁骕，地理，1(1941)，1: 36—40.

[5] 黄培华，科学通报，1963，10: 29—33.

[6] 谢又予、吴淑安，地理集刊，第13号，1981，106—132.

[7] 施雅风，自然辩证法通讯，3(1980)，2: 41—45.

[8] M. Minato，24th I.G.C.，Section 12，1972，63—71.

[9] 李炎贤，古脊椎动物与古人类，19(1981)，1: 67—76.

[10] 黄万波、方笃生、叶永相，古脊椎动物与古人类，20(1982)3: 248—256.

001149.824　　15×20=300　　56

[11] 王荷生，地理学报，34(1979)，3：224—237.
[12] 刘金陵、叶萍宜，古生物学报，16(1977)，1：1—11.
[13] 施雅风、邓养鑫，科学通报，27(1982)，20：1253—1258.
[14] S. Kaizuka，GeoJournal，4(1980)，2：101—109.
[15] 李吉均等，中国科学，1979，6：608—616.
[16] 张林源，兰州大学学报，1981，3：142—155.
[17] 李吉均，冰川冻土，4(1982)，1：29—34.
[18] B.P. Ruxton，L. Berry，Bull. Geol. Soc. Am.，68(1957)：1263—1292.
[19] 曾昭璇，岩石地形学，地质出版社，1960.
[20] M. F. Thomas，Tropical Geomorphology，Macmillan，London，1974.
[21] 任美锷，地理学报，19(1953)，1：61—73.
[22] C. A. Cotton，Geography，46(1961)，2：89—101.

001149.824　　15×20=300　　57

Problems of the Quaternary Environment Evolution and Geomorphological Development in the Lushan

庐山第四纪环境演变与地貌发育问题

（附图英文）

Fig. 1, The gully section of Da jiao Chang Valley near Lu ling basin

① Brown yellow earth and large boulder layer (modern brown forest soil on the top of the section)

② Dark brown sand and gravel (red earth on the top)

③ yellow orange boulder layer

→ incipient alluvial gravel

→ deeply weathered bedrock (red clay intercalated in bedding and joint planes)

Fig. 2, Clast fabric diagrams of gully section in Da jiao chang Valley

largest density =

Fig. 3, Gully head section near the mouth of Da jiao Chang Valley

Fig. 4, Quaternary deposition section of Yejiadong Vale, on the right bank.

yellow clayey soil
vermiculated red earth
iron pan
alluvial boulder
vermiculated gravel bed
silurian sampling sites
yejialong vale

Fig. 5. X-ray diffraction curves of clay mineral in yejialong section (selected)

Fig. 6. Curve showing the illite/kaolinite ratio against depth for yejialong section.
depth

Fig. 7. Sketch map of geomorphological framework of the Lushan.
① Summit relict landform (planation surface and mature landform)
② deeply dessected hilly land on mountain front
③ piedmonttreppen, fans and terraces
⊗ a. b. nickpoink

81—149厚号, 6002(文化9)

PROBLEMS OF THE QUATERNARY IN THE LUSHAN

photo 1, Gully (sedimentary) section of Da Jiao Chang Valley near Lu Ling basin

photo 2, Disturbed cobles and sandy clay lenses on the bottom of ~~gulley at~~ gully section

photo 3. Small drag folding on the deeply weathered bedrock surface. (in the gully of Da Jiao Chang Valley)

photo 4. Born-hardt (tropical inselberg) in the granite area near Haikui

photo 5. Small "Xiamu (frog) rock", being a buried karst mushroom rock (Baishizui)

photo 6, Conoid fractures on ~~Quarter~~ Quartz-sandstone boulder surfaces having been held to mean glacial striations

photo 7. remains of alluvial boulders on the hill top in the piedmont of the Lushan. Poyang lake in the distince.

photo 8, Yang Tien ping planation surface

81-149貨号, 8602(文化9)

Problems of the Quaternary in the Lushan

Photo 1, Gully sedimentary section of Da jiao Chang valley near Lu Ling basin.
photo 2. Disturbed cobles and sandy clay lenses on the bottom of gully section
photo 3, Small drag folding on deeply weathered bedrock surface (in the gully of Da jiao Chang valley)
photo 4. Bornhardt (tropical inselberg) in the granite area near Haihui
photo 5. Small "Xiamu (frog) rock", being a buried karst mushroom rock (Baishizui)
photo 6, Conoid fractures on boulder surface (quartz-sandstone) having been held to mean glacial striation
photo 7, remains of alluvial boulders on the piedmont hill tops of the Lushan, Poyang lake in the distence.
photo 8. Yang Tien Ping planation surface.

81-149页号，8002（文化9）

Problems of the Quaternary Environment Evolution and Geomorphological Development in the Lushan

蘭州大學

China in the Ice Age

处于欧亚大陆东南部的中国由于纬度不高和大陆性气候的影响，冰期中冰川的规模是有限的。但是，已有的证据说明，冰川气候仍然在中国的自然景观上打下了深刻的烙印。在漫长的第三纪，中国的气候是温暖的，红壤型的风化壳和古植物化石证据说明，以樟树等属为代表的景观曾经分布很广。渐新世的巨犀动物群和新第三纪的三趾马动物群是生活在这种气候条件下的典型动物。另外，从这些动物群在东亚、南亚和中亚的广泛分布而种属非常接近的事实来看，当时的亚洲大陆上可能不存在像现在这样的高山和高原的阻隔，主要是一种平原低地景观。所以，当晚新生代早期高纬地区发生冰盖时，这里的不太高峻的山地未能发育冰

20×15=300　　第 1 页

蘭州大學

川。但是，看来南极冰盖在中新世（1,100—1,400万年前）的形成和格陵兰冰盖在上新世晚期（340万年前）的出现在中国古气候上也是有反应的。例如，中新世以前青藏高原地区及中国东部植被都具有明显的热带和亚热带面貌，而中新世植被却一度呈现明显的温带特征。就青藏高原来说，喜马拉雅造山运动造成的山地上升可能对此有影响，但高纬地区（南极）冰盖的形成导致的全球性的气候变化可能也波及到这里。迄及上新世，三趾马动物群在中国北部西部的广泛分布标志着稀树草原为主的景观重新占统治地位，表明了气候回暖。但是，到上新世末，气候向较干燥凉爽方向的发展是很明显的，青藏高原森林植被渐被草原代替，亚洲腹地变干甚至有荒漠出现，紫色盆地发生强烈的成盐作用。

20×15=300　　第2頁

兰州大学

这可能与格陵兰冰盖的形成（可能中纬地区大冰盖也同时出现或至少在孕育过程中）标志的全球性气候变冷有关。

青藏高原和中国西部其他山地在第四纪的强烈隆升为冰川发育创造了有利的地势条件，而这种隆升对亚洲大气环流带来的巨大影响更决定性地改变了中国的自然环境。正如近年来许多气象学者指出的那样，青藏高原的存在是激发南亚季风的重要原因。而且，随着高原隆升越高，西伯利亚冷高压逐渐北移到现在的位置并愈加强化。而由于青藏高原地形上的阻塞作用，寒潮以偏东方向南下，强烈地影响着中国东部以至日本的天气。特别是在冰期中，由于欧亚大陆西北部和北部冰盖的存在，南移的西风激流和寒潮成为主宰东亚天气的最主要的天

20×15=300　　第 7 页

兰州大学

气系统。现已查明，华北晚更新世的马兰黄土是冰期中的风成沉积，其物质来源在戈壁和鄂尔多斯一带。不少人还认为，分布在长江下游南京一带的下蜀黄土也是冰期中西北风带来的。这就是说，中国黄土和欧洲一样是和冰期相关的，其时气候干燥而寒冷，马兰黄土中出现的鸵鸟蛋即为证据。中国第四纪黄土堆积的发育史还说明，气候的变冷是个逐渐发展的过程。早更新世华北太行山麓还盛行红壤化作用，广布在山麓地带的红粘土砾石层经受过强烈的湿热风化。直到第四纪中期，黄土中还夹有大量的红色土条带，以致有红色黄土之称，标志着间冰期或冰期中的间阶段气候是十分暖和的。同期与北京猿人一道还发现的周口店洞穴堆积有不少喜暖的亚热带的动物成份，如鬣狗、犀牛、象和水牛等。只是到晚更新世气候才变得十分寒冷，马兰黄土中红

20×15=300　　第 4 页

蘭州大學

也土分布变淡甚至消失了，说明冰期中间阶段气候的回暖是微弱的。除黄土范围在晚更新世大大扩展直抵南京之外，作为多年冻土遗迹的冰缘现象在东北分布很广，苔原带生活的猛犸象一直分布到松花江—辽河分水岭，甚至在大连也发现了化石。根据冰缘遗迹、猛犸象和喜冷的植物孢粉组合判断，冻土南界至少比目前向南推进5～6°纬度（有人认为甚至可到北京附近）。六十年代以来相继发现许多事实说明末次冰期中许多山地暗针叶林曾经大幅度下降，秦岭北坡云杉（青杆）球果和树干被埋在海拔500米左右的山麓地区，位置比现代该植物分布下限低1500米，C^{14}年代为23100±180 BP。据此推测，当时气温比现在要低8°C左右。近年多次在华东一带晚更新世地层中找到云冷杉孢粉组合也支持末次冰期大幅度降

20×15=300　　第5頁

兰州大学

温的推测。而1977年在浙江庆元县百山祖甚至发现在海拔1750米的背阴洼地中残存有六株百山祖冷杉（新种），更可以说是末次冰期遗留下来的"活化石"。

20×15=300　　第6页

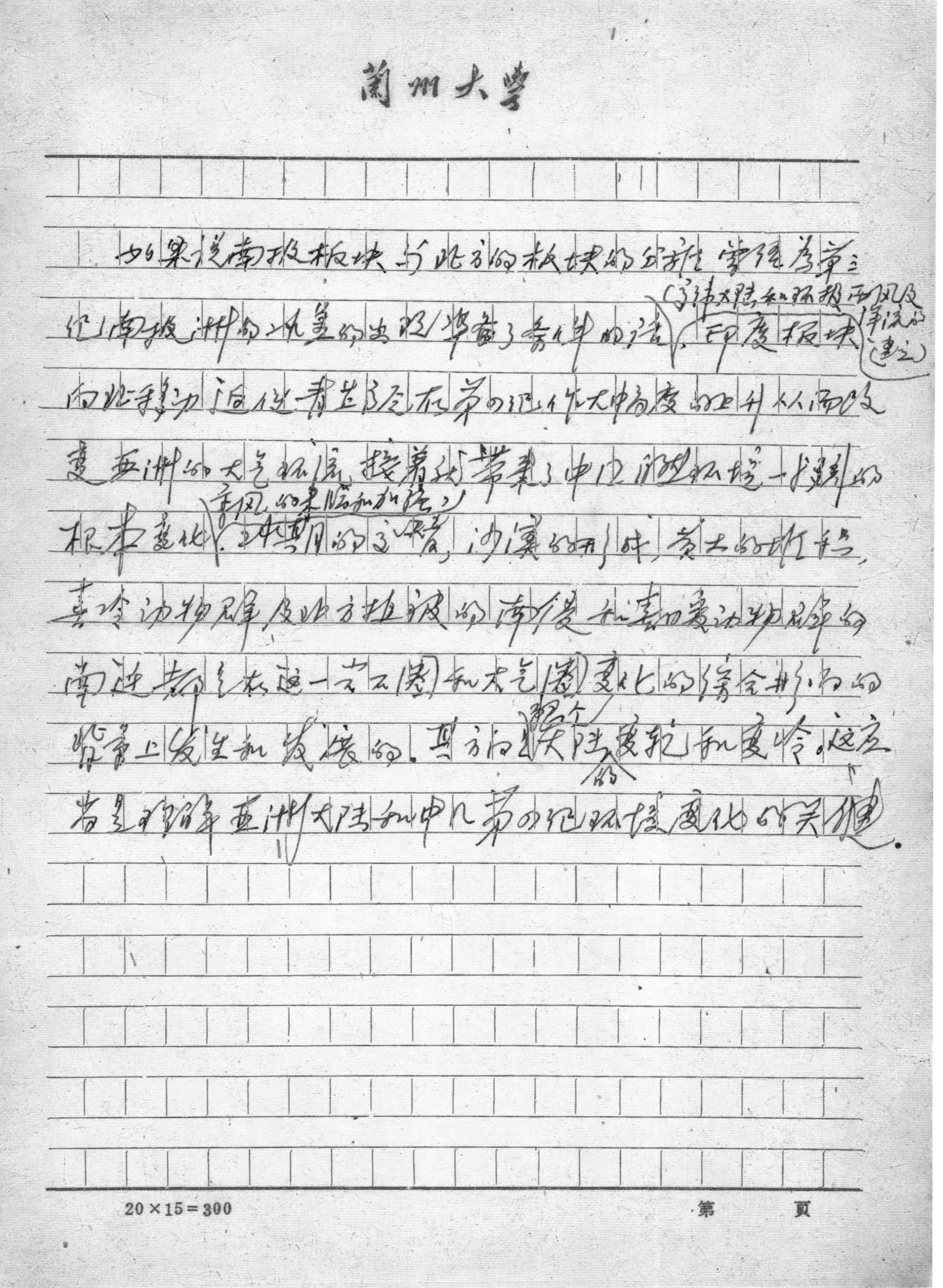

兰州大学

如果说南极板块与北方的板块的分离，曾经为第三纪南极洲冰盖的出现准备了条件的话（导致大陆和环极西风及洋流的建立），印度板块向北移动造成青藏高原在第四纪作大幅度的上升，从而改变亚洲的大气环流，接着就带来了中国自然环境一系列的根本变化：季风的来临和加强，冰期的交替，沙漠的形成，黄土的堆积，喜冷动物群及北方植被的南侵和喜暖动物群的南迁，都是在这一岩石圈和大气圈变化的综合影响的背景上发生和发展的。其方向是整个大陆的变干和变冷。这应当是理解亚洲大陆和中国第四纪环境变化的关键。

20×15=300　　　　第　　页

1/ The Ice Age Earth Series in this Magazine brings together synthesised information for the different continents. Each one is written by an acknowledged leader in the field of Quaternary research.

China in the Ice Age.

对于欧亚大陆东南部的中国，由于纬度较低和大陆性气候的影响，冰期中冰川的规模是有限的。但已有的证据说明，冰川气候仍然在中国的陆地景观上打下了深刻的烙印。在漫长的第三纪，渐新世的巨犀动物群和上新世的三趾马动物群在东亚、南亚和欧亚大陆腹地是广泛散布的，它们在广大地区种属很接近，说明当时的亚洲大陆内部没有高而险峻的阻隔山脉，可能是一种平坦低地景观。红土型的风化壳和热带亚热带的植物化石证据说明当时中国的大部分地方是热带和亚热带的气候。所以，当晚新生代北纬地区发生冰盖时，这里的大部分地方未有发育冰川。(1400—1200万年BP)但南极冰盖在中新世中期的形成和格陵兰冰盖在晚新世(340万年BP)晚期的出现，在中国气候上是有记录的。中新世以前青藏高原上的植被具有明显的热带面貌，而中新世植被

20×15=300　　　　第 1 页

China in the Ice Age

蘭州大學

却具有明显的过渡特征，出现有松、杉（?）、桦、榆、柏及山楂等。除中新世早期喜马拉雅运动造成的山地上升对北方影响很大外，全球性的气候变化也有影响。进入上新世，从三趾马动物群相适应的与华北当时情况接近的森林草原和草原景观也存在于中国的西部（包括青藏高原在内的广大的），说明气候回暖。在多大程度上这是与大陆的某些部位有关目前还不清楚。但是，在上新世末，气候向干燥方向发展，同时青藏高原逐步（中国内陆盐湖所出大量的盐类，是新生代最后的一个成盐时期。）这可能与青藏高原冰盖的形成或青藏地区冰盖的发育有关的。（和中国西部山地在第四纪）

青藏高原的隆升为第四纪冰川发育创造了有利的地势条件。而大块陆地隆升对东亚大气环流也产生了重大的影响，此其中以季风环流的建立和加强最为显著。正如近年来，以陶诗言等学者所指出的那样，青藏高原的存在和南亚季风的出现有密切的关系。而且，随着高原隆升越高，西伯利亚冷高压会向北移并变得特别强大，致使于西伯利亚的寒流无法

20×15=300　　第 2 頁

蘭州大學

边缘地区，乃向东南进入中国东部江淮流域。特别在冰期中，由于欧亚大陆西北和北部的冰盖的影响，南移的西风激流和寒潮在冬半年特别强大。山陕各处黄土堆积于古地形和新第三纪之斜坡上，特别是马兰黄土之来源于风成，已成为当前大多数学者的意见。而分布于长江下游南京一带之下蜀黄土有人认为也是冰期中西北风带来的风成堆积。这就是说，中国的黄土和欧洲一样是和冰期息息相关的，黄土堆积期相当于冰期，这是一个干燥而寒冷的气候环境，马兰黄土中大量啮齿类化石即是一例。而冰期和冰期之间的间阶段则表现为温湿温暖的气候，黄土中所夹多层古土壤条带即是证明。中国黄土堆积的发育规律说明，从早更新世到晚更新世气候是逐渐变冷的，晚更新世黄土分布就远大于早更新世和中更新世，除了早更新世华北太行山麓还有红土沉积外，而中更新世黄土中棕红色的古土壤也表明发育时气候十分温和。著名的周口店洞穴沉积揭示中更新世时北京太行山麓还有许多亚热带

20×15=300　　第 3 页

的动物成群，如獐狗、犀牛和水牛等。这是到晚更新世气候才变得十分严寒。特别是到晚更新世晚期，C14年代15,000—20,000年前，在渤海海底有过披毛犀化石的发现。长江以外，海下100m以下有岸礁和贝壳软体动物介壳，当时的渤海和黄海、东海的大部分已经是陆地或变得很浅了。作为晚更新世冻土地区动物的典型代表猛犸象，伴同着沉积物中留下的各种冰缘现象（如融冻褶皱等）一起分布到中国东北的松花江—辽河分水岭，甚至直到大连，比现在黄海的冻土南界南推了至少5—6个纬度。晚更新世的冰川遗迹在东北兴安岭和长白山都有发现，但至少在华北甚至在五台山顶也未曾发现确切的晚更新世冰川遗迹。在中国东部地区，确实可靠的晚更新世冰川遗迹一是台湾的玉山，其二是陕西秦岭的太白山。两地古冰斗的高度均为3,600米左右。日本本州的晚更新世冰斗高度为2,700米，低于台湾900米。单就纬度而论，日本纬度高于台湾10°以

兰州大学

结果。大约与本州纬度接近，此种移动则应是大陆性气候的影响。在陕西蓝田曾经发现秦岭北坡在C14年代为?,100±180 BP时冷杉（青杆）树林曾分布到海拔500米左右的山麓地带，留下有大量的球果和枝干。按秦岭北坡冷杉下限目前为2000米左右，则当时的暗针叶林带下降了近1500米。折算为气温下降值是8℃左右。近年来在浙江庆元县西山头地方，见到有六棵残存的冷杉（新种）分布在海拔1750米的背阴沟地中。联系到近年多次在长江下游山地（天目山）发生上海第四纪地层中发现大量的冷杉孢粉组合的事实，在晚更新世时，冷杉和冷杉曾占据华东大片低山地面或谷底分布到山麓，都是可能的。这样，在我们面前晚更新世中国东部的地理环境就是逐渐从深浓中浮现出来。当时海面比目前下降150米，海岸线东移　　公里左右，渤海、台湾海峡基本成为陆地，在黄海东海和西北寒流控制下，中国显得较干

20×15=300　　第5页

蘭州大學

来说是偏干的。在大西北，台湾玉山以及可能还有东北某些较高山地（如大兴安岭）曾经存在过以山岳冰川为代表的山地冰川发育。但在广大地区则表现为冻土和冰缘环境的向南推进，以融冻褶皱及楔状体为标志的冻土区至少在东北南向推到松辽分水岭（一说可达大连、北京西山一线），山地针叶林带大幅度下移，更为广大地方黄土堆积盛行，较干冷的草原环境占据了华北甚至淮河之南，下蜀黄土风成说如果成立的话，它标志着寒潮南下的最突出的前锋部位。在这样干冷的环境下，披毛犀甚至一直分布到长江一带。这是第四纪中北方环境南侵最强的一个时代。但是，由于气候的大陆性加强而海洋季风衰弱，对冰川的发育并不是十分有利的。

如果说关于中国东部特别是华东一带（如庐山）是否有过冰川作用至今还有争论的话，在中国

20×15=300　　第6页

蘭州大學

西部的高山和高原上冰川遗迹则是一个无可争辩的事实。这些更新的工作证明，在中国西部有不少于四次的古冰川遗迹，而全新世新冰期的遗迹也得到了广泛确认。分布於各条山脉的现代冰川，不过是新冰期再度扩大后重新生成的。

由於纬度较低和气候干燥，即使像青藏高原这样高峻的地方，在第四纪期间也从未发育过类似北极地区的冰盖。青藏高原多次的科学考察证明，第四纪冰期最盛时，冰川的类型也只不过是山地冰帽和山谷冰川为主，最大的冰帽也不过3000—5000平方公里。另外，从冰川规模来说，在整个青藏高原甚至中国西部所有山区，第四纪期间以倒数第三次冰期的范围为最大，它相应的该期冰碛现在一般保留在主山脊两翼的高位的山麓平台上。这些冰碛平台略高出附近河谷一般达500—600米，说明自那时以来这里有过强烈的构造运动造成高

20×15=300　　第 7 頁.

蘭州大學

地形的大分割。因此，北半球的晚更新世末次冰期冰川基本上是沿着宽谷前进的，冰帽冰川的数目有所减少。造成倒数第二次冰期后地形大切割的强烈的构造运动和印度板块沿边界进行向北强烈推进的事实是有关的。青藏高原特别是南部边沿的喜马拉雅山迅速抬升起来，终于成为西南季风的障壁，致使高原内部广大地区日益变干。晚更新世冰期冰川规模缩小是和这种气候变化密切相关的。相反地，多年冻土则在高寒而干燥的环境下广泛发育起来。在青藏高原，除~~目前的多年冻土外~~，还有许多化石冰缘现象，显示晚更新世冰期中高原气候比现在要寒冷得多。如此巨型的多边形土直径达100—150米，这个时代之候以现形成。托托河的化石冰楔C^{14}年代为35000 B.P.。大约与此同时，西藏个别有的青藏高原的冻土据认为都是末次冰期的产物。

七十年代青藏高原的科学考察证明，目前的全世界最高的青藏高原是在上新世末才开始强烈隆升的，它由1000米左右的高度上升到目前平均4500—5000米的海拔是经过了几个阶段的。其中以倒数第二次冰期后的上升为最强烈。

20×15=300　　　第 8 页

晚更新世

蘭州大學

对环境的

人们发现，倒数第二次冰期的冰碛上发育了红壤型的古土壤，现已被抬升到4400米的海拔高度。~~[illegible]~~

~~[illegible]~~ 这种古土壤形成的条件在晚更新世青藏高原大部分地方已再不存在了。

全新世青藏高原经历过一个温暖湿润的气候最宜时期和近三千年以来的新冰期。在气候最宜时期的高原北部无人地区常有过很繁荣的中石器和细石器文化，留下了很广的石器遗址。芒康直到3160 BP羊卓雍湖（海拔4440米）~~[illegible]~~岸边有过松、桦、柳及胡桃楸等乔木生长。而在西藏东南部，气候最宜时期中铁杉、冷杉林曾一直分布到海拔4000米的高度。含这些植物的地层则广被新冰期（1500—1900 BP，C14的测定）所形成的冰碛所覆盖。相应的植被则只保持在了3200米以下的谷地中。显然，气候变化和抬升上升都了很显著的。至于中东部地区全新世的环境变化，也有了一些新的记录。

在渤海海岸于9650±190 BP C14年代开始发生海侵，显示冰期的结束和全新世的开始，到6000 BP海面处于最高，留下显著的贝壳堤，这时已进入了气候最宜时期。另外，根据

这次海侵到陆升……北京的花园……值得指出的是，研究亚洲内陆沙漠的学者们一般认为大沙漠是在中更新世晚期特别是晚更新世形成的。……第二个重要的成岩时期，显然和高原隆起使亚洲内陆变干直接相关的。

20×15=300

蘭州大學

的气候学家们才核对此有过深入的研究。约距今5000—6000 B.P. 即所谓仰韶文化时期，黄河流域有过大象、犀牛等亚热带的兽类，从山东半岛一直分布到渭河流域，这温度平均比现在高2—3℃。在此以后进入新冰期，中国文献中记录到的气候的冷暖变化过程和中国西部冰川地区都找到相应的冰川进退的证据。

冰期中中国的气候和环境的变化是十分复杂的，有些问题至今还不很清楚，但是有两点是可以基本肯定的：其一是中国虽然处于较低的纬度，第四纪冰川与冰期气候的影响同样在中国打下了深刻的烙印；其二是，青藏高原的隆起导致陆面的变化并通过改变了东亚（和南亚）的大气环流，整个中国经历了一个变干和变冷的过程，这导致了黄土和沙漠的形成，喜暖的动植物群向南方和低处迁徙的趋势是很明显的。这应当是指导今后研究工作的一个基本线索。

20×15=300 第 11 頁

兰州大学

第四纪晚期黄土高原的季风环流型式

李吉均* 唐领余** 冯兆东*

摘要：黄土高原是中国特殊的大地构造、地形和季风环流相结合的产物，是气候变化频繁的东亚"季风三角"的一个部份。第四纪晚期以来黄土高原曾经经历过冰期的干草原环境，间冰期的落叶阔叶林环境和反映冰期中间阶段凉爽湿润气候的针叶林或针阔混交林的环境。在季风环流型式上它们分别对应于夏季风衰弱的干冷季风型（冰期），夏季风强盛的温热季风型（间冰期）和冬夏季风呈拉锯形势的冷湿季风型（间阶段）。文中给出了三种季风型式下东亚七月大气环流的流场特征。

20×15=300　　第　　页

晚更新世以来黄土高原的季风型式的变化

蘭州大學

晚更新世以来黄土高原的季风型式的变化

李吉均 唐领余* 冯兆东

（兰州大学地理系）

摘要：黄土高原和华北平原是中国第四纪环境和气候变化的一个敏感地区，森林和草原随着冰期和间冰期的交替而发生大幅度的移动，其原因是冬夏季风强弱及环流型式的变化。间冰期时中国东半壁全部处于夏季风控制之下，温暖湿润，暖温带夏绿阔叶林占据全部黄土高原、华北平原以至辽东半岛；冰期最盛时冬季风强盛，夏季风在盛夏也不能越过江淮地区，黄土高原和华北平原为广大的草原地带，为黄土沉积地区；在冰期的间冰阶段中，夏季风北进

* 地址：南京地质古生物研究所

20×15=300 第 1 页

与北方来的冷空气在黄土高原上形成相持的锋面，故黄土高原较之现在偏冷偏湿，自然植被以云冷杉为主构成针叶林景观。因此，黄土高原、华北平原所在的地区是中国气候变化幅度最大的季风三角地带，在地层剖面特别是巨厚的黄土剖面中埋藏着最丰富的环境和气候变化的信息。

一、中国北方晚更新世以来地层中的古气候信息

在北京地区，三万年以来的气候变化据孔昭宸研究经历了冷湿—干冷—冷湿—暖湿等四个阶段[1]，在30000年前北京平原上有过以云杉、冷杉为主的暗针叶林，在22000—13000年之

晚更新世以来黄土高原的季风型式的变化

兰州大学

间气候干冷，植被为干草原，以蒿属、藜科和禾本科植物为主，13000-12,000年间气候开始变好，云杉、冷杉为主的针叶林再度出长在北京平原。自12,000年以后以栎为主的阔叶树森林迅速发展，标志着植被面貌开始由冰期的寒温带型向全新世的暖温带落叶阔叶林演化。

鄂尔多斯高原南侧萨拉乌苏河两岸广泛出露一套河湖相沉积，最大出露厚度达70米。由于在其下部发现了以披毛犀(Coelodonta antiquitatis)诺氏象(palaeoloxodon namanni)王氏水牛(Bubalus wansijocki)最后斑鬣狗(Crocuta ultima)为代表的晚更新世动物群，被订为中国北方晚更新世的标准地层。地层中还含有名的"河套人"化石及石器。最近根据铀钍法测年得知其下部绝对年代为50000年左右，并认为整个剖面之含

20×15=300　　第3页

兰州大学

晚更新世

了直到全新世的沉积。剖面下部据孢粉分析当时的植被为包括松、云杉、冷杉、桦等在内的针阔叶混交林；剖面上部植被中蒿、藜科等渐居主导地位，阔叶树消失，风成砂在沉积物中占很大比例，说明气候变得干燥寒冷，相当于马兰黄土沉积的时期。剖面的最上部又出现一些阔叶树花粉，特别是水生植物，说明气候再度转为温湿，标志着全新世开始。[2,3,4]

地处黄土高原西部的甘肃中部地区，现在是童山濯濯，地面完全没有森林，其主要原因是长期毁林垦荒的结果。本文作者近年曾在该区不同地点和不同部位采集到了十个包括末次间冰期到全新世的古土壤和河谷沼泽样品（图1），进行了孢粉分析，其中2号样品是结果如表1。从中可以看出，末次间冰期的古土壤（褐色土）所含的孢粉为松、云杉、冷杉、桦、

20×15=300　　第　页

晚更新世以来黄土高原的季风型式的变化

兰州大学

鹅耳枥、榆、麻黄等为主的落叶针阔混交林，与今日华北暖温带落叶针阔混交林基本一致。6号样品为沟谷流水谷底的黑绿色淤泥，内含杉木经放射性碳年代测定为35390±1600年前，故

属于玉木冰期间温暖阶段的沉积。这是所有十個样品中孢粉最为丰富的样品，乔木花粉占孢粉总数的87%，二十余种，其主要树种为松（48%）、云杉（23%）、

20×15=300　　第　页

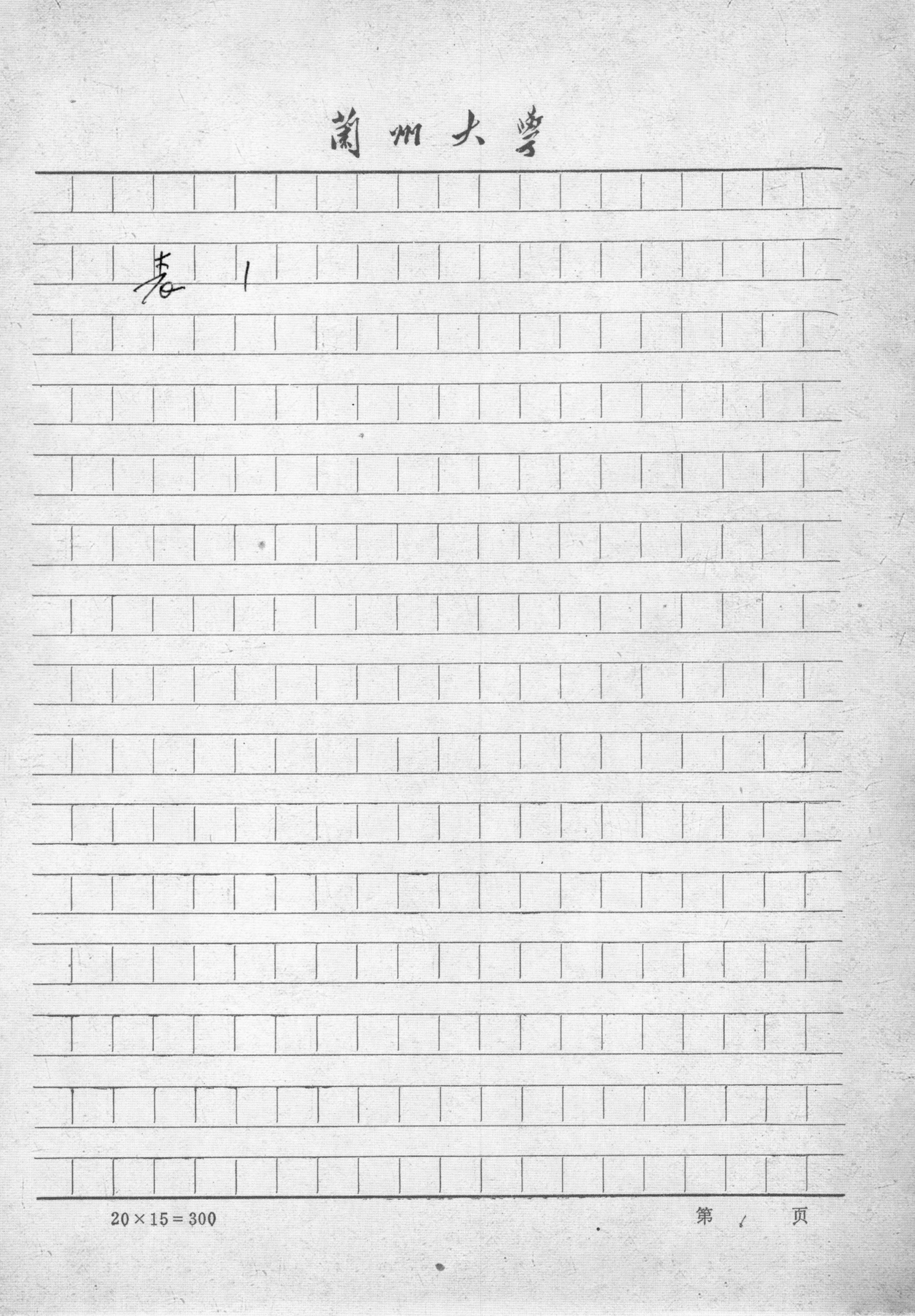

晚更新世以来黄土高原的季风型式的变化

冷杉（3%），共占孢粉总数的7%，其次为榆（3%），栎、榛子等。因此，考虑到松树花粉产量高的事实，该孢粉谱实际上代表着一个云杉和冷杉占优势的针叶林，这和北京附近三万年前的暗针叶林以及萨拉乌苏组下部的针阔混交林（云杉、冷杉也很突出）是完全可以对比的，说明在玉木冰期的凉爽而湿润的阶段中，黄土高原和华北平原的植被曾经是一个以针叶树为主，而其中以云杉和冷杉占主导地位的植被景观，当时的气温比现在要低6—8°C，雨量应高于现代200—300毫米，使黄土高原达到能生长喜欢冷湿的云杉、冷杉的程度。

5号样品採自马兰黄土，11号样品採自离石黄土，孢粉极其贫乏，且以蒿、藜科、菊科植物为主，显示一种干草原甚至半荒漠的植被景观，这是玉木冰期气候最干最冷时的沉积。这时

20×15=300　　第 7 页

兰州大学

的草原植被一直向南伸展到长江下游。如芜湖附近发现下蜀黄土的顶底是介于15000±1700年和12300±465年之间，其中很少见到孢子花粉。但在15000±1700年之前沉积物中则含以松、栎、榆、桦为主的孢粉，代表暖温带落叶阔叶林，而在下蜀黄土之上则发现栎、栗、青檀和枫香为主的孢粉，代表冰期结束，亚热带植被重新向北推进是全新世开始的标志(1)。

其余的1.3.4.7.8.9.10等样品均采自全新世的古土壤（其中7号样本C^{14}测年为5910±60年前）。除1号和3号样品显示典型的森林景观外，4.7.8.9.10号样中草本植物均达60%左右，木本花粉一般仅30%，大体上显示森林草原环境。不过值得指出的是，4号样本尽管是采自六盘山北部的现代森林区，古土壤中草本花粉仍高达60%，故要准确地区别森林植被和森林草

20×15=300　　第8页

晚更新世以来黄土高原的季风型式的变化

兰州大学

生植被是不太容易的。全新世为现代间冰期，其与末次间冰期环境的不同之处是气候比较干燥，表现在麻黄、蒿等花粉的大量增加上。

二、晚更新世以来黄土高原的环境变迁与季风环流型式关系之探讨

黄土高原是特殊的构造、地形和环流型式相结合的产物。作为一种风力沉积，黄土是在干旱的草原环境下经过"雨土"现象而从空中降落的粉尘堆积物，由于太行山和秦岭的阻挡，来自西北沙漠地区的粉尘主要被堆积在秦岭之北和太行山之西，由此决定了黄土高原的主要边界（它的西北边界则由活动的流动沙丘限制，实为一天然的自然地理界限）（图2）。但是，历史上的"雨土"现象出现得更广，如图3所示，近千年来

20×15=300　　第 9 页

蘭州大學

除黄土高原，华北平原外，长江中下游也曾多次记录到"雨土"。历史记载说明"雨土"往往发生在隆冬之后和入夏之前的2—5月，主要由寒潮天气伴随的西北风所带来[5]。但是，大体与"雨土"分布区相吻合，一個包括黄土高原，华北平原以及淮河流域的现代华北夏绿落叶阔叶林地区好似一個向兰州附近尖灭的楔形打入中国东部的半壁河山(图3)，向北是蒙新荒漠和草原，向南则是中国富庶的亚热带地区。如果说"雨土"区是冬季风的产物，楔形的华北夏绿落叶阔叶林地带则是温暖湿润的夏季风的产物。因此，这個楔形地区正是亚洲东部冬夏季风互争雄长的三角地带，可称之为"季风三角"。末次冰期寒冷气候全盛时(18000—15000年前)，沙漠活动于蒙新戈壁地区，粉尘堆积于北起阴山，南到秦岭，东南直抵长江下游的广大地面(图4)，

20×15=300　　第 10 页

晚更新世以来黄土高原的季风型式的变化

兰州大学

定为"黄土南侵时期"，相当于主玉木冰期的冰进时期。与此相反，当时的夏季风是衰弱的，由洋面来的季风气团被阻于江淮切变线之南，整个夏季应当类似于1980年7月南涝北旱的环流型式（图5）。黄土高原和华北地区夏季较旱少雨，成为干草原地区。

与上述冰期全盛期的季风环流型式相反，在间冰期时冬季风衰弱，夏季风强劲地北进西伸，中国东南部盛夏处于西太平洋副热带高压脊的控制之下，较热少雨。西北的黄土高原和更北的内蒙古和东北地区则降雨增多。故华北与黄土高原盛夏炎热多雨，地面发育夏绿落叶阔叶林植被（总的自然地带的分布与现代接近）。1981年盛夏为典型的东旱西涝型，环流型式当与此接近相似。（图6）。

20×15=300　　第 11 页

兰州大学

晚更新世末次冰期的间冰阶段（大约为5—3万年间）的气候是一种介于上述二者之间的过渡类型。当时的温度较低，使陆面蒸发减小，但洋面上偏南的夏季风气团仍有相当的力量向北推进达到华北和黄土高原与北方来的冷空气形成一条变动不定的切变线，故而黄土高原雨量较多，且因低温而蒸发减少，空气湿度增加，造成一种特殊的冷湿气候，有利于云杉和冷杉生长。因此，寒温带的暗针叶林成为当时地面的主要的植被景观。这种环流型式可能与1978年夏季南涝北旱的分布相类似（图7）。

三、讨论

在晚更新世以来

是什么原因推动着黄土高原上季风型式发生上述那样的巨大变化？

上述环流型式的变化的主要原因是冰期和

20×15=300　　季风　　第 页

晚更新世以来黄土高原的季风型式的变化

兰州大学

间冰期的更替导致的全球性温度变化，使亚洲和太平洋西部的一些大型的天气活动中心（如青藏高压、西太付高、西风急流）位置发生移动，强弱发生变化，以及海平面升降，陆地西北偏移和地面冰盖生消、植物气候带移动、地面反照率变化造成的正负反馈机制共同作用的结果，对于这方面的进一步研究尚需有待时日。

全球温度降低

↓

大陆冰盖与极冰增长

↓

环极西风带南移

↓

青藏高原南侧的南支西风急流会增长在

20×15=300　　第　页

蘭州大學

参考文献

[1] Kong Zhao-Chen and Du Nai-qiu (1980); Vegetational and climatic changes in the past 3000-1000 years in Beijing, Acta Botanica Sinica, Vol.22, No.4. p. 330—338.

[2] Yuan Baoyin (1978): Sedimentary environment and stratigraphical subdivision of Sjara osso-gol formation, Scientia Geologica Sinica, ~~Vol~~ 1978, No.3. p. 220—234.

[3] Dong Guangrong, Li Baoshen and Gao Shangyu (1983); The case study of the Vicissitude of Mu Us sandy Land since the Late Pleistocene according to the Salawusu river strata. Journal of Desert Research, Vol.3, No.2, p. 9—14.

~~[4] Quaternary Geology,~~ Cao Jiexing (1983); ~~Commercial press~~, Beijing, p.87 (in Chinese)

20×15=300 第 页

晚更新世以来黄土高原的季风型式的变化

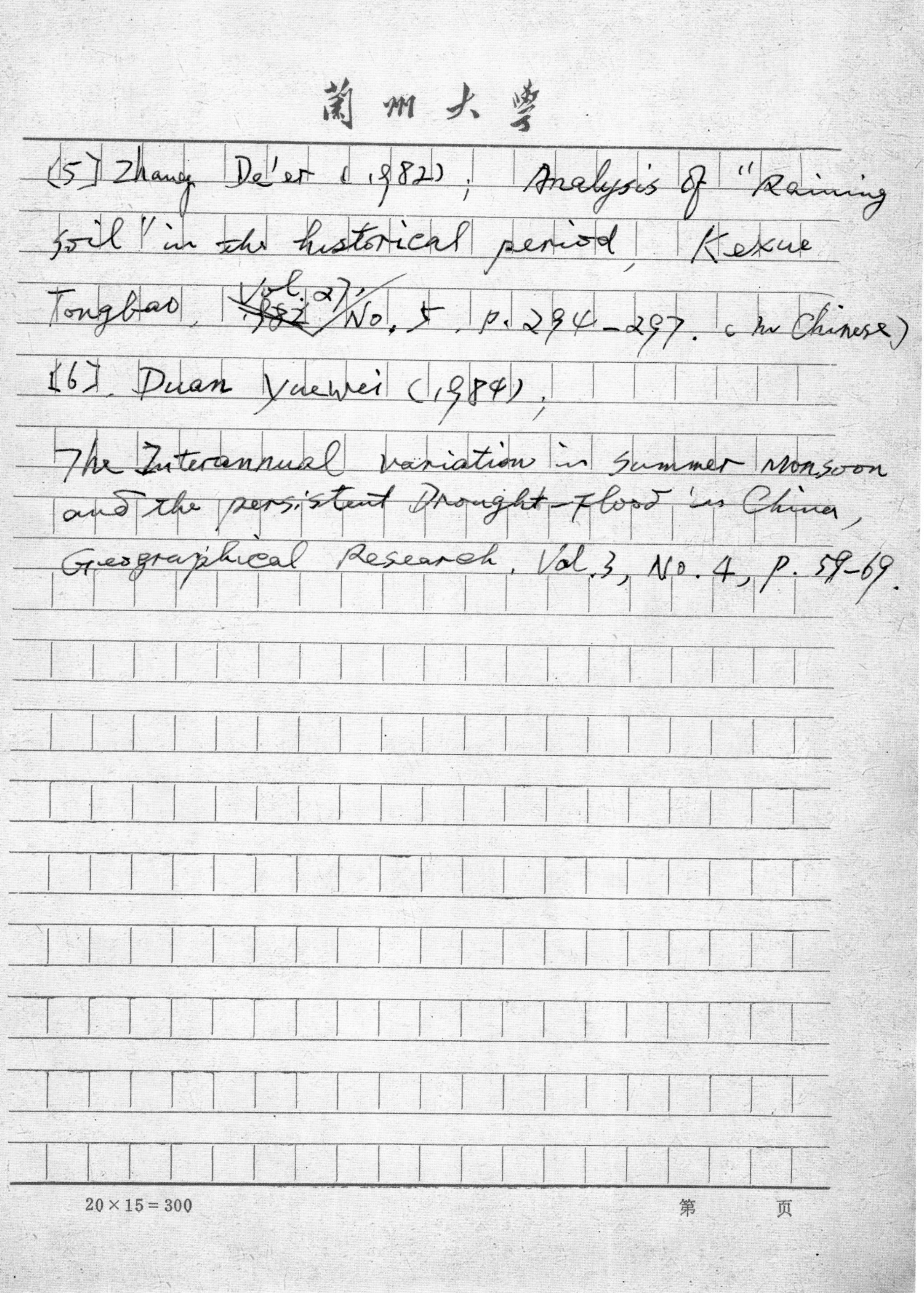
蘭州大學

[5] Zhang De'er (1982): Analysis of "Raining soil" in the historical period, Kexue Tongbao, ~~1982~~ Vol. 27, No. 5, p. 294-297. (in Chinese)

[6] Duan Yuewei (1984): The Interannual variation in summer monsoon and the persistent Drought-Flood in China, Geographical Research, Vol. 3, No. 4, p. 59-69.

20×15=300　　第　　页

兰州大学

参考文献

[1] 孔昭宸、杜乃秋(1980)，北京地区距今30000—10000年的植物群发展和气候变迁，植物学报，第22卷第4期，330—338页.

[2] 袁宝印(1978)，萨拉乌苏组的沉积环境及地层划分问题，地质科学，1978年第3期220—234页.

[3] 董光荣、李保生、高尚玉(1983)，由萨拉乌苏河地层看晚更新世以来毛乌素沙漠的变迁，中国沙漠，第3卷第2期，9—14页.

[4] 曹家欣著，第四纪地质，商务印书馆，北京，1983年，87页.

[5] 张德二(1982)，历史时期"雨土"现象剖析，科学通报，第27卷第5期，294—297页.

[6] 段月薇(1984)，夏季风变异与我国持久性旱涝，地理研究，第3卷第4期，59—69页.

20×15=300 第 页

晚更新世以来黄土高原的季风型式的变化

蘭州大學

青藏高原晚新生代以来的环境演变

李吉均

（兰州大学　地理系）

一　前言

青藏高原在晚新生代以来地理环境发生了翻天覆地的变化，岩石圈的运动造就了号称世界屋脊的青藏高原，它对流层下部高原的存在改变了亚洲大气环流的形势，出现了世界上最强大的季风环流。季风亚洲从苏联的远东地区开始，包括日本、菲律宾、印尼、东南亚各国，更主要的是中国大陆和印巴次大陆各国，总面积约1400万平方公里，占世界陆地面积的10%，但却居住着世界56%的人口，这主要因为季风区夏季高温多湿，适宜于生物生长和繁殖，单位面积的生物生产量很高，因而土地承载力高。但是，各种灾

20×15＝300　　25A1034·88·6　　第 1 页

兰州大学

害性的天气（台风、寒潮、干旱）、洪水、泥石流也以惊人的能量危害着人类的生命安全和生产活动。这屹立于亚洲中部的青藏高原是亚洲东部各种大气过程和水圈变异的重要的扰动源地。因此，如果对青藏高原自然环境的形成，演化和本身的运转机制没有深入的了解，要想对亚洲东部的地理环境的分异，现状及动态变化作出科学的解释和预报是不可能的。特别是面临全球变化的挑战，这一居住着人类半数以上人口的地区未来气候如何变化，对工农业生产及人类其他经济社会活动影响如何是一个十分紧迫的问题。如果说"以今论古"帮助地质学找到了科学思维的方法，使之从经验性的认识上升为科学的话，"鉴往知来"也必定会对环境和气候变化的预测起到同样的作用。这篇文在上世纪中叶从

20×15＝300　　25A1034·88·6　　第 2 页

青藏高原晚新生代以来的环境演变

兰州大学

研究生物的过去中提出了进化论，海洋地质学家在刚过去的二十多年中从研究洋壳的过去中创造了板块学说。可以预言，全球变化的研究也必须从研究过去的环境和气候变化的实际资料中提取充足的信息，才能使预测具有坚实可靠的基础。

对青藏高原的研究是新中国成立以来地球科学所进行的一次规模宏大的系统工程，关于青藏高原岩石圈、大气圈和生物圈均已结出丰硕的果实，关于高原隆升及其对环境和人类活动影响的研究从目前已经达到的水平也已是居于世界领先地位的。但是，这些都只能是进一步前进的基础，要达到对所有问题都有一个明晰的认识还需付出巨大的努力。国际上的竞争也客观存在，比如南亚国家和西方国家学者合作，进行对西瓦利克群的年代学、古生物学的研究，西喜马拉雅构

20×15=300　25A1034·88·6　第 3 页

蘭州大學

衔接第四纪动力学的研究以及克什米尔和尼泊尔的若干新生代断陷盆地的研究也都取得了重大的进展。我国学者在自己的研究工作中常不能不用这些学者的成果来对比、检验自己的观点和看法，国外学者利用中国学者的研究成果来支持、论证自己的观点也是存在的，正体现了科学无国界，是人类共同财富这一精神。但是，青藏高原的主体在中国境内，中国应该对人类作出更大的贡献。迄今为止，青藏高原晚新生代环境演化研究中的一个最大的缺陷是没有一个连续的或几个可以完全衔接的沉积剖面，因而所叙述的过程是不完整的，重大的地质事件或者遗漏，或信息不全。对于主要进行野外考察的科学考察队来说，这或者也可以说是无可厚非的，但长期停留在这样的状态则是不可取的。我们知道，二次世界大战以

20×15=300　　25A1034·88·6　　第 4 页

青藏高原晚新生代以来的环境演变

蘭州大學

历史地球科学的革命性变化都和连续剖面的获得和分析分不开的，板块学说如此，深海氧同位素曲线这个被誉为第四纪年代和古气候学的纪念碑（"Rossetta stone"）是如此，南极东方站2083米的冰岩芯更是如此。在中国，黄土高原洛川塬提供的248万年来的黄土剖面也如此。因此，要对青藏高原晚新生代以来环境演变有深刻的理解，进而为全球变化的研究、亚洲季风区各地未来气候和环境变化的预测提供科学的依据，就必须依靠在青藏高原上获得连续剖面的详细信息。这是一项与深海钻探、冰盖岩芯完全匹敌的研究项目。西德学者库勒（M. Kuhle, 1987）曾把青藏高原说成是全球发生冰期、间冰期这样规模的气候变化的起搏器（Trigger），他的青藏高原大冰盖的理论固然是不足信的，但关于高原在气

20×15=300　　25A1034·88·6　　第 5 页

蘭州大學

候变化上的重大作用则不能说是没有道理。在这方面中国的地球科学工作者应当是责无旁贷。世界上有不少关于过去地质时期(如CLIMAP关于1.8万年前的冰期最盛期)或未来若干年气候变化的模拟或预测，对包括青藏高原在内的亚洲中部这块地方，要么是给出的数据很不合理，要么是干脆因资料不足而标明为情况不明的地区。此中所谓资料，既包括现代和历史时期的记录、观测资料，也包括多方面的地质记录。因此，关于高原连续可靠的地质记录信息的获得和分析是刻不容缓的了。

二、新的进展

自一九七七年召开青藏高原隆升问题的专题讨论会及一九八〇年召开的国际青藏高原科学讨论会之后，国内外就与青藏高原环境变迁有关的已

20×15=300 25A1034·88·6 第 6 页

兰州大学

开的各种会议及举行的考察工作又已获得了许多进展。由于全球变化课题的迫切性，这里采用倒叙的方法，即从目前开始向地质时期倒溯。

姚檀栋等和汤姆森合作，根据祁连山敦德冰川冰芯氧同位素及微粒浓度、冰晶尺寸变化等分析，认为该冰川尽管只有一百三十余米厚，但其底部冰已经毫无疑问地进入了末次冰期，其时气候寒冷、多风干旱，因而微粒浓度增高，冰晶尺寸变小。根据冰芯上部年层分析，很好地恢复了15世纪以来小冰期的气候变化，指出有明显的三次冷暖波动，这对年界的确定有比树木年轮更高的精度。本世纪的冷暖变化直到八十年代与气象台站的记录完全吻合。和东部沿海的上海相比，气候变化的开始时间平均约提前二十年，可能正是汤懋苍指出的青藏高原是中国气候变化的启动区的反映。二十世纪的升温十分显

20×15＝300　　25A1034·88·6　　第 7 页

兰州大学

著，可能是CO_2的浓度增高首先在中纬干旱的内陆地区被记录了下来。由此可见，今后在更厚的大型冰帽打钻，当能获得更长时期及高分辨率的冰岩芯，对恢复全新世和更新世晚期的气候变化当能提供更详细和权威的信息。

晚更新世以来的连续剖面较易获得，但高分辨率而完整的首推黄土和内陆湖的沉积（包括湖岸阶地等）。现已查明，13万年以来深海氧同位素曲线上的5个时段在中国内陆和青藏高原的各种沉积物中均打上了鲜明的烙印，形成了各种不同组合形式的"五位一体"（pentad）的沉积模式。在季风影响所及的青藏高原的大部份地区，表现为：1）14—8万年前，气候温热，2）8—5.3万年，干冷，3）5.3—2.7万年，冷湿，4）2.7—1万年，干冷最盛，5）1万年以来，暖湿而有波动。在黄土高原地层顺序包括末次间冰期

20×15＝300　　25A1034·88·6　　第 8 页

青藏高原晚新生代以来的环境演变

兰州大学

的褐土型的古土壤S1，代表干冷冰期气候的马兰黄土，但又被代表冷温间冰段（氧同位素阶段3）古土壤隔开为上下两部，分别对应于早晚玉木冰期，全新世的黑垆土型的古土壤S0以及新冰期的黄土覆盖于最表面。从青藏高原山地的冰川直到柴达木盐湖，晚第四纪的三位一体的沉积模式可以图1来表示各自的过渡和对应关系。显然，这种和深海及极

20×15＝300　　25A1034·88·6　　第

蘭州大學

地-冰芯可以对比的沉积物关系已经明晓，但要找出温度、湿度的变化幅度，以及次一级以千年、百年或更短时间为周期的变化规律尚需付出巨大的劳务和金钱。而这种气候变化信息的获得对预测未来又是至关紧要的。近年来相继有国内外学者在青藏高原的内陆湖泊打钻，能够获得何种结果尚有待分晓。

关于晚更新世以前环境和气候变化信息的获得要困难得多，首先是连续的剖面难以取得，天然露头多残缺不全，更加以存在测年技术的困难（C^{14}一般只达到4万年左右，热释光测年超过10万年亦将大大降低精度）。因此，如何获得连续的剖面及改进测年技术至关紧要。但是，近年来在黄土高原获得的长达240万年的洛川黄土—古土壤系列是一个很好的标尺，如何把它移向青藏高原内

20×15=300　　25A1034·88·6　　第 10 页

兰州大学

却是一个有待解决的问题。青藏高原的四周及内部分布着许多晚新生代的沉积盆地，多数情况下曾是湖泊。这些古湖有些被河流切穿排干，出露了一部份天然剖面，如高原北部边沿的共和盆地，昆仑山口的羌塘组代表的古湖，高原南翼的吉隆盆地、扎达盆地等。过去，这些天然剖面都曾提供过大量的标本、化石，为探讨青藏高原的隆起和环境演变作出过重大贡献。但是，由于前述的原因，迄今我们没掌握连续的剖面，也没有全面的分析结果。就天然剖面来说没有一个精度可以和南亚西瓦利克群相当的成果。内陆湖也曾有过为其它目的的钻探和岩芯研究，但没有可以和日本琵琶湖相当的那样的详尽资料。占有的资料不足，是妨碍青藏高原研究进一步提高的严重困难，对此应有充分的认识。

20×15=300　　25A1034·88·6　　第 11 页

蘭州大學

国内外多年来研究工作进行得比较详细的地区在青藏高原是集中在西喜马拉雅山山麓地带，即所谓西瓦利克丘陵地区或巴基斯坦的波特瓦尔高原一带，其次是青藏高原东北角的青海湖、共和盆地及外围的兰州地区。青藏高原东南部边沿的云南及鄂西则是古人类化石的集中产地。近年来结合古人类的研究（云南禄丰的腊玛古猿、西瓦古猿、巨猿，元谋人，湖北郧县最近报导又发现南方古猿化石），对晚新生代以来的生物演化、环境变迁也作了大量的研究。看来，古猿和古人类的进化是和青藏高原的隆起有关的。当喜马拉雅山开始隆起在南部山麓形成西瓦利克凹陷带时，气候湿润炎热，发源于低缓的喜马拉雅山的许多河流迂回曲折，在山前凹陷汇合为巨大的古西瓦利克河。河岸沼泽地森林茂密，灵长目众多，三趾马也是森

20×15=300　25A1034·88·6　第12页

林型的。作为人类的祖先或近亲的腊玛古猿和西瓦古猿也生息在这里，在青藏高原的东部边沿云南的低湿河谷盆地中，腊玛古猿也生活在大体相同的森林生态环境中。不同的是，当中新世晚期因南极冰盖形成世界气候向干冷发展时，西瓦利克以除带，特别是西北部的森林减少，热带丛林变成有大量开阔地的地区（道克帕萨期），而这时云南地区以及阿萨姆一带仍然是湿热的丛林环境），人类的祖先在这里延续了下来，经上新世初演化为南方古猿（郧猿）并在第四纪进化为直立猿人。人类演化的这一线索是和高原上升，热带亚热带的湿热丛林环境向高原东南及东部收缩的过程相适应的。云南是世界植物的宝库，反映了这里生态环境的长期相对稳定，第四纪才有较强的上升，较之青藏高原还是大为逊色。人类进化之谜很可能最终在青藏高原边沿地区被揭露，让我们期待着这一天，并为之而奋斗。

在七十年代末期，当我们着手总结和构思青藏高原隆起及环境变迁的框架时，重大地质事件的捕捉和年代的确定是首先碰到的大问题。正如有的先哲说过，人类只能解决历史发展上已经成熟的问题。我们别无选择，三趾马动物群的发现及古环境的研究为我们找到一个起点。经反复讨论和研究，认为当这一动物群在青藏高原广泛游荡和繁衍时，平均地面的高度为一千米左右。一方面这是从古生物的生态环境研究中得出，另一方面也从喜马拉雅山南麓西瓦利克群中下部主要为细颗粒的泛滥平原沉积而非山麓砾岩这一事实得到印证。只有在主中央冲断层附近山体隆起较高，因而有野博康加勒砾岩沉积，中含高

青藏高原晚新生代以来的环境演变

山杨化石。但是，在离山体轴部不远的亚汝雄拉附近即相变为河湖相的粉砂与粘土，而在更接近山地核心的吉隆盆地也是细粒的湖相沉积。显然，当时大喜马拉雅山诸主峰所在的推覆体滑动距离不大，垂直隆起高度不大，仅只在不大的山地周围有少量砾岩分布，而广大地区为平原，冲积和湖相沉积盛行。自然环境可能与今日的伊朗高原相似，炎热的气候，众多的湖盆。由于没有强大的现在意义的西南季风，高原内部广大地区应为冬雨区，西德的弗隆教授很正确地指出了这一点（H. Flohn，1987）。古西亚利克河两岸森林茂密，湖沼交错，生物世界丰富多采，那里因为处山前凹陷带，众水所归而低洼卑湿。再则，海陆热力形成的季风也应有影响，热带洋面气团上行到喜马拉雅山南麓，受阻而成丰沛的降水。这种情况可由美国西海岸的情况来印证。喀斯喀特山以西的海岸地带森林茂密，但越过该山哥伦比亚高原气候就很干旱。而喀斯喀特山一般2、千余米而已。这样的古地理环境大约从千余万年以前一直基本保持着延续到上新世末的二、三百万年以前。近十多年以来，进一步的研究并未能改变这个结论，青藏高原是世界最年轻的大高原，根据是充分的。顺便提及，虽然原来说的上新世古喀斯特近年被认为大多是高原的高寒气候就地形成的，但在高原东北角甘肃武都文县一带我们确实发现了大量保留在古夷平面上的峰林和峰丛地形，残留的红色风化壳的化学分析表明古环境实属热带和亚热带型，目前已上升到海拔2600—3000米的高度。白龙江的下

20×15=300　　25A1034·88·6　　第16页

青藏高原晚新生代以来的环境演变

兰州大学

切使洞穴喀斯特得到充分发展，洞穴奇观不亚於广西石灰岩地区（如武都万象洞）。在高原最北部昆仑山中，新近也发现石笋和石钟乳等。当然，像九寨沟这样的地方喀斯特地貌也正在发育并蔚为奇观，有确实说明高原喀斯特现象有远比过去想象的要丰富得多的内容。但不能据此就轻率否定高原上存在上新世古喀斯特的观点。应当说，关于新第三纪青藏高原古环境的总轮廓我们的论断基本上是成立的。应当做的是对高原各部份古环境的分异作出明晰的判断，为此必须在年代学上狠下功夫，通过高原各部份连续剖面的对比研究，恢复晚新生代各时期环境、阐明时间和空间上的变化。例如，过去常笼统地说，上新世末气候变干，有石膏和岩盐沉积，现在看来是发生在中新世晚期，即八百万

20×15=300　　25A1034·88·6　　第 17 页

蘭州大學

年前后，可能与极地冰盖形成、世界洋面下降、地中海变干成盐湖（许靖华）等突发事件的时间是一致的。真正的上新世为时较短，其底界仅5.3百万年。如果我们接受目前国内多数人意见把第四纪下限订在248万年前（松山世底界）则全部上新世仅只280万年左右，包括古地磁年表上高斯和吉尔伯特两个极性世。在西瓦利克群中，落在这个时段的正是塔特罗组（Tatrot）。但是，鉴于真正反映山地强烈隆升的"巨砾岩期"是从180万年左右才开始的，故若以西瓦利克注世沉积为依据，把第四纪下限放在奥都维事件上也是可取的。近来钱方再作贡巴砾岩的古地磁测年，断定贡达浦该标准剖面年代是240－170万年前。这样喜马拉雅山南部似乎又隆起得早一些。但是，同一作者早些时候对昆仑

20×15＝300　25A1034·88·6　第18页

青藏高原晚新生代以来的环境演变

兰州大学

山口的羌塘组湖相层古地磁测年所跨时段为2.53—1.7百万年，说明该处的地壳还是平静的。伯班克（D. Burbank，1985）对巴基斯坦波特瓦尔高原的研究则说明，阿托克的主边界断层在2.0—1.8百万年之间向南仰冲水平距离达50公里，在晚期的2.1—1.9百万年之间所见的钟困主边界冲断层作用发生强烈褶皱，水平摘层造成垂直上升达300米，但也正是在这20万年中，外力（山足面作用）又把上升的岩体夷平搬走，形成一不整合面，上面覆盖着砾岩（Lei砾岩）。这一砾岩含火山灰经裂变径迹测年为1.6±0.2百万年，古地磁发现奥都维事件下界（1.87百万年）正接近砾岩底部。皮尔潘佳山脉与克什米尔盆地的上升和沉陷发生较早，大约始于4.5百万年前，盆地中是湖相沉积，山前地带则发生来源复杂的砾岩

20×15=300　　25A1034·88·6　　第19页

蘭州大學

沉积，标志着皮尔潘佳山脉的上升（主边界断层冲断的结果），但沿杰卢姆河向南砾岩出现的年代则愈来愈年青。在整个过程中，地体发生了明显的反时针旋转运动。由此可见，山地上升是十分複杂的，既是连续的又是具突发性的，在不同的地形部位沉积相不同，记录山地上升的山麓砾岩的出现也具有穿时性，相差以十万年计单位。要准确捕捉强烈上升的年代并非易事。但是，整个来说西瓦利克群的中下部记录的是缓慢上升的山前磨拉石沉积，上西瓦利克则反映地壳开始不平静起来，塔特罗期砾岩增多，主边界断层活动起来，带动皮尔潘佳山脉及波特瓦尔高原南缘诸山地上升。翻天覆地的变化则发生在200万年前左右，所见向斜形成强烈的褶皱构造，快速的山体抬升作用，继之以山麓巨砾岩的出

20×15＝300　　25A1034·88·6　　第 20 页

青藏高原晚新生代以来的环境演变

兰州大学

现。因此，南亚的最新进展和我们此前得出的结论是一致的。须要改变的是，我们过去分析的上新世古地理环境实际是代表中新世晚期（三趾马动物群最繁荣的时期），真正的上新世很短，是一个过渡时期，是青藏高原猛烈上升前的能量聚集和地壳变形的准备时期。就气候环境来说，这也是一个过渡时期，晚中新世的三趾马红层沉积结束，新形成的盆地中开始接纳土红色的、浅绿色的河湖相沉积，如高原东北的贵德盆地的贵德系，据郑绍华等的研究即主要是上新世沉积，只顶部段落延入早更新世。在相邻的共和盆地，共和组产三门马、中国鬣狗，介形类有陕北青海金星介是中国北方早更新世的标准种，岩性为河湖相砂砾石层和粉砂层，颜色灰黄，据徐叔鹰等研究

20×15=300　　25A1034·88·6　　第 21 页

兰州大学

面有保存早中更新世的沉积，从磁性地层学角度作研究，应在2.26—1.0万年之间。郑绍华从贵德县盆湖河相地层中产西藏锯齿象（Anancus）判断当时气候“相对湿热”，而共和盆地的共和组中孢粉分析（唐领余，1988）则揭示出是草原与森林草原相交替的自然环境，并指明是也逐渐变干冷的趋势。因此，从晚中新世的亚热带环境经上新世进入更新世，青藏高原气候环境发生了剧烈的变化，亚洲季风从无到有，从弱到强正是在岩石圈变形和地形起伏不断加大的背景下实现的。

随着青藏高原的隆升，亚洲季风环流出现，黄土与冬季风结伴而来，在长城与长江之间形成一个“季风三角”，冰期时极锋南移，黄土高原与华北、中原大地均笼罩在干冷气团之中，主要是干草原环境，黄土沉积盛行。间冰期极

20×15=300　　25A1034·88·6　　第22页

稿　　蘭州大學

锋北移，该区成为夏绿阔叶林植被，黄土母质被改造为褐土型为主的古土壤。这样，巨厚的黄土——古土壤系列为第四纪陆地气候和环境变迁留下了可以和深海沉积比美的完整记录。以刘东生为首的中国学者近三十年来对此进行的研究为第四纪环境变迁作出了举世瞩目的贡献。中国的这个特殊的季风三角是气候变化的敏感区，向东延伸包括日本在内，西部的顶点在兰州附近。兰州是地球上大陆内部的哈特拉斯角，它像一扇门的枢纽掌握着季风三角的启闭。与北大西洋西岸美国的哈特拉斯角不同的是，在北大西洋是墨西哥湾流流向的变化操纵着冰期的大门，在亚洲东部则是季风（W. Ruddiman et al, 1976；李吉均，1988）。

　　屹立在对流层中下部的青藏高原不仅对西

20×15=300　　25A1034·88·6　　第 23 页

蘭州大學

风流场起着重大的影响，南来的季风同样受到很大的影响。过去人们主要注意到了喜马拉雅山对南亚季风的阻塞作用，七十年代青藏科考开始研究西藏东南部雅鲁藏布江等峡谷对季风气流北上和西行的引导作用，把它叫做季风通道。在通道两侧影响所及地区形成一条向北突出的"湿舌"。该区降水丰沛，森林茂密，是天然的植物园，高山上发育典型的季风海洋型冰川，冰川泥石流危害严重，河流蕴藏着丰富的水力资源，察隅则有西藏江南之称，与寒冷干旱的藏北地区形成强烈的对照。近年的研究进一步证明，大高原的阻塞作用也是相对的。当南亚季风十分强大时，可以越过（孟加拉湾风暴是跳过）喜马拉雅山诸山口，也可以绕过高原在北侧极端干旱的若羌等地造成创记录的降水。我

20×15＝300　　25A1034·88·6　　第 24 页

蘭州大學

们最近的研究发现，在全新世高温期的6000多年前，新疆的紫窝铺湖曾出现过高湖面，联系到早在七十年代即已发现藏北无人区在高温期时有古人类广泛活动留下的石器，目前的高寒荒漠据孢粉资料当时变为草原。这些事实说明，当全新世高温期全球增温时，季风变得空前强大，其影响范围越过高原直达新疆。"春风不渡玉门关"当时并不正确。不过，从内陆湖泊水面变化模式来看，新疆基本上属西风区，即最高湖面在盛冰期，与季风区正好相反。后者冰期最盛时湖面大幅度下降，高水面出现在全新世（图2，3）。如果这一结论是正确的，随着全球CO_2含量的增加，在全球气温升高的背景下，中国内陆及青藏高原北部降水将要增多，季风（指夏季风）影响范围将要扩大，与沿海地带台风暴雨

20×15=300　25A1034·88·6　第25页

灾害增多，海面上升淹没损失剧增，恰形成鲜明对照。

三、第四纪冰期中的青藏高原

冰期中青藏高原是否存在过大冰盖这个老问题近年来又成为热门话题。西德哥廷根大学的D. 库勒教授力倡青藏大冰盖之说，进行了广泛的宣传。今年2月2日兰州冰川所的徐道明副研究员接受中国科学报记者采访，在头版头条的位置宣称“青藏高原冰期时代确系大冰盖”。近二十年来，作者有幸在青藏高原东部（主要是青藏公路之东）走了许多地方，实地调查了各地的古冰川遗迹，结合卫星影象和航摄照片判读，并参考其它学者的报导，近来编就了“青藏高原东部第四纪冰川遗迹略图”（图4），其中的古冰川遗迹既包括末次冰期，也包括倒数第二次冰期

青藏高原晚新生代以来的环境演变

。一般来说冰川的侵蚀和堆积形态都不同程度地保存着，较易识别。除了山谷冰川外，冰帽冰川有较大的规模，如川西稻城古冰帽发育在花岗岩组成的古夷平面上，有很发育的冰蚀盆地和羊背岩、石鼓丘等，冰帽外沿有溢出冰川并留下冰川终碛垅，至少有三次冰期的古冰川遗迹，分布范围相差不大。与此类似的有新龙古冰帽（孙广友，1988），它们都发育在金沙江和雅砻江之间的沙鲁里山。七十年代曾在拉萨河源头的麦地卡发现盆地式的古冰川遗迹，并有罕见的鼓丘成群出现。以上这些冰帽面积均在2000—3000方公里，边界也很清楚。八十年代又在甘肃青海交界的达里加山古夷平面上发现面积不过100平方公里的古冰帽遗迹。夷平面因位於高原北沿，向南倾斜，北缘有溢出冰川，古

兰州大学

终碛伸展到3200米的谷地中，冰斗海拔3800—3900米。但在朝南的夷平面上边缘冰碛分布到4300米即终止，说明雪线至少比北坡高出400—500米。古冰川侵蚀出的冰蚀湖盆和羊背岩很典型，也有发育良好的冰岛型槽谷。值得注意的是边缘终碛之外夷平面上即保存着长期风化形成的突岩，它们的出现表明这里不曾被古冰川刨蚀过。1989年夏天作者到阿尼玛卿山和黄河上游进行了实地考察，证实阿尼玛卿山在末次冰期中形成了面积达5000平方公里的连续冰被，某些谷地源头的山顶被古冰川磨蚀成浑圆状，说明冰川之厚曾埋没了山头，属半覆盖型的冰川。黄河源头在末次冰期中不曾被冰川覆盖，许多古冰楔的C^{14}测年说明它们是形成于末次冰期的盛冰期中，证明当时的地面是裸露的。但是玛多以南黄河南岸成排出现

20×15=300　　25A1034·88·6　　第28页

兰州大学

的湖盆作南北走向，很难说明它们是构造成因的，还有地面普遍呈流线型等，可能表示在倒数第二次冰期中来自巴颜喀拉山和昆仑山的冰川在此汇合并壅塞抬高，形成充填黄河上游的一大型冰盖，面积超过50000平方公里*。本世纪初年，台非尔曾指出黄河上游纵谷冰期中为冰流充满，五十年代冯景兰先生在讨论黄河问题时也认为黄河上游诸湖泊是冰川起源的。我们的新见解是在于，覆盖黄河上游的大冰盖是倒数第二次冰期的冰川。因无论是北面的鄂拉山和南面的崔嵬山，倒数第二次冰期雪线均比末次冰期低300米左右。鄂拉山末次冰期雪线约4500米，则倒数二次冰期雪线应在4200米左右，而黄河上游地面高程正等于或高于这个高度，发育冰盖是有条件的。当然，这

* 据阿姆斯特朗分类，超过5万平方公里即可称为冰盖

20×15=300　　第 29 页

兰州大学

一观点刚提出，尚需进一步取得更多证据来证实它，或修正它。从地理条件分析黄河上游形成局部冰盖不是偶然的，一是这里是高原东北部的半湿润区，降水条件较好，至少比西面的可可西里山好，易于接受沿高原东部边沿北上的西南季风降水的补给；二是地势高亢而分割微弱，南北被两个大的山脉夹持，冰川在山地形成后易于流入盆地并汇合壅高，符合喀约早年提出的冰川自动壅高增长的模式，有利于形成冰盖。如果这一冰盖被完全证实，它将是青藏高原上迄今发现的最大的古冰川，东面的若尔盖盆地和北面的共和盆地都是该冰川渲泄冰水和岩屑物质的归宿地。

从图上可以发现，金沙江与澜沧江间的达马拉山缺少古冰川遗迹，一方面是由于山地组成物质为中生代砂岩和泥岩，不耐侵蚀，故地面被破碎，高度降低，也没有

20×15=300　　第 30 页

青藏高原晚新生代以来的环境演变

大山和夷平面作依托，大冰川难以发育；二是气候上此处有一干旱少雨的中心，现代雪线即已很高，冰期时条件将更差。有鉴于此，统一的大冰盖怎么也无法通过[大马拉山彼此连成一片的。有人设想横断山诸河谷是冰期后才下切的，这和河谷中的多级阶地现象，以及金沙江阶地上发现中早更新世化石的事实相矛盾，说明河谷是历史古老的。应当指出，华金栋在本世纪三十年代就曾宣称在大高原东部东经90°—100°和北纬28°—32°之间存在着连续的冰被，面积达15万平方英里。因此，大冰盖的说法虽不断有人重提，却缺乏根据，均无法自圆其说。最近韩同林关于青藏高原存在着早更新世大冰盖的说法也是如此。姑且不说冰川证据是极为可疑的，断然把这些出露地表的地形和沉积定为早更新世也难以令人信服。谁都明

兰州大学

普通

的，高原的寒冻风化是如此强烈，冰川能在地形能保存下来本身就是不可思议的。

青藏高原第四纪期间无疑是经历了多次冰期和间冰期的环境变迁的，冰川规模变化也必然很大。迄今为止确定的3—4次冰期只是其中的一部份，更完整的冰期变化系列必须通过连续剖面的全面分析才能恢复，到那时再回头看目前的争论就会觉得是很肤浅的了。让我们加紧努力，把青藏高原研究迅速提高到一个新的高度，许多疑难就迎刃而解了。

20×15=300　　第32页

兰州大学

青藏高原隆起和环境变化研究

(Uplift of the Qinghai-Xizang (Tibetan) plateau and Environmental Changes)

李吉均 (Li Jijun)

(兰州大学 地理科学系 甘肃 兰州 730000)

Dept. of Geography, Lanzhou University, Lanzhou, 730000

一、研究结果简述

二次世界大战之后地球科学的重大进展主要来自深海，板块学说和深海氧同位素研究分别恢复和发展了魏格纳的大陆漂移说和米兰科维奇关于冰期气候变化的天文假说。地球岩石圈和大气圈的运动和气候变化找到了基本规律，得到比较合理的解释，这应属于本世纪最重大的科学进展。但是，自八十年代以来，青藏高原——陆地上的最高隆起区逐渐成为地球科学研究的

20×15=300　25A1034·96·3　第 1 页

蘭州大學

热点，正在酝酿着新的理论突破。一方面是因为青藏高原作为地球上大陆相互碰撞最典型的地区，是检验和发展板块学说的理想场所，有助于建立新的地球动力学理论；另一方面由于青藏高原在晚新生代的强烈隆起，极大地改变了亚洲的大气环流形势，出现了地球上最强大的亚洲季风系统，并对北半球大气环流产生重大影响。全球变化的研究如果不考虑青藏高原隆起的影响就难于得出合理的解释。对中国来说，没有青藏高原中国西北就不会像现在这样干旱，而中国东部也就不会像现在这样湿润。相反地，在长江中下游和华南地区就会出现像北非和阿拉伯半岛那样的沙漠气候。大约在三千万年以前的老第三纪长江中下游就是十分干旱的，出现干旱区特有的膏盐沉积，显然，当时没有现代这样的季风，并

20×15=300　　25·1034·96·3　　第 2 页

青藏高原隆起和环境变化研究

兰州大学

风，而青藏高原也还处于羌中西低地环境，行星风系盛行。青藏高原在晚近地质时期（N_2-Q）的强烈隆起迫使北半球的副热带高压带在青藏地区断裂，诱发和强化南亚的夏季风环流。另外，随着高原隆升冬季在亚洲北部形成强大的西伯利亚—蒙古高压。真锅淑郎在七十年代对此作了大气环流的模拟实验，首次揭示了这一规律（Manabe et al, 1974）。中国学者后来进行的研究同样证明青藏高原对亚洲大气环流的重大作用（叶笃正，高由禧等）。特别应该指出的是，亚洲冬季风对我国北方第四纪环境演化有着极其深刻的影响，黄土高原就是冬季风从戈壁荒漠中带来的粉尘堆积起来的。以刘东生先生为代表的中国学者在黄土研究上作出了世界性的贡献，揭示了黄土与季风的关系。青藏高原—戈壁荒漠—黄土高原是一个成因

20×15=300　25A1034·96·3　第 3 页

兰州大学

上彼此相关的耦合系统。黄河的起源，华北平原与黄海渤海的充填以至北太平洋深海的粉尘堆积，都是这一耦合系统的进一步延伸。青藏高原的隆起则是这一长串耦合系统的起动力。实际上青藏高原的隆起不仅影响到东亚和南亚，还影响到非洲北部大范围地受其影响，H. Flohn早就指出北非的变干与青藏高原有关（H. Flohn，1961，1981）。如此说来青藏高原的隆起极为重要，甚至使一些外国学者提出新生代全球的三次变冷和进入冰期都是青藏高原隆升所引起的大胆假说（M. Raymo et al.，1992）。但是，青藏高原究竟如何隆升以及隆升的时间、幅度和形式都是没有研究清楚的。根据前述耦合关系，黄土高原的黄土沉积是良好的地质记录。中国黄土沉积从250万年前开始，暗示青藏高原应在那时上升达到了一个临界高度。根据徐淑英等的研究，这个临界高度约为现代青藏高原之半，即2000米左右（

）。亚洲季风系统在那时初步建立。中国学者多年来所作的地质研究，也确实表明，在第三纪末和第四纪初中国西部广大地区发生了非常强烈

兰州大学

的构造运动。特别是青藏高原在印度板块和欧亚板块的相撞挤压之下，周边发生向外的仰冲，使盆地中的新生代沉积剧烈褶皱变形，大规模和巨厚的山麓相砾岩、粗碎屑堆积在高原的周围。如众所周知的玉门砾岩（甘肃河西）、西域砾岩（南疆），厚度可达1000—3000米，反映堆积时期，青藏高原的高度急速增加。八五攀登计划的研究进一步证明，青藏高原的强烈隆起在晚近地质时期可分为三个大的阶段，早期被命名为青藏运动，时间为3.6Ma—1.7Ma，包括A、B、C三阶段（3.6Ma、2.5Ma和1.7Ma）；中期被命名为昆仑—黄河运动（简称昆黄运动），发生时间为1.2Ma—0.6Ma，也包括三阶段（1.2Ma、0.8Ma和0.6Ma）。晚期被命名为共和运动，发生在15万年以来。中国和东亚的环境演变与青藏高原的上述各次上升有密切的关系。发生在3.6Ma的青藏运动A期使青藏高

20×15=300　　25A1034·96·3　　第 45 页

兰州大学

原内外直到华北因断陷形成了若干新的湖盆，水体扩大（从河西、柴达木盆地，喀什米尔盆地，汾河等盆地扩）可能暗示来自海洋的季风的湿润空气流能深入亚洲内部。发生在2.5Ma的青藏运动B期使高原达到2000m的临界高度，西伯利亚—蒙古高压大大加强了冬季风及黄土开始沉积。发生在1.7Ma的青藏运动C期也很重要，黄河与长江都是在这次运动之后才从高原上奔流而下形成泱泱大川的。昆黄运动使青藏高原达到海拔平均3000m以上的高度，山地则可高达4000m以上，这样就使青藏高原大范围进入冰冻圈（旋转性风），迄今发现的高原上的最大规模的古冰川不超过0.8Ma，（昆仑山垭口，崔之久等），古里雅冰帽底部最老的冰约为0.76Ma（^{36}Cl测年，姚檀栋等）都是有力的证据。应当指出，近年发现的深海和黄土

20×15=300　　25A1034·96·3　　第5页

兰州大学

记录显示0.8Ma以来发生了所谓的气候转型，即十万年周期成为最主要的气候周期，而在此以前不甚明显。共和运动发生在0.15Ma以来，南亚的克什米尔盆地被切开，黄河溯源侵蚀到龙羊峡以上，新增加13万km²的流域面积。青藏高原经共和运动达到现今的高度，喜马拉雅山脉普遍达6000m，成为阻塞印度洋季风的重大障碍，因而中国西北进一步变干，柴达木盆地在30000年以前还有数万平方公里的湖面，但以后就变干解体，迎来了一个新的干旱时期，冬季风也变得更为强大。

中国陆地分为三大自然区（黄秉维），即东部季风区，蒙新干旱区和青藏高寒区。从环境演化与分异的角度来说，青藏高原的隆起实际上起着决定性的作用。高原隆起的运动导致大气环流及

20×15=300　　25A1034·96·3　　第7页

兰州大学

气候区域直到水系以至植被的大规模变化，研究各圈层的耦合与相互作用对进一步了解现代生存环境及发展趋势是十分重要的。我在冰芯研究中发现高原上变冷是快速的而变暖是缓慢的，这与深海和极地冰芯记录完全相反，可能暗示高原的变冷领先世界可能起着启动和放大的作用。

二、挑战

关于青藏高原隆起的研究目前存在着激烈的国际竞争。~~一九八〇年北京举行的国际青藏高原科学讨论会中国学者占着主导地位，~~随着改革开放，国外学者相继进入青藏高原，~~我国在高原研究方面的优势已逐渐不存在，~~既促进了中外交流和研究水平的提高，但也向中国学者提出尖锐的挑战。如前所述中国学者认为青藏高原是从第三纪末和第四纪初才开始强烈隆升的，在始新世大陆碰撞之后主要经历的是地壳

20×15=300　　25A1034・96・3　　第 8 页

蘭州大學

缩短和加厚的过程，虽然有过构造隆升（始新世中期和中新世早期）但经过长期剥蚀曾两度达到夷平状态。因此，在上新世中晚期（3—4Ma），高原地区除像喜马拉雅山那样的高大山脉外，大部地区处於夷平面（或准平原）发育的后期，海拔一般在1000米以下。这个观点曾一度被广泛接受，甚至被写进美国出版的地质教科书中（Physical Geology，1987，B.J. Skinner and S.C. Porter）。但是，九十年代以来国外学者相继对这一观点提出了挑战，把青藏高原强烈隆起的时间大大提前，有的人从喜马拉雅山山顶裂谷沉积层上找到新生矿物的年代为14Ma，认为青藏高原在当时已达到最大高度并发生东西向拉伸塌陷，其后高度有降低（M. Coleman et al.

20×15=300　　25A1034·96·3　　第9页

兰州大学

1995)。更多的人则认为喜马拉雅山和青藏高原在8Ma以前已达到现今的高度，主要根据的是发现阿拉伯海的上涌流在8Ma时大大增强，指示印度洋季风出现；巴基斯坦北部波特瓦尔高原气候变干，植被由森林变为草原；拉萨西北的羊八井地堑断裂活动也发生在8Ma前后（J. Quade et al., 1989; T. Harrison et al., 1992, 1993; P. Molnar et al., 1993）。上述学者共同的出发点是青藏高原上有上升到达最大高度才会发生东西向的正伸断裂，南亚季风也因此发生或强化。但是，这一说点是很可疑的，D. Burbank就著文反对说，如果喜马拉雅山和青藏高原在8Ma就曾发生强烈上升，山麓的西瓦利克地区及印度洋海底扇上（如孟加拉湾的海底扇）沉积物的粒度必然增大。但实际情况是沉积物粒度在8Ma之后不是

20×15=300　　25A1034·96·3　　第 90 页

变粗而是变细了(D. W. Burbank et al., 1993)。关于8Ma左右印巴次大陆北部的变干与青藏高原隆起和季风出现也无必然联系，我们在兰州附近的临夏盆地也同样发现7～8Ma气候急剧变干，而Quade本人近年在北美和南美的材料也发现一样的变干现象，可知这是遍及全球的气候变化，把它归结为亚洲季风出现和高原强烈隆起是很牵强的。顺便指出，近年有的中国学者把黄土之下的保德红土进行了深入研究，证明其风成起源，其底部达到7.2Ma（孙东怀，1997）。但是，把这种粉尘堆积当作冬季风出现的证据并据此推论当时的青藏高原已经达到相当的高度也同样是不合理的。丁仲礼所作的工作说明陕西南北保德红土的粒度空间上并无变化，而且在时间上也无变化，这是十分不利于当时的粉尘是由冬季风搬运的观点的。

蘭州大學

至于国外许多学者认为仅当青藏高原只有上升达到最大高度才发生东西向的拉伸运动并有正断层和地堑在山系顶部发生（我们称之为山顶裂谷）也同样是可疑的。青藏高原诸山系顶部张性拉分盆地出现的时间也不一样。在喜马拉雅山顶出现较早，如吉隆盆地与札达盆地为7Ma左右。而藏北的昆仑山垭口则有先后发生在3.6Ma和0.7Ma的新老两代的张性和拉分盆地。特别是0.7Ma昆黄运动高潮期以来发生大规模的左旋走滑运动，累计东西水平走滑达公里，垂直断距逾千米。我们认为岩石圈在挤压作用下发生断裂是十分普遍的；挤压与拉伸甚至走滑经常相伴，把张性断裂作为判别高原隆升达到最高的表现是有危险的。

应当指出，关于青藏高原隆起历史及过程的研究虽然已进行了若干年，但距离客观真理尚有相当

20×15=300　25A1034·96·3　第12页

兰州大学

距离。我们应当把主要精力集中于高原内外沉积盆地和成层地貌（夷平面、侵蚀面及阶地等）的研究上，通过高精度的测年及古环境变化信息的提取以恢复青藏高原隆起的历史，才能在理论上作出重大的突破。

参考文献

20×15=300　　25A1034·96·3　　第13页

兰州大学资源环境学院

新生代晚期青藏高原强烈隆起及其对周边环境的影响

李吉均[1,2] 方小敏[1] 潘保田[1] 赵志军[2]

1. 兰州大学地理科学系 甘肃 730000

2. 南京师范大学 地理科学学院 江苏 210097

一、前言

早在二十世纪五十年代由竺可桢先生领导的全国自然区划工作过程中，就发现中国存在着三个大的自然区域，即东部季风区，西北干旱区和青藏高原高寒区，任何区划都脱不了这一框架。但是，这种大的区域分异因何而来，则不甚明瞭。经过几十年的努力，现在基本清楚，在诸多原因中青藏高原的隆升是造成这种巨大分异的主要原因。没有青藏高原就没有如

15×20=300　　第 1 页

新生代晚期青藏高原强烈隆起及其对周边环境的影响

兰州大学资源环境学院

此强大的亚洲季风系统，东南半壁的湿润季风区就会是副热带高压荒漠，西北也不会如此干旱形成戈壁荒漠与黄土高原。岩石圈的变形和大气圈环流的调整耦合，是中国自然环境分异的主要驱动力。但是，青藏高原何时隆起，高度变化历史，整体隆起中的区域差异以及相邻盆地地区的彼此关系（如与南中国海的开裂）是必须明确的问题。这些问题不能解决，亦将阻碍对高原隆起及其环境影响的进一步认识，因而成为研究热点，意见分歧很大。比如说，关于强烈隆起开始的时间，本文作者主张年代很新，最强的隆升发生于3.6 Ma，多数西方学者则认为主要发生在8 Ma。近来的发展趋势有相互接近的苗头，关于季风形成时间虽然差异很大，但也有逐步趋近的表现。总之，随着资料的积

15×20=300 第 2 页

兰州大学资源环境学院

果和研究的深入，问题将逐步得到解决。

二、关于青藏高原隆起时间的问题

1964年施雅风和刘东生根据在希夏邦马峰北坡上新世野博康加勒地层中发现的高山栎等植物化石，首次推测上新世以来喜马拉雅山已上升3000米的观点。徐仁根据青藏高原多处发现的古植物化石，认为大陆碰撞以来，始新世是温暖的低地环境，以后逐步升高，是一个连续的过程。二十世纪七十年代大规模的青藏高原综合科学考察中进一步搜集到大量证据，提出了三期隆升两次夷平，最强烈的隆升发生在上新世末第四纪初的观点，并把第四纪高原隆升划分为三个阶段（李吉均等，1979，1981）。这种观点曾被许多人接受，甚至国外教科书中也曾比较详细地介绍了中国学者的观点（Skinner B and

15×20=300　　第 3 页

新生代晚期青藏高原强烈隆起及其对周边环境的影响

兰州大学资源环境学院

porter S., 1987）。与此同时真锅淑郎等所作的数值模拟实验，揭示实验中青藏高原的存在与否直接影响到南亚夏季风的有无（Manabe S and Terpstra T B. 1974）。这样，便把高原隆升与季风热流联系起来，为古全球变化开辟了新的研究思路。既然如此，青藏高原隆起的时间就不仅是地质学和地貌学的问题，更是古气候学和其他相邻学科（如生物学等）共同关心的问题。本文作者们自九十年代国家攀登计划青藏项目执行以来，深感过去测年手段的欠缺和古环境变化代用指标的相对性，力求找到比较准确的测年方法和提取比较可靠的高原隆升的信息。在诸多途径中，我们把高原周边与内部的沉积盆地和成层地貌（夷平面、侵蚀面及阶地等）作为主要研究对象。因为隆升的是高原大面积地区的隆升，个别的岩体、山峰以

15×20=300　　第6页

兰州大学资源环境学院

至断层都仅只是点，而各种地貌面（以夷平面为主的）的分布范围广泛，高度相对稳定，为计算隆升的时间与幅度提供了相对可靠的根据。沉积盆地所储存的沉积地层则是相对山地与高原隆升与剥蚀的天然记录，具有时间连续，环境变化信息丰富的特点。简而言之，我们主要依靠地貌学和沉积学的方法，据此建立高原隆升的时间序列并恢复其高度变化的历史。兰州地区黄河阶地的研究首先取得突破，

兰州大学（集体）黄河阶地研究：

早年陈梦熊、黄汲清、徐叔鹰等都对兰州黄河阶地进行过研究，但苦于无测年手段，仅只大体给出相对的时间序列，甚至阶地级数也未弄清。由于地处黄土高原的兰州黄河各级阶地均有不同厚度的黄土覆盖，这给阶地测年带来便利。经过反复工作，查清兰州段黄河共有七级阶地，其形成年代分别是1.7 Ma（T7），1.5 Ma（T6），

15×20=300　　第 5 页

兰州大学资源环境学院

1.2 Ma (T_5)、0.6 Ma (T_4)、0.15 Ma (T_3)、0.06 Ma (T_2)和 0.01 Ma (T_1)。黄河最高的第七级阶地之上还有一级被厚度不等的山麓洪积相砾石层覆盖的山足剥蚀面，其上覆黄土最厚可达 300 m，一般不超过 200 m。经古地磁测年底部达到奥都维亚世，砾石层中所含石膏的裂变径迹测年值为 1.86 Ma。这一级剥蚀面在兰州盆地分布很广，并一直延伸到东山麓，是黄河过境以前最新的剥蚀面。周围的主要剥蚀面比剥蚀面高一般为 800—1000 米。这级剥蚀面是青藏高原隆升前形成的产物，故其年龄就代表青藏高原开始强烈隆升的年龄。从地貌演化角度只有这一年龄才能代表高原隆升的起点。

临夏盆地位于甘南高原的北侧，处于西秦岭的山前凹陷，新生代地层发育，盆地本身被黄河及其支流大夏河切穿，因此是研究青藏高原隆升的地层记录的理想地方，这里新生代脊椎动物化石十分丰富，富于研究潜力。研究结果说明，临夏盆地自 29 Ma 以来沉积是基本连续的，3.6 Ma 以前主要是湖河相泥岩和砂质泥岩并夹少量砂砾石层，是一种中低能环境的沉积，反映构造稳定及地

临夏（大山盆地）是研究青藏运动的……

15×20＝300　　第 6 页

形起伏很小。仅只是自3.6Ma以后出现巨厚的砾岩，砾石巨大磨圆度很差，并夹一定数量的泥石流沉积。该砾岩被命名为积石组砾岩，切过了经剥蚀夷平的此前的新生代红层，因而代表了一次甚为剧烈的构造运动，青藏高原强烈隆起并在山前堆积广泛的扇砾岩。积石组砾岩堆积时段为3.6-2.6Ma，沉积结束又经历一次构造运动，在砾岩拗折低下之处形成新的湖盆，沉积东山组湖相层。此湖相层含三门马化石，顶界超出奥都维正世顶部，故沉积时段约为2.4～1.7 Ma。湖相层结束后再一次发生构造运动，大夏河最高阶地砾石层出现，代表临夏盆地被大夏河切穿并注入黄河，黄河终于成为泱泱大川。从临夏盆地的发育史可以看出，3.6Ma之前是一个湖盆发育的低地环境，代表夷平面形成的时期，临夏盆地的红色地

兰州大学资源环境学院

层经康乐和临夏一直延入甘南高原，并与美武高原主夷平面相衔接，充分说明是该夷平面的相关沉积。目前美武高原[illegible]红层海拔3600米，临夏盆地红层则不超过2600米，是西秦岭北缘边界断层的活动把原来相通的湖相地层断开了1000米。地形高差加剧及高原地形的出现，导致新一轮侵蚀循环的开始，黄河这样的巨型水系才因此出现。因此，我们把3.6～1.7Ma期间发生的构造运动叫青藏运动，并分为A（3.6Ma）、B（2.6Ma）和C（1.7Ma）三幕。1.7Ma黄河诞生，但只有在1.2Ma黄河主流才开始向溯切穿积石峡，0.6Ma又切穿李家峡（Li Jijun, 1991），因此把这段时间的隆升叫黄河运动。崔之久等在昆仑山研究高原隆升时，发现1.1Ma昆仑古湖开始消退而以发生在0.7—0.6Ma的剧烈运动形成新的拉分盆地结束。起初拟命名昆仑运动

15×20=300　　　　第8页

兰州大学资源环境学院

，但因该名已经用于别处，故统一称之为昆仑—黄河运动（简称昆黄运动）（崔之久等，1998）。昆仑山大断层70万年以来左旋走滑达30公里，垂直断距超过1000米，整个昆仑山经过这次运动才成为海拔高峻的大山，故昆黄运动是意义重大的一次构造运动。黄河经1.2—0.6Ma的昆黄运动主流溯源侵蚀进入青藏高原，所谓"黄河发源积石"就现代意义说应当指的就是这一事件。以积石峡以上的循化盆地和兰州的黄河同年龄阶地相比较，兰州的T5阶地高出黄河20米，但循化同年龄阶地则高达900米。这意味着60万年以来循化段黄河比兰州附近多下切700米，这代表青藏高原比兰州盆地相对隆升了这样多。

共和运动：晚更新世青藏高原再次强烈隆升，青海共和盆地的共和组湖相层从0.6Ma开始堆积

15×20=300　　第 9 页

新生代晚期青藏高原强烈隆起及其对周边环境的影响

兰州大学资源环境学院

，应当是青藏运动B幕的产物，和临夏盆地的东山古湖具有同样的起始年龄，但只有在0.15Ma发生的共和运动之后湖泊才被切穿注入黄河。共和运动使日月山隆起，青海湖与共和盆地隔绝，生成倒淌河。黄河切穿龙羊峡，十多万年以来达800米深，形成深邃峡谷。故共和运动的强度亦不可忽视。全个青藏高原是经过共和运动才达到现代高度的。

三、关于青藏高原隆升高度问题

青藏高原隆升高度是一个较之隆起时间更难的问题，从二十世纪六十年代发现了山杨植物化石以来，古生态学是一个常用的方法。但是，地质时期古气候也是一个变数，而植物本身的解释也存在困难。因此，古生态学的方法也仅能作参考，特别是据以作定量计算是不可靠的。在诸多选择中，我们把夷平面列为优先对象。夷平面是地貌长期发育的最后地形，受海平面控制，不仅是河流

15×20=300　　第10页

兰州大学资源环境学院

域的，其范围可以在各个大陆伸延，甚至可以作洲际对比。以全球洋面为基准的夷平面理论肯定地应当具有上述性质。夷平面是各种外营力联合或先后作用的结果，过程相当复杂。但当夷平面终于形成时，由于海拔很低，起伏很小，地面物质移动很慢，风化作用将长期就地持续下去，形成各种类型的风化壳，表面常形成硬壳（Duricrust）。自地貌学创始人戴维斯（W. M. Davis，1850—1934）提出侵蚀循环和准平原的理论以来，夷平面研究虽然历经波折，但总是不断兴起新的研究热潮。原因不是别的，因为它普遍存在。特别是在青藏高原隆起的研究中，如果我们确实认定了夷平面，并能给以准确定年，则隆升的起点和高度计算也就迎刃而解。在青藏高原的许多地方都报导过夷平面的存在，但观点很不相同，有主张一级的，有主张多级

15×20＝300　　第 11 页

新生代晚期青藏高原强烈隆起及其对周边环境的影响

兰州大学资源环境学院

的。这样的分歧不难处理，因为夷平面的形成是多级的，最低的一级也常是最广泛和最年青的。研究青藏高原隆升，只要照顾到这一级夷平面就足够了。这就是近年来文献中常说的主夷平面（Main surface），过去文献中常有高原面的提法，大体意义相似。主夷平面的特征是分布最广，高度比较稳定，表面不同程度有风化壳保存。一般在主夷平面之上还有一级山顶面，是进一步侵蚀残留的遗存，保留面积较小。如前所述，兰州地区有一级高于黄河阶地系列的山足剥蚀面（陈梦熊早年所指的甘肃期准平原应当就是这一级剥蚀面），上覆黄土底界达1.8Ma，说明该剥蚀面形成于1.8Ma以前。它的存在说明青藏高原强烈隆升，因而在山麓形成山足剥蚀面（兰州皋兰面）并在同期前形地面[illegible]后

15×20=300　　　　第 12 页

兰州大学资源环境学院

面形成。在兰州附近高于甘肃期准平原的是甚么夷平面，黄陂清水平称呼的“金拉古准平原”以及甘南高原的美武高原就是保存最好的两大片。它们高出山麓剥蚀面约800—1000米。根据前述美武高原与临夏群红层是相互衔接的，红层分布最广的高度也是美武高原的高度（3600米），故是典型的相关沉积。故以临夏群结束时间为该夷平面定年是有理由的，故美武高原隆起时间或解体时间也是3.6Ma。这是我们用相关沉积法确定的最成功的一处夷平面。此外，在青藏高原的东部芒康海拔4400米的分水岭夷平面上覆玄武岩测得钾氩法年龄为3.4Ma和3.8Ma，应当是夷平面因青藏运动A幕发生沿裂隙喷发的玄武岩，是夷平面解体变形的标志，也为夷平面的最终形成年龄作了肯定。最近对主夷平面上灰岩溶洞的钙华年代

15×20＝300　　第 13 页

兰州大学资源环境学院

的大量裂变径迹测年说明，岩溶活动从15Ma延至7Ma，此后因气候变干而停止活动。这说明主夷平面形成於中新世中晚期，上新世早中期已处於低平状态。主夷平面上常有红色风化壳残留，有硅铝等一般为2左右，也时有突岩、叠石（Tors）保存。这些都说明主夷平面是形成於热带或亚热带低平而温暖的环境中。因此，青藏高原在3.6Ma之前存在一个分布广泛的主夷平面是确定的事实，高原的最近一次的强烈隆升应以此为起点。目前这一级主夷平面在青藏高原从西北向东南倾斜，横断山脉南端仅有1200米左右，个别地方降落更低，而在高原西北角可达6000米。研究主夷平面的变形是研究新构造运动的最直观的方法，计算机三维成图能很好地表现夷平面的变形和展布状态（刘勇……）。此处用一张彩图？

以上论述能够说明3.6Ma以前青藏高原的主体

15×20=300　　第14页

兰州大学资源环境学院

十分低下，但各大山脉仍然存在，说明了度并不太低。此中喜马拉雅北山在当时讨论，它的强烈隆起始于22Ma左右，由于主中央断层、主边界断层和主前沿断层等的相继活动，印度板块前沿作薄片状破裂堆叠而抬起来，地形上表现为山体持续向南扩大，没有理由认为喜马拉雅山在晚新生代曾形成统一的夷平面。根据我们的实地观察，波特瓦尔高原是一级相当于甘肃湖相平原的山麓剥蚀面，据D. Burbank研究形成于2.1～1.9Ma之间，速度很惊人，然后被印度河及其支流索安河（Soan）的下切并形成阶地（Burbank D. et al, 见）。说明印度河在波特瓦尔高原是晚于1.9Ma之后形成的。这一点和兰州黄河阶地相似。但是在波特瓦尔高原之南的盐岭山北坡有多级剥蚀面存在，显然是按山麓梯地的层阶形成的，代表喜马拉雅山22Ma以来的多次隆升。但是，3.6Ma

15×20=300 第15页

新生代晚期青藏高原强烈隆起及其对周边环境的影响

兰州大学资源环境学院

青藏高原的强烈隆升在喜马拉雅山也是明白无误的。喀什米尔的卡利瓦下部砾岩堆积于3.17Ma以前，代表喜马拉雅山的强烈隆升。而人们早就知道西瓦利克系锥状堆积在山前凹陷沉积，反映喜马拉雅山的同期上升历史，但也只有在二三百万年以后才出现所谓"巨砾岩时期"，在尼泊尔境内，砾岩从2.5Ma开始堆积，(Quade J. et al., 1995)，它与喜马拉雅山北坡的贡巴砾岩是同时期的产物，记录了喜马拉雅山最新的强烈隆升。

关于青藏高原隆升的高度还有些限制因素可对特定时段高度的确定提供重要根据。如迄今为止发现的青藏高原的最老冰碛不早于0.7Ma，古里雅冰帽底 ^{36}Cl 测年为75万年BP，这说明0.8Ma以前青藏高原并不很高，只是昆黄运动才把多数山地推到冰冻圈中，发生大规模的冰川作用。据施雅风研究，要青藏高原发生较大规模的冰川作用，平均高度应达3000米，山地应在4000米以上，这是很合理的计算。库兹巴赫等的数值模拟也很有意义，他们认为高原只要达到半山的高度即足以激发季风，形成稳定的西

15×20=300　　第 16 页

兰州大学资源环境学院

伯利亚—蒙古高压。据此推论，黄土于2.6Ma开始堆积，这就说明这时（2.6Ma）高原达到平均2000米的高度。正是基于夷平面（3.4Ma），黄土开始（2.6Ma）以及青藏高原进入冰冻圈（0.8Ma）等因素的考虑，我们提出高原上升分别在上述时段达到1000米、2000米及3000米的数字。当然不能认为这是十分准确的，而且，高原的各部分差异更大，这些都有待今后发展更好的方法，取得更多而可靠的资料才能进一步精确化的。

讨论：

四、关于青藏高原隆起对周边地区的影响

前面我们集中讨论了青藏高原3.6Ma以来的隆升问题，其实新生代印度板块与亚洲板块碰撞以来隆升是多次发生的，而且影响范围不同。始新世的首次碰撞使冈底斯山隆起形成大片熔岩流，具有岛弧性质的冈底斯山南麓形成磨拉石沉积，岛北红层的也很

15×20=300　　第 17 页

新生代晚期青藏高原强烈隆起及其对周边环境的影响

兰州大学资源环境学院

细，含大量石膏，说明了它隆升幅度与范围均很大，并能打破纬向分布的行星风系。当时喜马拉雅山并未隆起，故此前隆升几乎没有大的意义。23Ma以后发生的以主中央断层强烈活动和花岗岩侵入为标志的喜马拉雅运动第二幕十分强烈，喜马拉雅山崛起，遍布青藏高原的老第三纪夷平面解体隆升，初步计算可能达到2000米的隆升幅度，配合中亚副特提斯海（它涌进入塔里木盆地西部）的大规模撤退以及南中国海的大扩张，亚洲超级大陆与大洋的对立激发了亚洲古季风的出现。临夏盆地22—17Ma气候变湿润温暖，森林植被很好，这是亚洲古季风盛行的标志（施雅风等，　）。但是，发生在大洋中的事件和发生在大陆上的事件在推动亚洲古季风形成中究竟何者占主导地位不得而知，须要进一步研究。我们说它是亚洲古季风阶段指的是没有现代意义的冬季风，也可不存在西伯利亚—蒙古高压。库茨巴赫等获

15×20=300　　第18页

这也承认，只有到3.6Ma以后冬季风才兴起并在2.6Ma以后大大强化的（An Zhisheng, J. E. Kutzbach et al., 2001），并把它归结为3.6Ma以后青藏高原最新的一次强烈隆升。这是中外学者的研究终于找到的会合点。所不同的是我们认为亚洲夏季风的出现比8Ma要早得多，至少从22Ma即开始。这是刘东生，施雅风，汪品先等早指出的。关于8Ma亚洲及全球的干旱化与青藏高原隆升的关系是一个很有挑战性的问题。在临夏盆地孢粉分析表明8Ma的干旱化十分明显（马玉贞等，1998），但这是一种全球性的现象，北太平洋粉尘记录也出现8Ma左右有近百万年的粉尘通量时期，粉尘无疑也来自亚洲内陆中纬度的干旱区（Snoeckx H, Rea D K, et al. 1995）。临夏盆地风成石英砂在红层中含量也在8Ma猛增（王建力，19 ）。陕北高原红粘土（即过去[illegible]称的三趾马红土）风成起源的有人认为，而且年龄越来越老，达到8.1Ma（宋友桂等，2000）。但是，

兰州大学资源环境学院

红粘土8Ma开始出现所代表亚洲季风的始现期就甚至青藏高原解强烈隆升吗？既然东亚夏季风22Ma即已开始，8Ma无非只是强化而已。至于8Ma青藏高原是否已强烈隆起的问题早已超越本文所论者的高度争论。固然，临夏盆地确实没有8Ma前后强烈隆起的信息，但这也许是局部现象。因此，当我们90年代末在酒西盆地开展新生代沉积历史地层和环境变化的研究时就注意到。结果发现，玉门砾岩沉积的起始年代为3.66Ma，与下伏的牛胳套组之间有一个大的不整合和沉积间断，地层缺失为5—3.7Ma，意味着发生了巨大的构造运动及随之而来的侵蚀，这就是前述的青藏运动A幕。与临夏盆地不同的是，下伏牛胳套组含大量砾石层，从沉积相来说，6.5Ma之前为浅湖相沉积，此后即全部转为洪积扇砾石沉积，代表山地的明显升高。其实，从8.2Ma开始虽然仍是浅湖，但水下三角洲已成主要沉积类型，山地上升即已开始，了解

15×20=300　　　　第20页

兰州大学资源环境学院

分析说明在11～8.7Ma之间是一个以阔叶林为主的森林时期，8.7Ma之后草本植物成为主要成分，代表干旱化开始（马玉贞，1998）。根据这些资料，说明祁连山西段8Ma已开始有隆升，比临夏盆地要早，但并不是强烈隆升。这一现象在六盘山以东红粘土近山麓也有沉积砾石，表明同样的山地上升（宋友桂，2001）。看来8Ma的隆升是存在的，但绝对不能与3.6Ma的相提并论。值得注意的是Molnar P.等曾把世界3-4Ma之间发生在印度尼西亚多岛海的事件给予极大关注，认为正是新几内亚在5Ma之前开始的向北移动导致印度尼西亚海道的关闭，从而使赤道太平洋的暖水不能流入印度洋，印度洋表面海水温度降低2～3℃，这就导致东非的干旱化，古猿从树林进入草原变成直立猿人。他们甚至认为，暖水被挡北上使北太平洋增温，导致热带大气向高纬的热量

加页a、b。

15×20=300　　第21页

新生代晚期青藏高原强烈隆起及其对周边环境的影响

兰州大学资源环境学院

输送减少，从而诱发北半球进入冰期(Cane M.A. and Molnar P., 2001)。看来，无论在陆地或海洋目前都兴起了关注3.6Ma发生的岩石圈变动（中国板块旋转和位移变更）引发大气和海洋环流大调整的高度热情，必将推动全球变化的研究向更深的层次发展。北大西洋一统天下的观点正在被动摇，青藏地区受到更大的关心，这对科学来说只能是好事。

最后还值得一提的是，1.2～0.6Ma发生的昆黄运动使高原进入冰冻圈，必将通过大气冷热比较使得缔了在0.9Ma左右冰川大面积扩张，10万年周期开始在全球成为主导周期。但这种反馈机制也应进一步研究。

参考文献：

15×20=300　　　　第22页

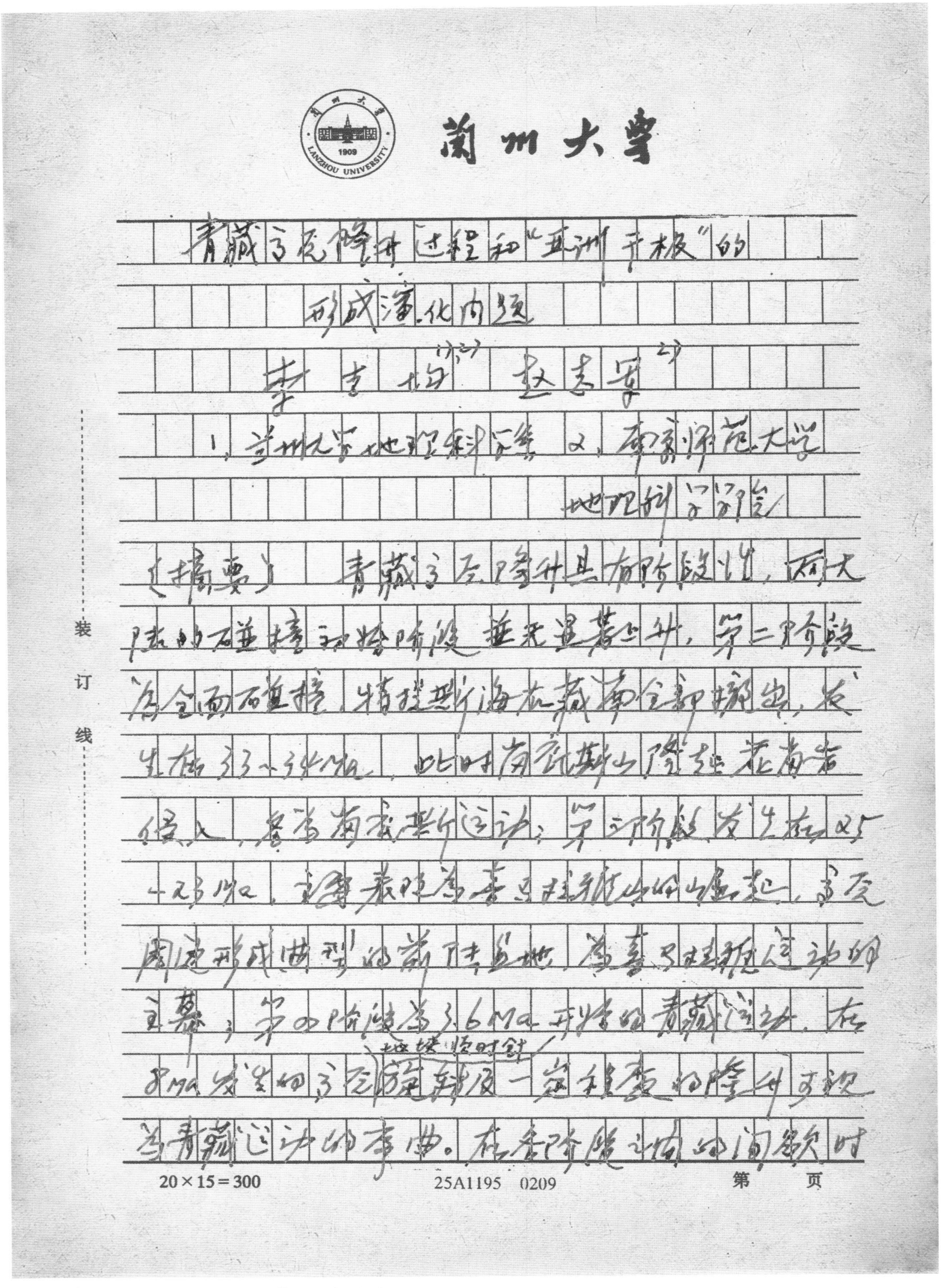

青藏高原隆升过程和"亚洲干极"的形成演化问题

李吉均[1,2] 赵志军[2]

1. 兰州大学地理科学系 2. 南京师范大学地理科学学院

【摘要】青藏高原隆升具有阶段性，印度大陆的碰撞初始阶段并未显著上升，第二阶段为全面碰撞，特提斯海在藏南全部撤出，发生在35~34Ma，此时冈底斯山隆起，花岗岩侵入，属于冈底斯运动；第三阶段发生在25~23Ma，主要表现为喜马拉雅山的崛起，南麓周边形成典型的前陆盆地，为喜马拉雅运动的主幕；第四阶段为3.6Ma开始的青藏运动，在8Ma发生的高原逆时针旋扭及一定程度的隆升可视为青藏运动的序曲。在各阶段隆升之间的间歇时

20×15=300 25A1195 0209 第 页

青藏高原隆升过程和"亚洲干极"的形成演化问题

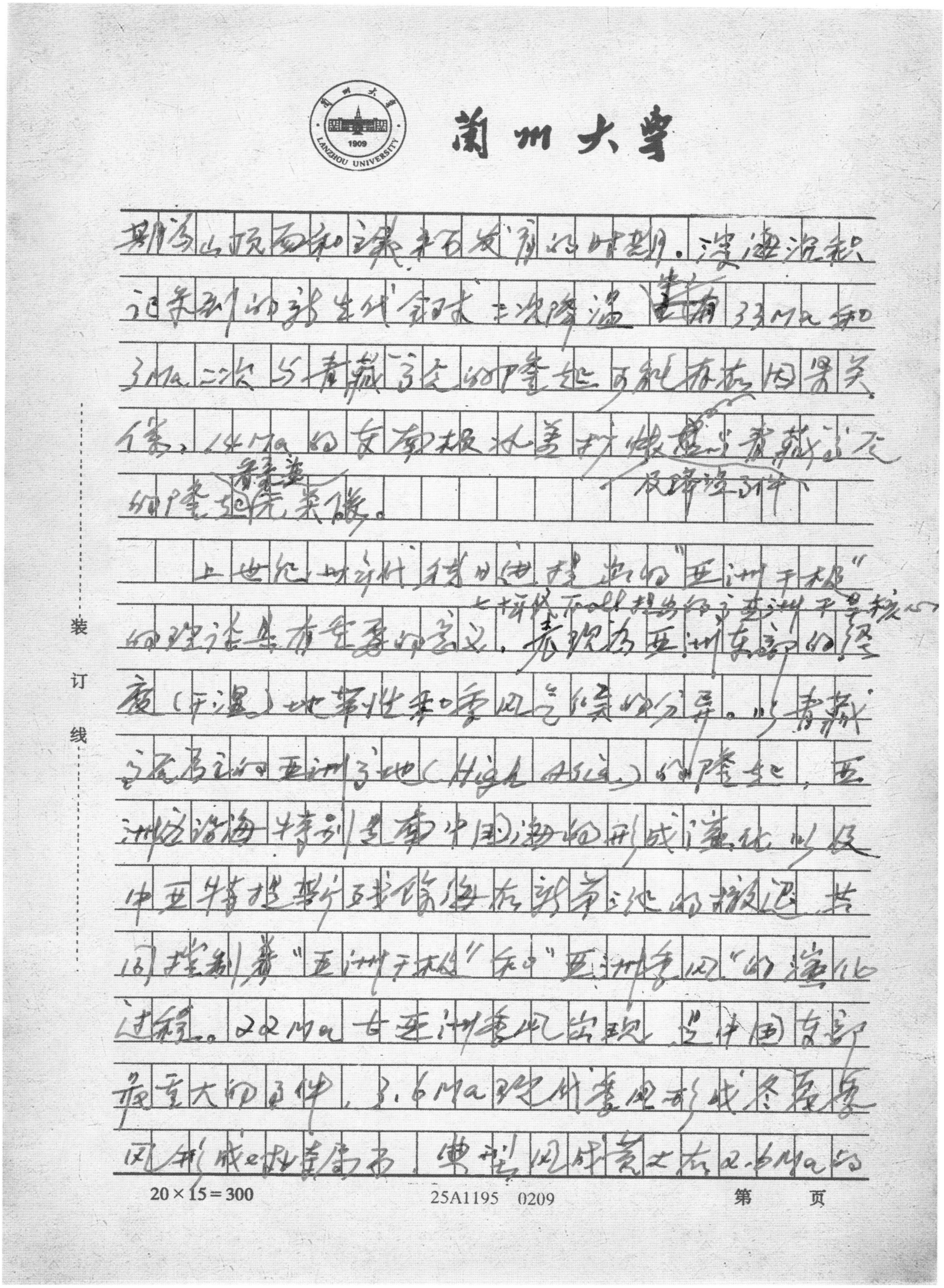

期为山顶面和洪积扇发育的时期。深海沉积记录到的新生代全球三次降温事件有33 Ma和3 Ma二次与青藏高原的隆起可能存在因果关系，14 Ma的东南极冰盖扩张（及降温事件）与青藏高原的隆起有紧密联系。

上世纪七十年代徐仁提出的“亚洲干极”（七十年代Troll提出的“亚洲干旱核心”）的理论具有重要的意义，表现为亚洲东部的湿度（干湿）地带性和季风气候的分异。以青藏高原为主的亚洲高地（High Asia）的隆起，亚洲边缘海特别是南中国海的形成演化以及中亚特提斯残余海在新第三纪的撤退，共同控制着“亚洲干极”和“亚洲季风”的演化过程。22 Ma古亚洲季风出现，是中国东部最重大的事件，3.6 Ma现代季风形成，冬季风形成沙尘暴南下，典型风成黄土在2.6 Ma的

装订线

20×15=300　25A1195　0209　第　页

LANZHOU UNIVERSITY 1909

兰州大学

出现校读青藏高原平均高度达到了4000m左右。此时中国北方亚热带稀树草原终于被干草原取代，为典型黄土的形成提供了决定性条件，而此前形成的风成沉积——红土沉积范围有限，二者形成于稀树草原条件下，与第四纪黄土有本质区别。1.8Ma由于青藏高原与周边形成的巨大地形反差，长江黄河等从高原奔流而下形成洪泛区。1.2—0.6Ma的昆黄运动与全球的气候转型可能存在因果关系，中国西北沙漠扩大，水系重新组合，形成新的终端湖；青藏高原达到3000m以上的高度，山地进入冰冻圈；典型的风成黄土由黄土高原东部扩展到西北内部干旱区，长江流域以及青藏高原内部，标志着季风的继续加强。江淮下游苏北盆地的沉积速率增加一倍应该与昆黄运动有关。

20×15=300 25A1195 0209 第 页

青藏高原隆升过程和“亚洲干极”的形成演化问题

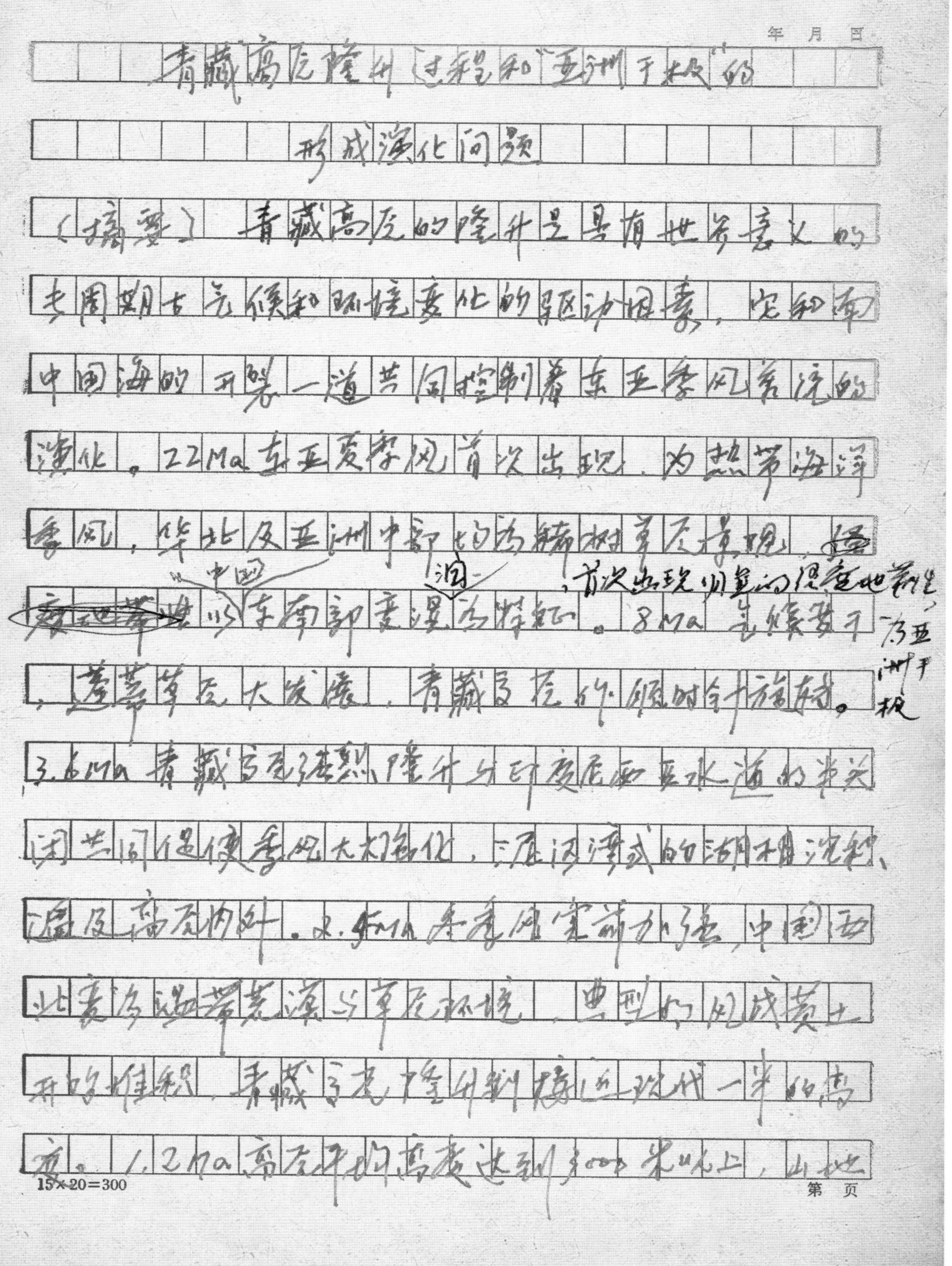
年 月 日

青藏高原隆升过程和"亚洲干极"的

形成演化问题

〔摘要〕青藏高原的隆升是具有世界意义的大周期古气候和环境变化的驱动因素，它和南中国海的开裂一道共同控制着东亚季风系统的演化。22Ma东亚夏季风首次出现，为热带海洋季风，华北及亚洲中部均为稀树草原景观，首次出现明显的[illegible]也就是亚洲干极，中国以东南部变湿为森林。8Ma气候变干，蒿草草原大发展，青藏高原作顺时针旋转。3.6Ma青藏高原强烈隆升与印度尼西亚水道的半关闭共同促使季风大大强化，三趾马红土式的湖相沉积遍及高原内外。2.6Ma冬季风突然加强，中国西北变为温带荒漠与草原环境，典型的风成黄土开始堆积，青藏高原隆升到接近现代一半的高度。1.2Ma高原平均高度达到3000米以上，山地

15×20=300　　　　第　页

年　月　日

冰川与冰缘环境成主导景观。中国的三大自然区和三种地带性终克得遂完成，黄河东出三门峡成入海巨川。

15×20=300　　　　第　页

青藏高原隆升过程和“亚洲干极”的形成演化问题

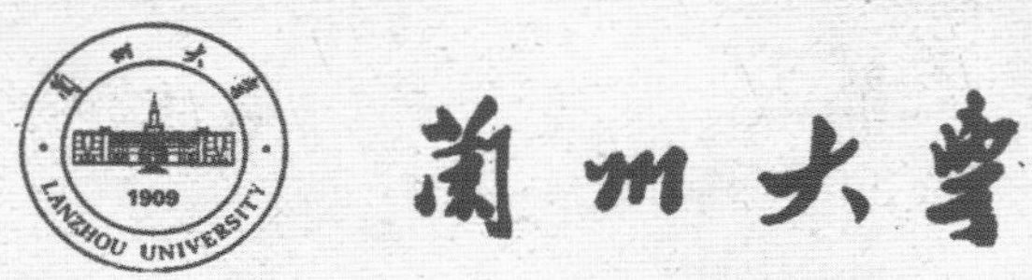

青藏高原隆升过程和"亚洲干极"的形成演化问题

李吉均1,2) 方小敏1) 潘保田1) 赵志军2)

1). 兰州大学地理科学系

2). 南京师范大学地理科学学院

[摘 要]（另写）

根据最新资料本文拟对青藏高原隆升过程及其对亚洲干旱化和季风的形成演化的影响进行一次综合评述。

青藏高原在新生代的形成演化及其隆升是具有世界意义的长周期古气候和环境变化的驱动因素，特别是对亚洲古地理环境变化起着控制作用。但是，即使是亚洲和东亚的古全球变化也并非唯一受青藏高原的影响和控制。另外，青藏高原隆升具有阶段性，隆升的间歇时期是地面发生侵蚀和夷平的时期，故青藏高原的高度是变化的，并非直线式上升。

印度板块与亚欧大陆在青藏地区碰撞发生

20×15=300　　25A1195　0209　　第1页

蘭州大學

碰撞时代根据海洋研究有提早趋势，但初始阶段仅为局部碰撞，高原地区未发生显著隆升，高原内部及北部边沿地区形成的山间盆地有早有迟（55Ma，42Ma），南方湿润而北方干旱，为热带低地景观，行星风系居主导地位。第二阶段为全面碰撞阶段，特提斯海从藏南全部撤出，发生在34—33Ma，此时冈底斯山隆起，大型花岗岩侵入，盆地中的老第三系地层发生强烈褶曲，南北向水平缩短量极大，形成新的断陷盆地或前陆盆地（如临夏盆地）。这次运动以往一定程度上被忽略了，由于普遍造成上下地层的不整合，并因以冈底斯山的隆起为标志，故名之为冈底斯运动（Li, et al., 1995）。第三阶段发生在25—13Ma，雄伟的喜马拉雅山前缘崛起，淡色花岗岩沿主中央断裂侵位，喜马拉

20×15=300　　25A1195　0209　　第 2 页

装订线

青藏高原隆升过程和“亚洲干极”的形成演化问题

雅山南坡、青藏高原周边普遍出现前陆盆地，甚至天山南北也不能例外。这是广义的喜马拉雅运动的主幕；第四阶段为3.6Ma开始的青藏运动，是新生代以来青藏高原最大规模的隆起，有A、B、C三幕（3.6Ma、2.6Ma、1.8Ma）。近来的研究表明，约在8Ma时，祁连山地体和临夏盆地块发生顺时针方向的旋转运动。Burbank等在八十年代末，曾根据地震波特点及因受喜马拉雅构造强烈活动的影响，8Ma以来旋转35°，整个高原的顺时针方向旋转运动产生向北东方向的水平挤压，因而在祁连山地所在的青藏高原北部构造结附近山地依次上升。同样理由，六盘山以西的吕梁山隆起，表示面被后期破坏，为陕北及其以北黄土的造成提供了堆积的地形条件。因此，发生在8Ma左右的以水平运动为主的地壳运动才是广义的青藏运动的序幕。鉴于这种划分的合理性，我们过去划分的昆黄运动分出和运动阶段也应纳入广义的青藏运动之中，仅因地质条件一般

20×15=300　25A　0209　第3页

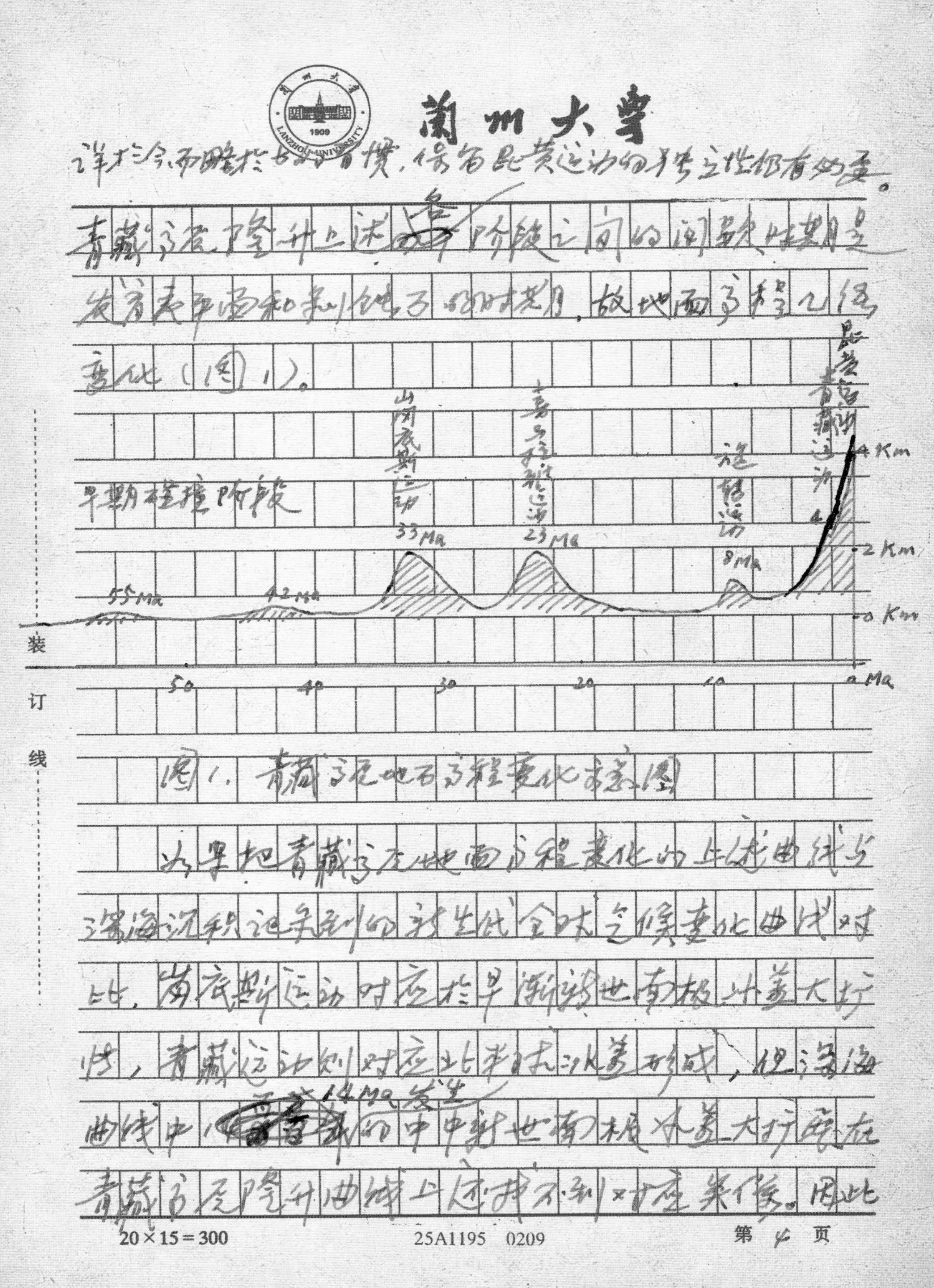

兰州大学

详于冷而略于暖的习惯，使得昆黄运动的独立性很有必要。

青藏高原隆升上述[各]阶段之间的间歇性期是发育夷平面和红色风化壳的时期，故地面高程几经变化（图1）。

图1. 青藏高原地面高程变化示意图

如果把青藏高原地面高程变化的上述曲线与深海沉积记录到的新生代全球气候变化曲线对比，冈底斯运动对应于早渐新世南极冰盖大扩张，青藏运动则对应北半球冰盖形成，但深海曲线中（约14Ma发生）的中中新世南极冰盖大扩张在青藏高原隆升曲线上还找不到对应关系。因此

20×15=300　　25A1195　0209　　第 4 页

青藏高原隆升过程和“亚洲干极”的形成演化问题

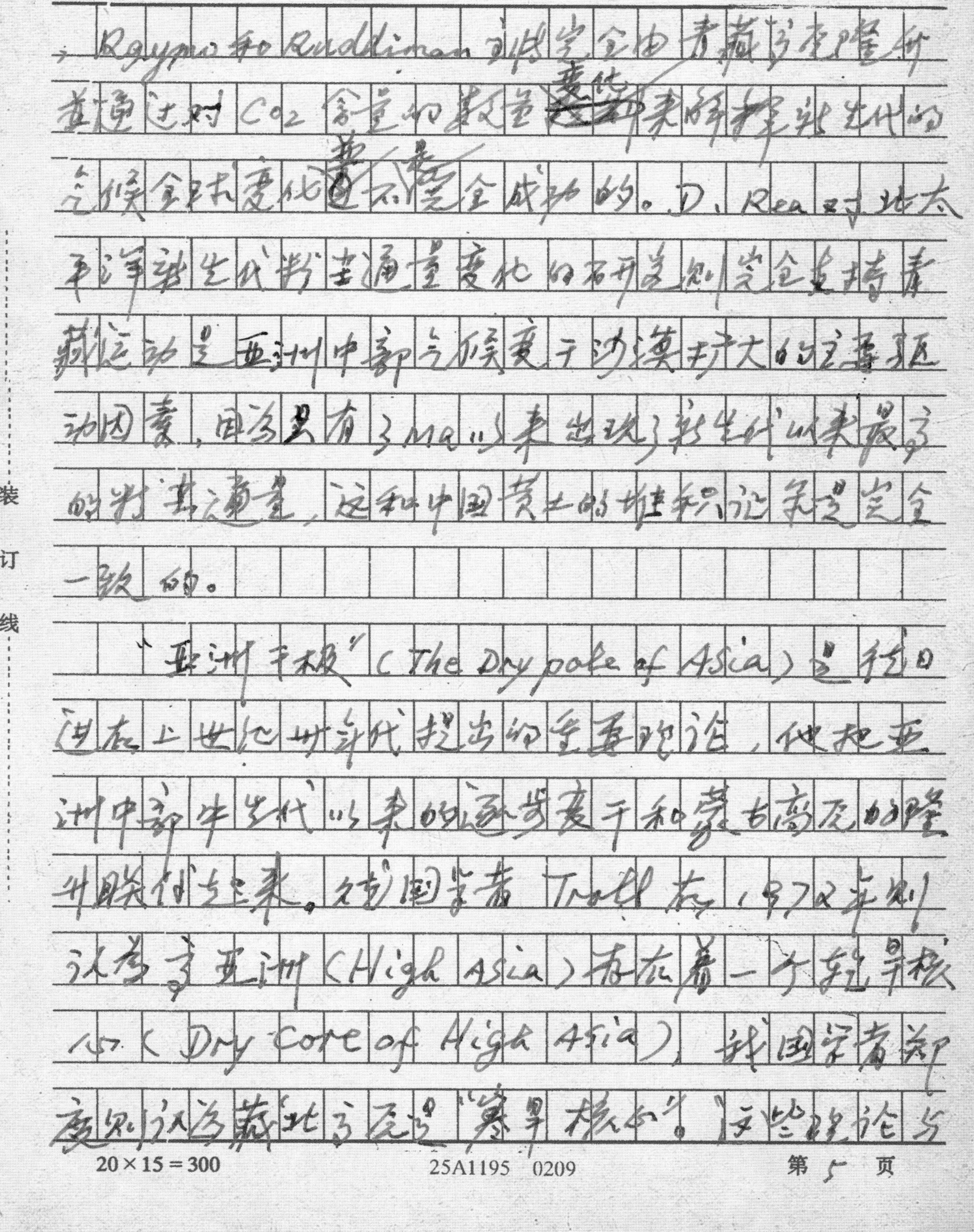

兰州大学

，Raymo和Ruddiman的完全由青藏高原隆升并通过对CO_2含量的数量变化来解释新生代的气候全球变化是不完全成功的。D. Rea对北太平洋新生代粉尘通量变化的研究则完全支持青藏运动是亚洲中部气候变干沙漠扩大的主导驱动因素，因为只有3Ma以来出现了新生代以来最高的粉尘通量，这和中国黄土的堆积记录是完全一致的。

“亚洲干极”(The Dry pole of Asia)是德日进在上世纪卅年代提出的重要理论，他把亚洲中部新生代以来的逐步变干和蒙古高原的隆升联系起来。德国学者Troll在1972年则认为高亚洲(High Asia)存在着一个干旱核心(Dry core of High Asia)，我国学者郑度则认为藏北高原是“寒旱核心”。这些理论与

装订线

20×15=300　　25A1195　0209　　第5页

LANZHOU UNIVERSITY 1909

兰州大学

观点说明了国内外地学界一致认为青藏高原的隆起是亚洲中部变干的重要原因。与亚洲中部变干相对应，亚洲的外缘临海地区，特别是东亚和南亚则变为季风盛行的湿润地区，而且因为高温季节与高湿度季节同步，成为生物生产量最高，也是地球上最富於生物多样性和生态系统最稳定的地区。因而物华天宝，人文荟萃，支撑着世界人口的一半以上，孕育出两个世界文明古国。亚洲中部变干和亚洲季风系统的形成是同一问题的两个侧面，都受到青藏高原为主体的亚洲中部高地的隆起的影响。在这种情况下，高原隆升的阶段性及各时期高原所达到的高度对亚洲中部变干及季风（包括冬夏季风）兴衰均有重大影响。但是，近年的研究说明，除了青藏高原隆升外，海陆分布及环流的变迁

装订线

20×15=300　　25A1195　0209　　第 6 页

青藏高原隆升过程和“亚洲干极”的形成演化问题

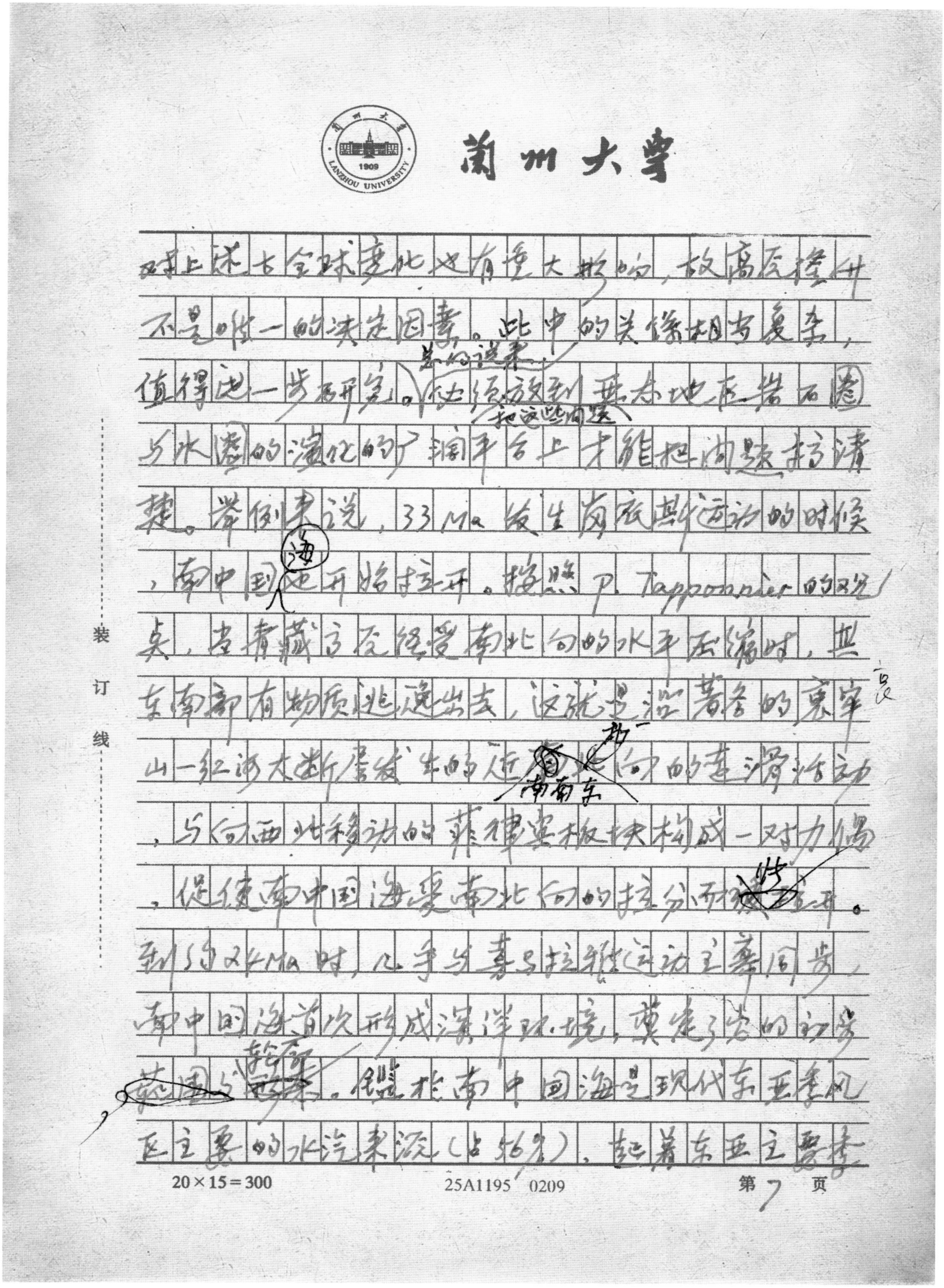

对于上述古全球变化也有重大影响，故高原隆升不是唯一的决定因素。此中的关系相当复杂，值得进一步研究。影响因素必须放到亚太地区岩石圈与水圈的演化的广阔平台上才能把这些问题搞清楚。举例来说，33 Ma发生冈底斯运动的时候，南中国海已开始拉开。按照P. Tapponnier的观点，当青藏高原经受南北向的水平压缩时，其东南部有物质逃逸出去，这就是沿着著名的哀牢山—红河大断裂线上的向南南东的走滑运动，与向西北移动的菲律宾板块构成一对力偶，促使南中国海发生南北向的拉分而扩张。到约24 Ma时，几乎与喜马拉雅运动主幕同步，南中国海首次形成深海环境，奠定了它的分布范围与轮廓。鉴于南中国海是现代东亚季风区主要的水汽来源（占56%），起着东亚主要季

装订线

20×15=300 25A1195 0209 第7页

兰州大学

风通道的作用，故中新世初中国东部变湿应主要与南中国海打开成形有关。临夏盆地近30Ma的孢粉记录表明22Ma是个转折点，此前为干旱气候，为草原植被，此后为森林植被，气候变湿润。由于中国东部的变湿，老第三纪横贯欧亚的行星风系控制下的干旱带被打断，东亚气候格局出现明显的经度地带性。亚洲中部是否变干尚须研究，但老第三纪中亚分布甚广的副特提斯大陆浅表海的消失（里海黑海为其残余）显然是一个负面因素，北太平洋洋底粉尘通量在25 Ma虽然很低，但也增加了一倍，可能与此有关。可以认为，亚洲经度地带性在新第三纪初被确定（亚洲季风出现），标志着亚洲"干旱"形成的初始阶段。近年秦安发现的年龄达22Ma的风成红粘土值得重视，但其分布范围有限，陇中盆地当时气候变湿，流水活动和湖泊相沉积十分普遍，秦安的风成红粘土可能正好分布在分水岭高地上，为热带草

20×15=300　　25A1195　0209　　第 8 页

青藏高原隆升过程和"亚洲干极"的形成演化问题

在……下的沉积

草环境。临夏盆地的孢粉化石说明8.5Ma是气候变化的又一转折点，森林植被消失，草原大扩展，在南亚的巴基斯坦和尼泊尔，这种变化发生在7.4~7Ma左右，比高原北部晚了一百万年。近年陇西盆地的孢粉分析又说明这一变化发生在8.7Ma。三趾马动物群由森林型变为草原型，这在南亚、青藏高原内部、中国西北和华北均有很清楚的记录。（8Ma的气候变化在很大程度上与高原隆升有关，值得进一步研究，还要关注它的古环境和生态意义。大家知道，）三趾马动物群中有大量的羚羊和长颈鹿，分布在整个欧亚大陆，种间差别不大，说明广大地区地面景观的一致性，牠们奔驰在热带草原或稀树草原上，~~干旱平原~~低地环境，地表面为红色风化壳，充分说明是夷平面广泛发育的时期，即主夷平面形成时期。即使有山地突兀其间，亦多为低余山地，即残山（Monadnock）或岛山（Inselberg/Bornhardt）。在石灰岩分布地区，

20×15=300　　25A1195　0209　　第9页

兰州大学

则主要发育覆盖型岩溶（和双层表面），有较深的红色风化壳。桂、滇等近年在湖桂滇黔以及高原内部都找到这种典型各种作用的发育和保存阶段的代表。这些事实说明，当时的青藏高原的地表海拔高程确实是不高的，我们早年的估计不高于1000米应该是站得住脚的。当时并没有大江大河、湖盆广布，水系多尤相连接，正是平面低地环境的写照。

3.4Ma开始的青藏运动使青藏高原经历了新生代以来最强烈的隆升。盆地及周边地层经受断层、褶曲等强烈变形，山麓形成广泛的山麓剥蚀面（pediment）和标志山地上升的磨砾岩沉积，沉积厚度从数百米到2000米（玉门砾岩、大西砾岩和西域砾岩等）。其实不仅中国西部，中国东部也有广泛的砾石沉积，杨怀

20×15=300 25A1195 0209 第10页

青藏高原隆升过程和“亚洲干极”的形成演化问题

仁先生把它叫做中国的"砾石时期"，是新构造时期造山运动的产物。北太平洋深海风成沉积通量一下子增加了5—10倍。热带辐合带在太平洋由22°N南移到现代位置的12°N。西伯利亚—蒙古高压形成并移到现在位置，结合北半球冰盖的发生，东亚北半球的气候带南移，中国北方形成真正意义上的温带草原，热带草原和稀树草原不仅南移，而且被季风气候取代，形成热带季雨林和亚热带常绿阔叶林。亚洲中部开始以温带荒漠代替此前的亚热带荒漠，沉积物从红色变为灰色。这是"亚洲干极"发展中划时代的巨变，其意义怎样强调都不算过份。3.6Ma亚洲的环境巨变不仅与青藏高原的隆起、隆升有关（冬季风是其直接结果），而且与印度板块

20×15=300　25A1195　0209　第 11 页

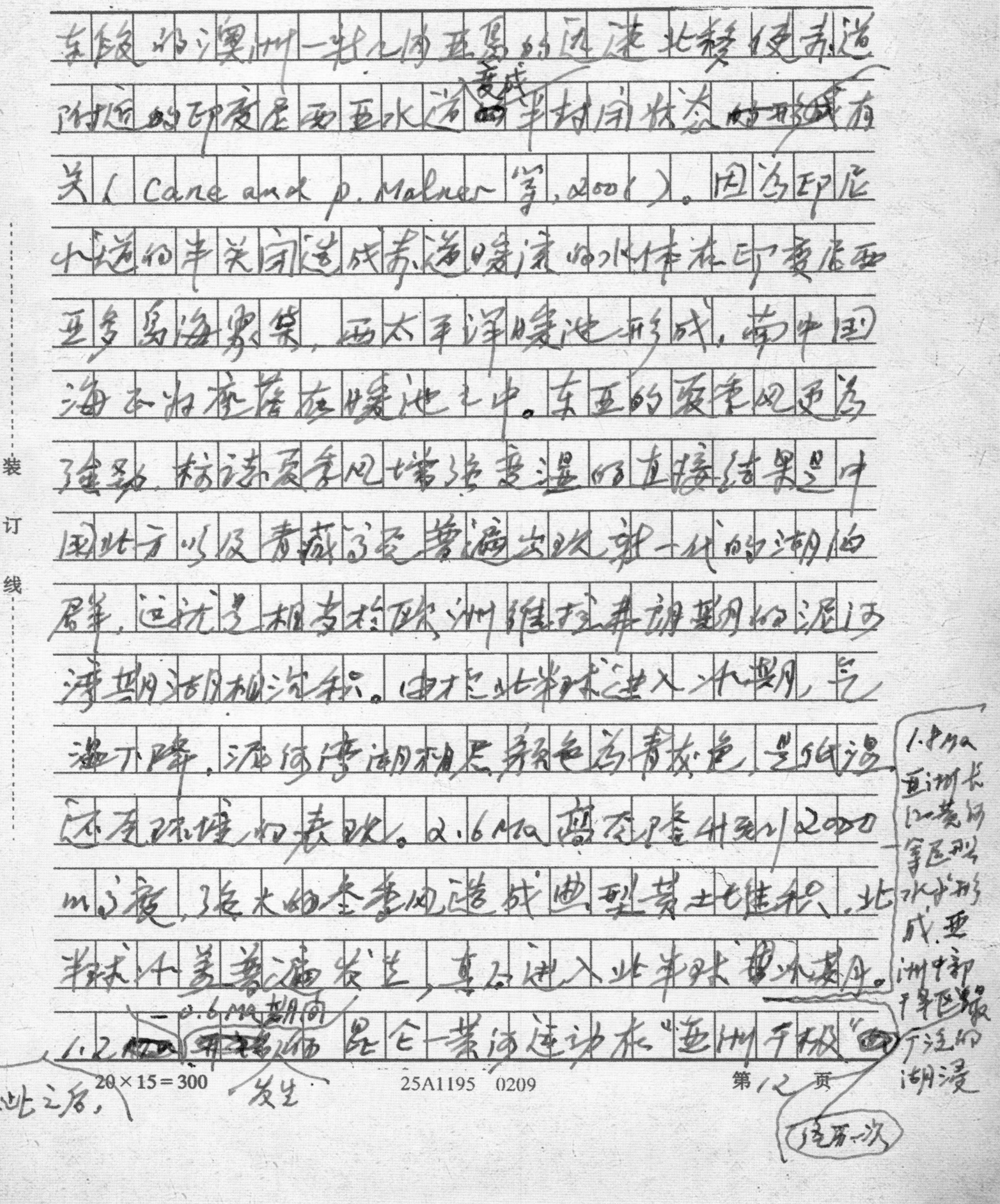
兰州大学

东段的澳洲—新几内亚岛的迅速北移使赤道
附近的印度尼西亚水道变成半封闭状态有
关（Cane and P. Molnar 等，2001）。因为印尼
水道的半关闭造成赤道暖流的水体在印度尼西
亚多岛海聚集，西太平洋暖池形成，南中国
海亦将座落在暖池之中。东亚的夏季风更为
强劲，标志夏季风增强变湿的直接结果是中
国北方以及青藏高原普遍出现新一代的湖泊
群，这就是相当于欧洲维拉弗朗期的泥河
湾期湖相沉积。由于北半球进入冰期，气
温下降，泥河湾湖相层颜色为青灰色，是低温
还原环境的表现。2.6 Ma 高原隆升到2000
m高度，强大的冬季风造成典型黄土堆积，北
半球冰盖普遍发生，真正进入北半球大冰期。
1.8 Ma 亚洲长江—黄河等巨型水系形成，亚洲中部干旱区发育广泛的湖漫
在此之后，1.2 Ma—0.6 Ma 期间发生昆仑—黄河运动和“亚洲干极”经历一次

20×15=300　25A1195　0209　第12页

青藏高原隆升过程和“亚洲干极”的形成演化问题

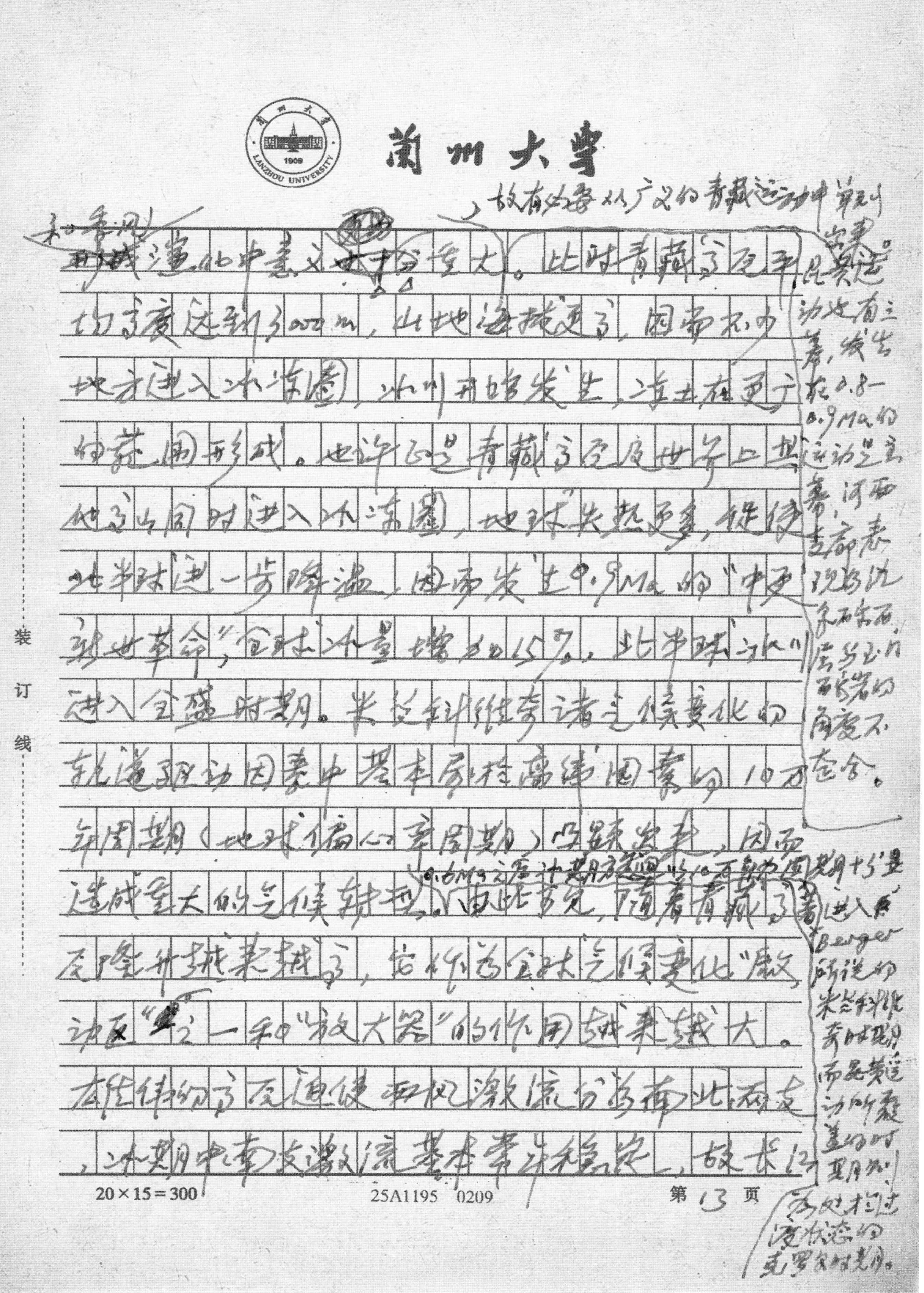
兰州大学

效应也十分巨大。此时青藏高原平均高度达到3000m，山地海拔更高，因而大部分地方进入冰冻圈，冰川开始发生，冻土在更广的范围形成。也许正是青藏高原及世界上其他高山同时进入冰冻圈，地球失热更多，促使北半球进一步降温，因而发生0.9Ma的“中更新世革命”，全球冰量增加15%，北半球冰川进入全盛时期。米兰科维奇诸气候变化的轨道驱动因素中基本属于高纬因素的10万年周期（地球偏心率周期）明显突出，因而造成巨大的气候转型。由此可见，随着青藏高原隆升越来越高，它作为全球气候变化“启动区”之一和“放大器”的作用越来越大。本区使得西风急流分为南北两支，冰期中南支急流基本常年稳定，故长江

20×15=300 25A1195 0209 第13页

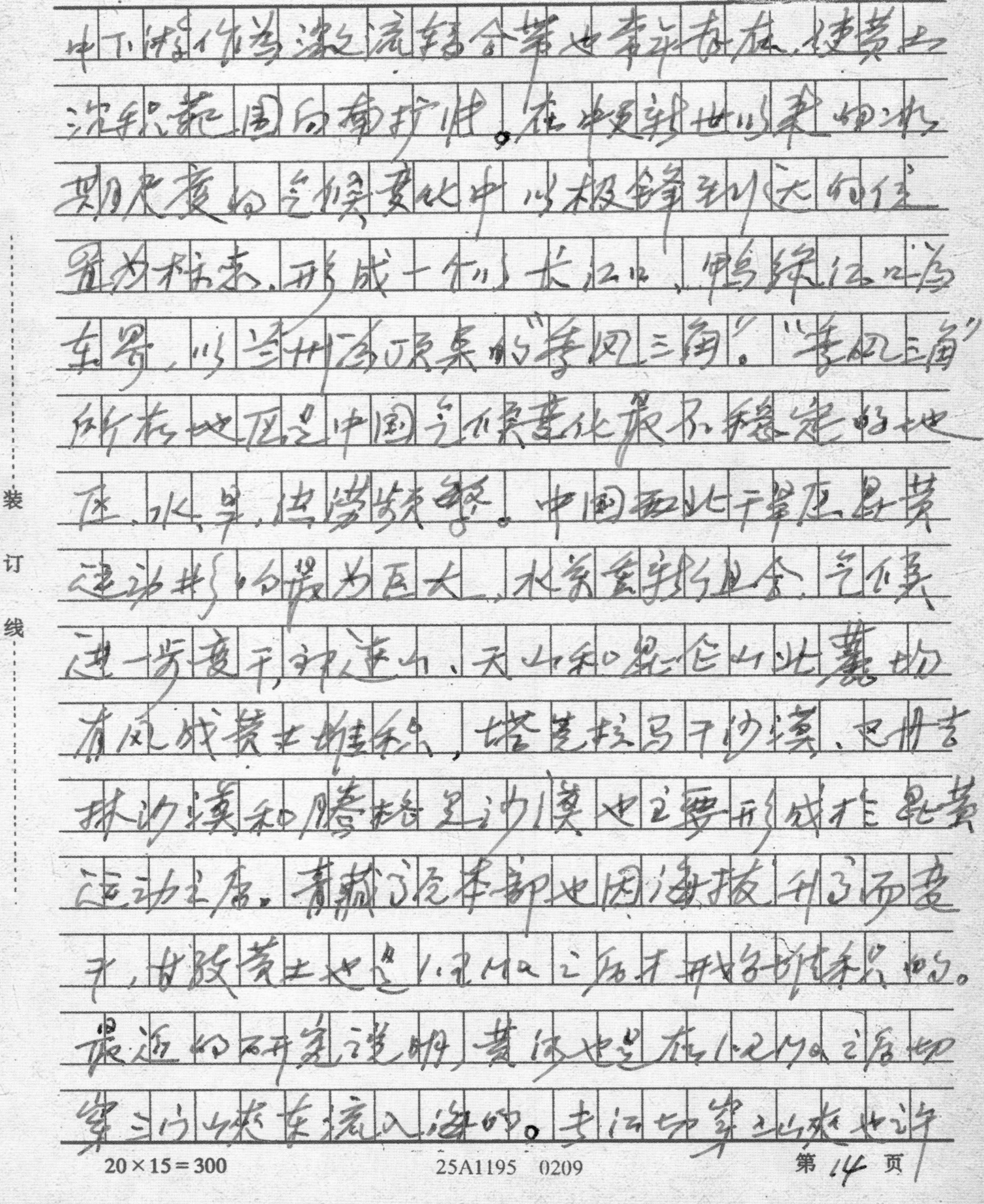
兰州大学

中下游作为激流结合带也幸存存在，使黄土沉积范围向东扩张。在中更新世以来的冰期尺度的气候变化中以极锋到达的位置为标志，形成一个以长江口、鸭绿江口为东界，以兰州为顶点的"季风三角"。"季风三角"所在地区是中国气候变化最不稳定的地区，水、旱、虫灾频繁。中国西北干旱区是昆黄运动影响最为巨大，水资源影响最全。气候进一步变干，祁连山、天山和昆仑山北麓均有风成黄土堆积，塔克拉玛干沙漠、巴丹吉林沙漠和腾格里沙漠也主要形成于昆黄运动之后。青藏高原本部也因海拔升高而变干，甘孜黄土也是1.2Ma之后才开始堆积的。最近的研究说明，黄河也是在1.2Ma之后切穿三门峡东流入海的。长江切穿三峡也许

20×15=300　　25A1195　0209　　第14页

青藏高原隆升过程和"亚洲干极"的形成演化问题

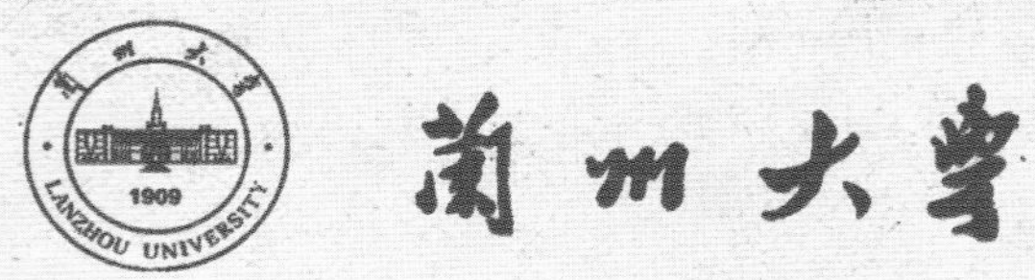

要早一些，但迄今我们找到的最老级阶地也只是1.2Ma，这也是四川盆地地面主要的形成时期。我们刚在江汉下沉平原的荆北盆地打了350米的科学钻孔，发现1.2Ma前后在中国东部典型季风区环境也发生巨大变化，沉积速度加快一倍，磁化率与沉积物粒度变化呈正相关，基本上反映冰期旋回的影响，而在1.2Ma之前二者呈反相关，显示在此前时期环境和古水文状况有巨大变化，其他变化尚有待揭示。

综上所述，青藏高原的隆升过程和"亚洲干极"与亚洲季风的形成演化有密切的关系，特别是越到后期高原隆升越高其所起的作用越大。总之，在亚洲乃至全球变化中高原隆升仅仅是很重要的因素，但并不是唯一的因素。今后的研究应进一步探讨各圈层

装订线

20×15=300　　25A1195　0209　　第15页

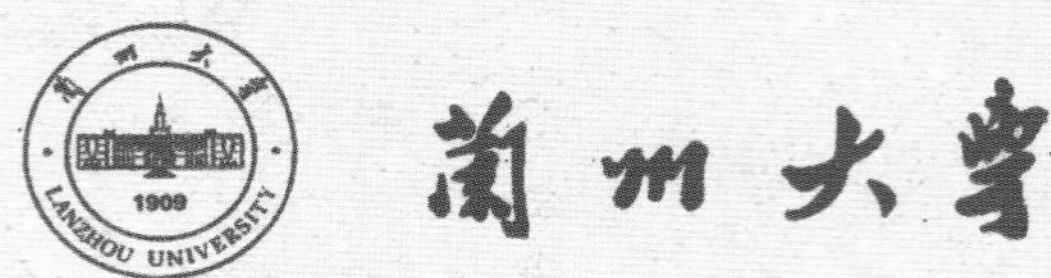

兰州大学
LANZHOU UNIVERSITY 1909

相互作用，指示每种因素所起的作用，从综合的角度和全球的角度来把握亚洲变化的过程、演化历史、形成机制，避免片面性和简单化，使我们的研究达到一个新的水平。

参考文献（略）

装订线

20×15＝300　　25A1195　0209　　第16页

青藏高原隆升过程和“亚洲干极”的形成演化问题

天水秦安间晚新生代沉积成因研究*

李吉均

（兰州大学西部环境教育部重点实验室）

天水秦安之间晚新生代沉积十分发育，前人一般以甘肃系名之，为一套陆相碎屑岩系，其下以不整合面与不同时代的基岩接触。在礼县以西有年龄为22 Ma的（喻学惠等）玄武岩位于其下，而后者覆盖在下第三系红色砂砾岩之上，清晰表明本区新老第三纪之间发生过强烈的构造活动，以致有地壳深部基性岩浆沿断裂喷溢而出。这是陇中盆地喜马拉雅运动主幕表现最明显的地方。经过这次运动老第三纪红色盆地被破坏和改造，新第三纪沉积盆地形成，接纳来自剥蚀山地的碎屑沉积。本区最典型的就是著名的麦积山之北

* 这是一项集体研究成果，历时三年，参加人甚多，未能一一列出，特此说明。

DRAGON 20×15=300 第 1 页

的甘泉盆地。发源于麦积山的颍川河向北西方向注入渭河，切穿该盆地，揭露出厚度达1000米以上的上第三系地层，为一套向北倾10~15°的河湖相沉积，不整合覆盖在变形强烈的下第三系红色砂砾岩之上。甘泉盆地向西北延伸在天水市之南的吕二沟一带作连续分布，表明是受NNW构造线控制的发育在秦岭北麓的山前凹陷。由于这套碎屑岩上部为淡灰绿色的湖相粘土，与下部的杂色或红色粘土明显有别，在1/20万的天水幅地质图上曾把二者分别标示为N_a和N_b。秦安幅地质图未能将N_a和N_b区分开来，但我们却在秦安城东的古城镇杨家大湾沟内发现了与天水一带完全相同的N_b，因其底部有近20米的石膏，极易识别。N_a与N_b为平行不整合或角度不整合接触，表明二者之间有构造运动和侵蚀

DRAGON 20 x 15 = 300 第 2 页

天水秦安间晚新生代沉积成因研究

间断。应当指出，除天水山前凹陷之外，这套湖河相的上第三系还出现在秦岭山间盆地中，分布十分广泛。这说明喜马拉雅运动在本区并不十分强烈，秦岭北坡的山前凹陷和秦岭内部的山间盆地所处的环境差别不大，都是低能沉积环境，山内山外湖泊彼此互通，剥蚀地区地形起伏十分缓和（是黄土面发育的时期）。离开山前凹陷向北，晚新生代沉积迅速变薄，由1000米渐减为200—300米。这种沉积厚度的空间分布，完全符合一般前陆盆地的沉积规律。须知，位于陇中盆地西南的临夏盆地也具此特征，山麓地带厚达1600米以上（王家山剖面）的新生代沉积北向展布到东乡一带迅速减薄为400米左右（毛沟剖面）。秦安一带临近华家岭隆起的东部，远离盆地，沉积厚度变薄是符合规律的。问题是不仅厚度减薄，沉积物变细，而且沉积相发生明显

DRAGON 20 x 15 = 300 第 3 页

水平分异。秦岭山前以砾石为主的沉积变为平原河流相沉积，往北则变为湖相沉积，又往北则进一步变为层理不太清晰的湖泊泥炭沉积。这种沉积相的水平分异在地层剖面上则表现为不同沉积相的交替叠置，代表气候和沉积环境的周期变化。根据我们的野外观察及实地测量，大体上可以把天水秦安间的晚新生代沉积划分为由下而上的四个岩性段：1）河流相砾石层及红粘土层（下红粘土），偶夹灰绿湖相层；2）白色层（白马层），由灰白色粘土层与红色粘土层互层构成，呈韵律式；3）上红粘土层；4）顶部淡灰绿色湖相层，其底部有近20米石膏层。特别要指出的是，红粘土层是由深红色条带与浅黄色条带交替组成的，颇似黄土高原第四纪黄土中的古土壤与黄土层的交替现象。以上四个岩性段说明新第三纪天水秦安间有两次大的内陆湖扩张时期，而两次湖泊

DRAGON 20 x 15 = 300 第 4 页

天水秦安间晚新生代沉积成因研究

扩张期之前为湖泊相对稳定时期，顶部湖相层之下出现的近26米的石膏层可能指示中新世晚期的极端干旱事件（方小敏，1998），在临夏盆地也有明显记录。

我们在天水南藉河上游分水岭所在的喇嘛山和渭河北岸的尧店村（北道埠火车站北6km）分别实测了两个剖面。喇嘛山剖面未到底，尧店剖面则缺失上部湖相层。尧店剖面在相当于下红粘土层岩性段的河流相砂层（半成岩）中採得灞河三趾马、鼬鬣狗、新罗斯祖鹿，与古地磁测年、裂变径迹测年相近（5.5～13Ma），并由此可知出露的三个岩性段相当晚中新世和上新世沉积。

郭正堂等（2002，Nature）对秦安县西北二十多公里的郭嘉镇所属的唐刘家前湾村的厚度为253米的晚新生代沉积作了深入的研究，通过与陇东红粘土及第四纪黄土的对比分析，认为该剖面年代跨度为21.5Ma～6.2Ma，全系风成堆积，并称在约9Ma有近百万年的地层缺失，代表一侵

DRAGON 20 x 15 = 300 第 页

结时期。本文作者对此颇为怀疑，但在未能充分掌握证据之前，在去年发表的文章中曾作了折衷处理，认为该区大多数晚新生代沉积仍属湖河相沉积，但分水岭高地上为风成堆积（李吉均等，2003，第四纪研究）。该文发表后，我们又考察了天水秦安以及张家川、庄浪、西和、礼县等地包括能达到的分水岭高地凡有晚新生代沉积分布的地方，几乎无例外地发现流水沉积的特征。在秦安县还惊人地发现大型哺乳类化石产出点分布极为普遍，埋藏量之丰富也十分罕见，初步发现有铲齿象、犀、三趾马等。即使在郭嘉镇，我们也找到大量产化石的地点。以红粘土堆积速率之低（每万年十几厘米）无法解释这样大型的哺乳类竟能被风尘埋藏。郭家镇唐刘家前湾村剖面中有多条红色粘土条带与灰黄色条带相交替，颇类黄土一古土

DRAGON 20 x 15 = 300 第 6 页

天水秦安间晚新生代沉积成因研究

壤序列相似。当然，此中确有不少是真正的古土壤，为气下环境成土作用的产物，但并不能由此证明古土壤之间浅色地层即风成黄土夹层。化学分析表明其组成与典型黄土十分不同，首先 $CaCO_3$ 含量较高，经常达30—40%（或更高），镜下观察为典型碎屑泥灰岩结构，常见淡水藻类遗体，甚至偶见来自附近基岩的细小碎石。在一些所谓黄土层中含有大量深红色的古土壤碎屑，显示洪期暴雨流动的冲积结构，符合湖滩泥坪沉积的一般特征。显然，由土壤碎屑组成的自碎屑层（Autoclastic lens）在地层中的频繁出现，正是否定风成说的有力证据。从稀土元素的成分分布来说也无说服力，因为天水秦安无论何种沉积其稀土分布曲线均十分一致，乃区域地壳元素的共同特征。合理的解释是郭嘉镇一带远离秦岭而近华家岭山地处于堆积缓慢的湖滩环境，故缺乏典型的湖相沉积，它应属于浅湖亚相分布地区（冯增昭等，"中

DRAGON 20 x 15 = 300 第 7 页

国沉积学"，1994）。水下与气下环境交替作用，故发育古土壤不为奇。从这一意义来说，泥灰岩代表湖泊扩张的湿润期，古土壤发育则代表湖泊收缩和气候变干的时期，仍然有指示气候和古环境变化的意义。

结论是，22Ma青藏高原隆升运动主幕之后，天水秦安间晚新生代山前凹陷盆地缓慢沉降，山麓为扇形地砾石层沉积，向北变为河床相、湖相及扩张湖泥坪沉积。铲齿象、犀牛及三趾马等指示典型的亚热带稀树草原环境（Savanna）之气候干湿交替。湿润期湖泊扩张，在广阔的湖泊地区沉积泥坪砂质泥灰岩，干旱期则在炎热气候下发育古土壤。因而本区在典型的湖泊相沉积外围广泛分布着此种泥灰岩—古土壤相互交替的扩张湖泥坪相沉积，外貌上与第四纪的黄土—古土壤为特征的序列相似，成因上则截然不同。

（2004年12月2日）

DRAGON 20 x 15 = 300 第 8 页

李吉均文集

Manuscripts of Academician Jijun Li's Papers

〔下〕

李吉均 著

蘭州大學出版社

图书在版编目（CIP）数据

李吉均文集 : 上、下 / 李吉均著 ; 张军整理. -- 兰州 : 兰州大学出版社, 2024.4
ISBN 978-7-311-06606-2

Ⅰ. ①李… Ⅱ. ①李… ②张… Ⅲ. ①冰川学—文集 ②地质学—文集 Ⅳ. ①P-53

中国国家版本馆CIP数据核字(2024)第022554号

责任编辑 雷鸿昌 张国梁 王曦莹
装帧设计 马吉庆

书　　名 李吉均文集(上、下)
作　　者 李吉均 著
　　　　 张 军 整理
出版发行 兰州大学出版社 (地址:兰州市天水南路222号 730000)
电　　话 0931-8912613(总编办公室) 0931-8617156(营销中心)
网　　址 http://press.lzu.edu.cn
电子信箱 press@lzu.edu.cn
印　　刷 陕西龙山海天艺术印务有限公司
开　　本 787 mm×1092 mm 1/8
总 印 张 101.5(插页4)
总 字 数 636千
版　　次 2024年4月第1版
印　　次 2024年4月第1次印刷
书　　号 ISBN 978-7-311-06606-2
定　　价 800.00元(上、下)

目录

Contents

下册

中篇　冰川和地貌〔369-676〕

中 篇
冰川和地貌

地貌内外营力
太行山东麓
第四纪冰川
冰碛物
古冰川遗迹
冰川擦痕
第四纪冰期
山谷冰川
现代冰川
冰川地貌
喀喇昆仑山
洪扎河谷
庐山
热带和亚热带地貌
湿热风化
冰缘过程
黄土沉积
河流阶地
砾石层
季风亚洲

内外营力应否有所侧重？
（兼及"以今论古"问题）

李吉均
1961.12.22日.
兰州大学.

内外营力应否有所侧重(兼及"以今论古"问题)

1961年12月在上海由中国地理学会召开的地貌学术讨论会是地貌学界中一件大事，因为会议所讨论的问题包括了该门学科的最重要的各方面。实际上，这是总结解放十余年，尤其是大跃进以来地貌学工作经验和探索今后发展方向的一次会议，这从光明日报发表的简短通讯中也可看出这一点。参加会议的人数虽然不多，但都集中了全国地貌学界中最有经验和专长的人，因此，会议的权威性是无可否认的。会议不仅就学术问题交换了意见，提出今后的任务方向，而且成立了“地貌专业委员会”，这对今后的工作无疑将带来巨大的推动作用。因此，这次会议的召开及其所获致的成果，的确是值得地貌学界感到欢欣鼓舞的。

59.3.12000张(兰印厂811)

1

从光明日报的报导中我们获悉"会议还着重讨论在地貌研究工作中，内营力和外营力，历史过程和现代过程是否应该有所侧重的问题。到会大多数同志认为过分强调其中的任何一方面都是不恰当的，不利于地貌学的全面发展。很显然，地貌是内外营力相互作用长期发展的产物，因此，历史过程和现代过程应该作为地貌统一体。"本文作者係后进初学，对这样重大的理论问题难於有正确的理解，不过考虑再三，觉得有些问题是值得再商榷的，因此把一些想法提出来向国内同行尤其是老前辈们请教，希望不吝指正，幸甚。下面就是作者的意见。

为了使问题的阐述更加清楚，从历史事实开始谈起是有好处的。

内外营力应否有所侧重(兼及"以今论古"问题)

James Hutton (1726-1797)

地球学的基本理论可以说是孕育在地质学中的。从西方的学者一般把詹姆斯·赫顿看作是科学地质学的奠基者，俄罗斯和苏联的科学家们自豪的宣称M.B.罗蒙诺索夫为俄罗斯地质学的伟大先驱。这两位伟大的科学家在许多论点上是共同的，他们都认识到地球内部的岩浆活动（或用他们比较形象的说法叫做“地下火”）是决定地球面貌的主要力量，同时他们也都知道今日的地表形态是外力作用长期雕塑刻的结果。不是别人，正是詹姆斯·赫顿首先提出“现在是过去的钥匙”（The present is the key to the past）；同样地，从M.B.

59.3.12000张(兰印厂811)

2

罗索诸学大的著作中，我们也可清楚看出，他已经深知地球表面是内外营力矛盾斗争的场所，今日的地形乃是长期发展的产物。~~毫无疑问~~，从上述看来，我们完全有理由把这二位伟大的学者当作是现代地貌学基本理论的~~奠基~~先驱~~者~~。

十八世纪中叶到十九世纪中叶被公正地叫做地质学史上的英雄时代，以魏纳为首的"水成学派"曾显赫一时，他们在对划分沉积岩作出巨大的贡献之后竟走到了一个反面，完全否认了内力的作用（甚至还把火山作用解释为地下大煤层的燃烧），他们的大洪水的说法也受到反动僧侣的欢迎。以伟大的地理学家洪堡德和地质学家布赫为首的"火成学派"继之而起，他们恢复了有关内力作用为主的光辉思想，

内外营力应否有所侧重（兼及"以今论古"问题）

用无数实际资料驳斥了水成论的谬误。但是，在他们的后期又发展到另一个偏向。以居维叶为首的"灾变学派"就是火成论发展中的极端。正如恩格斯所正确指出的，"他（指居维叶——作者）以一系列的重复的创造行动代替了上帝的单一的创造行动，使神迹成为自然的根本杠杆"。这一理论并认为现代是地质史上绝对宁静的时期，毫无疑问，这对目前地形的起源及其发展的认识带来何等严重有害的结果。

经历了上述时期，积累了大批研究成果，进行了多次的理论探索，取得了很多成功和失败的经验之后，查理士·莱伊尔把以往工作的积极成果都继承了下来，最终基本上完全奠定了现代地质学的

59.3.12000张（兰印厂811）

3

基礎。其中最主要的就是现实论的原则和进化论的原则。他的《地质学原理》一书成了划时代的著作，初版以来快100年了，但仍不失为一部经典著作。恩格斯极高地评价了他的功绩，他写道"莱伊尔才第一次把理性带进地质学中来，因为他以地球缓慢的变化的渐进作用代替了由于造物主的一时兴发所引起的突然革命"。尽管他的均变论"带有重大的形而上学的色彩"并受到恩格斯的合理批评，但这绝不能抹煞他在地质学发展史上所作的光辉的篇章。

上述回顾似乎全然属于传统地质学的，但不难看出，这也正是地貌学的理论思维的发展过程（对流水作用的认识及火山、地震等内动力的作用的认识等）。这而正反映了地貌学和地质学具有本质的联系，现代地貌学

内外营力应否有所侧重（兼及"以今论古"问题）

就是在上述地质学的理论基础上演变起来的。人们不应该忘记，正是地质学家波维尔、莱伊尔和达尔文作了台维斯的直接前驱，而台维斯本人的"地理循环"理论，难道不正好是进化论在地形发育中的运用吗？甚至他那封闭的图式也很容易令人想起居维叶的灾变论的毛病。

台维斯第一次把发生学的原则作为方法论介绍进地貌学，使过去对地形的静态描述变成了活生生的演进的图画。山川河流在人们眼前不再是沉默不语的哑谜了，在地貌研究家的眼睛中，他找出了其中的顺序。尽管他的地理循环过于抽象和图式化，但在破除陈旧的现象罗列和建立科学的地貌研究（研究）方法上，其功绩是不朽的。这一方法被他叫做"对地形的解释性的描写"，

59.3.12000张（兰印厂811）

4

今天仍然是地貌学的基本方法之一。他提出了地形是構造、营力、时间的函数，这是第一次使地形研究走到了科学思维的途径。但是，在对内外营力的理解上，他有严重的形而上学的毛病。在他的各种著作中，地壳始终完全是被动的，而营力是活跃的，他对外力给了更大的注意。在这种思想的支配下，他把上升理解为发生在侵蚀之前，而把一次上升看作是一次循环的开始，其目标是走向准平原；第二次上升亦将完全重复前一次循环的路径。天才的戴维斯为什么会在理解内力作用的问题上犯如此重大的错误，并因而在以后长期受到人们的那么推崇呢，这只有从科学发展历史本身中才能得到解释。作为现代大地构造学的基本理论的地槽学说，虽在戴维斯科学活动初期已经有人提出，但只存在于法国

内外营力应否有所侧重（兼及“以今论古”问题）

诺奥格（Haug）概括了十九世纪后半期积累的大量大地构造资料，指出在地壳发展史中，地槽和地台两种基本的构造单元发生着定向的变化（地槽→地台），从而写下了反映大地构造发育的真实历史。这样，人们对地球的内部过程（主要是地壳的构造发育过程）才基本上达到了科学的理解。人们应该知道，奥格的"地质学原理"是写于1914年的，而戴维斯的"地形循环"（The Geographical Cycle）一文则发表于1899年，从历史的眼光来看，人们是不应该苛于责备戴维斯对构造知识的缺乏的。同时，在戴维斯的理论风行一时之后，人们转而热情地欢迎新起的W.彭克的学说，这也决不是偶然的。因为，正是彭克为大地构造学家所认识、所接受，克服了戴维斯对内力作用的估计不足。在

59.3.12000张(兰印厂811)

5

他的"地形分析"一书中，把山坡发育理解为构造运动和外力剥蚀同时作用的结果，并把三种不同的坡形归之于内外营力三种不同结合方式的产物。在他的总概念中，地形发育的方向可以是多样的，既可以向上，也可以向下发展。这样，地貌发育就从以往对内外营力[illegible]化的圈子中解放了出来。W.彭克的对内外营力相互关系的理解是更为符合辩证法的一般原理的。

其实上，在戴维斯科学活动的后期，在他的文章中也似乎为他的旋回化而感到十分遗憾了，在批评W.彭克的山前梯地学说时就表明了这种倾向，而且更重要的是他对地壳运动也有了更深刻的理解。他对W.彭克的连续上升中可形成多级山前梯地的批评就是十分公正的。他也指出，剥蚀循环可以从地形发育的任何时间阶段开始，这就无异于承认了地形发发展的多方面性。同时、马尔科夫认为~~戴维斯~~"他（按指戴维斯）的学说形成于19世纪末20世纪初，以后几乎没有变动过"这种评论大体是公允的。

由上述可见，在地貌学理论的发展过程中，如何估计内外营力~~的作用~~的地位和其相互关系，始终是居中心的问题。而且，直到现在为止，各派地貌学家还存在着这样或那样的争论，对这一问题作着更加深入的探讨。这一问题之所以重要，~~还~~最重要的还在于它决定了研究者的方法论。

戴维斯以后的地貌学家经历了一个理论探索的衰落时期，只是在二次大战之后，理论方面才重新活跃起来。这一方面应归功于相邻科学的刺激，另一方面也是由于地貌学者的足迹踏入了前所未知或所知甚少的

59.3.12000张（兰印厂811）

*Б.А.李契科夫甚至认为它为近年一门新的构造地形学而努力。(геоморфотектоника) Н.И.尼古拉也夫的"苏联最新大地构造运动学"就是建立在广泛的地貌研究的基础之上的。 6

地压的结果。相邻学科的刺激主要是地球物理和大地构造学关于地球结构、地壳变化的理论，推动地貌学者开始关心整个地球地貌的形成问题，因而有了关于[illegible]地貌学新领域的呼声。И.П.格拉西莫夫和К.К.马尔科夫对此作了明确的表述，美、苏地形学家[illegible]思想亦指向[illegible]态度。另外大地构造学中新构造学的进展，使很多地貌学者开始用新构造的眼光来看待今日地球的基本形态的起源，在构造学术语中出现了"形态构造"之类的术语，地貌学和构造学的关系是愈来愈接近了。*新区的考察主要是指非洲、南美、澳洲的研究，这方面以法国地貌学者及多年来在南非工作的L.C.金氏的成绩最为突出。他们的理论[illegible]突出地反映在两个方面，一是认为山足剥蚀作用在形成大规模剥蚀面中起着主导的作用，

内外营力应否有所侧重(兼及"以今论古"问题)

对戴维斯的准平原理论提出尖锐的批评，此中以全氏为最极端。至於此种山边侵蚀平原则本氏则把它和乾燥和半乾燥气候条件联系起来，而今日所见的大部分山边平原皆被误会为过去地质时期中乾燥、半乾燥气候的产物。第二是广泛地用气候变迁及气候带的差异来解释各种不同的地貌形态（主要是坡形）的起源。过去美国人一般拒绝气候对地形的影响，或把它叫做灾变；欧洲人则因批评此种缺点而把气候对地形的影响奉为根本原则。德人L.汉培尔方提出地貌发育的公式："L"=f t.d.p.（即地貌是内力、外力、岩性的函数），批评了戴维斯只注意了内力和地形形态而忽略了不同的外力及岩性的影响。戴维斯也固执於这三因式而忽略了相互关系的多样性。汉培尔本人或则以内力和岩性不变的假定为基础，着重探

59.3.12000張(兰印厂811)

学了在不同气候条件下地形形态发育的特征，气候的现象仍然是他的首要观点。实际上过去一般认为山足剥蚀面是干燥半干燥气候产物的观点，近来也发生异议。风.F.派克指出，自从美西发现山足剥蚀面以来，在世界其他各地亦相继找到，但在干燥的非洲却很多地方很少或缺乏山足剥蚀面的证据，故山足剥蚀面是否可以作为干燥区的主导地文形当可怀疑。他认为在现有干燥气候条件下企图道出干燥区地貌的发育图式是不会成功的。必须对现在干燥区过去的历史气候变迁进行深入研究才有可能解释目前真实地形形态的起源。凡此均可说明西方地貌学者们都在重视集中注于气候地貌的研究，并且近来还提高了反对地貌学地质化的呼声。法国地貌学者即因在研究工作中要广泛注意自然地理各因素对地形发育

内外营力应否有所侧重（兼及"以今论古"问题）

的影响而获致人们的好评。英国学者 J. A 斯蒂尔斯甚至主张继续保留"地文学"（physiography）一语作"地貌学"（geomorphology）的同义语。他认为，这样更能把地形和其他自然地理内容联系起来。他说："地文学（按即地貌学）已经并且还将继续既从地质也从地理的观点来进行研究。对于前者（地质）它可以被当作是叙述的结尾，对于后者，从某种意义上说来则是事情的开始。这种双重的研究方法的存在是最好不过的了。"苏联学者一般观点与此相同，这从他们大多把地貌学看作是地质—地理的边缘科学这一点上可以看得出来。但是，不同的趋向仍是存在的，某种程度上来说还是很重的。И. С. 苏金在"普通地貌学"的新版中（1960年）即直截了当地把地貌学当作是地理学的一个分支（直译即女儿科学），从其全书的内容安排上看来，可以恰当其分地把它的书叫做"地理

59.3.12000张(兰印厂811)

8

地貌学"或"气候地貌学"与他根据单纯的外营力划分"循环"不同，他是按地理—气候带来划分地貌类型的（实即过去他所谓的"形态综合体"）。他共划分了十个这种地带，即：1）海洋与半海洋区 2）冰川气候区 3）喀斯特地区 4）极地和副极地地区 5）荒漠或干燥气候区 6）山地地区 7）平原和盆区 8）火山活动区 9）海洋岸带 10）海洋底部。人们在看到上述分区后就不难理解，尽管他亦明反对把地貌学划分为"构造地貌学"和"气候地貌学"，而实际上他仍然走的是"气候地貌学"的道路。对于他认为地貌学是地理科学及在实际工作中忽视内力在地貌形成中的重大作用的缺点，A.Г.宗马革及C.C.柯尔儒也夫曾给了正确的批评。与此相反，B.Г.邦达楚克、K.И.格拉斯克、C.C.柯尔儒也夫、Ю.A.密歇里亚科夫等

内外营力应否有所侧重（兼及"以今论古"问题）

~~余认为~~则坚持主要从构造运动与新构造运动的观点来解释现代地貌形态的起伏和演变。地质学家B.E.哈因和H.И.尼古拉也夫等人支持地貌形成中以内力为主的观点。在这种观点的指导下，写出了不少理论性和区域性的地貌著作。在上述互相对立的观点之外，K.K.马尔科夫和C.B.卡列斯尼克等人则主张内外营力在地貌发展中具有同等重要的地位，主张不要厚此薄彼。

但是，值得耐人寻味的是，上述持不同意见的人，几乎也全都同意地表形态是内外营力长期相互作用的结果。即使以“气候地貌学”见称的法国学者们，也坚决承认地貌并没有忽视构造作用的因素。如A.肖勒说“构造乃是地貌学的基础”“应该把巨大的形态综合体和基本的构造单元结合起来考虑”而J.特莱塞尔和И.П.格拉西莫夫（他批评法国学者对构

59.3.12000张(兰印厂811)

9

造因素而论不够）并论中则参差，大单元用构造观点，小单元用外力解释，而第四纪虽然构造运动极快，但气候变化更快，以至可用"冰川时期"一语来代替"第四纪"，因此，气候问题是不可忽视的。由此看来，问题不在于承认不承认内外营力的同时作用，或换句话说，地形形态是不是由内外营力共同和交互作用的产物。问题不在这里，对于这一点人们已经不再存在怀疑，它已经成为地貌学的共同结论。本文作者的意见认为，单只承认矛盾的双方的存在或共同作用还远远不能说就已经认识了事物矛盾的本质，不具体分析矛盾，不探索矛盾的主导方面，认识仍只能停留在形式上。对于这一点，毛主席在《矛盾论》中对我们的指示是值得很好记取的。作者认为，在探讨内外营力相互关系及何者居主导地位时，不要忘记两点，这就是空间的

内外营力应否有所侧重（兼及"以今论古"问题）

尺度和时间的尺度。从空间的尺度来说，整个地球表面地形的基本起伏，无疑是由内力作用支配着的，上升和剥蚀，下沉和堆积（由外力引起的）是内外营力两种基本的组合形式，纯粹偶生的上升和垂直负荷下沉是少有的，而一般（基本上）是地体带的引起地壳的隆升和下沉，从而决定剥蚀和堆积的发生及其强度表现的。乃是由于地球表层物质物理—化学分异的结果。与分异作用相关的是放射性元素的再分布，它通过热力分布的不平衡性，助长了地壳的差异运动。这一分异的第一个结果就是由玄武岩层中析出花岗岩层，这种双层结构是大陆的基本地球物理结构特性，而它又是通过地槽向陆台的转化来实现的（外力在此亦加入其：毅）。与此相应，就是地槽中崛起的高山依次转变为平原，增加大陆的面积。原先海洋通过被地槽侵蚀，通过高山阶段而成为变为大

59.3.12000张（兰印厂811）

10

陆平原，从这一意义来说，大陆在向海洋扩张。但我们也看到了另一过程，除了原生海洋（以太平洋中部为代表）以外，还存在着次生海洋，它的物质构造与大陆並无二致，人们完全有根据把它看作是沉没的大陆。除此以外，在大陆上自新第三纪以来发生的新构造运动，在已经准化为平原的古陆台地区，又重新隆起了高大的山系。人们十分正确地把我们所处的最近地质时期叫做高山和深海的时期。这一时期的地壳运动，是由一种与过去不同的物质分异所引起的。B.B.别洛乌索夫认为这是深层物质分异的结果。随着技术的进步，现在已经知道，不仅大西洋就是这些过去一直被认为一望无际的平坦的太平洋底，也同样高度地形是非常複杂的，深深的海沟，高达数千米的海底山脉比比皆是。它们是十足

（了运动着改造地形的过程）

的反生构造地形，是由内力生成的。由上述看来，内力过程是决定地球面貌的基本力量，外力过程从根本上来说是在构造内力过程的基础上发展起来的。当然，它也在地壳上留下上打下深刻的烙印，形成巨厚的沉积岩，记录下演化的历史。但是，矛盾的主导方面终究是内力而不是外力。K.K.马尔科夫和，C.B.卡列斯尼克在论外力与内力具有同等地位的著作中，都引证了A.彭克、G.A.李契科夫等关于大陆剥蚀速度的推算数据。应该说，这完全是一种形而上学的论证方法，谁也不会怀疑外力可以削平高山，夷平大陆，但难道不正好是上升的山地提供了剥蚀速度的可能性吗？上升总归是要引起剥蚀的，下沉终将是要被堆积补偿的。在我们的区前的编存在有尚未遭到重大切割的

59.3.12000张(兰印厂811)

11.

山区和高原，和未被补偿填充的凹陷地。前者如藏北高原，帕米尔高原东部，里海之东的乌斯特-乌尔特高地，后者如天山东段群山中的吐鲁番窪地（位于海面以下154m）沉积极薄）。这主要由于近期的急速升降和气候的极度干燥，侵蚀微弱，因而堆积亦微弱之所致。但这种现象是暂时的。而这一现象本身说明什么呢？当然，它可以说明外力过程是在内力作用过程的基础上发展起来的，而由于气候的不同蚀积速度容许不同。与前述未剥蚀的凹地和未被充填的凹陷地相反，喜马拉雅山及其前缘的印度-恒河平原凹陷带则具另一性质，那种由于气候温润，蚀积强盛，山地迅速切割，凹地迅速充填（而且剥去层达6000米）。但是，也仅仅是如此而已，喜马拉雅山仍在上升，印度-恒河平原仍在强盛堆积。

内外营力应否有所侧重（兼及“以今论古”问题）

即继续下沉，而这一切均决定于喜马拉雅山地槽后期迥返山根的上升和前陆凹陷的沉降。内力过程於此显然仍居主导地位。

从地质史的眼光来看，内力也是决定地表形态的基本力量。可以说地质史或地貌发展与其说是像数学中的微分，不如说是更酷似积分。它记录下来的主要是历史过程中最深刻持久的变动。微弱的波动本身就是在更大的波动上发生的，它不曾改变整个过程演化的方向，同时也易于被后期或它种强势所抵消，抹杀，因而只能在区域发展史中留下相对微弱的痕迹。内力引起的构造变动就是上述的最深刻持久的变动，气候变化外力变动则是第二级的变动。作一个形象的比喻，构造过程正像大规模长周期的波动曲线，而气候变化则是与大波动曲线平行的小波动曲线，它频

59.3.12000张(兰印厂811)

12.

解，但却远为微弱。当然，地质史中大的气候周期也极长，如自白垩纪末延续到第三纪末的气候变热，及第四纪以后的气候变冷等，这在沉积岩相上亦打下深深的烙印。但是，与构造变动比较起来，它并不主宰地貌演化的基本方向。欧洲学者如德国的J. F. 盖勒特等，过去趋向于把世界性的平夷面为第三纪的剥蚀面，归结于当时较热气候的影响，基本上来说这是不正确的，首先这应归之于当时构造运动的稳定或微弱。按前面已经提到过的A. 彭克的计算，按照侵蚀速度，1300 万年即可将全球夷为与海面等高的平原。这一计算曾引起若干怀疑，但按第三纪长达6000万年来说，在构造稳定的条件下，形成大面积的剥蚀面是绰绰有余的。当然，可能在较热的条件下有利于剥蚀面的发育，但却仅在其

内外营力应否有所侧重（兼及"以今论古"问题）

地气候条件下（湿润或温热，冰缘等）至多亦不过是推迟或更加加速剥蚀面的形成而已。因而，唯有构造过程才能在地貌发育中打下最深刻的烙印。作者认为在区域地形的研究中必须把构造过程、地貌发育和沉积过程作为三条基本的经纬线，才能把区域地史和古地理如实地重新描画出来。除了上述三条基本的经纬线外，气候变化就是第二等的作用，愈到小区及晚近地貌发育史的研究中愈形巨大，而在实际工作中并不排除它可以作为研究的主导原则。因此，作者在本篇文章中虽然用大力捍卫内力为主的思想，但仍毫不想对外力因素作人为的贬低。对于以内外"气候地貌学"的发展真正感到由衷的高兴。因为，正是这种方法足以认识多种外力过程的实质强度，判明区域地貌近期发展史中的

59.3.12000张（兰印厂811）

细节，明瞭各种形态的真正起源。因而，地貌学的这一方面的理论和实践意义是不可低估的。

对于地貌学之所以分为"构造地貌学"和"气候地貌学"很多人表示反对，甚至西德的学者，以及И.С.苏金亦表示反对（尽管据我们知道他们是最热心的"气候地貌学"的代表），其所持理由是内外营力是同时作用于地表而不可分割的。这次上海会议亦谈到"过分强调其中的任何一方面（指即内力和外力）都是不适当的，不利于地貌学的全面发展"。作者认为，此种反对和顾虑也是多余的，因为，当对象不同而引起研究者使用不同方法，着重以某个方面去更好地说明客观事物时，这不仅是允许的，而且是值得鼓励的，学术上的不同流派，往往也是这样形成的，这种学派也是健康的。为什么德国学者们却来反对划分"构造地貌学"和"气候地貌学"而实则直带着"气候地貌学"的大旗呢，问题正在于他们所研究的地区、地中海沿岸及北非撒哈拉等地均是新构造运动微弱之区，幅度最多不过数百米，而第四纪中冰期间冰期交替，气候变化、多雨期和干旱期往复变化频繁，地貌演化更多地记录了气候变化所引起的剥蚀和堆积交替变化的痕迹。这样，客观形势就迫使他们不得不以气候作为研究工作中的主导原则。这是完全正确的选择，是无可非议的。而且，一般来说，在任何地区，工作愈细愈深入就必须更多地借重气候的观点。这正是国外"气候地貌学"繁荣昌盛的根本原因。但是，在我国西部地区或中亚类似地区，地貌工作者在研究工作中如果不特别重视构造地貌与新构造分析，可以肯定地讲，必将一事无成。人们不应该忘记，

59.3.12000张(兰印厂811)

14

新构造学的基本思想，正是B.A.奥布鲁契夫在本区的多年工作最后形成的。这绝非偶然，因为这里是新构造最活跃的地区。尤其因为气候较干燥侵蚀破坏力量极微，反映构造地形保留极为明显。"构造地貌学"的方法在此得到发展和充实。我们应该有意识地注意到这一点。一般来说，中国新构造运动都是较强的，新构造分析的观点应该受到特别重视。实际上，过去北方多次地文期的划分，已经反映了这一事实。但是，在中国"气候地貌"的方法亦是极重要的。这不独在东部是如此，在西部亦应给相当地位。多雨期和干燥期在第四纪中的交替，在目前干燥区地形中定将留下痕迹（蒙古的古"湖谷"地形即一例，我国内蒙亦当有类似地形）。

总之，在承认内外营力同时作用时，同时

内外营力应否有所侧重(兼及"以今论古"问题)

承认内力始终完全居主导地位是与事实并不矛盾的；承认内力的主导作用并不意味着贬低外力作用的实际地位。我想这样说：我们在一定地区把它当作工作中的主要原则："构造地貌学"和"气候地貌学"是允许存在的，我们则与它们以更多的方法论的意义。当然，它们也是符合一定地区的实际情况的。我们承认这些原则，绝不会给我们带来理论的混乱，或方法论的否认，或像上海会议通讯所说的那样"不利于地貌学的全面发展"。恰恰相反，这只有使我们头脑更清晰，而在实际工作中更能根据实际情况，应付自如，并有助于不同风格学派的形成，促进百花齐放，百家争鸣的方针的贯彻。这难道不正是地貌学全面发展所需要的条件吗？

最后，作者还准备在地貌发育的历史问

59.3.12000张（兰印厂811）

15

程和现代过程谁是否应该有所侧重的问题上谈几句话。我不能同意上海会议通讯上所谈到的大多数人的意见，我认为应该首先着重现代地貌过程的研究。自J.荷顿、尤其是从C.莱伊尔以来，"以今论古"或"现代是过去的钥匙"的根本原则，恐没有人能再加以怀疑了。W.D.桑恩布里十分正确地把这条原则列为地貌学的第一条基本概念，我对此表示完全赞同。但前人们也都指出，地质历史中各种营力作用是容许与今日大为不同的。最显明的事实就是第四纪冰川比现在大得多，而正如K.K.马尔科夫和R.C.豪斯所指出的，今日地表外力作用的强度一般说来是大于过去地质时期的平均速度的，因为今日陆地具有远比过去为高的平均海拔高度，这就不能不加强剥蚀过程。H.И.尼古拉耶夫认为古代是陆地

内外营力应否有所侧重(兼及"以今论古"问题)

多而少低，现代是山高而陡些，凡此种种，均提醒我们要注意古今的差异。如前所述，科学共产主义的大师恩格斯也早就对"均变论"的极端性提出了批评，但也正是他热情地赞扬C.莱伊尔"破天荒第一次把理性带进地质学中来"。这一原则虽然已经成为老生常谈，但它仍然没有而也永远不会丧失其指导意义。迄至今日，我们对各种营力过程还远远没有深刻的了解，很多理论仍然是靠玄想来补事实之不足，而许多争论也正是由于对现实过程没有充实的了解而引起的。例如，关于冰川的刨蚀作用和保护作用，关于冰斗形成中冰后裂隙理论（bergschrund hypothesis）和融水作用理论（meltwater hypothesis）的争论，很多都是由于根据局部片面的事实甚至玄想而引起的，此中也可说明对"以今

59.3.12000张(兰印厂811)

16.

论古"原则的怀疑问题。而犯这一毛病的还是著名的地貌学家格拉西莫夫、马尔科夫。其他如对俄罗斯平原河流河漫滩二元结构，过去一直认为上层为下层砂石代表冰期产物，但现在我们已经知道，这完全是正常河流的基本沉积特性，而这只是通过对现代河流作用过程的深入研究才获得的。因此，为要了解过去，必先深入了解现代，~~这是必须牢记的~~我国地貌学十分年青，这种基础工作做得不多，是我们很大的缺陷，加强现代外动力过程的研究必须着重强调才行。比如，就现在所知，中国第四纪冰川东西两部是截然不同的，东部属海洋性冰川，西部属大陆性冰川，前者是暖型冰川，后者是冷型冰川，前者来自丰沛的降水，后者靠极低的气温。冰川性质的不同，冰川的活动能量、地质作用强度，以及冰期次数都将很不一样。我

内外营力应否有所侧重（兼及"以今论古"问题）

的。如果不对这种特殊性进行深入研究，盲目搬用外人的经验是很容易出偏差的。为此，就必须对现代的河川作用进行了解。强调研究现代地貌过程不仅为"以今论古"打下坚实的基础，而且结合生产的迫切需要，侵蚀过程之于水土保持，风砂活动之于农业交通，滑坡泥石流之于道路工程……凡此种种可以举出很多方面，都是急需对现代地貌过程进行深入研究才能解决的。强调现代地貌过程的研究，亦能为研究地貌发育的过去阶段提供有利条件，但决不会产生削弱这种研究的不良后果。看来这是不用说明的。

我们从地貌学理论的历史发展开始叙述，我们看到不同观点的盛衰更替，最后我们达到的结论似乎又回到彭克、罗索诸学者那里去了，这是十分有趣的。科学史上的

59.3.12000张(兰印厂811)

17.

先驱们之所以伟大，就在于用他们天才的慧眼洞察了人类以后变化无穷所以然的客观规律。但是，现在我们的理论比之先驱们是深刻丰富得多，而且也全面得多了。科学史本身是按辩证法的规律前进的，于此再一次得到证明。

最后再说一遍，本文作者体会还初步，敬希批评指正。

——定——

1961.12.22日

内外营力应否有所侧重(兼及“以今论古”问题)

蘭州大學

太行山東麓古冰川現象质疑

李吉均

附图 六幅

照片 二張

素描 二幅

蘭州大学地质地理系

1964 .

~~李吉均~~ ~~1964.9.17~~

20×20=400 第 頁

第 1 页

太行山東麓古冰川現象質疑

地质地理系 李吉均

「中国第四纪冰川遗跡研究文集」發表了曹照垣等同志的"太行山東麓漳河—滹沱河間第四纪冰川現象"一文。該文称"太行山東麓确有大批冰川遗跡存在，而且不止發生一次"，这引起作者很大的興趣。作者有幸在一九六三年夏天也到过該文所述及的一些地方，因此願将浅見提供出来向曹同志等請教。作者只到过該文所指的"黄壁庄—井陉区"，因此讨論範围亦限於該区。由於其他各区與此区情况大体相同（按該文提供資料），这种讨論也许還不至於是"不及其余"的。

~~"紅粘土碎石层"是否為冰磧及其時代问题~~

作者所到地区是黄壁庄水庫附近、平山縣城周围，然后沿冶河而上经微水、井陉、娘子关、阳泉直到太行山分水嶺芹泉。（見图一）

"紅粘土砾石层"是否為冰磧~~及其形成時代问题~~

該文把广泛分佈於太行山东麓以及山区谷地的"紅粘土砾层"当作典型的冰川泥砾~~来看待的~~，但

20×20＝400 （甘印） 北京市文化用品公司发行

太行山东麓古冰川现象质疑

第 2 页

也指出正在"红粘土砾石层"是否为冰川成因的问题上存在着激烈的争论。因此，我们也从红粘土砾石层的成因开始来讨论问题。

在作者所到过的地区范围内，该文指出的红粘土砾石层分布的地点有：黄壁庄水库附近、微水城西微水左岸桥头公路旁、甘陶河口瞿家庄山顶、井陉王花山。我们工作中发现，在平山县冶河西岸贾壁村（海拔150m的低级剥蚀面），微水岩峰火车站对岸40米阶地的基座上，甘陶河出山口牛王庙村背后100米阶地顶面，井陉东贾岭村之北三封山玄武岩之下，另外在石太路头泉至上安镇古乾谷中，在阳泉桃河谷地两岸，在昔阳松溪河的东岸，平定浮山等地均有这种"红粘土砾石层"。现在，我们从此砾石层的相关地形、产状和沉积特征等方面来分析冰川成因是否可靠。首先从砾石层分布的地形部位来看看它的相关地形。

此砾石层除在黄壁庄水库附近组成二级阶地基底或呈被分割的岗外，在冶河谷地它分布的地形部位基本上有两种。其一是分佈在前人所称的曹野期宽谷面组成的高阶地上(1)，另一种是在曹野期地面被分割后的山坡及低阶地上。前者平整地覆盖在曹野期地面上，高出河床50—150米不等，厚度一般5—10米。后者最低可分佈在拔河仅5米的低阶地的基座上，其最大的特点是常灌入囊袋状的石灰岩溶沟或洞穴中。王花山玄武岩下及甘陶河口高阶地上属於前者；微水公路桥西头及岩峰车站对岸则属於后者。(图二、三)这两种砾石是否同为一物呢？如果是冰川沉积，这是易於解释的，因为冰川可以同时在高处和低处进行沉积。在甘陶河口牛王庙村河谷两岸，我们见到二种红粘土砾石层出现在高低悬殊的阶地面上。(图四)从剖面上我们看到，在河谷左岸牛王庙村背后拔河100米左右的曹野面上，新生代地层剖面从下而上是：1)红粘土砾石层 2)玄武岩 3)红色土 4)黄土。在河谷下部30米左右的基座阶地上由下而上则是：1)红粘土砾石层(与红色土底砾岩为横向过渡关係，但后者晚於前者，岩性石化度略低

太行山东麓古冰川现象质疑

第　4　页

状况极不一样），2）红色土，3）黄土。如果说，二种红粘土砾石层是同期产物，则下砾石层显然位於古冰川谷的底部，上砾石层则位於槽谷肩或上槽谷的底部。但是，实际上唐县面以下的谷地在山内是以深切河曲的形式出现的，有许多还镶山咀，是典型的河流刻切地形。因此，在谷地下部的砾石层不能用冰川作用来解释，自然也就影响於唐县面上的"红粘土砾石层"。现在剩下的问题是唐县面上的"红粘土砾石层"能否是冰川成因的。的确，把山区唐县面恢復起来，在太行山中就普遍出现一宽谷地形，这无论在甘陶河或棉河娘子关上下均可看得很清楚。（素描1）如果该砾石层是冰川成因的，这就是说，唐县期地面本身乃是冰川塑造的，大宽谷即是当时的U形谷。我们姑且不谈冰川的时代问题，如果这是U形谷的话，它就应该遗有一系列的冰川侵蚀地形。在娘子关附近，作者曾爬到最高山顶，在井陉也登上了最高達1324米的大神山，我有意留心看能否找出冰蚀地形，即使是残峯断崗也好。但是，我不仅没有看到和西北现代山岳冰川区类似的地形（这本来是不可

20×20=400　（甘印）　　　北京市文化用品公司发行

第 5 页

指望的），也没有看到类似华东许多山地被指为冰川作用遗迹的地形。甘陶河口外翟家庄，山头案子状地据说是“一个完美的冰斗”（见该文照片8），我专门拜访了这个地方，但我实难相信它是冰斗。它太小，“方圆二百米”，它太浅，不过深1-20米，更重要的是它是位于唐县面前坡上，玄武岩及粉数的红粘土碎石层在崩塌散流作用下完全足以形成这种小地貌，和一般小集水漏斗的形成没有什么两样。

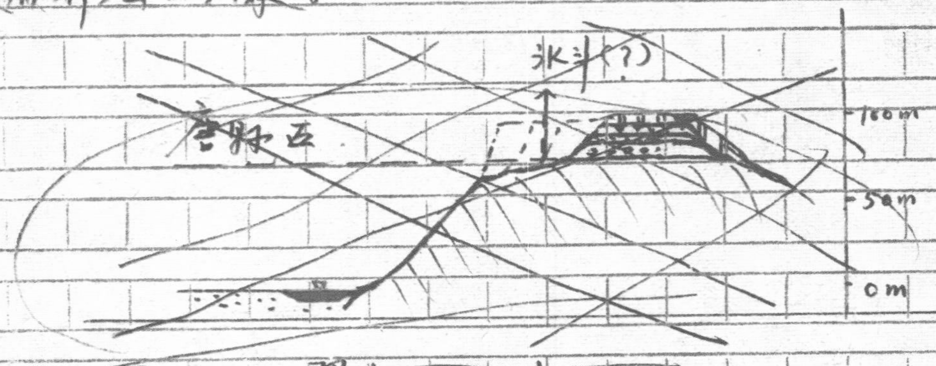

图五　翟家庄冰斗（？）

唐县期宽谷如果是U形的话，它在各地中就应出现冰蚀盆地，但我们把唐县面沿河作纵剖面并未见到有反向倾斜存在。

如果唐县期宽谷为U谷，则其上部山地应有角峰、悬谷、冰斗，但我们见到的都是一个古老平面被分割的地形组合，它表现为峰顶齐一，更表现在有些地方

20×20=400（甘印）　北京市文化用品公司发行

第 6 頁

还保存着一定面积的夷平面，覆盖诸山顶。这個夷平面从井泉分水嶺开始向東下降，在井泉為1400米左右，到阳泉為1100米（狮瑙山等），在娘子关为800—900米，而到井陉以下则降到400—500米，更东则断到河北平原深处埋藏起来。这就是北台期夷平面（准平原）。在此古夷平面上下切300—400米左右即形成唐县期峡谷，后者在山间盆地（如阳泉盆地、井陉盆地）扩展为局部的夷平面，在河流出山口的地方则发育成山麓侵蚀面（Embayment）或石扇（Rock fan），滹沱河出山口就是一個良好的例子。由于山麓侵蚀面主要是靠河流侧蚀和山坡后退联合作用的结果，在其扩大和联合过程中就会保留一些残山（此时，夷平面被蚀刻也会造成残山。），黄壁庄附近的马鞍山、悉稔山等就是这种残山。在冶河出山口，西焦以下（散村附近的）这种残山就是这种类型（素描2）。因此，它们完全用不着以鼓丘来解释。

曹同志等把"红粘土砾石层"作为冰川成因是，我们上面只是从地形上提供了相反的论证，显然还是不足的。现在我们来谈谈"红粘土砾石层"本身的性质。曹同志等用来支持该砾石层冰川起源的主要论据是所谓砾石有

20×20=400 （甘印）　　北京市文化用品公司发行

第 7 頁

经冰川作用过的动力结构；其次是砾石层中包含巨砾，以后在论争中提出来的反问"他们既然认为洪水作用能将砾石搅扰起来，使之悬於粘土中而不倒卧，那么，又如何能解释那些既经破碎的砾石仍然粘在一起却不被巨大的洪流冲散呢？更不可思议，洪水能将巨砾搬迁到山再举上墩的顶巅了。"（该文162页）。我们先回答后一个问题。洪積物中包含巨砾乃是它的主要特征，尤其是山麓带更显著，天山和祁连山的新老山麓洪積扇（尤其上部）这种巨砾无论在新老都是司空见惯的东西。華北平原古代产生那样大的洪水，如果不能搬运巨砾倒是十分可疑的了。至於砾石与粘土混杂和分选不良则正是洪水期物质整体搬运（mass-transport）的特点，它和平水期泥沙砾石作选择性搬运（selective migration）是互相对立的，F. 特里喀尔专门著文论述过这一问题（1961）[2]。楊鍾健及德日进早年在研究山西东南部（与本文所述区毗邻）的新生代晚期沉積时指出，与保德红土同时存在着急流湖相沉積，红土与急流湖相沉積是同期异相的东西，前者覆盖在山坡和地质上

20×20＝400 （甘印）　　　　北京市文化用品公司发行

太行山东麓古冰川现象质疑

第 8 页

，后者出现在盆地底部。(3) 既然红土等分布在山坡上，它就不能不为河流沉积提供物质，河流沉积多含粘土成分是不足为奇的。粘土与砾石相混，在河流作用或搬运的情况下，也会将移到某一部位沉积下来，造成"砾石孤悬于粘泥中"(该文149页及照片2)的现象，由此可以得到理解。关於破碎的砾石仍然完全在泥中不被洪流冲散的问题，我们认为砾石的破碎是后期风化的次生现象，故不存在被"冲散"的问题。所谓不可思议的在砾石被举上坡岗的问题，我们认为必须分清在砾石出现在什么坡岗上，如果出现在红粘土砾石层本身造成的坡岗，(如黄壁庄至墨李之间)这是很自然的现象；如果出现在基岩坡岗上，也完全可以用后期侵蚀残留来解释。现在我们来谈所谓砾石的冰川动力结构的问题，此中主要指的是擦痕、刻槽、压磨坑以及压裂现象，尤其是后者似乎是被认作是冰川的无可争辩的证据。关於冰川擦痕在我们在野外没有找到，有一些据说是擦痕的现象难於成立。丁啟瑜等同志调查报导说井陉雪花山、庙墙山顶部玄武岩之下该砾石层中的灰岩砾石表面常有擦痕，并认为是"玄武岩溢流时在高温高压下挤压所成"(4)。我们完全同意这种意见，因为据报导说那是一些"被砂粒刻划的痕迹"*。被称作是压坑的我们见到不少，那是些裹是化石英砂岩砾石，由

* 北京西山有确实带擦痕的砾石及基岩，这是冰川论者的最后根据。S.柯萨尔斯基对此提出了反驳(5)，我们同意其论点。因为，当论据不过是一种"孤证"的时候，它本身的有效性是值得怀疑的。擦痕石并不排斥非冰川成因，这个理论前提有待今后作更多的工作来证实和发展。

第 9 頁

於岩石有一些杏仁状的铁锰(?)锈斑(作黄色)，常沿锈斑出现圆洞形的凹坑；而且冰川也不能使砾石相互挤压成深而圆的这种凹坑。~~此处是无法用冰川解释的。~~关于"压裂"我们所能见到许多，该文所附照片也表现得很清楚。据个人有限的经验，我们在泰阳盆地下更新世的湖相沉积的砾石中也见到同样的"压裂"，（难到湖积层也受冰川动力作用吗？）另外，据个人有限的经历，我在新疆天山山麓、祁连山山麓的冲洪积砾石层中（一般是中更新世的）普遍见到砾石出现同样的破裂现象，和上述"压裂"没有什么两样。这里我可以提供两张照片，这是乌鲁木齐南三角碑乌鲁木齐河东岸30米阶地上砾石层剖面上所见到的。这种破裂比太行山麓的红粘土砾石层中砾石的破裂（或"压裂"）有过之无不及。破裂的砾石有暗色变质岩、花岗岩、石英岩砂岩以及其他岩石。它们的破裂是干燥气候下盐类（石膏等）以溶液方式渗入砾石结晶的结果。这是肯定的事实，因为某些破碎砾石的裂隙中还夹有结晶盐类。可以想见，红粘土砾石层在后期风化过程中，盐类溶淋向下渗入砾石也会造成同样的结果。

20×20=400 (甘印)　　北京市文化用品公司发行

太行山东麓古冰川现象质疑

第 10 页

我们在甘陶河口(图四右侧)剖面上的红粘土砾石层中(窑洞壁上)发现极为发育的钙质结核,表明红粘土砾石层受到很强的淋溶作用,而钙质淀积说明气候可能是温热的干旱季节的交替。按三趾马红土所含化石主要为三趾马、长颈鹿、羚羊及其他草食动物来说(6),当时的气候是热带气候,但是稀树草原气候而不是热带雨林气候。正是在这稀树草原气候下地面进行着强烈的风化并造成巨厚的残积风化壳(Weathered regolith)。研究非洲稀树草原地貌发育的布代尔(Büdel)及R.W.克拉顿(Clya Clayton)等均指出这种红色风化物巨厚的事实(7)。保德红土及红粘土砾石层就是在这种稀树草原气候下形成的,"红粘土砾石层"是稀树草原气候下洪流的产物,它们同期异相。所谓冰川动力结构的"压裂"是后期风化淋溶时,盐类结晶膨裂的产物。固然,这还须作许多工作,尤其是实验工作来论证这一结论,但比之冰川解释是更合理的。

我们再进一步谈谈"红粘土砾石层"的沉积特征。我们也采用了"红粘土砾石层"的名称,但必须指

20×20=400 (甘印)　北京市文化用品公司发行

第 11 頁

来，粘土并不是砾石的主要充填物，砂在其中占了极大的比例。只有个别地方如在黄壁庄可以粘土成层现象。砂主要是粗或中粒的石英砂，由於铁质染色成红色，故在工作中有同志称为"红砂砾石层"。有时砂亦成层出现，并有倾斜呈交错层理。（图六）由於后期氧化，不仅砾石中不稳定化者成粉碎（砂岩）增加土质成分，砂中但亦红砂砾石层总的分选是不良的。虽然如此，砾石一般是有定向排列的。据北京大学地质地理系地貌专业同学测量的结果，黄壁庄一带红砂砾石层的砾石一般倾向上游滹沱河上游，说明是古滹沱河的产物。另外，在黄壁庄水库非常溢洪道剖面上，我们见到砾石作叠瓦状排列（倾向上游）十分清楚。这种特性我在祁连山某些山谷内的洪积砾石层中普遍发现，和前者极其类似。

从上述分析看来，断言"红粘土砾石层"为冰川起源是根据不足的，首先是砾石本身的冰川痕迹难以成立，却显示了标准的洪积物性质，其次是没有相关的冰川地形作佐证。最后是冰川作用的解释和该区地貌发育史不相称。下面我们简单谈谈该区地貌发育史的问题。

北京市文化用品公司发行

太行山东麓古冰川现象质疑

第 12 頁

我们对该区地貌及发育的理解（提纲）

1. 在第三纪夷平时期，造成北台期准平原

2. 第三纪中新世中期在古太行山上升强烈，夷平面断裂（太行山东麓大断层）上升，以分水岭地带最高。

3. 唐县期切割开始，在山地成宽谷，下切300—400米，山顶山坡发育红土风化壳，是为保德红土（热带稀树草原气候）。河谷、盆地及山前堆积相关沉积，是为红粘土砾石层。在盆地及山前唐县期地面表现为局部夷平面。

3. 第四纪上新世末及第四纪早期在地壳上升的背景下（云南岩溶发育为其表现之一）唐县面被分割，此时的气候条件与上新世基本相同（如平阳盆地等地）有湖相沉积及河相沉积（唐河阶地）。唐河谷地内因为切割时期红粘土砾石层被破坏，从唐县面上被搬到谷坡及谷底。由于灰岩区风化发育溶洪洞穴，砾石及风化壳红土灌入裂（洞）穴中（图三所示）。谷地分割下切已达现代河面很接近的程度（图3.4，可见10米低阶地基座上仍有风化壳红土及再次生红粘土砾石层，即其证明）。此时唐县面被改造（剥低）为剥蚀夷平面（Etchplain）（8）

4. 中更新世后晚期气候发生重大变化，表现为红土风化壳停止发育，堆积黄土（离石黄土或红色土）

20×20=400（甘印）　　北京市文化用品公司发行

第 13 頁

沉积盛行，表示山顶及高阶地（T3）上应为风积、坡积水洪流的沉积，三十米左右阶地（T2）及河流沉积，有底砾岩（部分被压质胶结）及砂层夹于红色土中为证。因此T2及T3为同期异相的东西，都是气候阶地。

5. 马兰期是中更新世沉积的继续，惟气候变得更干，红色土古土壤层停止发育。造成马兰阶（台）地，仍是气候阶地。

4. 全新世　现代侵蚀及堆积

我们的这种理解和前人没有原则上的不同。从新构造来说本区的升降运动发生在第三纪及第四纪初期，主要的切割是上新世（汾河期）后期切割及Q1的底部已被分割。Q2至今无新构造引起的运动显著下切，在气候变化影响下，造成各级气候阶地。

在这一地貌史中没有冰川发生的余地。

李吉均

1964.9.17日

深夜2:30

是作阶地的根据。

20×20=400（甘印）　北京市文化用品公司发行

太行山东麓古冰川现象质疑

第 14 頁

参考文献 "请按红字顺序打印"

2 (2) J. Tricart "Observation sur le charriage des materiaux grossiers par les cours D'eau"
Revue de Geomorphologie dynamique
Vol. 12, No: 1 1961

3 (3) 德日进、杨钟健
"The late Cenozoic formations of S. E. Shansi" Geol Soc china, Bull. Vol. 12. 1933

6 (6) 全国地层会议学术报告汇编
中国的新生界 全国地层委员会
科学出版社, 1963

7 (7) C. A. Cotton "The theory of Savanna planation" Geography Vol. XLVI part 2, 1961

1 (1) G. B. Barbour
"The age of the Basalts of Chinghsing"
Geol. Soc. china, Bull. Vol. 9. 1930

8 (8) W. D. Thornbury
"principles of Geomorphology"
p. 193 New york 1954

20×20=400 （甘印） 北京市文化用品公司发行

第＿＿＿＿＿＿＿＿＿＿頁

丁咗瑜、高维明：

4 (4) 河北平原及太行山东麓的第四纪火山碎屑堆积、

第四纪地质问题　　科学出版社　1964

5 (5) S. 柯萨尔斯基：

中国东部山地更新世冰川作用问题

地理译丛　　1964，第一期

~~（划去两行）~~

20×20=400 （甘印）　　北京市文化用品公司发行

太行山东麓古冰川现象质疑

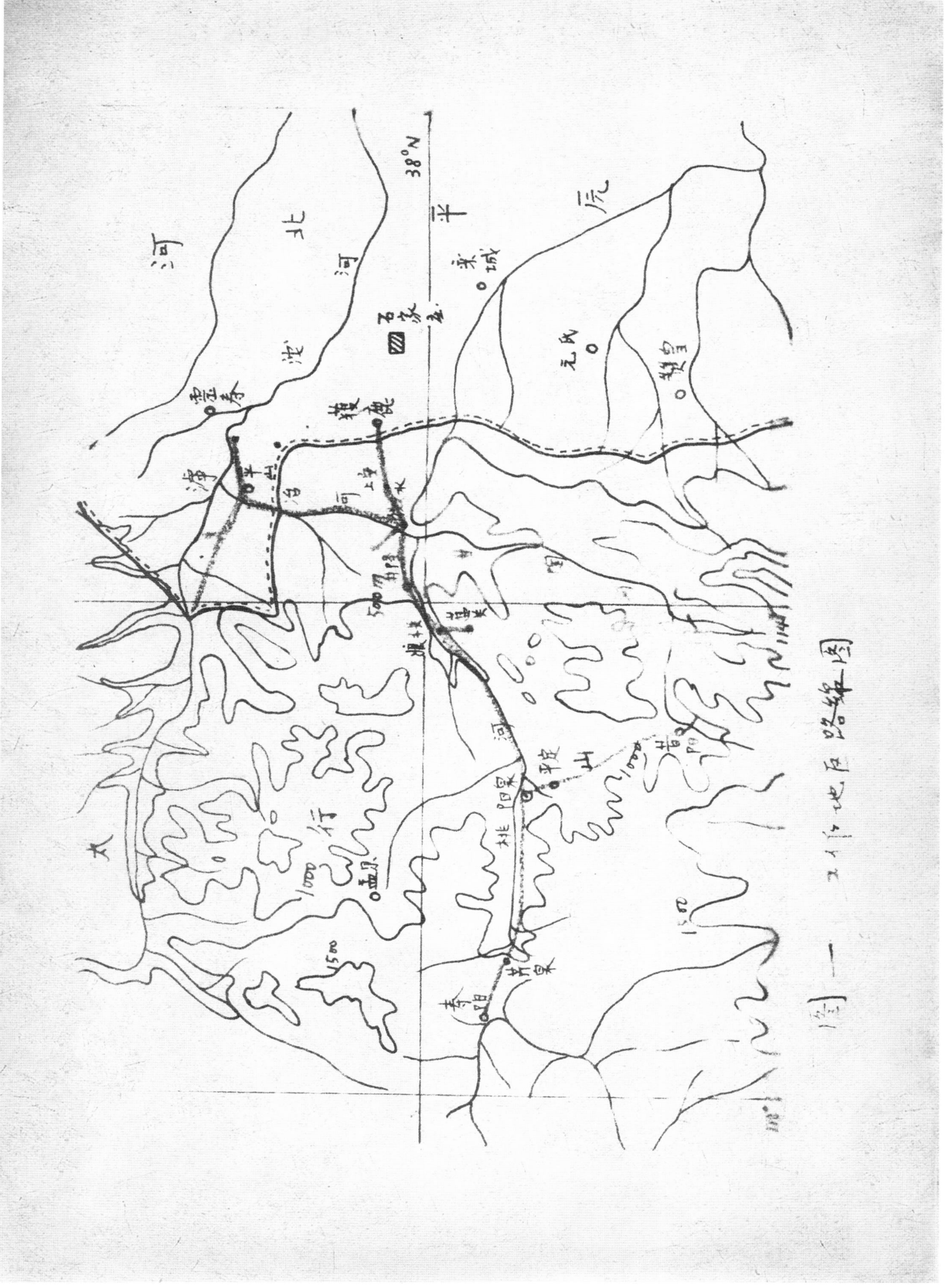
38°N
图一 工作地区路线图

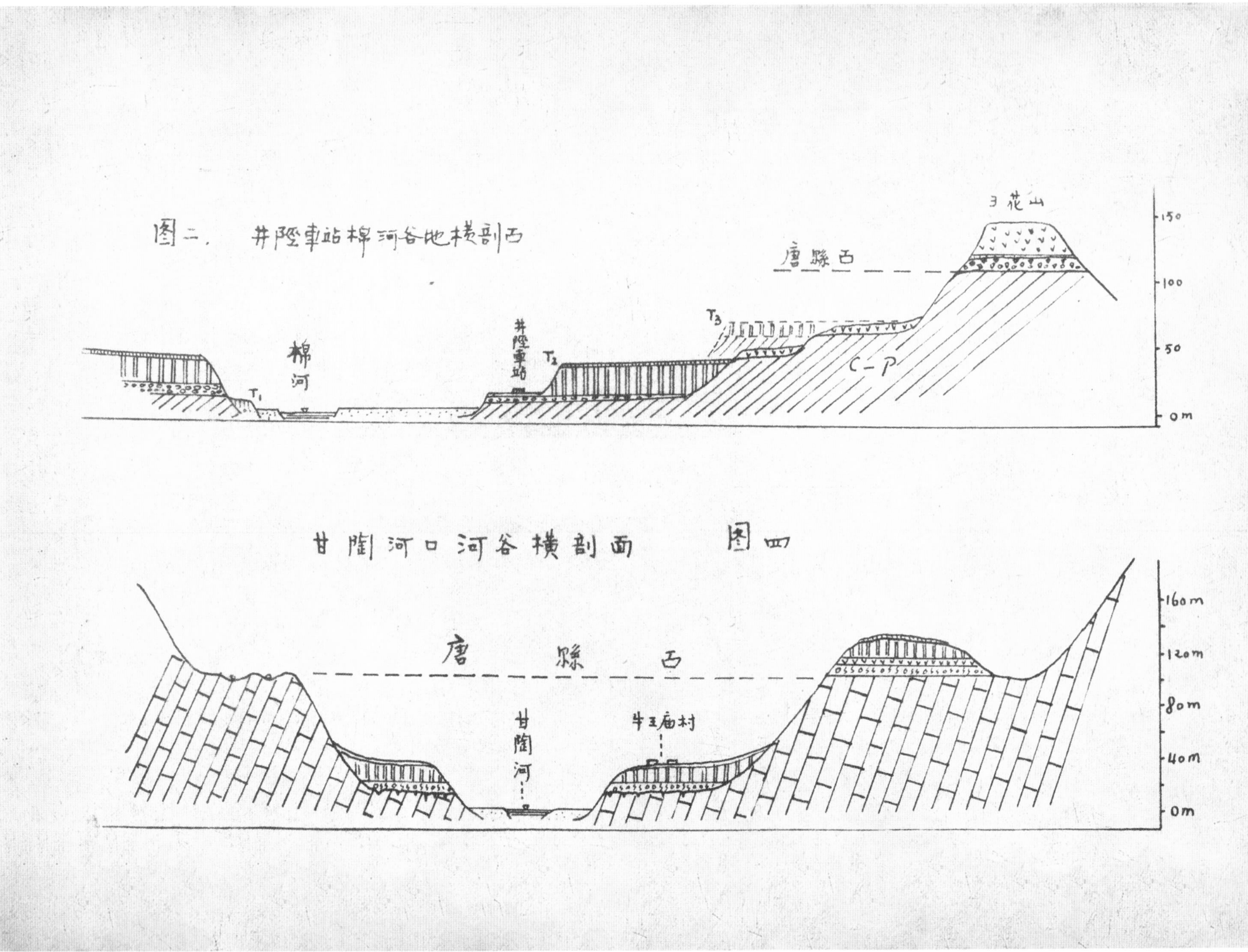

太行山东麓古冰川现象质疑

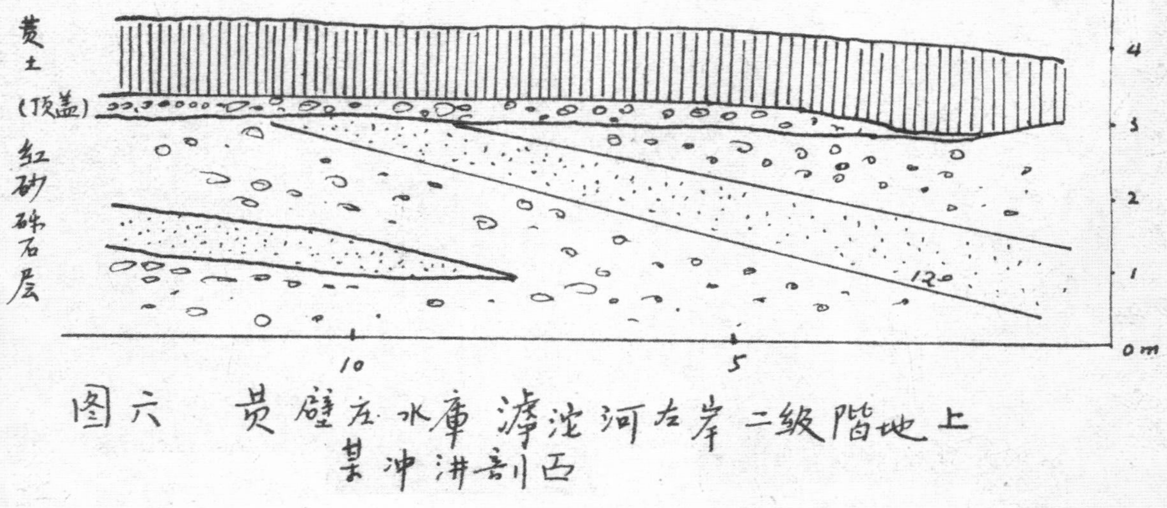

图六 黄壁庄水库滹沱河右岸二级阶地上某冲洪剖面

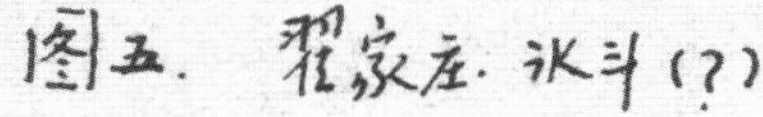

图五. 翟家庄. 冰斗(?)

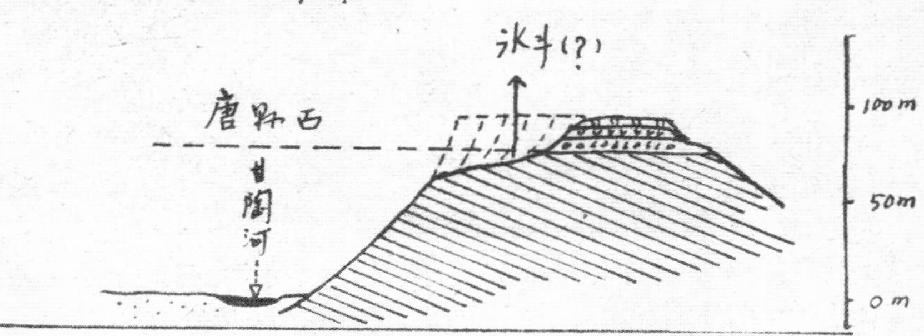

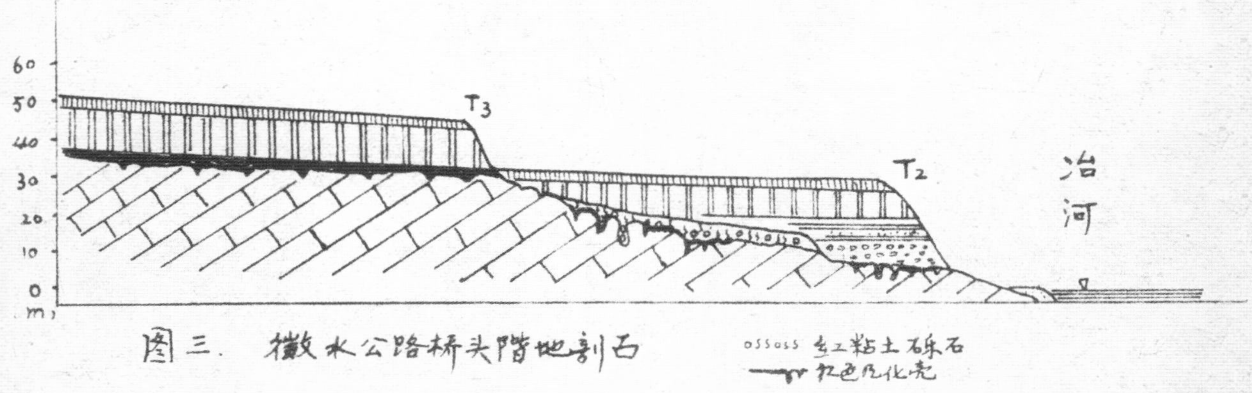

图三. 微水公路桥头阶地剖面

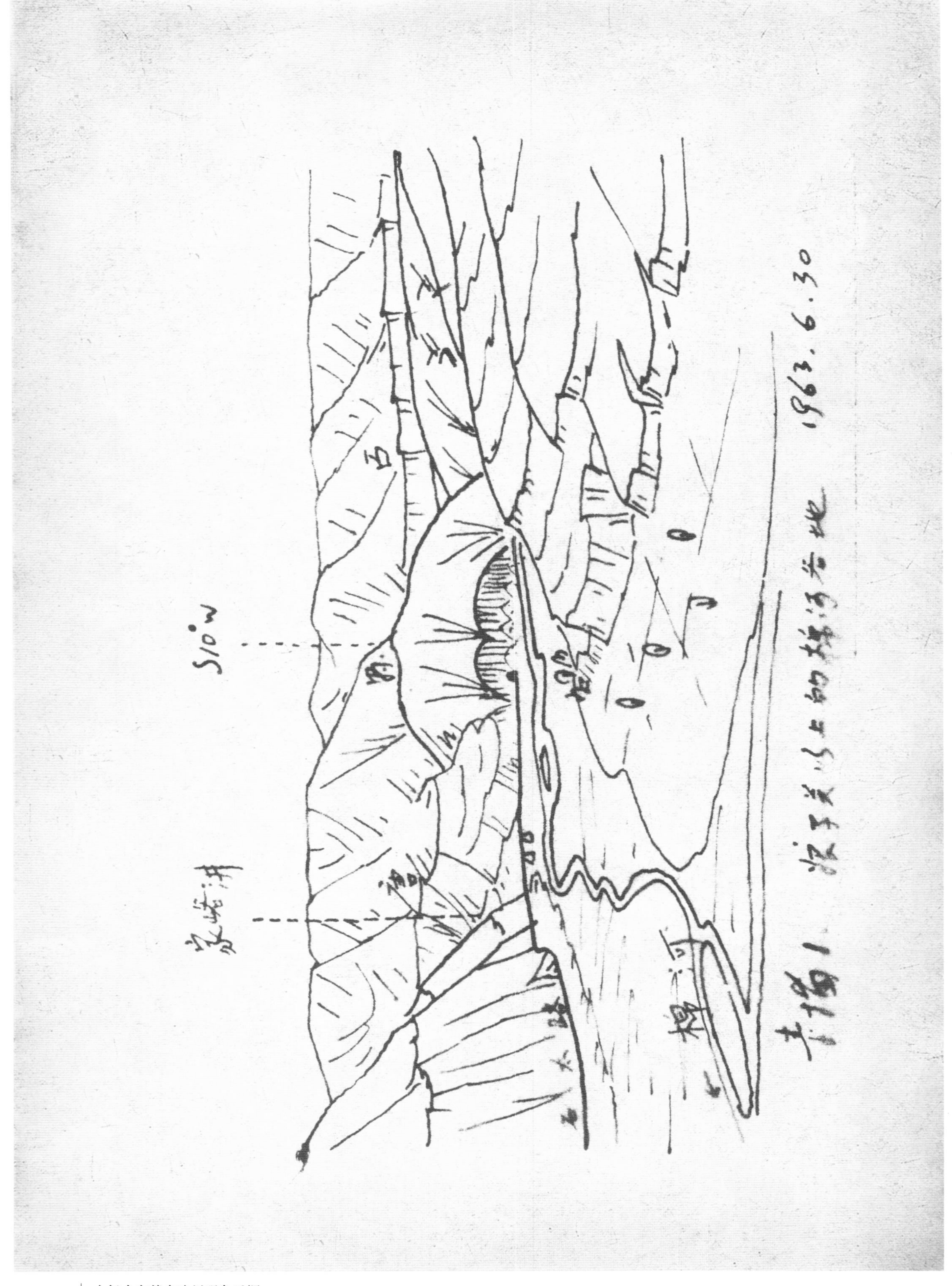

太行山东麓古冰川现象质疑

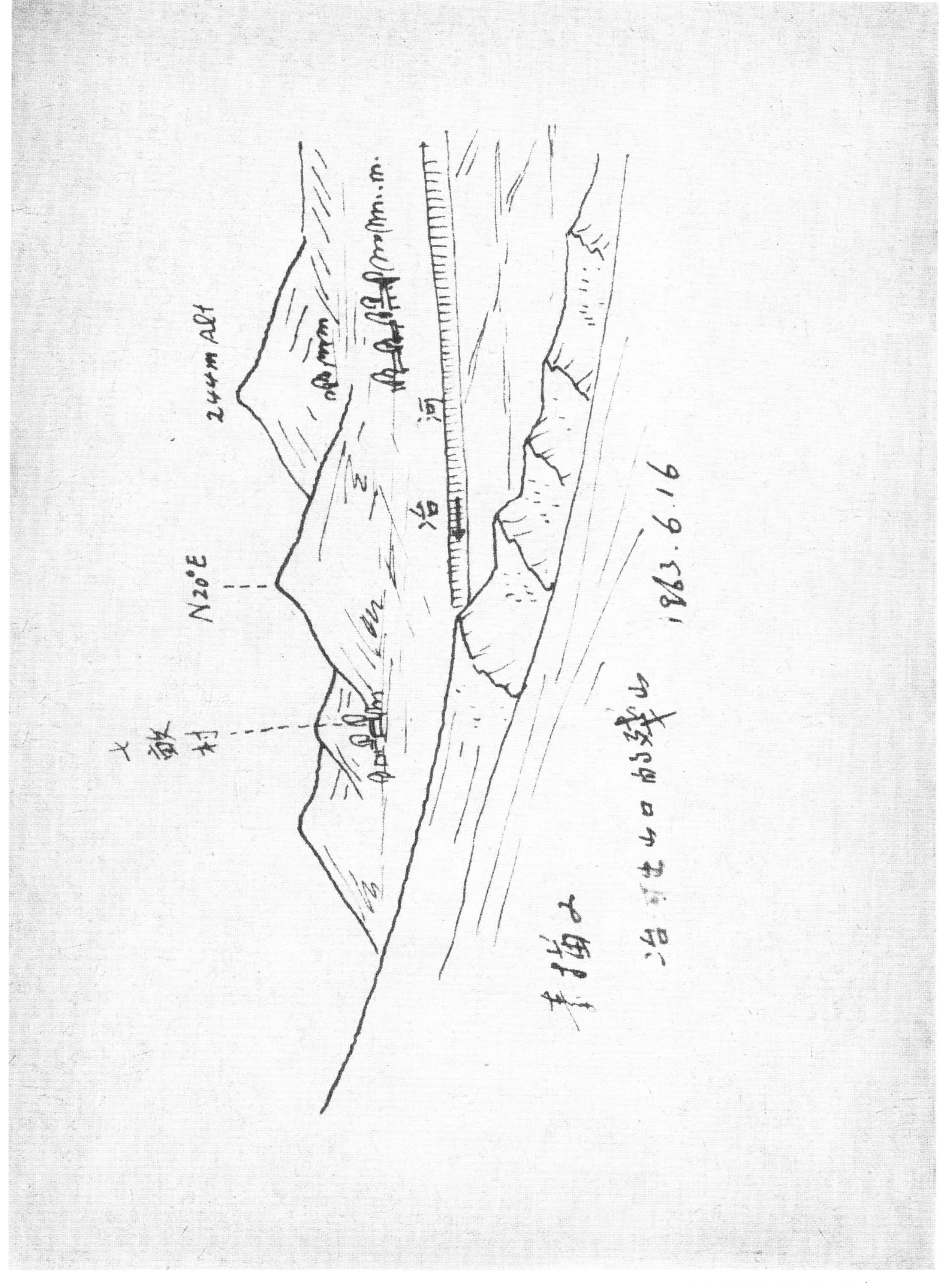
244m Alt
N20°E
沙河
1983.6.16

第 1 頁

滹沱河出山地段及沿河地貌与第四纪的几个问题

本文所涉及范围为石太铁路沿线及滹沱河出山口岗南水库以下，东至石家庄为止的地区。这是太行山山地及滹沱河出山冲积扇组成的地区。由于交通比较方便，解放前在三十年代中，曾有不少中外专家探讨过此区及邻区的地貌及新生代地史的问题。如王竹泉、王日伦、巴尔博、杨钟健、裴文中等均作过工作。他们所探讨的问题计有：五花山玄武岩的时代问题、棉河（沿河在井陉附近的名称）河谷地貌、娘子关石灰华及地文以及一些地方第四纪洞穴裂隙堆积等问题。解放后对本区地貌作过工作的有：石家庄师范学院地理系及河北地理研究所、北京地质科学研究院等。地质科学研究院的同志们是从研究太行山第四纪古冰川的角度出发，对本区第四纪沉积作了与冰川有关的解释。尤其值得注意的是把本区广泛分布的"红粘土砾石层"當作是第二冰期的冰碛（其時代老於红

20×20=400 （甘印） 北京市文化用品公司发行

太行山东麓古冰川现象质疑

造出），并指出许多冰斗及U形谷的现象。石师及河北地理所的同志对冶河流域作了普遍的地貌调查，编制了二十万分之一的地貌图，对地貌现象作了描述。科学院地理所邢嘉明等同志研究了滹沱河的埋藏冲积扇，并使之与山口阶地发育相对比，同时也划分了两次冰期，把"红粘土砾石层"也看作是冰川堆积。

本文作者今年夏天随北大实习队至本区工作，在王乃樑先生指导下，对一些问题作了探討。现在把一些不成熟的意见写出来，为关心华北地文及第四纪地质的同志提供一点资料，并请同志们指正。这些问题是：(一)"红粘土砾石层"及古冰川问题 (二)本区地文发育的特点、梗概及(三)试地貌发育与相关沉积谈新构造

（一）"红粘土砾石层"及古冰川问题

在已经发表的邢嘉明等同志的文章(1)及未发表的地质科学研究院同志们的报告(2)中，均把"红粘土砾石层"当作冰碛来解释。对于这一点需要进行分析。这里所谈的"红粘土砾石层"在本区是分布很广的。在滹沱河出山口地段，此砾石层大片出露于黄壁庄水库主坝以下滹沱河两岸，构成15－20m阶地。尤其大片出露于右岸，形成起伏的岗峦，表面仅有薄层黄土状物质覆盖或者裸露。此外，在低级剥蚀面上还零星见到一些红粘土砾石，也被归为一类。例如在平山冶河西岸贾壁村150 m alt的低级剥蚀面上即有。在冶河谷地，这种"红粘土砾石层"分布也很广泛。如井陉矿的微水公路桥西头，岩峰火车站对岸40米阶地的基座上、甘陶河出山口牛王庙村背后100米阶地顶面、甘陶河与绵河会口前右岸王岭瑕山顶面（高出河谷70－80米）、井陉王花山玄武岩下面、井陉东窑岭村之北三村内玄武岩之下等地均有被称作"红粘土砾石层"的分布。被视为冰碛的这种"红粘土砾石层"还可以在石

太行山东麓古冰川现象质疑

第 4 頁

太谷头泉至上安段废弃的古谷地中，在阳泉桃河谷地两岸，在昔阳甘陶河上游昔阳那河的東岸，平定娘子关等地找到。现在我们从此砾石层的相关地形，层状结構等方面来分析一下冰川成因是否可靠。首先看看相关地形。

此砾石层所在的地形部位基本上有两种。一种是在前人所称的唐县期宽谷地面的残余階地上，另一种是在唐县期地面之下被分割的山坡及低级階地上。前者平整地铺在唐县期地面上，高出河床一般50米至150米不等，其厚度一般5—10米。后者最低可分佈到高出河床仅5米的岸上，其最大的特点是多随下垫面的形状镶嵌入灰岩裂隙及古溶洞穴中，以囊袋的形状出现。举例来说，五花山云武岗下及甘陶河口高階地上属於前者，微水公路桥西头及岩峰車站对岸则属於后者。这两种砾石是否同為一物呢？从冰川成因来说，这是易於解释的。冰川可以在高处也可以在低处进行沉积。但是，当二者在同一地方出现时，我们就要仔细研究那里的地形是否具有冰川侵蚀的特征。

20×20=400（甘印）　北京市文化用品公司发行

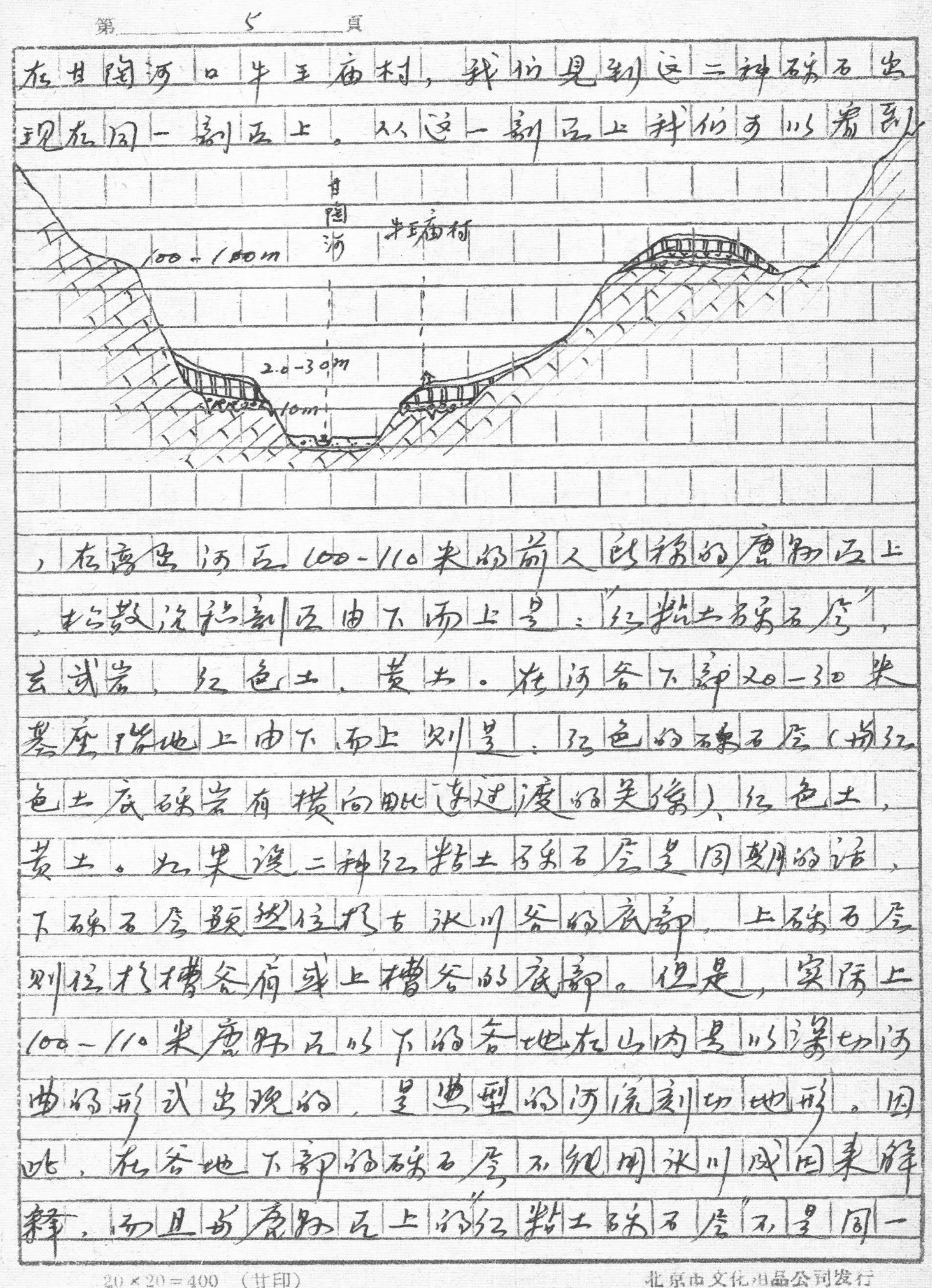

第 5 頁

在甘陶河口牛王庙村，我们见到这二种砾石出现在同一剖面上。从这一剖面上我们可以看到

，在高出河面100-110米的前人所称的磨蚀面上松散沉积剖面由下而上是："红粘土砾石层"，玄武岩，红色土，黄土。在河谷下部20-30米基座阶地上由下而上则是：红色的砾石层（与红色土底砾岩有横向的过渡的关系），红色土，黄土。如果说二种红粘土砾石层是同期的话，下砾石层显然位于古冰川谷的底部，上砾石层则位于槽谷肩或上槽谷的底部。但是，实际上100-110米磨蚀面以下的谷地在山内是以深切河曲的形式出现的，是典型的河流刻切地形。因此，在谷地下部的砾石层不能用冰川成因来解释，而且与磨蚀面上的"红粘土砾石层"不是同一

20×20=400　（甘印）　　北京市文化用品公司发行

太行山东麓古冰川现象质疑

時代的產物。現在剩下的是唐縣面上的红粘土砾石层能否是冰川成因的。把唐县面恢復起来在太行山中普遍出现一宽谷地形，这无论在甘陶河或棉河娘子关上下均可清楚地看到。如果说这就是冰川U谷的话，那就等于说，唐县期地面本身乃是冰川侵蚀的产物，或者是经过古冰川作用大大改造过的谷地。在無論那种情况下都是第三纪的遗留地形，在这种地面上留下的只能是与冰川有關的第四纪松散沉积。此外，也应找到相应的冰蚀地形如冰斗、角峰等。但是，尽管我们留心寻找这种地形，却连一個像样的也没有找到。在本文所涉及范围内，太行山的峰顶緣剩处可以追溯出一個古准平原出来。这並不是單靠齐平的峰顶来恢復，在许多地方还保存着一定面积的顶面，其高度从太行山内部向河北平原倾斜減低。在分水嶺芹泉高達1350m alt，在阳泉约1100m alt 在娘子关上下为800-900米，而到井陉以下则低到400-500米·这個古准平原就是北台期准平原。在此古准平原面上下切300米左右即形成唐县期宽谷，唐

第 7 頁

冰期究竟在山间盆地如阳泉盆地、井陉盆地扩展成为剥蚀区，在河流出山口太行山山麓地带也是如此。我们找不到冰蚀地形作为支持冰期地区经过冰川作用的论据，一些灰岩区的漏斗状地形曾被人指为冰斗，但在灰岩区这种漏斗普遍发育，完全用不着冰川解释。至于被认作是冰碛（泥砾）的"红粘土砾石层"，我们认为也绝不是冰川沉积，它是道地的冲—洪积物。认为它是冰碛的同志以在该砾石层中找到带擦痕、压坑及压裂现象的砾石作为其重要论据。我们就地观察了这种所谓冰川现象，真正的条痕不是没有的，所谓压坑原不过是震旦纪石英岩砾石所具有的黄色杏仁状锈斑脱落、侵蚀后所形成的，压裂现象则在寿阳盆地第四纪初期的湖相沉积的砾石中也可找到，无论是地层本身的静压力、构造动力或者化学风化均可使某些砾石破碎，这在其他地区都是屡见不鲜的。而更重要的是，这些所谓冰碛不是如人们所说的那样分选不良，而是有分选有层次的。砾石磨圆度都很好，夹有凸镜体砂层，而一般砾

20×20=400（甘印） 北京市文化用品公司发行

太行山东麓古冰川现象质疑

石中的充填物也主要是中至粗粒的石英砂，粘土比例很小，虽然在黄壁庄附近也看到红色粘土成层的现象，但整个砾石层仍以砂充填为主，较名为"红砂砾石层"更为合理。这个红砂砾石层的砾石总的来说均比现代河床中的砾石为大，尤其在河流出山口如甘陶河口砾石层中巨大砾石更多，很多直径在一米以上，这反映当时流水搬运力量比今日为大，洪积性质更显著。这个砾石层经过长期风化，其中很多砾石岩性不耐风化者均风化破碎，甚至一些石英砂岩也全成粉末状，火成岩更是绝大多数风化，只有玄武岩，石英岩最耐风化保存下来。

总之，断言本区经过古冰川作用，红砂(或红粘土)砾石层为泥砾的同志所持的论据是不充分的，其弱点在于：

1. 混淆了两种不同的红砂砾石层，唐县期地面以下的切割地形为流水地形，其后的沉积也不可能有冰川成因。

2. 唐县期地面上的红砂砾石层并非冰川泥砾，是冲洪积砾石层，所谓冰川证据是牵强

第 9 页

侵蚀的。

3. 地形上没有冰川侵蚀的遗迹，所谓冰斗、U谷均不能成立。

因此，至少就作者所到的这一地区，未见到太行山有古冰川作用。由于作者只到达过1400米的海拔高度，不知太行山更高的山地曾否经历冰川作用。由于在北京西山已找到证据确实的带有擦痕的砾石，这個事实存在正在对待，但条痕石也可能是其他成因的。

排除了本区太行山曾经受过古冰川作用的可能性之后，我们进而讨论这里太行山及其河谷地貌发育的一些问题。

（二）本区地貌发育的概略及特点

华北最古老的遗留地形是所谓北台期准平原。燕山运动后经过漫长的侵蚀时期，至老第三纪末喜马拉雅运动之前，华北整个呈现夷平状态。喜山运动造成地面新的起伏，出现新的构造地形。从本区来说就是太行复背斜的隆起和河北平原的沉降。在这种情况发生太行山的侵蚀和河北平原的堆积。在太行山中北台期准

20×20＝400（甘印） 北京市文化用品公司发行

太行山东麓古冰川现象质疑

第 10 頁

平原既经构造运动变形，復经长期侵蚀而破坏。破坏后的地面發育成一個壯年期的地形，在山地呈宽谷，在山间盆地形成局部的剥蚀面，这就叫做唐县期地面。

20×20=400（甘印）　北京市文化用品公司发行

第 1 頁

冶河是滹沱河的主要支流之一，它在平山縣城关之北汇入滹沱河，全流域均位於太行山山区。在井陉縣横口村，该河分为二支。一支名甘陶河，发源於流域西南昔陽一带山地。另一支为冶河主流，在井陉叫绵河，在陽泉叫桃河，上源直抵芹泉。越芹泉分水嶺即入寿阳盆地。这已是汾河流域了。石太鉄路经获鹿入太行山后，基本上是沿这条河流的河谷鋪设的。自古以来，这条河谷即是山西高原通向河北平原的主要交通孔道，有名的娘子关就在绵河谷地中。由於交通方便，河谷地貌及新生代地史早就为人注意。为前人所探討过的问题计有(1)雪花山玄武岩的时代问题(2)绵河谷地地貌(3)娘子关石灰华及地文(4)青石嶺及北固底等处的洞穴裂隙堆积。这都是在本世紀三十年代中作的研究，研究者有王竹泉、王曰倫、巴尔博、楊鍾健、裴文中等。解放后对本区地貌第四纪作过工作的有，石家莊師範学院地理系及河北

20×20=400 （甘印） 北京市文化用品公司发行

第 2 頁

省地理研究所，北京地质科学研究院等。地质科学研究院的同志们对本区太行山的地貌及第四纪地史发育，从冰川角度作了新的解释。尤其值得注意的是对本区分布广泛的红粘土碎石层（其时代老于红色土沉积）作了冰碛的解释，并指出许多冰斗及U形谷的现象。他们分划了四次冰期。稍后在滹沱河出山口工作的邢嘉明等同志也划了二次冰期。石师及河北地理所的同志们对冶河流域作了普遍的地貌调查，编制了二十万分之一的地貌图，对各种地貌现象作了描述。凡此解放前及解放后前人的工作，均为作者提供了在本区工作的入门向导。

作者是随北京大学地质地理系1963年黄壁庄水库实习队到本区工作的，在工作中得到王乃樑先生的亲切指导，对此作者必需首先致以衷心的感谢。另外，在主要的野外工作中，作者是和万迪堃同学一道进行的，许多问题在野外都作了共同讨论。

20×20=400 （甘印）　　北京市文化用品公司发行

冶河地貌再探讨

冶河是滹沱河下游的主要支流之一，[illegible]北汇入滹沱河。其上游在井陉横口村分为二支，一支[illegible]娘子关[illegible]绵河，另一支[illegible]甘陶河[illegible]西南部[illegible]。[illegible]

[illegible]

三级阶地问题
绵河谷地地貌
娘子关石灰华及地文(?)
[illegible]

[illegible]

a. 红土命名问题(?)
b. 红色土（或黄土）问题
c. 阶地问题
d. 河谷地貌的上下游发育状况及与构造的关系(?)问题
e. 夷平面问题
f. 冰川作用的有无问题

[illegible]

太行山东麓古冰川现象质疑

第　　　　頁

冶河地貌再探討

冶河是滹沱河的主要支流之一，石太鉄路基本上是沿冶河河谷由河北平原直上山西高原的。不过，在不同地方该河名称不同，在平山县叫冶河，在井陉县则叫棉河，而在阳泉就叫桃河了。冶河还有一条大支流叫甘陶河，该河於井陉县地汇入主流，上溯直達昔阳以上。冶河地貌的研究

"太行山冶河流域及滹沱河出山口地段地貌发育探討"

20×20＝400（甘印）　　北京市文化用品公司发行

第 1 頁

太行山冶河流域及滹沱河出山口地段地貌发育探討

本文作者今年夏天有機会沿石太鉄路石家莊至秦阳段对冶河地貌作为時一月餘的野外考察，並因北大地质地理系实習队工作之便对滹沱河出山口崗南水庫以下大冲洪积扇的顶端部份作些观察。在此野外工作基礎之上，作者擬就本区地貌发育提出自己想法，质疑於先輩及同仁。

由於此地正當山西高原外通河北平原之孔道，交通歷称方便，故解放前尚有一些专家探討过此区及鄰地新生界及地貌问题，如王竹泉、王曰倫、楊鍾健、裴文中及巴尔博等均对本区有所涉歷。其所探討的问题有地貌发育（所谓"地文期"），新生界尤其第四紀地层，玄武岩问题以及洞穴裂隙堆积等问题。近年以来，在本区研究工作中，先后有人提出某些地形及沉積的冰川成因解释，这种别开生面的提法引起了许多人的注意，尤其是这些早就存在的太行山

20×20=400（甘印） 北京市文化用品公司发行

太行山东麓古冰川现象质疑

第 2 頁

前及华北平原边缘地带存在冰川作用之事，遥相呼应，故而令人瞩目。作者本人怀着学习的念头，在未赴野外之先，即特别想对古冰川问题及该区地貌发育作些印证。

另外，当此文草就之际，作者也衷心感谢王乃樑先生之指导，其他同行同志切磋之间良有启发，作者均於此致意。

一　本区太行山经历过古冰川作用没有？

第四纪冰川在温带地区曾有广泛发育，见於中国东部，自李四光先生庐山冰川研究肇始以来，国人於东南半壁相继追溯出不少古冰川遗迹，东部古冰川问题似已成定论。然今年以来，有关古冰川又成为讨论题目，本文不拟就全般性问题发表意见，仅就個人所及太行山之一隅，探其究竟。井蛙之见，或许不免。但有关古冰川作用问题牵涉到对本区地貌发育以及第四纪沉积的解释，因此对之不能回避。

华北地貌发育自B.维理士以来，经安德生

20×20＝400　（甘印）　　北京市文化用品公司发行

第 3 頁

、丁文江、王竹泉、巴尔博及杨钟健以来，根据蚀积循环之说已製订了一個大体获得公认的地文期演替年代表。这是一個所谓"常态"蚀积循环的演替表，其中未涉及所谓"气候变异"以带来的插曲。如果冰川作用是曾经有过的，那么这些过去所指的常态蚀积地形必然被插入冰川蚀積的形态，或者其本身不过是被过去错认为流水成因的冰川地形。作者怀着力求辨认差异对比真伪的目的，在滹沱河上下，上至直抵山西高原与汾河支流分流的分水嶺最高古剥蚀面的顶（寿阳之東芹泉附近火神山顶），海拔达一千三百馀米的地方，下至河谷盆地（阳泉、昔阳及井陉等）以至出山口石家庄以西滹沱河冲洪積扇顶部地区，海拔仅祇100—200米的地方。在这一範围内，凡已出版或未出版文章所指出的冰川蚀积地形以及未提到而疑似的地形，作者均作了观察。观察结果，作者很难同意本区曾经经歷过古冰川作用之说。其理由述之於下。

"本区不存在冰川侵蚀地形" 学过普通地貌学的人至少知道，山岳冰川的发育有赖於重要

26×20=400（甘印） 北京市文化用品公司发行

第 4 頁

的補給源地，要有超出雪綫的巨大山体，要有良好的聚冰場所——粒雪盆，后者經歷冰川作用即成冰斗圈谷。在冰川作用期中，必然会改造原始浑圆的山峯成为尖锐的角峰以及刃脊。此外，还有冰体流动所必然塑造出来的U谷、冰坎以及冰蚀盆地等。作者之所以谈到这些常识是为了说明，在我们足跡所到的这個地区是不存在这類冰蚀地形的。

26×20=400 （甘印） 北京市文化用品公司发行

雪山巍峨，冰川横溢。青藏高原是世界上山岳冰川最发达的地区之一。由于高原的幅员辽阔，气候和地形条件十分复杂，高原上的冰川也呈现出很大的差别。在西藏东南部，由于受孟加拉湾温湿气流的强烈影响，高山区降雪非常丰富，发育了活动性很强的海洋性冰川。这种冰川风景秀丽，景色迷人，它们从高高的冰峰雪岭上接受雪崩、冰崩的补给，在峡谷中穿行出一条条冰舌宛如银色玉带。林海冰川配合得如此巧妙。冰光白影，掀万顷松涛，每个角落构成的画面，无一不是天然的艺术珍品。但是，这种冰川由于位置很低，冰舌常逼近交通路线和居民区，也经常引起灾害。冰川泥石流就是这种大自然带来的不速之客。人们为了研究它、防治它，付出了不少辛勤劳动。科考队员查明，波密、察隅地区是我国海洋性冰川分布最集中的地方，冰川总面积不下三千平方公里，与欧洲著名的阿尔卑斯山冰川面积差不多相当。最大的冰川在易贡以北的念青唐古拉山南坡，名叫恰青冰川，它长达35公里，面积190平方公里，末端伸到海拔2530米的地方，周围生着杉树、松树、栎、槭、桦，高大的乔木林海，一派葱郁。

与上述景色形成鲜明对照，在广大的高原

20×25=500　第　页

订号：75-163 货号：37-241（文化11）

漫谈冰川

的部，由于喜马拉雅山的屏障作用，降水稀少。这些地方的冰川在很高很冷的地方生成，景色粗犷雄浑。这种冰川物质平衡水平低，冰温都在零下，有的达到零下十多度。寒冷冰川类型，也叫做大陆性冰川。由于它们分布的海拔高，似乎远离人寰，实际上它们与人类的关系还是很密切的。不仅我边防战士、科考人员、登山健儿经常与它们打交道，自古以来，劳动人民就穿越喜马拉雅山许多冰雪山口，往返往来。而且，在那干燥的内陆地区，冰川融水是十分宝贵的水利资源。在某些内陆盆地，夏天旅行到那里的人们，离开冰川发源的河流连饮用水都感困难。在某些高原的西北角，科考队员查明有分布得十分集中的几千平方公里的冰川发育在西昆仑山的高山山峰上。它们的融水流入昆仑山北麓，滋润着大片良田沃野。

从上世纪以来，许多著名的学者就以中亚气候变干，把冰川后退作为论据，给人们描绘了一个十分暗淡的未来。果真是这样吗？否。科考队员发现，六十年代以来昆仑山的许多冰川都在明显地向前推进。如昆仑山南坡的　　冰川，自1968年到1976年，冰舌前进了　　米。每年平均　　米。因此认为冰川总是在后退是站不住脚的。

订号：75—63 货号：37—241(文化11)

20×25=500　　第　　页

第 1 页共 页

漫谈冰川

我们生活的地球上有着许多奇妙的东西至今还未弄清楚，因此吸引着不少科学工作者对它们进行研究，力求找出其中的奥秘，来丰富我们人类共同的知识宝库。青藏高原就是许多科学之谜的中心，而冰川是青藏高原科学之谜的一个重要组成部份。

生活在平原特别是祖国南方的人是很难得机会亲身去领略冰封雪飘的冰川世界的美景的，只能在银幕上随着登山健儿的脚步接近那银装玉琢的冰峰雪岭，赞赏登山英雄的光荣事迹。但是，在祖国边疆的青藏高原上居住的各族劳动人民、部队和筑路大军却是常年和冰雪世界打交道，要是不懂得冰川的脾气，往往是要吃亏的。比如说，沟通西藏和内地的交通干线川藏公路上"冰川爆发"就是一个常使人们谈虎色变的自然灾祸。在喜马拉雅山的崇山峻岭中，有的年份会发生波浪滔天的大洪水，把沿岸的村庄耕地洗劫一空，其根源也在冰川身上。冰山上经常云雾

北京市电车公司印刷厂出品 七五·七

(1436) 20×20＝400

漫谈冰川

缭绕，暴风雪可转瞬即至，巡逻的战士、过往的行人要是不懂些有关的知识是会受到很大的危害的。夹金山的风雪在长征路上给红军战士曾留下难忘的印象。在如今和平时期它们也是经常要遇到的问题。这么说来冰川雪山简直是大自然给人类安排的累赘了，其实又不然。在祖国辽阔的西部地区，气候大多是很干旱的，比方说吐鲁番盆地，全年简直可以说就是一场太阳晒到底，天上连云丝丝也很稀罕。可是这里的哈密瓜、葡萄干却闻名全国，而哺育它们的却正是天山的冰雪溶水。在这些地方，冰川是非常亲切可爱的，老百姓把它们叫做“冰山之父”“圣母之水”，而科学工作者则把它们叫做“固体水库”。冰川确实当得起水库的称呼，它们在天特别干旱的年份和季节像打开闸门的水库一样把冰雪融水源源不绝地供给江河，在多雨时它们就减少支出而增加收入，~~穿上一层又一层的冰雪外衣~~，像水库那样起着蓄洪作用。~~由此可见，冰川对人类是既有利又有弊~~，研究它们实有必要。

其实，就是在祖国内地，冰川还是和我们

北京市电车公司印刷厂出品 七五·七

(1436) 20×20=400

第 3 页共 页

的生活有关的。我国已故的著名地质学家李四光在本世纪廿年代就在太行山发现了古冰川遗迹，往后又在南方的庐山、天目山等地陆续发现了第四纪古代冰川的遗迹。这不仅有重要的理论意义，也有重要的经济意义。比如说一些山麓地带的供水问题，冰碛物（古代冰川留在地面的大块石头）所在地的地基处理问题以及某些砂矿起源的正确解释都需要古冰川研究作理论指导才行。

~~由此可见，冰川研究在理论和实践~~

在旧中国

冰川的研究在我国是解放后，特别是在五十年大跃进中开始的，是一门十分年轻的科学。

我们国家的冰川很多，它们是祖国许多长江大河的源泉。据初步统计，我国冰川总面积约有44,000平方公里，比台湾省的面积还大得多。这是一笔多么丰富的水利资源！就是在世界上我国冰川之多也是名列前茅的。比如说欧洲的阿尔卑斯山是现代冰川研究的发源地，总共也不过三千六百平方公里，不足我国冰川的十分之一，而全部欧洲的冰川也只有八千多平方

北京市电车公司印刷厂出品 七五·七

（1436）20×20=400

公里。因此，我国冰川的研究，还可以为世界冰川知识的宝库作出贡献。

说起来都是冰川，它们彼此间的性格却大不相同，这就需要我们进行考察观测。比如说，有的冰川高居山顶，周围确实是人迹罕到的荒凉世界，接近这种冰川也就比较困难。但有的冰川就不同，它们和田园村庄很近，有些甚至比村庄还低，和人类活动的关系就更密切了。位置不同冰川的寒冷程度也大不同，有的冰川冷得很，夏天最热月也是寒气逼人，雨雪纷飞。但有的冰川可不同，夏天冰川上经常是滂沱大雨，有一次测得雨水温度竟高达8.5°C。如果是在风和日丽的日子里，竟可以在冰面湖泊中洗个澡，就自然享受水晶宫的滋味，环视周围的银色世界，确也是野外生活中一种值得的享受。曾经有一种说法是冰川是生命的禁区。这种说法是不正确的，且不说人类完全可以征服自然，战胜冰川雪山。就是生物

北京市电车公司印刷厂出品 七五·七

(1436) 20×20=400

界中也有不少敢于向严寒挑战的“勇士”，它们竟在冰川上找到了它们的安乐窝，其种类还是十分繁衍呢！比如说，近几年在西藏东南部某些冰川上，科学工作者曾经捕获到一种冰蚯蚓，就是以冰雪世界为家的。这是一种特别小的蚯蚓，成虫长也不过三厘米，它们游弋在冰川上，一会儿钻进冰雪内部，一会儿又到冰面之上，很是灵活。在冬天太冷时，它们就深深地钻进雪里，深居简出。说来奇怪，这种生物在冰天雪地靠什么过日子呢，原来它们是靠吃风吹到冰川上的花粉来过日子的。蜜蜂不是靠搜集花粉来酿蜜的吗，冰蚯蚓吃的就是这种东西。不要以为冰川上花粉少，人们发现，有时一公斤冰中竟有六千粒花粉。有些花粉是从遥远的地方吹上冰川的，比如在冰川上常发现热带树种的花粉，它们应当是从西藏东南部靠近平原的山麓地带吹上来的。这些远方来客都成了冰蚯蚓的食粮。

顾名思义，冰川就是冰河的意思，像河流一样，冰川是要流动的。冰川流动很慢，有的

北京市电车公司印刷厂出品 七五·七

（1436）20×20=400

每年才移动几米，要用精密的经纬仪才能在较短时间内发现它的移动距离。有的冰川比这快得多，一年要运动好几百米。一般来说，夏天冰川运动要快一些，这是因为夏天冰川消融强烈，融水渗到冰川底部，就像加了一层润滑剂一样，冰川运动更快了。这个问题很重要，西藏的冰川常在夏天捣乱，根源就在这里。特别是悬挂在陡坡上的冰川，夏天融水过多，常造成突然滑动。如果冰川前面有湖泊，这就容易发生冰湖溃决，给下游带来弥天大祸。

正如水库有大有小一样，作为固体水库的冰川，大小规模也悬殊很大。有的小冰川斜贴在山坡上，面积不过零点几个平方公里，叫悬冰川。有的冰川则像浩浩荡荡的江河一样，充满山谷，延伸数十公里，这叫山谷冰川。在我国西部山区，就有不少这种大型的山谷冰川，它们蓄积的冰折合水量动辄以数十亿甚至数百亿立方米计算，确实是座容量惊人的特大水库。因为冰川越大，其厚度也随之增大。用地球物理方法探测冰川厚度是很简便的，有些大

北京市电车公司印刷厂出品 七五·七

（1436）20×20=400

冰川厚度常在四五百米以上。位于我国和巴基斯坦之间的喀喇昆仑山的一些冰川厚度近千米，确实是使世界上目前已经有的最大水库也望尘莫及的。

世界上有不少国家把冰川地区列为国家公园，当作夏季的避暑胜地。我国冰川十分丰富多彩，随着社会主义建设的蓬勃发展，从培养劳动人民情操和普及冰川知识出发，开辟几个冰川公园是不成问题的。比如在西藏东南部许多地方，冰川伸入森林，林海雪原天然成趣，在冰塔雪桥之旁树影婆娑，确实是个赏心悦目的好地方。我们伟大祖国的河山是富饶美丽的，条条冰川正是镶嵌在这多娇的万里河山上的闪光的宝石。

冰川是会变化的，它们一般随气候发生变化。古今的气候是不断地在改变着，冰川在地球上也就有生有灭。地球上最老的冰川是南极洲的冰川，冰川统治南极大陆已经有上千万年的历史了。那里冰川规模惊人地大，而移动速度又是如此之慢，以至地质年代中的冰层常留在大陆

北京市电车公司印刷厂出品 七五·七

(1436) 20×20=400

上。当它们最后从格陵兰冰盖走到海岸终于崩落入海成为冰山之前，已经经历了数以万年计的漫长岁月。南极冰川底部冰层（最厚达4,000米以上）是一本地球近代的编年史。科学家们利用这个特点在冰川中打钻，取出冰岩芯，用以研究古代的气候变化，已经得到十分可贵的结果。山岳冰川一般要年轻得多，大多是几千年甚至是数百年来的产物。有些小冰川甚至数十年中即可生灭，是短命的冰川。本世纪上半叶气候很温和，世界上许多冰川都在变小，不少人惊呼冰川要消亡了，我国西北地区将以雪水灌溉的绿洲农业前景暗淡。但自五十年代以来，我国总的也和北半球其他地方一样，逐渐变冷。部分山区二十年来冰川后退已逐渐变慢了，也已有迹象说明就要转为前进了。最显著的就是冰川上每年收入大于支出，大量的冰雪积累总有一天会推动冰川重新前进。因此，前面那种担心是不必要的。事实上，参加青藏高原科学考查的科学工作者已经发现，祁连山的许多冰川自六十年代以来，大多已明显地发生了前进。时刻掌握冰川进退的脉搏，无疑对

北京市电车公司印刷厂出品 七五·七

(1436) 20×20=400

干旱区的国民经济建设具有极其重大的现实意义。我国冰川工作者都在为此而奋斗。

北京市电车公司印刷厂出品　七五·七

（1436）20×20=400

漫谈冰川

1980年国际喀拉昆仑科学
学术会议论文

巴基斯坦北部的地貌发育与第四纪
冰期问题

李吉均　　徐叔鹰

兰州大学地质地理系
1981年6月

蘭州大學

老将行　王维（唐）

少年十五二十时，步行夺得胡马骑，射杀山中白额虎，肯数邺下黄须儿。一身转战三千里，一剑曾当百万师。汉兵奋迅如霹雳，虏骑崩腾畏蒺藜。卫青不败由天幸，李广无功缘数奇。自从弃置便衰朽，世事蹉跎成白首。昔时飞箭无全目，今日垂杨生左肘。路旁时卖故侯瓜，门前学种先生柳。苍茫古木连穷巷，寥落寒山对虚牖。誓令疏勒出飞泉，不似颍川空使酒。贺兰山下阵如云，羽檄交驰日夕闻。节使三河募年少，诏书五道出将军。试拂铁衣如雪色，聊持宝剑动星文。愿得燕弓射天将，耻令越甲鸣吾君。莫嫌旧日云中守，犹堪一战立功勋。

巴基斯坦北部的地貌发育与第四纪冰期问题

第 1 页共 页

巴基斯坦北部的地貌发育与第四纪冰期问题

（从波特瓦尔高原到洪扎河谷）

一 前言

对于巴基斯坦北部喀喇昆仑山及喜马拉雅山的古冰川和地貌发育曾经作过许多研究，其中以G. Dainelli，Ph. C. Visser，H. de Terra等的贡献为最大。特别是H. de Terra关于冰期划分，印度河与克什米尔阶地及其与西瓦利克系地层关系的探讨，长期以来被广泛引用作为南亚第四纪的模式，这就是著名的所恩河口印度河阶地剖面。H. de Terra把克什米尔盆地，仗德河出山口的古冰川遗迹及阶地现象作了分析，认为第四纪期间该区发生过四次冰期，以之和阿尔卑斯山的著名四次冰期作了对比。他并且认为，第一次冰期与上西瓦利克的塔特罗期相当。1965年，P. Woldstedt对H. de Terra的剖面进行了修正，认为南亚最早的冰期以Bain boulder bed（Morris，1938）为代表，并把它置于pinjor带之上。这样就出现了图1及表一的方案。但是，正如H. M. Rendell（1979）所指出的，这个剖面在地层的划分上是有错误

20×20=400 制本总厂 80.5（1529）

图1 所恩河阶地剖面（据P. Woldstedt, 1965）I为Bain boulder bed，II为第一间冰期Cromer层；T_1为M/R间冰期侵蚀阶地，T_2为Riss冰期堆积阶地，T_3为R/W间冰期侵蚀阶地，T_4为Würm冰期阶地

		P. Woldstedt		~~H. de Terra~~	H. de Terra	
全新世		T_5阶地			T_5阶地	冰后期
晚更新世	玉木冰期	T_4阶地			T_4阶地	第四冰期
	里斯-玉木间冰期	T_3阶地			T_3阶地	第三间冰期
中更新世	里斯冰期	波特瓦尔粉砂层及T_2			T_2阶地	第三冰期
	霍尔斯坦间冰期	T_1侵蚀阶地	上卡列瓦层		T_1阶地	第二间冰期(?)
	明德尔冰期	巨砾岩上部	卡列瓦砾石及冰碛	第二冰期		
	克罗默尔间冰期	巨砾岩下部	下卡列瓦层	间	巨砾岩	第二冰期
早更新世	贡兹冰期	Bain Boulder		~~第一间冰期~~	平米（下卡列瓦层）	第一间冰期
	间冰期	平米节		第一间冰期		
	多瑙冰期	塔棒罗节		第一冰期	塔棒罗	第一冰期
上新世						

20×20=400 制本总厂 80.5 (1529)

巴基斯坦北部的地貌发育与第四纪冰期问题

的。事实上在波特瓦尔高原上西瓦利克的塔特罗带与中西瓦利克的多克帕山带之间并不存在不整合，而是一个假整合关系，位于不整合面上的砾岩乃是所谓Lei砾岩。顺便指出，所谓Bain boulder bed是否为冰碛是值得怀疑的。另外，关于冰期划分，G. Dainelli与H. de Terra也是不同的，他虽然在山区中识别出四次冰期遗迹，但认为第四次乃冰后期的冰进，故更新世实际只有三次冰期。七十年代初，S. C. porter (1970) 在对斯瓦特河谷上游的古冰川遗迹进行考察后划分出了三次冰期，这是该区冰期研究中的最近的进展。R. Flint (1970) 根据S.C. porter的资料把Swat Kohistan的三次冰期与美国西部作对比，认为可分别对应于pinedale、Bull lake及pre-Bull lake三次冰期。鉴于美国西部的pinedale及Bull lake二冰期均发生在末次间冰期ep eam间冰期之后，故实际上只有二次冰期。施雅风等对巴图拉冰川的考察划分出了三次冰期，分别推测为早更新世、中更新世及晚更新世，并对全新世的冰川进退作了较详细的研究。

由上述可见，本区冰期问题的研究虽有很长的历史，但取得的进展是不能令人满意的，在冰期次数，与地层及地貌发育的关系，绝对年代方面均存在着很大的不足之处。作者们於1980年夏季参加了由英国皇家地理学会发起组织的"International Karakoram project 1980"活动，对洪扎河谷作了为时一月左右的野外考察，后来沿印度河谷而下，对波特瓦尔高原作了一次地质旅行，并对开伯尔山口进行了访问。在英国和巴基斯坦朋友的帮助下有幸看到一些有趣的古冰川和地质、地貌现象，在这里我们对朋友们的帮助表示深切的谢意。再则，根据我们收集到的现有资料，想探讨一下本区第四纪冰川的演化问题，错误之处敬希大家指正。

二、山地上升和地貌发育

要探讨本区的第四纪冰川演变历史，把着眼点仅只放在喜马拉雅山南麓，或甚至达拉克什米尔谷地内是不够的。但把山地内外的地貌发育，冰川演化及沉积历史联系起来则完全是必要

20×20=400 制本总厂 80.5（1529）

巴基斯坦北部的地貌发育与第四纪冰期问题

的。近年来在这方面的研究有了一些新的进展，特别是对西瓦利克带及其褶皱形成历史的古地磁年代的研究，对探讨青藏高原隆升及其地貌演化的规律提供了新的依据。

众所周知，喜马拉雅山是印度板块和欧亚板块在新生代通过大陆对大陆的碰撞而在缝合线之南印度板块前沿通过板内破裂层层重叠起来的高山。喜马拉雅山的不断隆起伴随着山体范围向南的不断扩大，使山前凹陷带不断南移。目前海拔平均500米左右的波特瓦尔高原是被卷入上升带的最新的部份。它的南面是盖层的盐岭单斜及其前沿的主前沿断层，它的北面是主边界断层。古地磁年代学的研究表明，东盐岭最前沿的Chambal Ridge褶皱成山的时代不早于70万年前，而位于杰卢姆城附近杰卢姆河西岸的Rohtas anticline与pabbi anticline开始成山的历史更晚，大约在40万年左右。可以推论，主前沿断层强烈活动的时期大概也在这个时候，这也是波特瓦尔高原开始强烈隆起的时候。但是褶皱成山与褶皱开始的时期并不一致（而且成山时间靠近喜马拉雅山内侧的部份要早于外侧）。G. Johnson

20×20=400 制本总厂 80.5（1529）

及塔克哈里教授等对杰卢姆河两岸最新背斜形成的年代褶皱变形开始的时代作了仔细的讨论，其结果可见图2及表二。从中可以看出波特瓦尔高原这一级侵蚀面的形成时期主要是在更新世早期，它切过包括上西瓦利克在内的晚新

图2 波特瓦尔高原及邻近地区地质构造和地貌概略图
（MBT 主边界断层 MFT 主前沿断层）

20×20＝400

巴基斯坦北部的地貌发育与第四纪冰期问题

表二. 波特瓦尔高原东部最新构造的地质年令

构造名称	成山时间	开始褶曲变形时间
pabbi 背斜	~0.4 百万年BP	~1.2 百万年BP
Rohtas 〃	~0.4 百万年BP	~1.7 百万年BP
Chambal 〃	<0.7 百万年BP	<2.4 百万年BP
Mangla-Samwal 〃	<1.5 百万年BP	<2.7 百万年BP

生代地层。这是南亚迄今所知形成时代最为确切的一级侵蚀面。从图2的剖面图上我们还可以看到在波特瓦尔高原南面有高一级夷平面升起，平均海拔为1,600米左右。它切过包括早中新世穆里组和始新世货币虫灰岩在内的一切古老地层，故形成时代应主要在上新世。它不大可能是由断层抬升起来的早更新世夷平面的一部份，因为在杰卢姆河我们看到有一级海拔800米左右的宽谷面切入这一级夷平面，向外延伸与波特瓦尔高原地面成逐渐过渡的关系。在印度河上游也有宽谷面延伸入这级夷平面。因此，把它确定为上新世夷平面是比较可靠的。应当指出这级夷平面在喜马拉雅山前是分布很广的，被后期流水切割均被分割为脊梁式的山前丘

陵。

这样，在喜马拉雅山的山前地带我们就得到如下的一个地貌演化图式。上新世是一个夷平面发育的时期；更新世早期在这一级夷平面中形成宽谷，并在山麓因西瓦利克系的褶曲隆起而形成新的侵蚀面，其代表就是波特瓦尔高原面，距今40—70万年前主前沿断层强烈活动，把波特瓦尔高原逐渐抬升到现在的高度，印度河及其支流所属河下切，形成各级阶地与深切河曲，杰卢姆河从宽谷面上下切200米左右，形成峡谷。

关于喜马拉雅山内部地貌发育问题前人有过不少的论述，但关于年代问题一直是个未知数，F.马哈切克（1955）在总结喜马拉雅山和喀喇昆仑山的地貌研究时曾尖锐地指出过这一点。近年我们对青藏高原地貌的研究曾指出，高原上普遍存在着两级夷平面，低一级的是与三趾马动物群生活时期相当期间发育起来的，为分布最广的高原面。在这一级夷平面上突峙着的山脉顶部保留着高一级夷平面，高度大多超过6000

20×20=400 制本总厂 80.5（1529）

巴基斯坦北部的地貌发育与第四纪冰期问题

第 9 页共　页

米，常有平顶冰川分布。这是老第三纪漫长剥蚀夷平的产物。在分布最广的高原面（低级夷平面）上有宽谷面切入，时代属早更新世。现代的深切峡谷是从这一级宽谷面上直接下切的，留下各级阶地（ ）。对青藏高原晚新生代地层近年来也作过一些古地磁年代测定，得知在昆仑山垭口附近，主要为湖相沉积的羌塘组地磁年代为270—140万年，唐古拉山口以西的曲果组湖相沉积为432—220万年（ ）。上者的古地磁极性时代与南亚的上西瓦利克的塔特罗组和平米组大体是相当的。羌塘组沉积之后有一次剧烈的地壳运动，湖相层被掀斜错断，高原上大面积细颗粒的湖相沉积时期自此结束，代之以粗颗粒的砾石层沉积。这标志着高原及山地的上升和地形反差的增大。高原上被公认为更新世初期沉积的贡巴砾岩，最近经古地磁测量为松山反极性世的沉积（ ），测得沉积截止时间为163万年前。这和G.D. Johnson等在Mangla-Samwal Anticline所见到的情况基本一致的，那里在贝都砾岩代以后不久，即1.7百万年左右出现前泛滥平原相沉积，以砾岩为代表的粗颗粒沉积。由此可见，上述南亚西瓦利克及高原内部地磁年代测定均支持喜马拉雅山和青藏高原的强烈隆升是从更新世初期开始的。地貌发育的基本模式也是一致的，这是因为

20×20=400 制本总厂 80.5（1529）

第 10 页共　页

青藏高原及其边缘山地在大地构造上是一个整体，受统一的板块应力场的支配（印度板块的北向推进），因而地壳运动的阶段性及其所决定的地貌演化规律基本是一致的。

K. H. paffen等（1956）曾经指出，在洪扎河谷地区高于4,000米的地方存在着i级更新世以前的地形面，而在3,000米左右的高度上山坡有明显的坡折，在此以下河谷深切成V形，深度常达1,000米。我们的观察证明他们的说法基本是对的。在帕苏附近海拔4200-4300米的高处有一级侵蚀面十分明显，特别是在巴托拉冰川与帕苏冰川之间有一条古梁叫帕图达斯，平坦的侵蚀面残余延伸约几公里（照片　）。沿着洪扎河谷，这一级侵蚀面是普遍存在的，在哈尔特附近也很清楚，说明它们是与现代水系保持着联系，不属于跨流域夷平面的性质。在此之上，大约在海拔5200米左右，可以看到比较整齐的峰脊线，某些地方保存小片的平坦地面。在拉喀卜希峰之东有一山峰叫米尔西喀峰（5445米），从阿里亚巴德南望见峰顶下为一平台，冰川

20×20＝400　制本总厂 80.5（1529）

巴基斯坦北部的地貌发育与第四纪冰期问题

平铺其上，并以冰崩方式在下方形成一条再生冰川。这个平台高5200米，应是古夷平面遗迹。根据西昆仑山的观测，那里的老第三纪夷平面一般均在6000～6500米，发育很大规模的平顶冰川，新第三纪夷平面在5400米左右，高出湖盆宽谷数百米。喀喇昆仑山的隆升当然不会低于西昆仑山，上述5200米左右的峰顶线及古夷平面片段只能属于新第三纪的夷平面。再则，根据德西俄（Desio，1964）等对构成喀喇昆仑山主山脊的花岗闪长岩的Rb/Sr测年，其生成时代为860万年前。果如此，则喀喇昆仑山是不可能有更老夷平面保存的。这样，我们就有充足的理由把前述4200米的帕图达斯侵蚀面定为更新世早期的地面残余，并以此作为我们讨论本区冰川及地形演化的可靠起点。

三、洪扎河谷的古冰川遗迹

洪扎河谷在印度河诸支流中占有特殊地位，它横穿喀喇昆仑山向北伸入亚洲大陆的心脏地区，北方紧接帕米尔高原。因而喀喇昆仑山南北坡的许多大冰川均被纳入它的流域范围，如著名的希斯帕尔冰川、巴图拉冰川、维吉拉布冰川、库尔多平冰川等。初步计算在洪扎河14,100平方公里流域面积中，现代冰川几乎占到30%。相反地，作为干流的吉尔吉特河现代冰川却非常稀少。原因在于吉尔吉特河流域内没有太多的像喀喇昆仑山这样的高山峻岭。而且，还是由于洪扎河横切喀喇昆仑山，相对地势起伏特别巨大，从庞大的山体上发育的现代冰川可向下伸到很低的位置。出现米纳平冰川、皮生冰川、巴托拉冰川这些有名的冰舌末端位置很低的冰川，末端高度分别为2345米、2   及2540米。在青藏高原及其周围山区只有喜马拉雅山最东端的西藏东南角某些冰川可以伸延到这样低的高度。有利于洪扎河谷冰川发育的另一个因素是气候，这里是属于地中海型降水区，冬春大量的降雪十分有利于冰川的补给。这里的河谷地区虽然十分干燥，如巴托拉与米斯加尔年降水量均只100毫米左右。但是，高山带降水非常丰富，雪线附近年降水量可能超过2000毫米。洪扎河谷的地势气候既然在现在仍然十分有利于冰川的发育，在第四纪冰期时古冰

巴基斯坦北部的地貌发育与第四纪冰期问题

川发育的巨大规模就是可想而知了。下面我们将主要探讨洪扎河谷第四纪古冰川的演化和冰期划分问题。

在洪扎河谷古冰川的遗迹分布十分广泛，而且由于植被披稀而暴露得十分清楚，无论在野外还是在航空照片上均可清晰地把它们判断出来。图 是根据巴基斯坦政府提供的1/50000航空照片结合我们1980年夏天的野外实地观测填绘的帕苏地区冰川遗迹分布图，包括洪扎河西岸的巴托拉冰川、帕苏冰川及古鲁金冰川下段的地区。这里有发育十分典型的冰流溢道，古槽谷底残余、羊背岩、磨光面以及各种规模及保留完全程度的冰川终碛、侧碛和冰水沉积。这些冰川遗迹有明显的层次，不同层次的冰川遗迹保存的完好程度，反映的冰川规模各不相同，分别代表不同冰期的产物。此中明显的层次有三个，不包括全新世在内有四次古冰川遗迹，现分述如下。

高层古冰川遗迹 这指的是高于洪扎河现代水面1800—2000米以上的古剥蚀面残余在西上

20×20＝400 制本总厂 80.5（1529）

的零星的大漂砾，主要是花岗闪长岩，像来自喀喇昆仑山主峰附近。如在帕苏冰川与古尔金冰川之间的山脊上，海拔4250米，在一片不大的平地上零星地搁置着直径最大可达3米的花岗闪长岩漂砾，下伏基岩是早古生代的帕苏板岩。据施雅风、张祥松报导，在帕图达斯、及麦诺许诸山顶上也发现类似的漂砾(。)（照片 ）由于长期的风化剥蚀，原来可能是很厚的冰碛层只剩下少数漂砾，当时的原始地面大多已荡然无存，被后期的冰川、流水破坏殆尽，这是本区可以辨认的最老的一次古冰川作用。但是，既然这些平台代表的是相当宽阔的侵蚀面，或至少是很宽的宽谷面，当时的冰川应具有覆盖式的性质。

中层古冰川遗迹　在帕苏冰川末端与巴托拉冰川之间有一个主要由石灰岩组成的长梁。顶部起伏和缓，平均高度后部为3200-3300米，下游方上升到3500米，有明显的羊背岩和冰蚀洼地位于其上。这个长梁高出洪扎河谷近1,000米，以陡峭的绝壁俯临深谷，显然是古代冰川槽谷底部的一部份。另外，在帕苏冰川与古尔金冰川之南，在

巴基斯坦北部的地貌发育与第四纪冰期问题

3300米以上同样保留这级平台。古冰碛从3300米的高度一直分布到3900米的高度，厚度5—10米，表面垅脊形态已极为模糊。这种冰碛虽已强烈风化，但在冰碛中有时还可找到许多带擦痕的冰碛石以及灰岩砾石，说明较之剥蚀面上的冰碛只剩下漂砾要年代新一些。由於这次冰期时槽谷底部已深深地切入剥蚀面近1,000米，呈典型的山谷冰川。

低层古冰川遗迹　这指的是低於上述3200米古冰川槽谷残留面的所有冰蚀和冰碛地形。其中除洪扎河谷及各冰川所在的主要槽谷外，还有古冰流溢道（或边缘槽谷）、帕苏村附近洪扎河谷中的羊背岩，依附在谷坡上的土柱式冰碛，形态完整的侧碛垅、终碛垅以及冰碛台地等。在帕苏冰川右侧山脊上可见这低层冰碛的最高位置可达3130米，高於洪扎河谷700米，这是低层冰碛中最早的。另此某高的谷壁上还保持着残留的磨光面，这是在中层谷壁上所未见的。可以清楚地把低层冰碛分为三个大的类别，时代及反映的冰川规模各不相同。最早的一期洪扎河谷形成贯穿一气的主谷冰川，并塑造出典型的冰川边缘槽谷。此期冰碛

20×20＝400　制本总厂 80.5 (1529)

一般胶结得相当坚硬，特别是由灰岩成份组成者，常胶结成很厚的硬壳，在巴托拉冰川冰舌右前方的冰碛平台前端，出露有由此种老冰碛构成的丘陵，硬壳竟厚达数米。这显示它们经过了间冰期乾热气候作用而形成很厚的钙质硬壳（calcicrete）。山坡上的冰碛则形成高大的土柱。在帕苏冰川对岸洪扎河左岸并形成高达百米以上的冰碛平台，前缘经冲沟切割土柱尤为发育。下层冰碛第二期所代表的冰川规模要小得多，巴托拉冰川形成末端左前方的冰碛平台，台面前方海拔2620米，高出洪扎河水面仅只140米。此期冰碛沿主谷右岸山坡断续下伸，至帕苏村仅只高30—40米。当时的巴托拉冰川可能刚好与帕苏冰川相接，连接巴托拉冰川与帕苏冰川的边缘槽谷仅只被占据上半段，留下有垅脊形态的冰碛。帕苏冰川通过右侧的三个冰川溢道向下泛流也不很远，在其与古冰舌主冰川之间的冰蚀平台上留下许多道短促的冰碛垅。从它们形态的保存完整程度、风化强度及所达到的规模来看可明显地分为两个阶段。前一阶段冰碛中的花岗闪长岩漂砾风化极强，形成深可容人的巨型蜂窝风化穴（照片　），冰碛垅已经残破。羊背岩上磨光面已经风化剥落，形成很深的风化坑。晚期冰碛保持着清晰的垅脊形态，冰碛物风化程度相对要浅得多。事实上巴托拉冰川的冰碛平台也是由两种冰碛组成，平台主体表面风化凌夷很强，表面有冰水沉积复盖，有厚达半米的钙质硬壳发育其上。在平台靠冰川的一侧有一列形态清晰的古侧碛垅，风化较浅，而按其延伸方向恢复起来的古冰川仅比全新世新冰期暗棕色冰碛所代表的巴托拉冰川规模稍稍大一点。这种情况与帕苏冰川所见基本一致。

以上所述帕苏附近高、中、低三层古冰川遗迹可以通过帕苏冰川右侧山脊的横剖面表示出来（图　）。这样，我们就可以划分出下列的冰期系列：

第一冰期　剥蚀面上大漂砾为代表

第二冰期　中层古冰川遗迹包括古上槽谷残留及剥蚀的冰碛层，冰碛石上仍保存有擦痕，冰碛土中有少量灰岩成分。

第三冰期 位于下槽谷中，大量的冰碛土仍保存完整的边缘槽谷，谷壁上有残留的磨光面，形成很厚的钙质硬壳。

第四冰期 早期冰碛形态残破，风化强。

晚期冰碛形态清晰，风化较弱。

全新世 新冰期冰碛。

就冰川的规模来说，第一冰期为复盖式冰川。第二、三期冰川为巨型山谷冰川，贯穿洪扎河主谷，分别发育在上下槽谷中。第四期冰川在帕苏一带基本保持比现代冰川略大的规模，洪扎河谷曾被堵塞，但未形成主谷冰川，而且早晚期有明显差别。

除了帕苏地区外，我们在拉喀卜希峰北侧洪扎河岸的米纳平冰川和皮生冰川一带对古冰川遗迹作了调查。图 是米纳平冰川右岸的剖面示意图，T_2中含朽木C^{14}年代为 BP，T_3冰碛中所含朽木C^{14}年代为 BP，一个是全新世新冰期 冰进的产物，一个是晚冰期冰进的

$20\times20=400$ 制本总厂 80.5（1529）

产物。按此推测则T_4应为末次冰期的产物。T_4保留着明显的脊形，内坡很陡，坡脚部份已为冰碛转化成的坡积裙所复盖，外坡则因山坡上的物质而部份被充填。由此以上谷壁上冰蚀磨光面保留很清楚。米纳平冰川在末次冰期时越过

前方相对高度约200米的冰坎进入洪扎河谷，在Hindi村一带留下大量的冰碛丘陵。这些冰碛丘陵表面大多还发育有一层20—40厘米厚的钙质硬壳，这一点和帕苏一带是很相似的。在图上T_4只有一列，但向下方伸延很快分化，在照片上我们至少可以看到有四列冰碛垅向

洪扎河谷延伸。图　是洪扎河流经Hindi村附

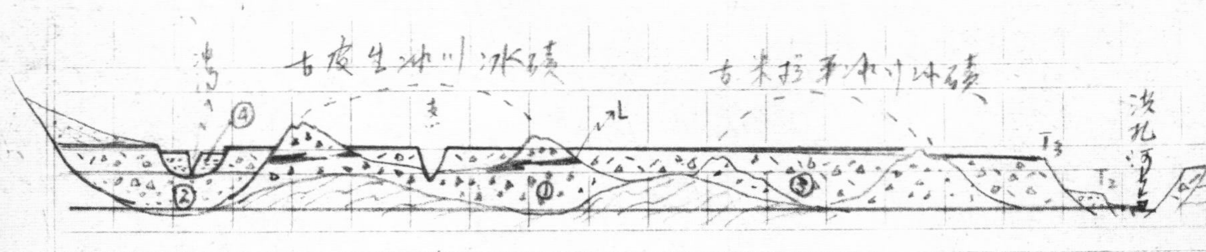

① 末次冰期冰碛　② 与末次冰期同时的洪扎河河流堆积
③ 冰期后泥石流堆积　④ 与T2卵石层同期的支沟堆积

近时在右岸切开的剖面。洪扎河从第三级阶地面上下切80—100米。第二级阶地是真正的河流阶地，高约30米，由河床卵石层组成。第一级近水边，只5米左右。第三级阶地并非河流沉积，而是由冰碛与泥石流等混合堆积所组成。看来在末次冰期冰退后有一个泥石流广泛发育的时期，冰碛被改造充填整个洪扎河谷。然后洪扎河谷开始下切。在末次冰期冰碛中夹有粉砂层，乃冰川边缘暂时出的壅塞湖沉积，湖相层中时有坠落石块发现。经热发光鉴定，此湖相沉积的年代约为　　BP。说明此冰碛确实是末次冰期的产物。和帕苏地区一样，末次冰期米拉甲

和发生冰川的规模比现代冰川扩大范围不大，洪扎河受到阻塞，但主谷中没有形成统一的冰川。

在图 所表示的米纳平冰川上槽谷的古冰碛（T5）的前坡，灌溉水渠切开的剖面上我们发现在坡积层下埋藏有不少朽木，有的树根及残桩尚可辨见，显示这里曾经有过大片的森林。从保存的木头来看主要是柏树。朽木经 C^{14} 年代测定为 BP，看来在末次冰期来临之前这里森林很好，随着末次冰期气候变冷，这些森林被毁灭了。目前这里很干燥，没有森林，这表示在末次冰期之前的间冰期中这里的气候条件比现代要好，降水可能要丰富一些。T5是倒数第二次冰期的冰碛表现为被分割的土柱，局部钙质胶结，固结很紧，这和帕苏一带所见柱式的老冰碛基本相同。但是，在分布的地形部位上这里和帕苏地区不同，T5在米纳平冰川成为上槽谷冰碛，延伸入洪扎河谷则成为高踞在山坡上的古冰碛平台，和末次冰期冰碛处于高差悬殊的位置上。另外，在Hindi村东头，洪扎河峡谷近

20×20=400 制本总厂 80.5（1529）

第 22 页共 页

米纳平冰川出口处，谷地横断面上有上述两种冰碛之间有一级高于洪扎河水面约300米的河流阶地（剖面图　　及照片　　）。阶地河流砾石层估计厚达50米以上，多花岗岩砾石，磨圆度高，看来是末次间冰期中洪扎河的阶地。这说明在拉喀卜希峰附近洪扎河在末次冰期与倒数第二次冰期之间地形有大的抬升并发生强烈的切割，深度超过300米。在帕苏地区情况与此不同，倒数

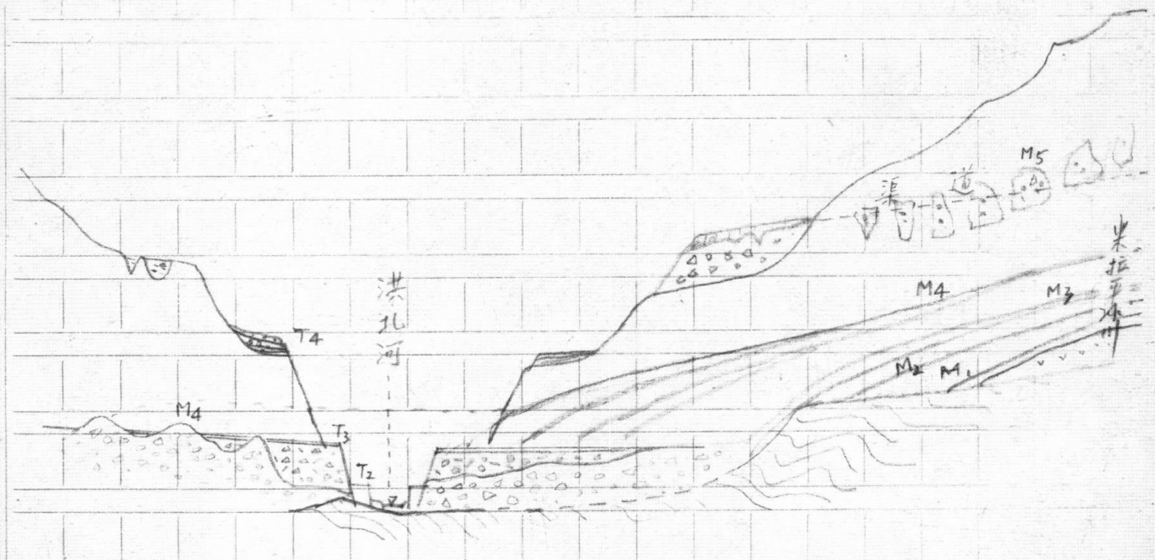

第二次冰期的冰碛也出现在洪扎河谷底部，说明其后未发生深切，只是有时因河流的旁蚀作用而使前后的地形发生变化。这就是说，河流的侵蚀回春在倒数第二次冰期之后并未波及喀

20×20=400 制本总厂 80.5（1529）

巴基斯坦北部的地貌发育与第四纪冰期问题

喀喇昆仑山北坡的帕苏地区，这也可能与新构造运动的差异上升有关。

在帕提巴尔沟以下洪扎河切开由花岗闪长岩构成的喀喇昆仑山主山脊，形成深切峡谷。在高于谷底估计800米以上的地方保存着一个古宽谷面，很厚的冰碛覆盖在这个宽谷面上。我们发现在冰碛之下有一层相当厚的钙质胶结的砾岩，在Saret以上这种砾岩因山崩而大量坠落谷底，砾岩成份复杂，砾石磨圆度很高，为典型的河流相沉积（照片　　）。这是我们迄今在洪扎河谷所发现的位置最高的古洪扎河阶地沉积，按地形部位应在第一冰期和第二次冰期之间，即洪扎河从4200米剥蚀面上下切形成宽谷时留下的沉积证据。顺便指出，这个峡谷看来在末次冰期以后并没有下切显著，盐风化作用造成的蜂窝状的风化岩面一直伸到水面附近，而在高于水面不及100米的风口上还保留着末次冰期的冰碛。但是，K. H. paffen等认为Saret附近的终碛（他们认为是晚冰期的终碛）根据1980年我们的观察似乎主要是由十九世纪发生的山崩堆

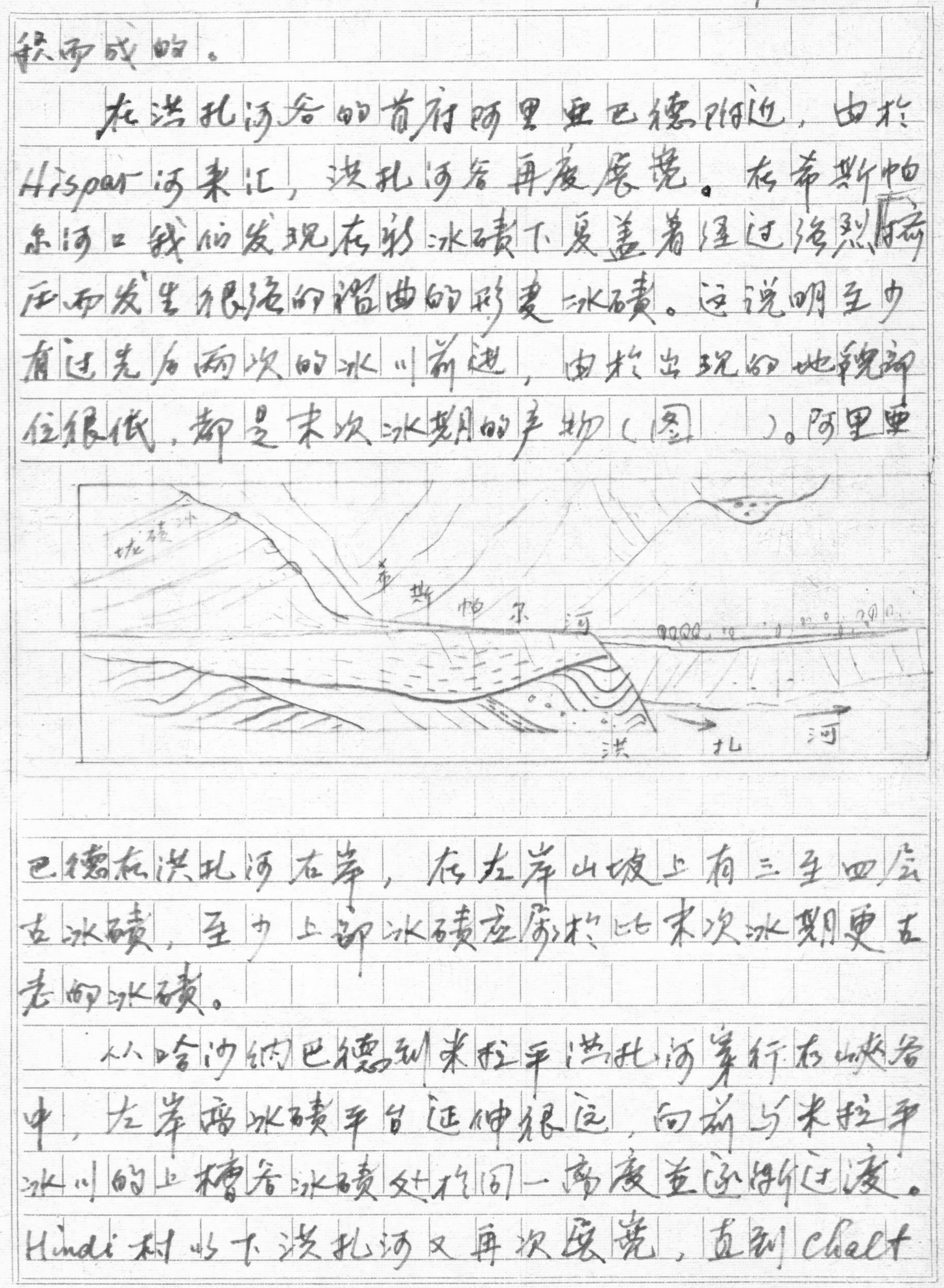

第 24 页共 页

铁而成的。

在洪扎河谷的首府阿里亚巴德附近，由於Hispar河来汇，洪扎河谷再度展宽。在希斯帕尔河口我们发现在新冰碛下复盖着经过强烈挤压而发生很强的褶曲的形变冰碛。这说明至少有过先后两次的冰川前进，由於出现的地貌部位很低，都是末次冰期的产物（图 ）。阿里亚

巴德在洪扎河右岸，在左岸山坡上有三至四层古冰碛，至少上部冰碛应属於比末次冰期更古老的冰碛。

从哈沙纳巴德到米拉平洪扎河穿行在峡谷中，左岸高冰碛平台延伸很远，向前与米拉平冰川的上槽谷冰碛处於同一高度并逐渐过渡。Hindi村以下洪扎河又再次展宽，直到Chalt

20×20＝400 制本总厂 80.5（1529）

一段宽谷内在两岸山坡上分布着大量的冰碛，特别在宽大的古冰流溢道内有巨厚冰碛分布，~~因冰碛位置最高~~后期切割形成类似劣地的地形，出现大量的土柱。冰碛位置最高者当远高于河面，估计可达800米以上。自Chalt以下洪扎河又进入峡谷，由于未作工作，该处情况不了解。但在吉尔吉特附近，洪扎河与吉尔吉特河均很宽广，在会口以下河流左岸见到山坡上大片古冰碛分布，不仅剖面出露的厚度大，而且一直沿坡向上几及山顶，估计高于河面近1000米。同时又见到末次冰期冰碛堤一直伸入主谷，故山坡上的冰碛显然至少是倒数第二次冰期的遗迹。这种高位古冰碛继续沿吉尔吉特河下伸，在与印度河会口处还可见其遗迹。看来此期古冰川已伸入印度河至少达到本吉（Bunji，海拔1230米）。从洪扎河源的维吉拉布冰川算起，在倒数第二次冰期中洪扎河谷的冰川形成占据一切谷地的巨型网状冰川，直到Bunji村，其总长度达2[illegible]0公里左右。图　是洪扎河谷现代冰川与倒数第二次冰期时冰川规模的对比。倒数第三次

20×20=400 制本总厂 80.5（1529）

冰期由于破坏严重而遗迹保留不完整，但根据当时古宽谷的规模，冰川如占领这些宽谷则将是更为壮观，但能延伸到什么地方尚难以肯定。

五、讨论

(一)由于喀喇昆仑山花岗闪长岩同位素年令仅为860万年，以及波德瓦尔系下更新统地层古地磁年代的确定，使我们有可能把洪扎河谷地貌发育及冰川演化的年代放在较为可靠的基础上来讨论。de Terra关于印度河阶地与冰期关系的对比是过时了的，一方面是地层年代的错误，另一方面是该地与发生冰川的喜马拉雅山相去太远，把阶地与冰期联系的方法只是建立在猜测的基础上。看来南亚冰期最早不得早于奥都维事件，故把塔特罗对应第一冰期是缺乏根据的。

(二)S. C. Porter认为"在目前可以辨认出来的最早的冰川作用之前，河流(指Swat河——本文作者注)就已经具备目前的地形"。根据我们的研究，洪扎河谷地貌在冰期前及冰期中曾经过巨大的变化，冰期中冰川与流水(间冰期)的作用使河道至少

20×20=400 制本总厂 80.5 (1529)

下切了2,000米。在喀喇昆仑山口谷以北的帕苏地区末次冰期与倒数第二次冰期冰川基本在同一谷地中发育，但在米纳平附近则二者之间有很大的下切发生。可见冰川发育与地貌部位的关系在同一河流的不同段落看来也是有差别的。S.C. Porter在Swat河谷见到的二次冰期遗迹有可能正相当于洪扎河谷的末次冰期的先后两阶段与倒数第二次冰期，更老的冰川遗迹可能因Swat河降水远较干热的洪扎河谷为多而严重破坏，或者尚未发现。

(三)、洪扎河谷末次冰期冰川规模无论在帕苏地区还是米拉平地区都是惊人地小的，巴托拉冰川延长不到4公里，不及目前长度的1/10，米拉平冰川延长不过　公里，仅及现代冰川长度的1/　。G. Dainelli当年划分印度河上游古冰川四次冰期，但认为第四次乃冰后期冰进所致，冰川规模扩展不大，一般只入主谷堵塞河谷形成暂时湖泊。根据我们的研究，G. Dainelli的所谓冰后期冰进与洪扎河的末次冰期性质一致，因而认为本区普遍存在的还是四次冰期。全新世的新冰期冰进规模更小，与现代冰川相差无几。

何以洪扎河谷末次冰期冰川规模是这样地小，而倒数第二次冰期冰川规模又是如此巨大呢？用冰后期山地强上升可能似有理由，但河流自末次冰期后尚未切入基岩的事实对此不利，而且也不足以解释何以倒数第二次冰期冰川规模何以是那样大。我们认为，该区地形的特点有助于对此作出解释。前面谈过，该区目前5000米以上的夷平面保留的面积极少，但这个高度仍然是冰斗粒雪盆集中分布的高度，相当程度上仍受此水平面的控制。这是现代冰川赖以发育的地貌基础。从这个高度以下我们普遍看到粒雪盆出口即为陡峻的冰瀑布，一直下降到4200米这个相当于古剥蚀面高度上才又见有大面积的平坦地段出现。因此，当冰期时雪线下降值如果小于1000米，古冰川将不会因此扩大多少积累区的面积，冰川长度也不会有较大延伸。只有当雪线下降值超过1000时，冰川积累区将占据4200米这个水平面所决定的各种地形面（冰斗、剥蚀面、宽谷地段等），冰川面积猛增。这就会使冰

巴基斯坦北部的地貌发育与第四纪冰期问题

川强烈下切，支冰川汇合为主冰川，使冰川类型向更高级发展。A. Heim 当年在贡嘎山发现末次冰期冰川仅比现代冰川长度增大10—60%，就曾求助于新构造运动上升来解释。但是，他忽略了海螺沟冰川和贡巴冰川都有巨大的冰瀑布这一事实。可以认为，山区夷平面的高度对冰川发育来说乃是一种意义重大的临界高度。在此高度上雪线的少量变化即会引起冰川的剧烈收缩或迅速扩大。例如第二次冰期雪线下降值虽然是低到4200米以下，故洪扎河形成巨型的山谷冰川。末次冰期在巴托拉冰川据此详细计算，古冰斗在4200—4300米，还没有降到临界值以下，故古冰川规模扩大不多。

（四）洪扎河谷的干热性质看来在第四纪期间已经维持了很长的时间了。Saret砾岩为钙质砾岩，显示第二次冰期前即已是一种干热河谷的环境。目前在洪扎河谷进行着强烈的盐风化作用。强大的山谷风甚至使贴近地面的石灰华和花岗岩漂砾面上被沙粒撞击出有如蜂窝状的风蚀坑、刻槽等。最大风速可达22.6米/秒，曾吹断横跨洪扎河谷的贝利式吊桥( )。而且由于植被极稀，大风常卷起尘暴，迷漫山谷。我们曾看到高达4,000米的尘暴。但是，随着海拔增大，山坡上部盐风化作用很快减弱。如在帕苏地区3700米以上蒿子、麻黄、三颗针等荒漠群落逐渐过渡为矮柳、金腊梅、蔷薇等组成的高山灌丛。这个高度上的桧柏也长成高大的乔木，改变了低处因干燥多风而呈现的匍伏和旗帜状的树冠形状。在拉喀卜西峰一带这种变化更快，在海拔2800米的阴北坡上已有云杉纯林生长，河谷中的盐风化作用也要弱得多。

另外，由于洪扎河谷属地中海冬雨区，冰期时气候会比间冰期湿润，间冰期是高温干燥的时期。这从冰碛表面的钙质硬壳及冰后期强烈的盐风化作用、风蚀作用均可表现出来。这一点使洪扎河谷冰川的发育与喜马拉雅山南坡受季风影响地区冰川演变的环境应有所不同。后者冰期时季风削弱，间冰期季风强盛，因而应是高温湿润的时期。如在西藏南部，第二冰期之后的间冰期气候湿热，冰碛上发育红壤型风

20×20=400 制本总厂 80.5 (1529)

化散，而洪扎河谷第二冰期后却显然是个较热时期，冰碛中淋滤作用强而钙的聚集很显著。

（五）从地貌发育和冰川演化来看，洪扎河谷到波特瓦尔高原的巴基斯坦北部地区和青藏高原其他地区是基本一致的。自早更新世剥蚀面上发生第一次冰川作用以来，洪扎河至今累计下切2,000米左右。鉴于目前洪扎河许多段落皆为深切峡谷，较之剥蚀面形成时期河流基本处于均衡剖面的状况还相差很远，故山地上升量当远大于此数。波得瓦尔高原目前仍只有500米高，较之洪扎河谷4200米的剥蚀面相差三千米以上，此间的差异运动是很剧烈的，应与青藏高原及边缘山地的断块隆升的性质分不开，单纯的大褶皱不能解释这一点。而且，正是因为断块运动，某些小的块体可以成为上升中心，使地貌演化在基本一致的图景上产生局部的差异。总结前述，对洪扎河谷的地貌发育与冰川演化可给出如下的一般模式。

1，上新世末形成广阔的夷平面，目前保持在海拔5200米左右的高度上，喀喇昆仑山诸高峰突起於这级夷平面之上。

2，第四纪初（180万年）山地上升，上西瓦利克上部的巨砾岩（与贵巴砾岩可能相当）标志着喀喇昆仑山、喜马拉雅山和整个青藏高原的崛起。

相对稳定时期形成低於上新世夷平面约1000米的以帕图达斯为代表的宽谷面或剥蚀面（与波得已高原相当）

3. 早更新世后期发生第一次冰期，属覆盖式类型，冰川沉积为散见於4200米剥蚀面上的大漂砾，冰川地形已彻底破坏。

4. 山地上升与河流下切形成宽谷面，在海拔5000米左右的宽谷面上保存Saret钙质砾岩，说明至少此时洪扎河谷也是一种较热河谷的景观。

5. 在上述宽谷面上发生第二次冰川作用，冰蚀地形及冰碛可局部保存。可以与青藏高原的聂聂雄拉冰期对比。

6. 间冰期中山地继续上升并引起河流下切，许多地方现代谷地於此时基本形成。洪扎河流域内仍然干热，没有类似西藏中更新世间冰期红壤型风化壳的形成。

7. 第三次冰川作用形成目前保存最广的贯穿洪扎河主谷的冰碛和冰蚀地形均於此时形成。古雪线下降值超过1,000米，主谷冰川一直伸到吉尔吉特河与印度河会口以下的Bunji附近。

8. 末次间冰期中在拉喀卜希峰等上升中心附近河谷显著下切，超过300米，至少在主山脊以北的帕米尔地区此期未显著下切。洪扎河谷更为干燥，第三次冰期冰碛发生很厚的钙质硬壳。

9. 末次冰期，雪线下降值仅800米左右或更小，冰川面积比现代扩大不多，只形成支谷冰川阻塞主谷的现象，洪扎河谷没有统一的山谷冰川系统。此期冰期分为前后二阶段，可能分别相当於早Würm与主Würm。在末端冰川发现晚冰期冰进的证据，冰川规模与现代冰川很接近。

10. 全新世早期或晚冰期之末冰川泥石流盛行

20×20=400 制本总厂 80.5 (1529)

形成充填谷达100米的堆积，洪扎河谷主要居民点和耕地均在此一级地面上。然后河流下切，高温期后新冰期冰川再次推进。C14年代记录到 两次冰进。

20×20=400 制本总厂 80.5（1529）

注意庐山的热带地貌和沉积遗迹

（庐山古冰川遗迹质疑之二）

李吉均 朱俊杰 姚檀栋

（兰州大学地质地理系）

今日的庐山处于我国中亚热带的最北缘，山麓的九江年平均气温17.0°C，年降水量1397毫米。庐山顶部的牯岭气象站（1164米）年平均气温11.4°C，年降水量1834毫米。根据研究，1000米以上应属山地暖温带范围，自然植被应以落叶阔叶林及针阔混交林为主，土壤为山地黄棕壤。在1000米以下为山地亚热带范围，自然植被应以常绿阔叶林的樟、栲、青杠、苦槠等为主，自然土壤为山地黄壤（1.2）。提出这里现代的自然植被和土壤的垂直带谱，目的在于指出，虽然我们目前所处的全新世被公认为一个间冰期（即现代间冰期），但气候状况是既不如早更新世和中更新世发育网纹红土那样湿热，也不似晚更新世沉积下蜀土时那样干冷。就庐山地区自然环境的演变趋势来说，全新世的气候是晚更新世中国东部地区强烈变冷之后的一个回暖时期。

20×20=400 制本总厂 80.5（1529）

研究中国东部地区第四纪沉积中的红土和黄土分布范围的变化使我们清楚地看到一种趋势，即从早更新世到晚近代，红土的分布范围逐渐向南撤退，从最北面曾经达到的黄河平原后撤到今日的长江以南。相反地，黄土则从午城黄土仅分布在黄土高原东部狭小的范围到晚更新世马兰黄土——下蜀土一直展布到长江流域和东北的松辽平原（图1.2）。(3) 顺便指出，处于南亚的巴基斯坦的波特瓦尔高原上所谓的波特瓦尔黄土也是晚更新世才开始出现的，(4) 而日本学者也曾报导在早于末冰期的冰碛之上有反映干燥气候的黄土和火山灰一起沉积，火山灰的同位素年龄为32,000 B.P.，当时猛犸动物群从西伯利亚经库页岛移入日本列岛，其中的某些成份一直分布到本州中部。(5) 这种现象和我国东部末次冰期猛犸象南移到淮河流域，披毛犀一直分布到上海的形势是一致的。任美锷先生近来根据海洋地质的新资料指出，在末次冰期时，我国海岸线向东推进约500—600公里，黄淮平原大陆度增加，草原带的界线向东南推进，当时成为陆地的东海和黄海底部生长

20×20＝400 制本总厂 80.5（1529）

注意庐山的热带地貌和沉积遗迹

着草本占优势的植被，因而食草性的披毛犀、野牛、诺氏象等奔驰到东海大陆架边缘。(6) 亚洲大陆在晚更新世，特别是末次冰期中这样空前规模的变冷变干在世界上是十分突出的，其原因盖在于青藏高原在第四纪晚期强烈上升达到接近现代的高度，成为南北向大气环流和水汽传输的巨大障碍。这一点我们在有关文献中已经指出过(7)。CLIMAP 1976年发表的18,000年前一月份世界温度分布形势图大大低估了东亚地区当时气温的下降值，甚至标明我国东北的辽河平原一带温度比现在还高，显然这是不符合事实的(8)。根据近十多年的研究，末次冰期我国东部北到东北、华北，南到长江流域，降温幅度应在8—10°C左右(9，10，11)，这和草原带南移10个纬距的变幅基本是一致的。

如果说晚更新世亚洲气候的变干变冷是个突出的事实的话，那么第四纪早、中期我国东部气候的长期温热也同样是一个确定的事实。特别是长江以南地区，自然环境的继承性是很明显的。这从动植物的演化，古老种属的保存情况都可看得很清楚，这方面的资料目前积累得越来越多(12，13)。就以庐山为例，据统计庐山所有的

第 4 页共 页

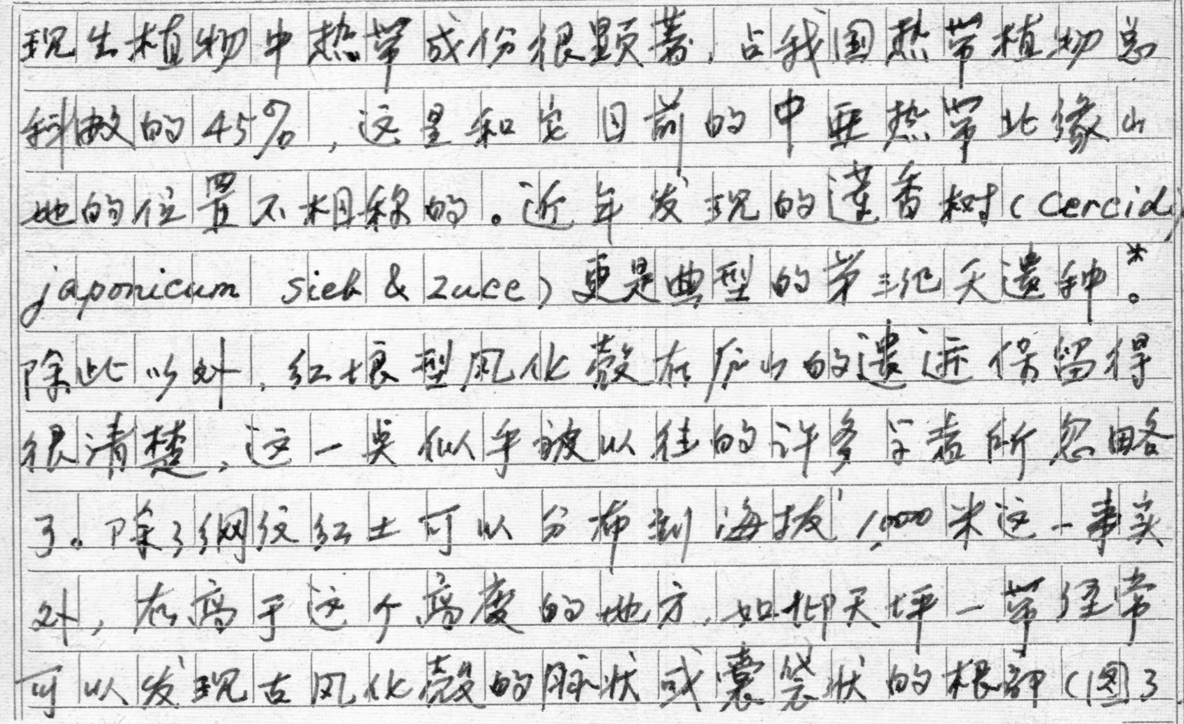

现生植物中热带成份很显著，占我国热带植物总科数的45%，这是和它目前的中亚热带北缘山地的位置不相称的。近年发现的连香树（Cercidiphyllum japonicum Sieb & Zucc）更是典型的第三纪孑遗种*。除此以外，红壤型风化壳在庐山的遗迹保留得很清楚，这一点似乎被以往的许多学者所忽略了。除了网纹红土可以分布到海拔1,000米这一事实外，在高于这个高度的地方，如仰天坪一带经常可以发现古风化壳的脉状或囊袋状的根部（图3）

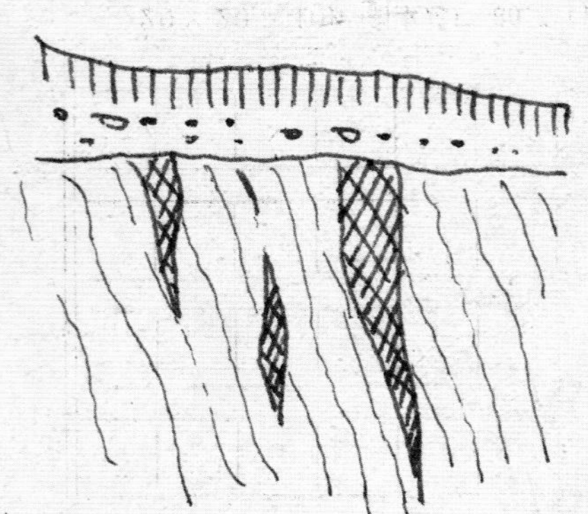

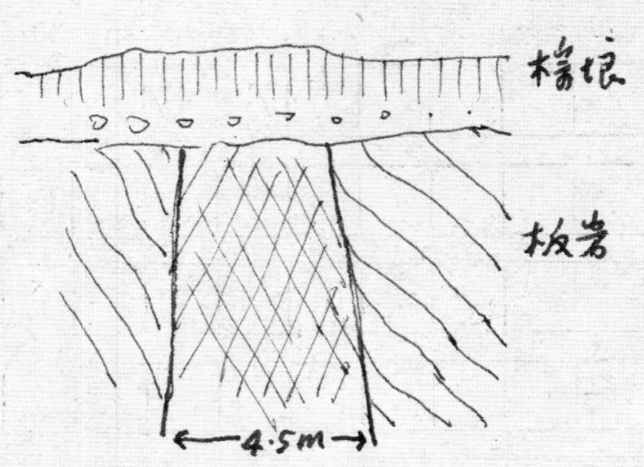

图3. 仰天坪公路剖面出现的古风化壳根部

。再则，几乎是山上山下无一例外，凡是被第四纪松散沉积埋藏的基岩面，天然或人工剖面上总可以发现，基岩的风化深度远甚于上覆的沙砾

* 据庐山植物园王江林同志介绍情况。

20×20＝400 制本总厂 80.5（1529）

注意庐山的热带地貌和沉积遗迹

石层或所谓的泥球。这主要是一种高岭石化现象，仍然是热带风化壳底部现象。它说明一个事实，即基岩被侵蚀削平之前已经遭受到强烈的风化。热带地貌学的研究证明，茂密的森林在热带高温多雨地区不仅不能保护地面免于受侵蚀（像温带地区一样），相反地植物分解产生的大量有机酸渗入基岩，正是进行化学风化的强有力的工具。高温多雨使硅酸盐的水解作用能够迅速进行，因此湿热地区化学风化要比寒温带的泰加林高出20—40倍。(14) 不难设想，当坡面基岩受到如此强烈的化学风化时，即使有森林草皮覆盖，当暴雨之后，风化层吸水饱和易於达到它的塑限或液限，或者沿节理，或者整层发生灾难性的块体运动和泥石流。这种现象在热带地区已经是多次发生，例如香港地区1966年6月大雨后各地山坡发生山崩、泥石流700次，其中发生在森林覆盖区者竟达35%，草皮覆盖区17%。(15) 可见森林草皮在热带多雨地区并不能起到保护山坡的作用。庐山地区湿润多雨，记录到的日最大降水强度是一昼夜400余毫米，在本世纪早、中期，

20×20=400 制本总厂 80.5（1529）

当气候更加湿热接近香港时，经常发生山崩泥石流将是不言而喻的。因此，那种以为现代庐山的山崩泥石流较少而否认第四纪较早时期也不能发生泥石流的观点是站不住足的。

湿热地区除了山崩泥石流外，土壤蠕动也是很快速的。根据近年的观测，在苏格兰13°的坡上土壤蠕动的数值是2.1 cm³/cm²/年，在澳大利亚北部15°的山坡为4.4 cm³/cm²/年，但在热带的马来西亚陡坡则观测到12.4 cm³/cm²/年的最高值，高于前二者（温带）的3-6倍。在庐山，除了泥石流外，到处都可以看到古代或现代的显著的土壤蠕动的现象。这里我们将举出芦林盆地的一个天然冲沟揭露的剖面，它是很典型的沉积剖面，集中了多种庐山所曾发生的地貌过程和沉积现象，因而对我们是富有启发意义的。这个冲沟剖面位于芦林盆地东北大校场谷地的出口，以景才瑞等同志认为是冰碛，南京大学地理系地貌专业研究编著的“中国第四纪冰川与冰期问题”（1974）一书中也曾对这个冲沟剖面进行过描述，并分析了成因。他们认为下层3-5米的浅棕红色砾石层为大姑期的冰水沉积，上层厚约

20×20=400 制本总厂 80.5（1529）

注意庐山的热带地貌和沉积遗迹

第 7 页共 页

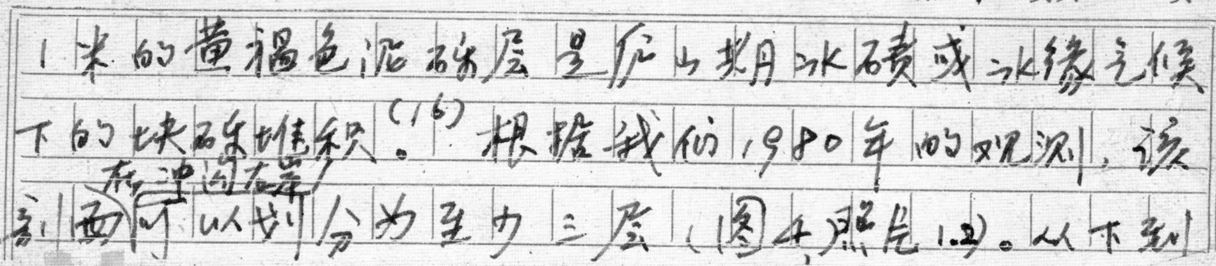

1米的黄褐色泥砾层是庐山期冰碛或冰缘气候下的块砾堆积(16)。根据我们1980年的观测，该（在冲沟右岸）剖面可以划分为至少三层（图4，照片1.2）。从下到

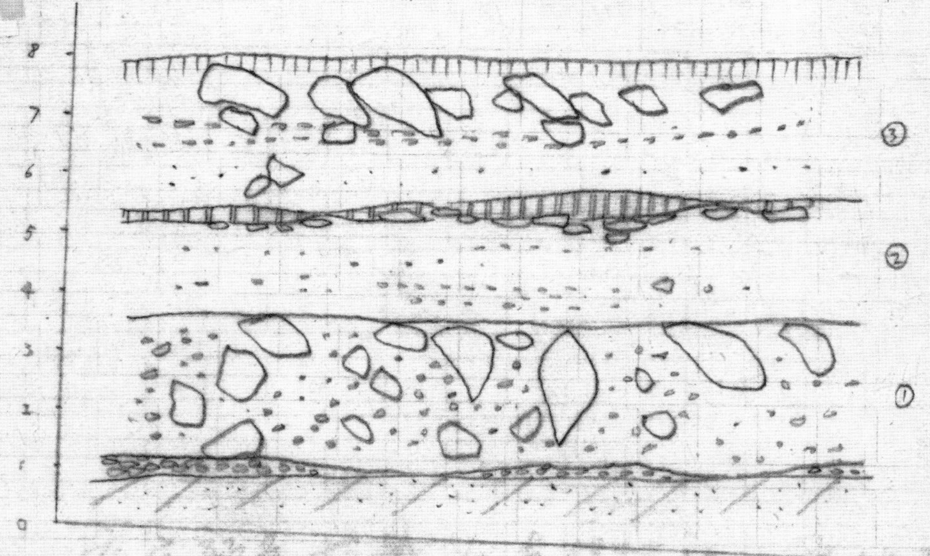

图4，大校厂冲沟右岸剖面
① 棕黄色巨砾层（下伏山区河流初始冲积层）
② 红色网砾层（顶部红土层）
③ 黄色坡积及巨砾层（顶部现代土壤）

中未混有粘粒，但在冲沟左岸相同层位见巨砾常被中层溶淋下来的红色粘土所包裹，成为泥（皮）包砾现象。在某些砾石有铁锰黑色结皮，风化较弱，一般仅见风化（常）圈而已。这是一种高能环境下的快速堆积。根据对砾石的组构分析，a轴倾向散乱，两个主峰均仅为6.3%。倾角10-30°，野外见少数巨砾直立；ab面有较大的坡度，最

20×20=400 制本总厂 80.5 (1529)

大达14.6%，倾向180°，与大楼厂谷地斜交，倾角较小，仅为10°（图5）。这与天山和祁连山冰碛a轴与流向平行，ab面倾向散乱的规律恰好相反。因此，过去把这种堆积当作冰碛的看法是缺乏根据的。1980年野外考察时，景才瑞同志在该层中找到了他所称的"条痕石"(17)，根据大多数同志鉴别（包括英国冰川沉积学家E.德比希尔博士在场），条痕本身既不清晰，砾石形态亦不具备冰川起源的"擦面条痕石"的特征(18)。再则，如果此层为冰碛，其性质当属滞碛，但此中不仅未见擦面条痕石，亦不见因冰川高压下形成的高固结状态和平行主压应力面的众多的易裂面(fissile planes)。Dreimanis研究碎屑沉积的粒度特征时指出，河流、海洋、风的沉积一般在0.25—0.125 mm出现峰值，一般的山地冰川在0.062—0.032出现特有的峰值，如果是搬运距离在数百公里以上的大陆冰川地区，沉积物中将在0.008—0.004 mm的粒级区间出现峰值(19)。我们分析了喀喇昆仑山洪扎河谷的若干冰碛样品以及北美大陆冰川区的冰碛样品（样品为E.德比希尔博士赠送），发现山区

20×20=400 制本总厂 80.5（1529）

注意庐山的热带地貌和沉积遗迹

冰川及大陆冰川的冰碛是具有Dreimanis所指出的规律的（图6）。我们也同时作了大校厂剖面上述底层砾石层充填物样品的粒度分析，其结果却完全与冰碛不同（图7）。因此，我们根据以上种种理由，可以否认大校厂沉积剖面底层的冰川成因。同时还需指出，在这个棕黄色巨砾层之下分布着一层厚薄不等的显然是属于山区河流砾石层，即米契塔索夫所称的初始冲积砾石层[20]。其特征是砾石分选不良，一般为次圆与次棱角状，少数磨圆度高者亦见之，粗具层次。在冲沟左岸此层保存很好，并夹有粘土透镜体，纹理清晰（照片3）。在冲沟出口右岸此层厚度增大，厚逾1米以上。因此，大校厂冲沟剖面底部是由厚薄不均的山区河流的初始冲积砾石层和厚2-3米的非冰川泥流的巨砾层组成的。考虑到大校厂谷地很短浅，应是暴雨型泥石流堆积比较合理。其中铁盘粘粒也可由此得到解释。

顺便指出，持冰川观点的同志很热心于寻找冰川推动的表皮构造，认为是冰川作用的证据。[21] 1980年夏天我们恰好在大校厂冲沟沟头右岸发现一个很好的"表皮构造"(照片 X)。被拖曳揉曲的基岩表层和上压的约逾1米的巨砾仍然保持着形变时的状态。但是，我们注意到下伏的女儿城砂岩是受到强烈风化的，手触即可粉碎。显然，这种强风化的基岩表面受力时极易发生塑性变形，不仅泥石流沉积后期岩块的缓慢运动，即一般的土体蠕动也足以牵动这种易塑变的基岩表层。实际上，羊角岭所谓的表皮构造也是如此，那里下伏的基岩为片岩，风化程度同样很深。大校厂谷地松散沉积下基岩曾受过强烈的湿热风化这一事实曾被南京大学的同志们提到，他们也指出底部砾石层的流水活动沉积的性质。但他们把风化与流水活动与间冰期及冰期冰水活动联系起来的推测则是不必要的。我们注意到1963年全国高校地貌学术会议上由俞席君等同志署名的文章上谈到大校厂沉积时并没有关于冰川的说法。[22]

大校厂冲沟剖面的中层为红色的砂砾石层，厚度1.5米左右。此层下部为10厘米粒径砾石

注意庐山的热带地貌和沉积遗迹

为主所组成，粗砂充填，向上粘土较多。砾石次棱角状者居多，a轴倾向散乱，但ab面倾角很小为其特征，最大密度为9.9%（图8）。值得注意的是近本层顶部有一层巨砾普遍以最大扁平面ab面大致以与地表坡度相近的7°排列成层，即所谓石线（stone line）。在石线以上为断续分布的颜色暗红的土层。这就明确地显示了本层作为斜坡土壤蠕动堆积的性质，石线以上为过去坡面古土壤之残余。此层风化强于底层，粘粒较多一方面是在缓慢蠕动过程中由风化的母岩山坡上直接继承下来的，另一方面则因受到湿热风化产生的。由于风化程度较浅，尚未产生网纹。从这个指标来看不能认为它是网纹红土的对等物。

红色的中层之上是黄色的以黄土状物质充填的土砾石层，近顶部在现代棕壤之下有一层十分集中的巨砾，石线排列整齐的现象与中层相似，而巨砾的ab面倾向上游作叠瓦状排列。显然沿坡面的蠕动现象至今仍在继续。此层厚度1—2米，是在晚更新世气候变干变冷后的环境下沉积的。

这样，大校厂冲沟剖面向我们揭示了庐林盆地海拔1,000米左右的高度上第四纪较晚时期以来自然环境的变化和沉积的历史。首先在全部剖面沉积之前是一个强烈的热带型的湿热风化环境，在这种环境下山溪流水沉积了最早的河流冲积砾石层，而后发生过暴雨泥石流把大月山女儿城砂岩风化崩解的巨砾与粗砂一起形成了底部棕黄色的巨砾层。巨砾层沉积之后坡面的土壤蠕动继续进行沉积了有明显的石线标志的中层红色砂砾石层，顶部发育不带网纹的红色古土壤。在此之后气候发生剧变，沉积物颜色变为灰黄色的与下蜀土相当的土层和砾石层，动力仍是坡面的蠕动，在没有冰楔遗迹、融冻搅动现象发现之前，即使在庐山顶上仍然不能断定有过永久冻土活动。全新世气候转暖，但在黄色的晚更新世土层上仍只能发育山地棕壤，与红壤差了一个气候等级。

由此可见，在被称为冰川终碛区（冰窖）的庐林盆地、大校厂山谷中，即使在已被证明是气候严寒的晚更新世也没有冰川沉积可寻，要

注意庐山的热带地貌和沉积遗迹

第 13 页共　　页

在庐山内外找冰川沉积就颇有点缘木求鱼了。

既然寒冷气候的影响在庐山是如此短暂，大量的属于热带的植物种属甚至第三纪的孑遗种在庐山发现就是不足为奇的了。实际上在庐山上下热带地貌和沉积是俯拾皆是。作为新生代晚期特别是第四纪期间强烈地经受断块抬升的庐山，山顶上保持着第三纪夷平面及壮年期的宽谷缓丘的地形，次成山、向斜谷显示着壮年期构造对地形的有效控制。宽浅的平底谷正是热带湿热风化强烈、坡面块体运动、土壤蠕动等联合作用的结果。甚至王家坡U谷底巨砾累累，河流状流乱石之下也是热带节理发育的岩石地区的普遍现象。因为强烈的化学风化使热带形成两种风化的极端对立物，一方面是粘土很快冲走，只有节理控制的巨砾以石核方式保留在地成为突岩或崩坠谷底成为保护河床的累累巨石。在山麓花岗岩出露之地，石蛋地形及近于伯恩哈特岩（热带岛山）的丘陵并不鲜见（如庐山西南）。在沉积方面，山下平原的具有铁盘硬壳（Ferricrete, Duricrust）的网纹红土，是砖红壤风化壳的典型代表。这种风化

20×20=400　制本总厂 80.5（1529）

第 14 页共 页

它根部在山顶的发现只能是庐山有过显著隆升的证据。

否定庐山的冰川作用只会对庐山丰富的地貌和沉积现象打开科学解释的门户。庐山不会因此而在中国地貌和第四纪研究中黯然失色。它那断块山的成层地貌，多级扇形地，高位，低位，和埋藏的沉积物的多种成因及演化历史目将会吸引人们对它作出新的判断和解释（图9）。循着这条道路才有可能使我们接近客观真理。

本文的作者们对庐山的研究是肤浅的，但不揣冒昧将浅见公之于众，愿意在批评讨论中求得进步。

20×20＝400 制本总厂 80.5（1529）

注意庐山的热带地貌和沉积遗迹

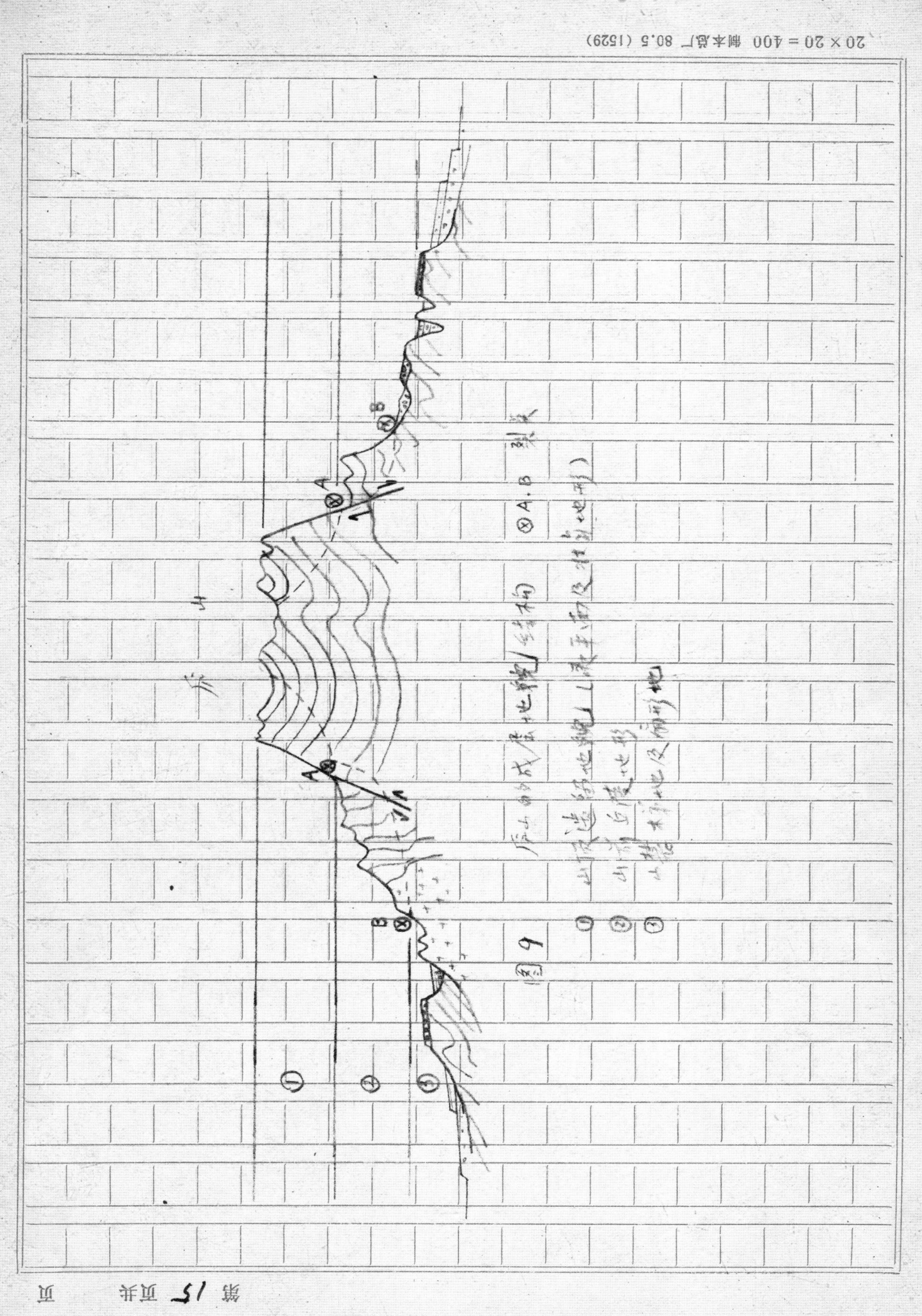

第　　页共　　页

参考文献

(1) 中国土壤区划(初稿)，科学出版社，1959

(2)

(3) 施雅风等，青藏高原的隆起和它对冰期中国的影响 冰川冻土 1979(1).

(4) H. De Terra and T. T. paterson, Studies on the ice age in India associated human Cultures. 1939.

(5) Masao Minato, Late Quaternary Geology in Northern Japan.

(6) 任美锷等，论现实主义原则在海洋地质学中的应用. 海洋学报 第2卷 第2期，1980.

(7) 李吉均等，青藏高原隆起的时代、幅度和形式的探讨 中国科学 1979(6).

(8) CLIMAP project Members, Surface of the ice-age earth. Science, Vol. 191, pp. 1131-37. 1976.

(9)

(10)

20×20=400 制本总厂 80.5 (1529)

注意庐山的热带地貌和沉积遗迹

(11)

(12) 王荷生，中国植物区系的基本特征，地理学报 第34卷第3期，1979.

(13) 李炎贤，我国南方第四纪哺乳动物群的划分和演变 古脊椎动物与古人类 第19卷第1期，1981.

(14) M. F. Thomas. Tropical Geomorphology.

(15) C. L. So, Mass movements associated with the rainstorms of June 1966 in Hong Kong. Trans. Inst. Brit. Geographers. Vol. 53. pp55-65

(16) 南京大学地理系地貌学教研室. 中国第四纪冰川与冰期问题，科学出版社，1974.

(17) 景才瑞，

(18) 李吉均，论冰川擦痕

(19) Dreimanis.

20×20=400 制本总厂 80.5（1529）

第　　页共　　页

(20) И. П. Карташов, Фации, Динами фазы и свиты Аллювия, Изв АН СССР Сер. Геол. No. 9, 1961

(21) 景才瑞.

(22) 俞序君. 陈钦峦. 刘泽纯.

20×20=400 制本总厂 80.5 (1529)

注意庐山的热带地貌和沉积遗迹

庐山的第四纪冰川遗迹问题
——困境和出路

On the problem of the Quaternary glaciation
— Dilemma and Way

中国东部特别是长江下游以庐山为代表的中低山地在第四纪期间是否发生过古冰川作用是我国地学界长期以来争论很尖锐的问题。李四光先生在本世纪三十年代根据擦痕、"泥砾"及U谷、冰斗等标志在庐山建立起来的冰期间冰期序列长期以来在国内被视为经典性的结论。所有中国各地第四纪地层和时代划分无不向这个模式靠拢，甚至提出"以冰期为纲"的口号。有一段时期似乎不赞成李四光先生的意见竟具有某种特定的政治色彩，科学问题被说成是爱国与否的问题，这显然是极不正常的。但是，科学的态度是实事求是，科学的生命在于创新，人的认识总是在不断前进的。曾经长期被奉为世界经典的阿尔卑斯山冰期序列也已受到深海沉积、冰盖岩心以及黄土地层年代学的最新研究的挑战；目前沉积学的发展已能对各种成因的混杂堆积作进一步的划分；冰川学和冰川地貌学的发展使我们对评价冰川蚀积地貌的形成过程有了更深入的了解；古环境的研究至少已能对末次冰期(18000 BP)世界气候状况作出定量的描述；随着年代学手段的发展可以对数百万年来的地质事件作出比较准确的时限判断。我国地学界近年来在黄土学、西部高山冰期、海面变化、第四纪沉积和年代学等方面都已取得很大进展，迫切需要对影响中国第四纪研究十分重大的庐山冰川遗迹问题重新进行一番探讨。

一、可疑的冰川地形

经常被指为庐山冰川侵蚀地形的证据是冰斗、U谷、盘谷等，其最著称者莫过于大坳冰斗、王家坡U谷、大校场U谷、芦林冰窖(冰斗?)和莲花洞盘谷，以下分别作一检验。

①

1. 冰斗。 典型的冰斗最主要的三要素是冰坎、岩盆(冰川磨蚀成冰斗湖)和斗壁。刀脊和角峰是相邻数冰斗扩大过程中的产物，当冰期前地面未被定会破坏时可以不出现这种地形。冰斗和落盆是同一过程即旋转滑动的产物。当冰川中累积足够厚度的冰而又属温冰时，发生沿冰床的旋转滑动是不可避免的。本文作者之一曾用平坦指数($F=\frac{a}{2c}$，见图1)来表达冰斗的发育程度。真正的冰斗平坦指数很低，一般为1.7—5，日本冰斗介于4.25—11，即意味着冰斗比非冰川地貌的洼斗要深得多。大陆性冰川冰斗的平坦指数分布范围较大，在乌鲁木齐河上源为3.3—6.3，那里冰斗发育不很发育，不见冰斗湖。而季风海洋性冰川的西藏东南部是十分普遍的现象。

庐山所谓冰斗的平坦指数均大于10，远超过冰川冰斗的范围。大坳冰斗平坦指数达8.4，深度不过40米，当系差别风化作用造成的洼地。我们注意到，所谓大坳冰斗是发育在大月山背斜的西北翼上，沿节理和层面的

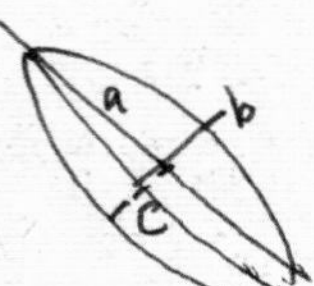

结合，使五老峰砂岩易呈块状剥落，漏斗由上沿因物质移动而扩大。更有甚者，在所谓冰斗的出口处有小背斜构造出现，这相当于一个相对抗蚀力强的部份，从而促进漏斗加深度的发育，增加了冰斗的假象。(照片1)

2、U谷。庐山典型U谷有二，一是大校场U谷，一为王家坡U谷。大校场U谷发育于五老峰砂岩和女儿城砂岩之间，实为一沿软弱岩层发育的次成谷。其不符冰川U谷特征最显著的是没有冰川的出口，而且宽度不过200米，西北侧的女儿城砂岩构成的山脊高于谷底不过20—30米。在这样浅的谷地中要有冰川流动是不可能的。因为大校场平均坡度10°，以一般冰川底部剪切应力为一巴计，冰川至少厚约米才能运动($\tau=\rho g h \sin\alpha$)。单从这一点来说大校场U谷不可能是冰川塑造的。

王家坡U谷从外形来看似乎是吸引人的。它的底部平坦，宽度可达500米，谷坡坡度一般30—40°，深度300米左右，大致呈一种优美的U链形。这一点和冰川槽谷有类似之处。但是，我们也注意到，和冰川槽谷不同之处是它没有显著的槽谷肩，而且也缺乏作为槽谷补给源地的大型的粒雪盆。大坳冰斗不能形成冰川冰已如上述，而且面积也太小，加上谷系等补给区不够保证

(王家坡U谷从九天池以下至赤堂冰槽长4.0公里，从海拔1000降到250m，平均坡度为10.45′，大坳冰斗以下重展一段为9°，以前者计需60米冰，后者计为74m冰。天山乌鲁木齐冰川冰舌坡度3-4°。

②

撤力。而且对于构造者来说，也存在和大校场凹谷同样的情况，其可能形成的冰的厚度不足以产生运动。这样，王家坡U谷就成了没有冰川冰补给的冰川谷了。

显然，庐山冰川论者在冰川学面前是处于困境之中。如何从这种困境中解脱出来呢？李四光先生似乎曾经在一定程度上意识到这一点。他说："少数冰窖，何足以资补给。……当大姑冰期最盛之时……山麓山谷，悉埋于冰雪中……"。从这一点引伸下去，整个庐山顶部应当形成一个冰帽。冰川学界是承认冰帽之下出现多种类型的横谷的，即所谓冰岛型横谷。但是，这种横谷依赖于大面积夷平面上的冰川的集中，形成速度较高的溢出冰川，对冰床进行过量下蚀。在川西高原的稻城理塘之间的海子山和新龙附近的雀儿山就有这种夷平面上古冰帽溢出冰川形成的多种类型横谷，从中心向四周作放射状分布（照片 ）。庐山顶上为充分发育构造的北东向地形，除仰天坪可认为局部保留之古夷平面外，更无大面积夷平面可寻，故冰岛型横谷没有赖以发育的地形基础。更有甚者，如果把所谓大姑期冰川面积全部统计起来，其AAR值仅为0.12，即消融区面积之高达88%。冰川论者近年颇相信庐山古冰川系海洋性冰川，可是海洋性冰川消融之强是众所周知的，今天欧洲阿尔卑斯山或西藏东南部的冰川，年平均消融深度均为10–15米。以占冰川总面积仅12%的积累区要维持消融深达10–15米的占总面积88%的消融区，是难于想像的。

3. 擦痕 促使李四光最终相信庐山有过古冰川活动是擦痕。但是，擦痕绝非冰川的铁证，有方多的营力足以形成擦痕，雪崩、泥石流、山崩、土滑、流水……均足以形成擦痕。只有擦面（facet）同时出现，并沿擦面的延伸有规律分布的擦痕具有鉴定冰川的意义。冰川冰是搬运的固体流，砾石在冰中自由度很低，形成擦面是冰川改造砾石形态的本质特征。可是在庐山这样的擦面擦痕至今没有找到。有些砾石表面的新月形裂口曾被称为李四光环，作为冰川擦痕对待，这完全是一种误解。洪水中坚硬而脆性的砾石互撞可形成新月形裂口（照片 ），它们多是定向排列，这和冰川擦痕面上与擦痕方向一致且重复出现的新月形裂口、裂纹是完全不同的（照片）。李四光当年在白石咀黄龙寺附近见到的擦痕现在经核查已不可复睹，鉴于白石咀断裂大姑期泥砾中有大量断层通过（照片 ），有理由认为当年李四光所见的擦痕是断层产物。

③ 在

二、泥砾的地质成因

1. 粒度 首先应当指出，泥砾并非冰碛的特征。英国冰碛中[其他地方]富有泥砾是由于冰川经过白垩岩地区。大量的研究证明，冰碛物充填基质（Matrix）的粒度频率曲线总是在粒径为4—8φ的粗粉砂级上出现峰值，并且随着冰川搬运距离增加而峰值愈高。这是冰川特有的磨碾作用（冰川携带冰碛物沿冰床滑动及沿剪切面滑动）的表现。冰川乳中主要含的就是这种粗粉砂。现代冰川剪切带上的泥泞（照片）也主要是这种成分。庐山地区的泥砾恰好相反，充填物的频率曲线在粗粉砂一级出现谷，粘土处出现峰，表明以粘土为主要充填物。按庐山冰川地形及泥砾分布最广的是其北部地区即震旦纪石英砂岩地区，按一般规律冰川侵蚀这种地区将与花岗岩区类似，形成块石为主的冰碛，充填物中应缺少粘土。故泥砾中的粘土与冰川无关，也说明是岩性所致，而是古湿热风化造成的红土风化壳在泥石流、坡面重力过程的作用下与石英砂岩节理风化形成的岩块相混合的产物。

2. 砾组 庐山泥砾的砾组显示其ab面与局部的坡地有密切关系，a轴无优势定向[或与局部山坡方向一致]，这不是冰碛特征，而是水流作为搬运介质的沉积物（包括泥石流沉积物）的特点。

3. 砾石表面特征（擦痕）

4. 结构 庐山泥砾在结构上从来没有发现冰碛常具有的剪切面、冻碛包裹体、逆冲冰碛的滑动相等冰碛固有的特征。下面我们以大校场（ ）进入芦林盆地处的一条冲沟切开的剖面来进行具体分析，看它是否具有冰川的信息。这是一条长约150 m的冲沟，沟头有两个沟头，剖面深约8米，底部已出露基岩，从下到上堆积物有四层，在沟头的西北侧出露极为清楚（图 照片 ）。

④

论庐山冰川遗迹的真伪——困境与出路

这是一个典型的倒转型的风化剖面。底部基岩受到最强烈的风化，砂岩被风化破碎，节理中贯注着红色粘土。在基岩侵蚀面上覆盖着一层厚0.5—1m，常常呈断续出现的山区河流动力堆积砾石层，砾石磨圆度一般为次棱角到次圆，少数磨圆度较好，粒径一般5—10cm。在冲沟两侧基岩切割面上见有成层的砂砾及薄层粘土透镜体，说明是局部的静水沉积。在这断续分布的砾石层与粘土透镜体上是一层厚度2.5米的巨砾层，超过一米半径的砾石很多，充填物为黄橙色(10YR 7/8)的砂砾，砾石表面常见含铁锰锈斑，并有显然是由上层浸下的橙色粘土薄膜(5YR 6/8)。砾石的a轴无优势定向(图 a)，倾角10—30°，ab面主集部分(14.6%)倾向180°，倾角10°，与地面坡度接近(图 b)。该层的粘土组分的SiO_2/Al_2O_3为2.00，SiO_2/R_2O_3比值为1.46，符合砂岩地区红壤的特征，看来反映了堆积时物质来源区的环境，不是次生风化的产物。鉴于此层底部与强风化基岩接触处常见基岩有被拖曳搅动的现象(照片)以及砾石组构特征，把它认为是一种结构性泥石流堆积比较接近事实。巨砾层之上是粒度显著减小的暗棕色砂砾层，较大的砾石集中在该层的顶部，并有棕色(7.5YR 5/8)和红棕色(2.5YR 4/8)的透镜体土层。该层的砾石a轴倾向更为离散，倾角10—30°，ab面主集部分为9.9%，倾向116°，与大校场谷地走向(NE)斜交，倾角10°(图 c.d.)，显然是附近山坡经坡面蠕动作用到达谷底部的碎屑物质。较大的砾石排列在顶部成层性情况，为湿润温暖的亚热带山地的特色，名为石线( )。红棕色的土层(顶部)实为一埋藏的古土壤，说明该层沉积后坡面稳定有个较长的风化时期，棕色的粘土

⑤

随水渗入到底部的巨砾层中成为包裹某些砾石表面的泥膜。粘粒的化学全量分析说明该层SiO_2/Al_2O_3值为1.91，SiO_2/R_2O_3值为1.50，反映沉积时和沉积后

以上所有的沉积物都经过分析证明全都缺乏中等粒级，即细砂和粗粉砂含量偏低，粒度曲线中间出现缺失。

指出此物的X射线衍射分析则表明以高岭石和伊利石为主(图1,2,3)，X化学分析数。

大校场冲沟剖面最有启示意义的是古红色顶部的棕黄色土层。庐山地区的气候此时发生巨大的变化，从湿暖湿润的亚热带气候变为干燥寒冷的气候。顶部出现一种特别集中的巨石层作清楚的叠瓦状排列，乃是冰缘条件下地面裸露寒冻风化破坏七里城砂岩等硬岩层形成大量块碎石在融冻泥流作用下的堆积。在七里冲平底谷中这种现象在地面上也有表现，从东侧比较陡峭的五老峰顶有巨大砂岩块倾泻向谷底，其叠瓦状构造非常清晰（照片　）。在砂石半埋土内，以最大扁平面(a,b)倾向五老峰方向，坡度可达30°。看来当时这种过程已经停止。它们是更新世末次冰期寒冷气候的产物。

根据对大校场冲沟以及出口冲沟剖面的上述分析，可以看出在第四纪晚期庐山顶部海拔1000m相继发生过这样的演变过程，即山区河流的正常流水侵蚀和相对的冲积——作为地方性的坡积——湿热气候下的坡面蠕动堆积（石线）及红土层期的湿热风化——末次冰期的冰缘环境下的泥石流堆积。此中不存在任何冰川作用的信息。

那么，庐山脚下发育了网纹红土和更老的泥砾有无冰川信息呢，答案也是否定的。这里我们不拟重复关于这些泥砾的组构、粒度、表面特征的检查，它们不具备冰川信息是和大校场以及出口的冲沟剖面是一样的。关键在于它们的地面形态泄漏了它们的真正的起源。被李四光先生称为各种冰川的恰好是几个巨型的泥石流扇。其中尤以羊角岭泥石流扇（李四光的莲花冰川）保存得最为完整。扇顶起始于海拔300余米的莲花山和吴家老屋一带，至少有两条并排着发源于好汉坡和大岭的山沟参与了羊角岭泥石流扇的建造过程，它们目前一条流向妙智铺，一条流向西流经大平宫、王村与信出扇形地的边沿。扇形地总面积约25平方公里，而补给它们的流域面积约10平方公里，沉积区比侵蚀区面积大2.5倍，这在泥石流沟中也是罕见的。考其原因第一是庐山北西边界断层在此间横截了两个流域（盆地错落运动处）增大地势能量，泥石流具有强大的输送能力。二是第四纪早中期的强烈风化，为泥石流的发动准备了丰富的物质条件。施雅风先生指出，该扇形地不存在有随河道流水侵蚀而直径减小的明显趋势，即我们曾观测到泥砾厚度在山麓带为　米，至七里湖边北减为　米。扇面上至今保存着放射状的垄岗和位于其间的

⑥

论庐山冰川遗迹的真伪——困境与出路

些盲沟。这些事实够够有余地说明它们是典型的泥石流扇。由太平宫到赛阳铺有公路从扇的上游横过，路堑切开近一公里的良好剖面，即为羊角岭大剖面。看来这是一条与近乎平行的另一条断层。利用这一公路旁有一水库。羊角岭剖面顶部为厚 米的网纹红土，有薄层的铁质发育。下部为砾石质充填，上部颜色红黄，下部颜色变淡作灰黄色。有许多断层通过该砾石层，断层附近砾石长轴大多与断层形成平行断层面。个别有被错断现象，但断距均不大。沿着断层面风化很深呈灰色，与底部的风化的灰黄色砾石层形成鲜明对比。砾石组构测定说明a轴散乱不定向，倾角较大，但ab面倾向东，倾角达40°，指向庐山，是典型的泥石流特征。取自灰黄色底部砾石层中的充填物的粘土 SiO_2/Al_2O_3 比为 ，为红壤型。~~代表温暖时期的环境~~

近来陕北地质研究所孢粉分析说明已发现的孢粉概为亚热带的植物如

等，没有指示寒冷气候的成分。景才瑞等曾报导过羊角岭的冰川表皮构造，实际上是经风化的前冀式泥石流结构性泥石流移动过程中变形（层间弯曲及2cm左右的小断层），有砾石嵌入粘土面的现象，没有变形冰碛特有的把巨砾块搅入上复沉积物中的现象。实际上这种情况和大校场冲沟所见完全相同，那也有反着剥蚀型的风化剖面，即是岩体风化壳于泥砾的堆积。冰川论在这里是站不住脚的。

三、庐山在第四纪中的环境

李四光显然意识到冰川论在庐山所遇到的困境，他采取了两个补救的补救方法。其一是把庐山冰期结节的比早期推，李四光把庐山冰期与玉木冰期对比。黄汲清则建议增加一大理冰期而把庐山冰期与里士冰期对比。以此来逃避冰川地形保存不佳的责难。其实自为欧洲人的熟悉者都知道，在阿尔卑斯山明显冰期的标志，冰碛垅都早已不存在了，剩下的只是所谓上下砾石层。只有里士和玉木冰期的标志终碛仍然保存。庐山的大校场王家坡U谷及~~冰碛垅~~诸前碛垅根据李四光所说尚且非常完整（见《冰期之庐山》一文的附图），这本身是不可思议的。中国西部解放后作了许多冰川调查，迄今没有找到倒数第二次冰期的完整终碛垅和标志，一般都是残留的冰碛平台或土楼台的残部。故黄汲清的这一遁词根本不适。李四光的第二个主张则是个真正的贡献，他正确地指出中国的雪线、森林上限、作物栽培上限以及亚热带植物分布高度有明显的由青藏高原向华东递

⑦

代的现象，说得已经清楚，这是由于上升的青藏高原的加热作用的结果，也是说上升迫使冬季风以为代表的冬季风向华东平原往南压下的结果。近来杨怀仁先生提出了冷槽的概念，根据孢粉化石植物、古脊椎动物、冰缘现象的新发现确认晚更新世中国东部植被明显变冷的现象。当时的风成黄土直分布到长江沿岸（下蜀土），披覆华到达上海，云冷杉林大幅度下降，意义范围内这些都是完全正确的。不过，问题的关键在于晚更新世的变冷当有多中国东部山地发生冰川？晚更新世时气候当有降温到发育大规模冰川为山岳冰川（冰帽）的程度。刘金陵等曾根据上海、浙江的第四纪孢粉组合认为华东一带（庐山的）第四纪有四次显著的降温时期，并以之和李四光的四次冰期相对比。但是，第一，由于沉积年代资料对比是很困难的，第二，认为晚更新世气候变化不显著则是违反事实的，更重要的还在于如何分析孢粉组合的气候意义。比如说是被认为相当于大理冰期的上海水文0孔的第Ⅱ（深257—252米）有84—92%的针叶树花粉，但除云杉、冷杉和落叶松外，松和油杉很多，铁杉也有，而且栎、枫香、栗等也占到孢粉总量的6—9%。据印度学者在喜马拉雅山的研究，地面孢粉只能反映周围植被的58%，数量组成更是与植被的实际组成不同。一是涉及孢粉产量问题，二是涉及（孢粉）搬运介问题。产量特多的松科花粉是靠风媒搬运的（有气囊），很容易在孢粉谱中占绝对优势。近年在浙江发现的百山祖发现的百山祖冷杉看来并不能对冰川论者有利的。古人没有大规模砍伐森林植被时，华东诸山地云杉和冷杉可能更多。我们在庐山大天池泥炭表层的泥炭中分析出了云杉花粉，C^{14}年代为300年，可见仅只有300年前庐山就有这种所谓喜冷植物。目前庐山植物园（1050m高处）中就有人工栽培的日本冷杉，是上世纪引进的。我们在星子县叶家垅网纹红土中发现个别云杉孢粉也发现喜暖的海金沙。看来，华东山地第四纪期间云、冷杉一直是存在的，随着全球温度变化，垂直带上升下降一定幅度是完全必然的事。但要把它夸大为代表冰期寒冷气候看来是不适当的。孢粉分析不能解决鉴别冰川的困境。

近来对贡嘎山的考察说明那里西坡带的樟树、杉木一直可分布到2000米的高度，比庐山高出1,000米。暗针叶林的上限是4000米。现代冰川区的气候雪线（按山顶法计算即冰川作用水准面）为5000—5200米，由于雪崩、坡面等的补给，地形雪线可下降到4700—4800m。按气温梯度推算，4700—4800米处年均温为−4°C左右，5000—5200米处为−6°C左右。如果相应地把贡嘎山资料挪到庐山，则当今庐山气候雪线当在4000—4200米，要使大校场U谷、七里冲平底谷和大坳冰斗（均在1100米左右）有冰川发生，雪线要下降3,000米，气温至少要下降16°C，这是发育所谓庐山期冰川必须的条件。如果要发育大姑冰期的冰川则需降温19°C。这比数字超过CLIMAP给出的18,000 BP亚洲东部地区的降温值（4—6°C），显然是不可能的。合理的结论是华东地区第四纪气候波动是存在的，但并没有发育过山地冰川，晚更新世……庐山1000米以上的地方产生过冰缘现象，有过较活跃的泥流作用……

（左侧批注）西坡贡嘎山海拔3050米的年均温度为8.5°C，云杉、冷杉林生长得十分繁茂。我们这里到冰川区下海拔2900米的木家仍然有冷杉林与华山松、铁杉混生……到云冷杉林的上限……按山顶法计算温度下降值大概的结果。木家附近冷杉高达66米，胸径138厘米，树龄35年……

论庐山冰川遗迹的真伪——困境与出路

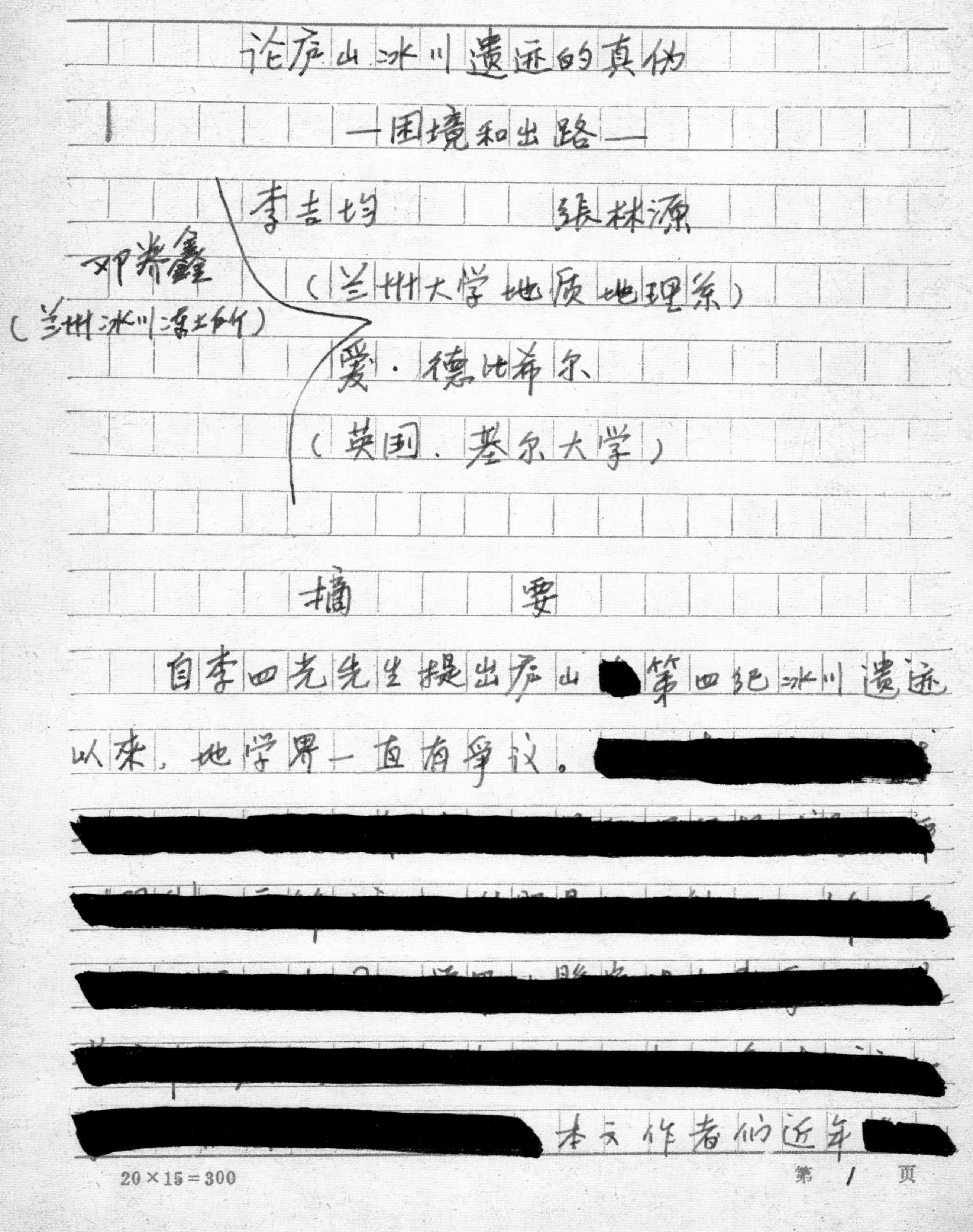
兰州大学

论庐山冰川遗迹的真伪

—困境和出路—

李吉均　張林源

（兰州大学地质地理系）

邓养鑫

（兰州冰川冻土所）

爱·德比希尔

（英国·基尔大学）

摘　要

自李四光先生提出庐山第四纪冰川遗迹以来，地学界一直有争议。

本文作者们近年

20×15=300　　第 1 页

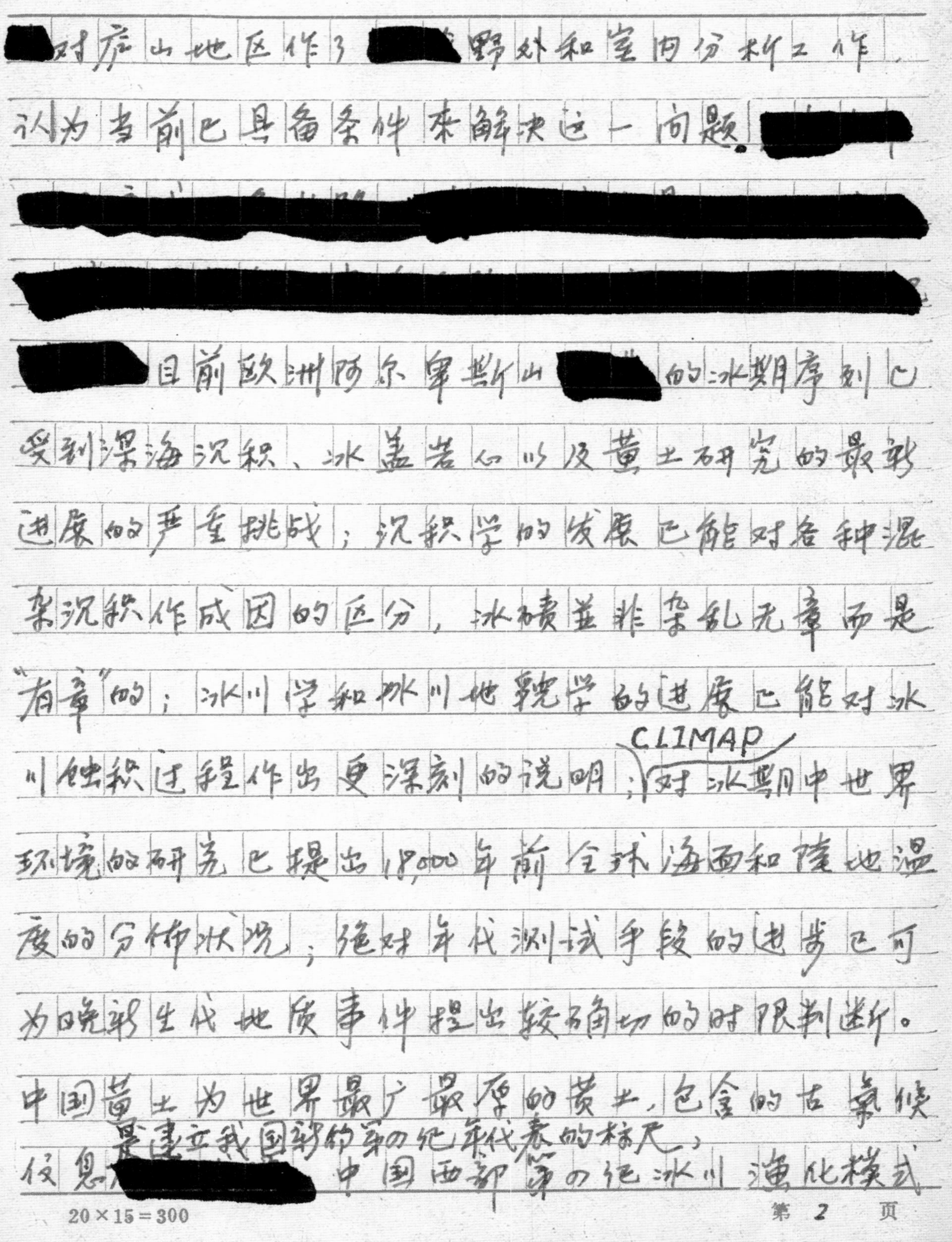

兰州大学

对庐山地区作了野外和室内分析工作，认为当前已具备条件来解决这一问题。

目前欧洲阿尔卑斯山的冰期序列已受到深海沉积、冰盖岩心以及黄土研究的最新进展的严重挑战；沉积学的发展已能对各种混杂沉积作成因的区分，冰碛并非杂乱无章而是"有章"的；冰川学和冰川地貌学的进展已能对冰川蚀积过程作出更深刻的说明；CLIMAP对冰期中世界环境的研究已提出18,000年前全球海面和陆地温度的分布状况；绝对年代测试手段的进步已可为晚新生代地质事件提出较确切的时限判断。中国黄土为世界最广最厚的黄土，包含的古气候信息，是建立我国新的第四纪年代表的标尺，中国西部第四纪冰川演化模式

20×15=300　　第 2 页

论庐山冰川遗迹的真伪——困境与出路

兰州大学

也会丰富欧亚大陆第四纪环境变化的内容。

因此，把可疑的三十年代庐山苗方案继续作为标准是不可取的。

本文从庐山的所谓冰川地形、沉积、第四纪环境诸方面进行检验，看其是否具有冰川作用的信息及有无发育冰川的条件。文章还轮廓性地讨论了庐山的地貌发育和沉积历史，指出庐山的遗留地貌和古代沉积具有热带和亚热带特征，需要寻找的不是冰川遗迹而是热带气候地貌和沉积的遗迹。

"典型的"大坳冰斗不具备冰斗的形态特征，平坦指数（$F=a/2c$）为8.4，远超过已知的冰川起源的冰斗的数值范围，至多属于雪蚀洼地类型。大校场U谷宽浅而不具备容纳积极冰的条件。

20×15=300　　第 3 页

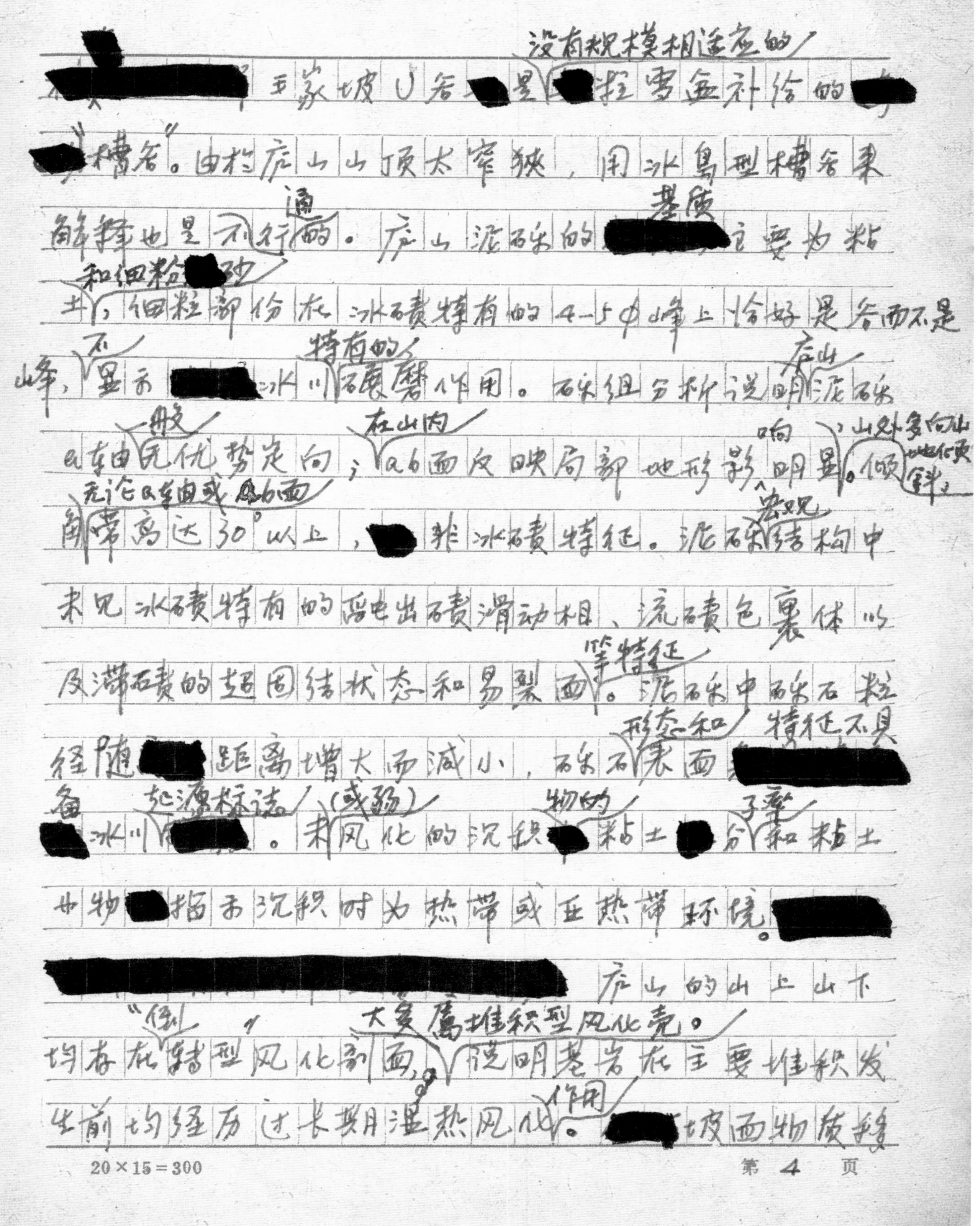

兰州大学

■王家坡U谷■是■没有规模相适应的粒雪盆补给的■“槽谷”。由于庐山山顶太窄狭，用冰岛型槽谷来解释也是不适合的。庐山泥砾的■基质主要为粘土、细粒部分在冰碛特有的4-5φ峰上恰好是谷而不是峰，不显示■冰川特有的研磨作用。砾组分析说明庐山泥砾a轴一般无优势定向；ab面在山内反映局部地形影响明显，山外多向山坡倾斜；无论a轴或ab面倾角常高达30°以上，■非冰碛特征。泥砾宏观结构中未见冰碛特有的冰出碛滑动相、流碛包裹体以及滞碛的超固结状态和易裂面等特征。泥砾中砾石粒径随■距离增大而减小，砾石形态和表面■特征不具备■冰川■（成因）起源标志。未风化的沉积物的粘土■和粘土矿物■指示沉积时为热带或亚热带环境。■庐山的山上山下均存在“倒”转型风化剖面，大多属堆积型风化壳。说明老岩在主要堆积发生前均经历过长期湿热风化作用。■坡面物质■

20×15=300　　第4页

论庐山冰川遗迹的真伪——困境与出路

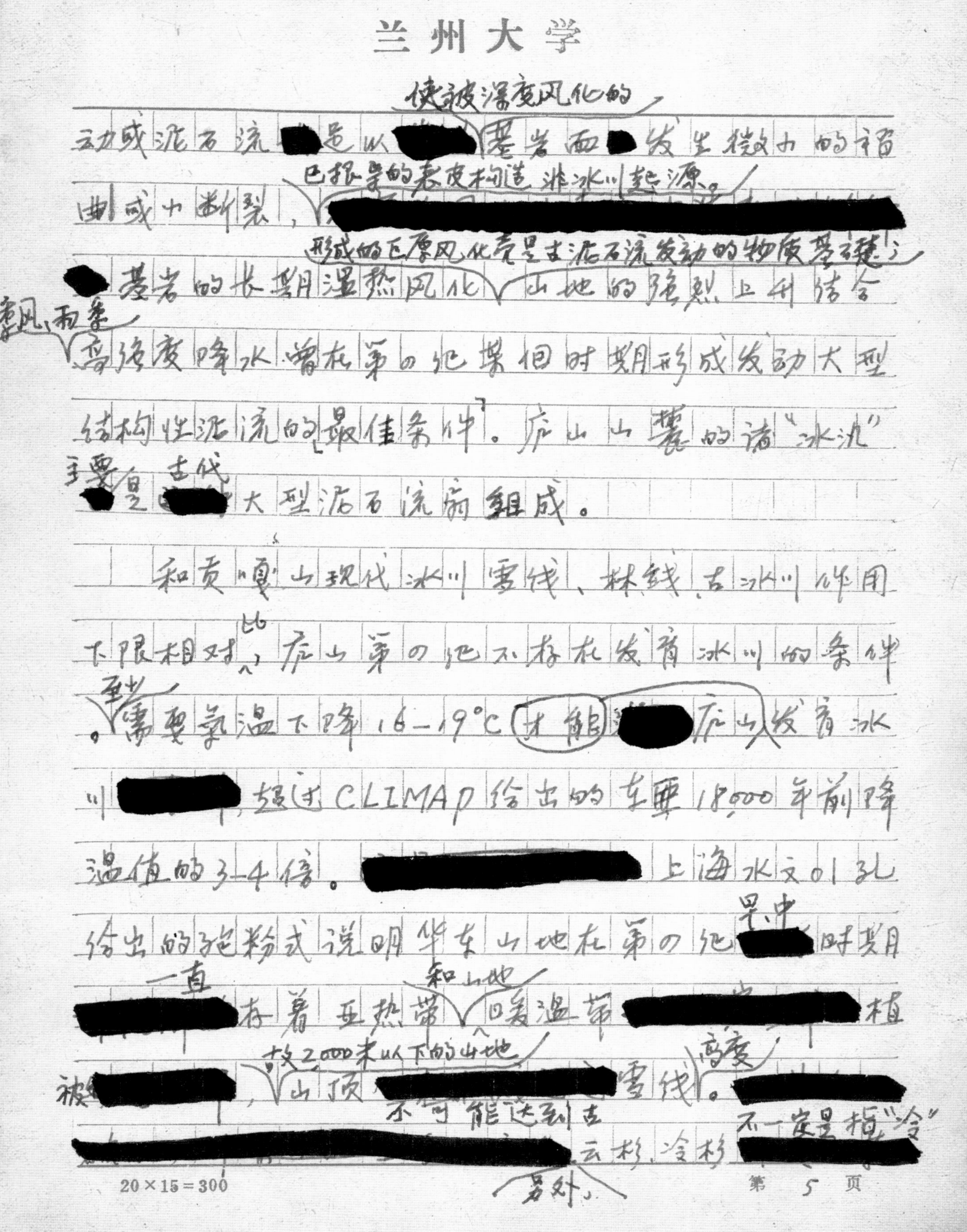

兰州大学

使被深度风化的
动成泥石流■是从■基岩面■发生微小的褶
已报导的表皮构造非冰川起源。
曲或小断裂，■
形成的巨厚风化壳是古泥石流发动的物质基础；
■基岩的长期湿热风化 山地的强烈上升结合
季风雨季
高强度降水曾在第四纪某個时期形成发动大型
结构性泥流的最佳条件。庐山山麓的诸"冰川"
主要 古代
■是■大型泥石流扇组成。

和贡嘎山现代冰川雪线、林线、古冰川作用
比
下限相对，庐山第四纪不存在发育冰川的条件
至少
。需要气温下降16–19°C才能■庐山发育冰
川■超过CLIMAP给出的东亚18,000年前降
温值的3–4倍。■上海水文01孔
早、中
给出的孢粉式说明华东山地在第四纪■时期
一直 和山地
■存着亚热带 暖温带■植
故2000米以下的山地 高度
被■，山顶■雪线。■
不可能达到古 不一定是指"冷"
■云杉、冷杉■
另外。

20×15=300 第5页

兰州大学

植物，更不是指"冰川"植物。第角岭所谓"大姑期"泥石[illegible]含亚热带孢粉，无"冷"的根据。叶家坡"大姑期"冰水扇沉积由下到上沉积环境由热带变为北亚热带或暖温带，向冰期后期湿热化解释不通。

庐山存在三个地貌层次，有300米和900米两级主要裂点[illegible]地貌发育和沉积历史分析显示[illegible]庐山的环境演化最近地质时期的古地理[illegible]顺序如下：

1. 仰天坪期夷平面

——？——

2. 牯岭期壮年地面

——上升，形成[illegible]保持在900米的裂点——

3. 王家坡宽谷和山麓丘陵代表的老盾形地

——上升，形成300米裂点——

4. 山地强切割，山外建造泥石流扇

——断裂活动，河流下切，广泛的网纹红土化

5. 晚更新世与下蜀组相当的沉积，1000米以上曾发生融冻泥流作用

——阶地和现代冲沟下切——

20×15＝300　　第6页

论庐山冰川遗迹的真伪——困境与出路

兰州大学

文献

(1) 李四光 1947 页码

(2) H. von Wissmann 1938

(3) 纳里夫金 1964 年代 页码 1961 4. 44—49

(4) 冈本宗文 1965

(5) Barbour 1933

(6) 丁骕 1942 页码 1942 一卷一期 36—40

(7) R F Flint

(8) J K Charlesworth

(9) [illegible] 地理知识 1964 第2期 16页—18页 (共4页)

(10) 任美锷 1953

(11) 黄培华

(12) ~~黄培华~~ G. McCall (1960)

(13) E. Derbyshire

(14) G. Manley (1959)

(15) 田泽生

(16) [illegible]

(17) W. L. Graf (1970)

(18) 姚檀栋

(19) D. L. Linton (1963)

(20) Dreimaris 页码

15×20=300 第 页

兰州大学

(21) 張林源 (1981)
(22) 朱俊杰
(23) 武安斌
(24) 李吉均
(25) 張兰生 1964 地质论评 ?? 待查
(26) A. penck
(27) L. K. jeje (1980)
(28) 任美锷 (1980)
(29) 施雅风 (1981)
(30) 刘瑞彬 (1980) ? 待查 庐山西北麓第四纪冰川（泥砾）泥砾成因的新发现 第25卷第2期
(31) 張林源 (1981)
(32) 杨怀仁
(33) 王存兰
(34) 李吉均
(35) 刘金陵
(36) 自然区划
(37) 丁兰晗（印度） 1977，页码 215–244
(38) Climap (1976)
(39) B. R. Ruxton (1957)
(40) Thomas 1965 ? 待查 页码
(41) 周会哲 ?

15 × 20 = 300 第 页

论庐山冰川遗迹的真伪——困境与出路

兰州大学

附图.

1. 冰斗平坦指数计算法
2. 冰川与非冰川地貌类型图
3. 大桥的冰川与继承……冰川阶段
4. 大校场冲沟剖面
5. " " " 泥砾组构
6. " " " " " X衍射.
7. 羊角岭前的坡地.
8. " " " 泥砾基质粒度概率曲线
9. 黄龙山冰川遗迹剖面
10. 庐山地貌结构
11. 叶家坡组全剖面X衍射曲线(15条)

已使用的方法

1. 形态计量.
2. 粒度分析
3. 石砾组测量
4. 表面结构(擦痕认识了等)
5. 化学含量
6. 粘土X衍射.
7. 孢粉分析
8. C14年代
9. 土壤颜色鉴别

补脊椎动物的课

其他待采用方法

1. 古地磁.
2. 裂变径迹或热发光法
3. 粘土矿物的差热分析
4. 矿物镜下鉴定
5. 石英砂扫描和微结构扫描
6. 电子探针研究矿物.
7. 新构造应力场的数学分析.
8. 计算机的使用.

着手解决年代问题.

及上计算机.

15×20=300　　第　　页

进一步确定古环境
建立地层系列 } 第四纪环境演化模式

〔第二稿〕

论庐山冰川遗迹的真伪

——困境和出路——

李吉均 张林源
爱、德比希尔

一九八二年、兰州

论庐山冰川遗迹的真伪——困境与出路

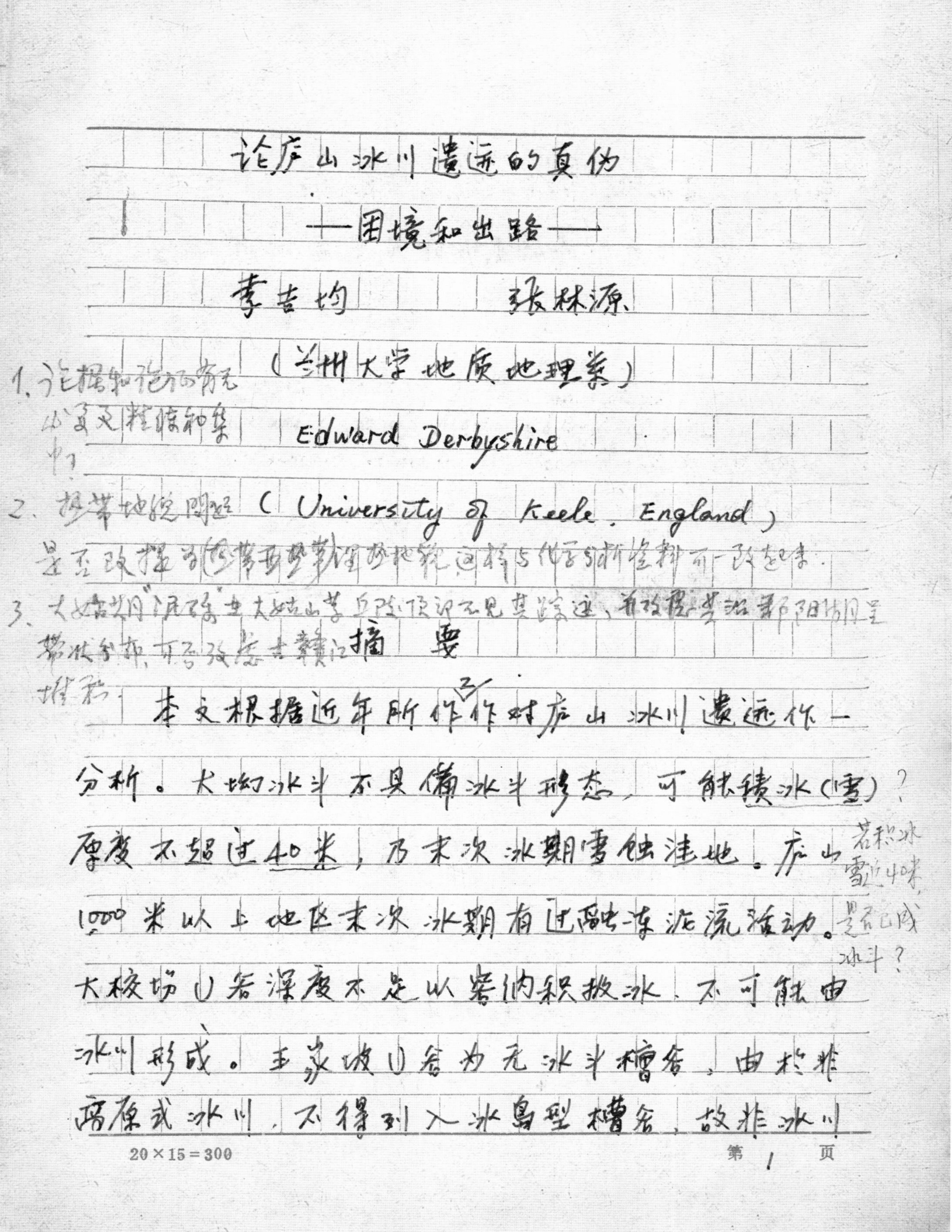

论庐山冰川遗迹的真伪

——困境和出路——

李吉均 张林源

（兰州大学地质地理系）

Edward Derbyshire

（University of Keele, England）

摘 要

本文根据近年所作作对庐山冰川遗迹作一分析。大坳冰斗不具备冰斗形态，可能积冰(雪)厚度不超过40米，乃末次冰期雪蚀洼地。庐山1000米以上地区末次冰期有过融冻泥流活动。大校场U谷深度不足以容纳积拔冰，不可能由冰川形成。王家坡U谷为无冰斗槽谷，由于非高原式冰川，不得列入冰岛型槽谷，故非冰川

20×15=300 第 1 页

兰州大学

起源。庐山泥砾充填物频率曲线缺乏冰碛应有的粗粉砂峰（4－5Φ），主要为粘土充填；组构分析发现A轴无优势定向，ab面排列反映局部地形影响，无冰碛特征；泥砾结构中未见滑动相融出碛、流碛包裹体和滞碛的超固结性态、易裂面等；砾石表面形态缺乏擦面，一般也缺乏擦痕。孢粉分析未能证明庐山出现过冰川发生的环境，未风化的原始沉积所含粘土组分的化学全量分析和粘土矿物说明沉积环境为热带和亚热带气候。庐山上下的倒转型风化剖面说明基岩曾遭受长期湿热风化，为爆发泥石流准备了物质条件，山地在第四纪的强烈断裂上升则为强大泥石流的爆发创造了地势条件，雨季的高强度降水是爆发泥石流的水文条件。庐山的成层地貌清楚，山顶的壮年期地形和山坡的峡谷、裂

20×15＝300　　　　第 2 页

论庐山冰川遗迹的真伪——困境与出路

兰州大学

点（至少两级）和残余的古山足面等为说明庐山的地貌演化提供了证据。真正值得寻找的是庐山的热带地貌遗迹，如伯恩哈德岛山，砖红壤风化壳和热带夷平面等。

前言

自李四光先生提出庐山有第四纪冰川遗迹[1]以来，地学界一直存在争议。由于 三十年代冰川学和冰川地貌学、沉积学的水平的限制，要在当时解决这一问题是不可能的。应当指出，李四光的观点不仅在国内很有影响，在国外也有一定影响。三十年代H. Von 费斯曼曾对李四光的观点作了理论的说明[2]，六十年代初 苏联科学院院士纳里夫金曾对李四光的冰川说十分推崇[3]、七

20×15＝300　　第 3 页

兰州大学

十年代日本学者冈本庆文极力支持李四光观点，并在日本（南部）广泛[涂黑]（寻）求古冰川证据[4]。但是，反对者也是强有力的，世尔博老年的观点有些至今还是属於有见地的思想[5]，R.F.弗林特和J.K.查理沃斯在论述世界范围内的冰川遗迹时，对庐山的冰川遗迹持明显的保留意见[6][7]。波兰学者S.科萨尔斯基态度看来是暧昧的，但他表达的反对意见似乎比赞成意见要强烈得多[8]。在国内也有类似情况，五十年代任美锷关於庐山地形的文章虽没有[涂黑]（否认）冰川观点，但却力图用构造控制的常态侵蚀的北平期地面来解释庐山山上的大多数冰川地形[9]。真正把庐山冰川[涂黑]问题的争论提出来的在解放后是黄培华（1963）[10]，不过当时解决这一问题的时机还不成熟。这不仅是[涂黑]（学术氛围如何的）问题，科学发展有本身的

20×15=300 第 4 页

论庐山冰川遗迹的真伪——困境与出路

兰州大学

逻辑。只有当新的理论、资料积累到一定程度并为多数人掌握时，突破才会发生。目前，曾经长期被奉为经典的阿尔卑斯山的冰期序列已受到深海沉积、冰盖岩心以及黄土研究的最新进展的严重挑战；沉积学的发展已能对混杂沉积、（冰碛是其中之一）作进一步的划分，"杂乱无章"已是描述冰碛的过份陈旧的形容词；冰川学和冰川地貌学的发展使我们对许多冰川蚀积过程有了更好的了解；对冰期中世界环境的认识已能定量地给出18,000 BP（玉木最盛）的全球降温值；绝对年代测试手段的发展可以对数百万年来的地质事件作出比较确切的时限判断。我国地学界近年来在黄土学、西部高山冰川序列，东部海面变化和年代学研究方面进展也很迅速。因此，停留在根据可疑的鄱阳、大姑、庐山和大理冰期划分

20×15＝300　　第 5 页

兰州大学

中国第四纪的水平上是不可取的。科学现代化既需要实验手段的现代化，也需要理论上的现代化。本文的作者们不拟为自己提出建立一個新的中国第四纪冰期系列的任务，只拟对庐山多年存在的困难局面作[illegible]一[illegible]转的探索[illegible]，以就正於国内外同仁。

一、可疑的冰川地形

经常被指为庐山冰川侵蚀地形的主要是：冰斗、U谷、盘谷等。其最著称者莫过于大坳冰斗、大校场U谷、王家坡U谷、芦林冰窖（冰斗？）、和莲花洞盘谷。以下分别作一检验。

1. 冰斗　典型的冰斗最主要的三要素是斗壁、岩盆（冰川融除后成冰斗湖）和冰坎。刃脊和角峰是相邻冰斗扩大后退中的产物，在冰期前地面未被完全破坏时可以不出现。冰坎和岩

20×15=300　　第6页

论庐山冰川遗迹的真伪——困境与出路

兰州大学

盆是同一过程即旋转滑动的产物。当冰斗中聚积足够厚度的雪並精化为冰川冰而且是暖底冰时，沿冰床发生旋转滑动势不可免，这已为J. G. McCall (1960) 对挪威的Vesl-Skautbreen冰川的详细观测所证实[11]。本文作者之一曾用平坦指数（$F=\frac{a}{2c}$，见图1）来表示冰斗的发育程度[12]。真正冰川起源的冰斗平坦指数很低，一般为1.7—5。雪蚀洼地约为4.25—11，即多数冰斗比非冰川起源的洼地要深得多。大陆性冰川冰斗的平坦指数分佈范围较大，以天山的乌鲁木齐河源诸冰斗为例是3.3—6.3。那裡的冰斗岩盆不甚发育，不见冰斗湖。但在有些冰斗如1号冰川东北方的那个空冰斗仍然有清楚的冰坎，斗壁典型，显示有过相当程度的底部旋转滑动，冰期时的冰川至少是暖底冰川。青藏高原东南部有数以千

20×15=300　　第 7 页

兰州大学

计的具有冰斗湖的冰斗，这是和该区属于海洋性冰川区相一致的。秦岭的太白山海拔3600米左右有典型冰斗，内有冰斗湖。庐山所在位置较天山、太白山温润得多，冰期时应和青藏高原东南部一样，如果有冰川也应为温冰川，理应发育典型冰斗。但是，庐山诸可疑的"冰斗"平坦指数均大于10，远超过冰川冰斗范围。大坳冰斗平坦指数为8.4，可以积雪(冰)的深度不过40米，发育真正的冰川是不可能的(图2)。我们还注意到，大坳冰斗是发育在大月山背斜的西北翼上，张节理和层面的结合使五老峰砂岩易于被块状剥离，有利于集水漏斗上源在块体运动作用下后退扩大。另外，在"冰斗"出口处有一小背斜出现（照片1），增强了该处的抗侵蚀能力，提高漏斗的封闭程度，从而增加了冰斗的假象（照片2）。

20×15=300　　第 8 页

论庐山冰川遗迹的真伪——困境与出路

兰州大学

看来大坳冰斗在末次冰期气候寒冷时受过雪蚀作用，雪蚀助长背壁后退，融冻作用有助于块砾顺坡作长距离运动而形成石河，这就是李四光指的庐山冰期的块砾碛。

图1

图2

20×15=300 第 9 页

兰州大学

2. U谷　文献中一再提到的庐山典型U谷有二，一是大校场U谷，一是王家坡U谷。大校场U谷十分宽浅（照片3），为发育于五老峰砂岩和女儿城砂岩之间的一个次成谷，谷底成弧形乃物质移动和构造控制综合作用之所致，冰川解释则困难极大。其一是谷源无冰斗补给，下接芦林冰窖，若认为芦林冰窖是冰斗，则地形倒置，于理未通。更重要的是U谷的西北侧女儿城砂岩组成的山脊高于谷底不过20—30米，这样浅的谷地积雪难以成冰川冰，有冰川冰也难于流动。按J. F. 奈伊研究，可视冰川冰的屈服应力为1巴，则冰川厚度与冰床坡度有反函数关系（$h=h_0/\sin\alpha$，h冰川厚度，α冰床坡度；$h_0=\tau/\rho g$，其中τ为底部剪切应力，ρ为冰的密度，g为重力加速度）〔13〕。大校场U谷平均纵坡

20×15=300　　第10页

论庐山冰川遗迹的真伪——困境与出路

兰州大学

度为10°，则冰川至少应有63米才会有显著运动发生。单从这一点来说就排除了大校场U谷冰川起源的可能性。有人或着用冰期后侵蚀降低来解释女儿城砂岩山脊的低矮，但既然所称汉口峡溢口还保存，可见山脊降低也是很小的。

王家坡U谷外形上颇吸引人，顶宽达500米，底部平坦，谷壁坡度逾30°，深300米左右，大致呈悬链形。可惜的是它正好发育在一倾伏向斜之中，外营力只是揭露而未破坏这种构造形态。如果作冰川解释，困难是缺乏过量下蚀造成的谷肩，再则是没有冰斗和粒雪盆作为补给源地，大坳冰斗之不成其为冰斗已如上述，而且规模过份地小。莲谷等不仅狭小，也存在和大校场U谷同样的问题，其深度不足以产生运动的冰川冰。这样，王家坡U谷就成了极不协调

顶宽达500米，？于斜大于此数。

20×15=300　第11页

兰州大学

的无冰雪来源的U谷了。冰川论处于巨大的困境之中。李四光似乎意识到这一矛盾，他的解释是"少数冰窖，何足以资补给？……当大姑冰期最盛之时……山岭山谷，悉埋于冰雪之中……"。"即遗谷及小天池至长岭头之U谷，皆为冰川流动之区，而同时亦为集收冰雪之所"。从这种推论出发，整个庐山顶部应形成一个冰帽。冰川地貌学是承认冰帽之下出现无粒雪盆的槽谷的，即所谓冰岛型槽谷(14)。在这种槽谷中流动的是溢出冰川，它有赖于周围平坦面（常是古夷平面）上大量的冰川向它集中。在川西高原的素龙山和沙鲁里山上就有这种地形，特别是理塘和稻城之间的海子山古冰帽及其遗留的槽谷更为典型（照片4）。但是，庐山顶上没有发育这种冰帽的地形条件，平坦面很狭窄；而且即使以山岳冰川的[illegible]AAR值计算，大姑冰期

20×15=300　第12页

论庐山冰川遗迹的真伪——困境与出路

兰州大学

诸"冰汛"不超过0.25，[illegible]实际上是不可能形成的冰川{15}。另外，如果山顶真的发生过冰帽型冰川，则必然出现大规模的羊背岩、冰蚀湖，切穿构造和古分水岭的过量下蚀的槽谷等。诸槽谷均适应构造，更缺乏冰蚀湖羊背岩等，庐山[illegible]证据，这是冰川论的不可克服的困难。

李四光关于盘谷(Zungenbecken)的说法看来是一种误解。他认为盘谷是冰汛之出发地，山上的冰川于山麓稍事停留掏成一坑或潭，然后奔流散开。如莲花冰汛从莲花洞盘谷出发，"庐山……盘谷形象显著之处，盖无逾此者"。实际上盘谷乃是冰川舌末端盆地，其外缘就是终碛，有时是终碛压在埋藏的岩坎之上。出现于山麓的末端盆地有时很深，如意大利北部阿尔卑斯山南麓的三个大湖均达300—400米，底部低于海面。马拉斯平冰川底部是一个深度至少在海面

20×15=300　　第13页

兰州大学

以下250米的盆地。所谓莲花洞盆谷位置在莲花“冰汛”扇形地的上方，乃是沿边界断层构造软弱带发育起来的洼地，沿山麓作NE/SW向展伸，与冰川末端盆地没有共同之处。

二、庐山泥砾并非冰川起源

1. 粒度。首先应当指出，泥砾并非冰碛的特征。冰碛中含粘土的多少与冰碛源地基岩的岩性有关。英国某些地方冰碛为泥碛是由于冰川经过区为灰岩和页岩[16]，俄罗斯平原冰碛充填物的粒度组成也清楚地显示基岩岩性的影响[17]。大量的研究证明，冰碛充填物中能反映冰川作用的是粉砂。当冰川沿冰床或沿内部剪切面滑动时岩屑相互碾磨，各种矿物的机械磨损的最终粒级集中在4-5φ粒径[18]。因此，冰川泥及现代冰川沿剪切带上升的泥带（照片5），主要包含粉砂

20×15=300　　第14页

兰州大学

颗粒。庐山泥砾恰好相反，其充填物的粒度频率曲线在4-5φ出现的是谷而不是峰，细粒峰见于粘土区间。[19] 按庐山冰川遗迹主要出现在震旦系石英砂岩地区。这种岩石在冰川作用下和花岗岩相似，如果形成冰碛则应当是以块砾为主的冰碛。庐山泥砾中粘土大量出现（常超过细粒部份的50%）乃是该区长期湿热风化的结果。

2. 砾组 庐山泥砾的组构测量表示其ab面的倾向与局部山坡关系很密切，a轴则无优势定向。这不是冰碛特征，而是水流作为搬运介质的沉积物（包括泥石流沉积）的特点。[21][20]

请见补充材料。

3. 砾石表面特征 促使李四光提出庐山冰川说的主要证据是擦痕，包括冰碛石上的擦痕和基岩面上的擦痕。但是，擦痕并非冰川活动的铁证。能形成擦痕的营力有很多，如断层、山崩、土滑、雪崩、泥石流、洪水等。只有与擦面

20×15=300　　第15页

兰州大学

(facet)同时出现并沿擦面的边作有规律分布的擦痕才具有鉴定冰川活动的价值。冰川冰是稳定的层流，砾石在冰中自由度很低，形成擦面是冰川改造砾石形态的本质特征，可叫做优先磨平作用[22]（另文）。在冰川底部被搬运的砾石有机会像羊背石那样形成兔背条痕石（照片6），也具有鉴定冰川作用的意义。但是，这种典型的冰碛石在庐山至今没有找到。有些砾石表面的新月形裂口曾被称为李四光环，被当作是冰川擦痕。其实这是洪水中砾石互撞产生的锥形裂口，在羊角岭和王家坡均曾见到这种砾石（照片7），它们无定向排列。这种锥形裂口和冰川磨光面上与擦痕方向一致並垂直出现的新月形凿口和裂纹是完全不同的（照片8）。李四光当年在白石咀黄龙灰岩上见到的擦痕现在经探

20×15=300　　第16页

论庐山冰川遗迹的真伪——困境与出路

兰州大学

石已不可复睹。鉴于白石咀附近的所谓大姑冰期泥砾中有大量最近（晚于泥砾）断层擦动（照片9），有理由认为原来李四光所见的擦痕和石展磨痕某处擦痕的石块是断层造成的现象。南京大学的王富葆同志早曾告诉作者白石咀的擦痕是延及基岩内部的，显然非冰川起源。

4. 结构 庐山泥砾在沉积物的宏观结构上从来没有发现滞碛所具有的强固结性和易裂面、■融出碛所具有的流碛包裹体和滑动相等冰川沉积物的固有特征；也没有A.彭克所称的冰川沉积物的"配套"或"三合一"现象，即终碛堤内侧为分布着鼓丘（或冰碛丘陵）的中央盆地（也即末端盆地），终碛堤外侧过渡为外冲冰水平原。[23] 我们所看到的是所谓冰碛物的砾石粒■径随■离山体的距离作有规则的减小和沉积物厚度的逐渐减薄，这是泥

20×15=300　　第17页

兰州大学

石流和洪水沉积的特征。另外，也没有冰碛垅的形态，所谓王家坡U谷及芦林盆地的前碛和侧碛乃是后期侵蚀形态，并非沉积物原来形状。

以下我们重点分析山上的芦林盆地和山下的羊角岭即"莲花冰川"的沉积物特征，看其是否具有冰川作用的信息。

「大校场U谷冲沟」，在芦林盆地东北大校场U谷出口处有一冲沟，长约150米，宽10—15米，有两个沟头。冲沟两岸笔立，底部已切入基岩，剖面高8米，从下到上有四层沉积物，在沟头的西北侧出露最清楚（照片10）（图3）。

大校场U谷冲沟剖面是个典型的倒转型风化剖面。底部基岩受到很强烈的湿热风化，砂岩风化达到一触即碎的程度，节理和层面

20×15=300　　第18页

论庐山冰川遗迹的真伪——困境与出路

兰州大学

fig 3.

間夾着2-5厘米厚的红色粘土，粘粒硅铝率为
。在基岩侵蚀面上复盖着一层厚0.5—1米的
山区河流初始冲积砾石层。砾石磨圆度次棱角
到次圆，少数磨圆度较高，粒径5-10厘米为主。
在冲沟东侧这层沉积物中有薄层粘土组成的透
镜体，说明是局部静水沉积（照片11）。这层山区河流初
始冲积砾石层沉积之后受到过扰动和侵蚀，因
而出露不连续，上复的第二层即橙黄色巨砾层

20×15=300　　第19页

兰州大学

时而直接与基岩侵蚀面接触。在巨砾层沉积过程中，软弱的基岩面被橇动变形，发生小型的拖曳褶曲（照片12）。橙黄色巨砾层厚2–2.5米，许多巨砾直径超过1米，多数是次棱角状，具有不少凹形面，显示搬运中相互碰撞。巨砾层的充填物为黄橙色（10YR 7/8）砂砾，砾石表面多铁锰锈斑，并见有显然是由上层淋溶下的橘红色（5YR 6/8）粘土薄膜包裹。砾石的a轴无优势定向，倾角10°–30°，巨砾则有时近于直立（图4 a），ab面主密部较高（14.6%），倾向180°，倾角10°，与地面坡度接近（图4 b）。从砂砾层中提取的粘土组份的SiO_2/Al_2O_3比率为2.00，SiO_2/R_2O_3比率为1.46，符合南方地区红壤的特征。考虑到上层风化粘土下移是以砾石表面粘土薄膜出现的，由充填物中提取的粘粒应主要是原来固有的，其硅铝率可以反映沉积时的物质来

20×15=300　　第 20 页

论庐山冰川遗迹的真伪——困境与出路

兰州大学

泥地的环境。根据上述特点，把巨砾层看作是结构性泥石流沉积比较接近事实。泥石流在前进中使下伏软弱基岩和山区河流初始冲积砾石层被局部侵蚀和形成型的变形。巨砾层之上是粒度显著减小的暗棕色砂砾层，较大的砾石集中在该层的顶部成为显著的石线(Stone line)，并有棕色(7.5YR 6/8)和红棕色(2.5YR 4/8)的淀积体土层位于其上，实际是一埋藏的古土壤。暗棕色砂砾层为整个剖面的第三层，具有近带的风化剖面，说明沉积时和沉积后有一个较长的湿热风化时期。土体粘粒的SiO_2/Al_2O_3比率为1.91，SiO_2/R_2O_3比率为1.50；粘土矿物的X射线衍射分析表明除石英外以高岭石、混合层伊利石为主，在10-14.5Å间有一层间矿物的宽大峰，可能是绿泥石和云母(图5)。此层风化程度比巨砾层高，因而有粘粒被淋溶进入巨砾层，形成砾石表面的粘土薄膜。砾组测量说明砾石a轴倾向更为离散，倾角10°-30°，ab面主要部为

20×15=300　　第 21 页

兰州大学

9.9%，倾向116°，与大校场谷地走向（NE）斜交，倾角10°（图4c.d），显然是附近山坡经坡面蠕动作用到达谷地底部的碎屑物质。这种以石线为标志的碎屑堆积有人曾认为是干燥气候山足面上的堆积，近年L.K吉吉在尼日利亚南部所作的研究说明那里的热带雨林一直存在，石线等乃温热气候下的正常产物（24）。我们认为上述棕暗色砂砾层也是在温热气候下坡面蠕动的堆积。

对巨砾层和暗棕色砂砾层的充填物所作的粒度分析说明它们全都缺乏中等粒级，即细砂和粗粉砂含量很低，粒度频率曲线上於此出现缺口，不具备冰川作用特征。砾石中没有发现典型的具有擦面的条痕石或龟背石，前人所找到的擦痕应是非冰川起源的。

20×15=300　　第 22 页

论庐山冰川遗迹的真伪——困境与出路

兰州大学

能够体现庐山更新世晚期气候发生重大的变化的是大校场口谷冲沟剖面的最顶部第〇层，即棕黄色土砾石层。该层顶部为一集中的巨砾层作清楚的叠瓦状排列，乃是在冰缘气候条件下地面裸露，寒冻风化破坏志留纪砂岩等坚硬岩层形成大量块砾在融冻泥流作用下形成的堆积。在七里冲平底谷这种现象直接暴露地表，从东侧比较陡的五老峰顶有巨砾沿山坡向下移动，在谷底呈清晰的叠瓦状排列（照片 ）。巨砾多半埋土内，以最大扁平面（ab）倾向五老峰方向，坡度可高达30°。这种过程目前已停止，地面有茂盛植被（如大校场口谷冲沟），应是末次冰期寒冷气候的产物。那时庐山有较■的积雪，每年期季节雪蚀作用，融冻泥流在1000米以上曾相当活跃，强劲的冬季风则带来风积黄土，气候的

20×15=300　　第 23 页

兰州大学

大陆度增加，这比今日严酷得多。

根据上述分析可以看出，在更新世晚期庐山顶部海拔1000米的地方曾相继发生过这样的营力过程，即山区河流的正常流水侵蚀和相应的动力冲积——快速的结构性泥石流形成巨石砾层——湿热气候下的坡面蠕动堆积及后期的湿热风化——末次冰期冰缘环境下的雪蚀和融冻泥流堆积。此中不存在冰川作用的信息。

「羊角岭扇形地」 这里所说的羊角岭扇形地即李四光所称莲花冰流冰碛分布的范围。这是庐山山麓诸扇形地中保存[illegible]最完整的一个扇形地。该扇形地的扇顶起始于海拔300余米的花山和吴家老屋一带，至少有两条并排着发源于打汉坡和大华山的山沟参与了扇形地的建造过程。其中一条向北流向妙智铺，一条向西流

20×15=300　　第24页

论庐山冰川遗迹的真伪——困境与出路

兰州大学

经太平宫，共同向绘出扇形地的边沿。所谓莲花洞盘谷位于庐山东南，实为一沿庐山边界断层发育的凹地。不仅如此，在该扇形地形成之后在扇顶又发生断裂把扇的主体与扇顶断开，目前的金鸡咀水库正是沿这一断陷凹地修建的，故庐山西北山麓清楚地展示出山体在第四纪所作的阶梯式上升（图6）。

妙智铺
莲花洞盘谷
太平宫
七里湖

20×15=300　　第25页

兰州大学

羊角岑扇形地扇面共25平方公里左右，按李四光关於大姑冰期范围积累区AAR值仅为0.08，即便按上述两支源头算，AAR值也不超过0.25，冰川论违背常理是显而易见的。更重要的是扇形地的扇面形态和沉积物特征泄漏了它的真正的起源。施雅风先生已经指出羊角岑扇形地砾石有随离山距离增加而直径减小的明显趋势(25)，邓养鑫曾观测到扇形地泥砾厚度在山麓带为8-10米，至七里湖畔已减为0.3-0.8米，扇面上虽遭后期分割，但完整部份至今还保持着放射状的垄脊和位於其间的某些盲沟。这些事实已经足以说明它们是真正的泥石流扇。构成扇形地的泥砾更清楚地说明了这一问题。沿着羊角岑公路路堑切开了一個难得的大剖面，该公路正好沿前述切断扇形地主体和扇顶的断层通过。羊角岑大剖

20×15=300　　第26页

论庐山冰川遗迹的真伪——困境与出路

兰州大学

面长达一公里左右，剖面出露高度一般为5—8米，顶部为厚1—2米的网纹红土（照片13），有薄层的铁壳发育，底下泥砾层砾石巨大，超过1米的很多，为砂■质充填。上部颜色红黄，下部颜色变淡呈灰黄色。有许多砾石受到强烈风化，但剖面上部风化程度显然高于下部（见下表）。有密集的断层穿过该砾石层，断层面附近砾石受到扰动变位，偶尔可见某些砾石有被错断的现象，但断距均极小。值

羊角岭剖面上下部风化程度比例（%）

部位	未风化	微风化	半风化	全风化	总计
上部	27	14	11	48	100
下部	43	32	17	8	100

得注意的是强风化带沿断层面向下延伸，形成灰黄色底部砾石层中的红色条带。从风化较弱的底部砾石层充填物中提取的粘粒的化学组成 SiO_2/Al_2O_3 比率为　　，显示红壤型环境。近来河北地质学院■所作的孢粉分析发现的孢粉■概为喜暖植物如　　　等，没有指示寒冷气候的成份。砾石组构测量说明a轴散乱不定向，倾角较小，但ab面有较高的倾向主密部，倾向朝东（即朝向庐山），倾角40—44°（图7），为泥石流沉积特征。最

20×15=300　　　　第 27 页

兰州大学

才瑞等曾报导在羊角岩发现了冰川起源的表皮构造[25]，据我们观察实际上是泥砾之下强风化的黑武系页岩在结构性泥石流移动过程中产生的小型的牵引形变[27]，包括层面弯曲及2厘米左右的小断层，性质和大校场山谷冲沟剖面上所见一致而其规模更小。

羊角岩扇形地汇水区面积太小给冰川论提出严重挑战，对泥石流来说也是罕见的。其原因，第一是庐山未强烈隆起前地面比较和缓，长期湿热风化形成巨厚的红壤和砖红壤型的风化壳。在澳洲西南部及乌干达发现巨厚的砖红壤一般形成于地面起伏不高于60米和坡度不大于10°的地方，但一些厚层的砖红壤形成则次生砖红壤可在20°或更大坡度上形成[28]。庐山顶部地形和缓处至今到处可见砖红壤型风化壳的根部，在庐山未

20×15=300　　第 28 页

论庐山冰川遗迹的真伪——困境与出路

兰州大学

剧烈上升前风化壳很多处都是十分巨厚的，为强大泥石流的发动准备了物质基础。第十是庐山在第四纪的强烈隆升使沿边界断层处地势能量急剧增大，沿石英砂岩的节理崩解形成大量的巨砾块，当强大的季风雨来临时山坡松散物质很容易运到谷底形成泥流，从而暴发山崩与滑坡后导致强大的泥石流的形成。香港1966年6月一次大暴雨后泥石流成灾曾经引起地学界的广泛重视〔29〕。形成这次灾难的原因是有一低压槽五次过境，造成24小时401毫米的高强度降水。实际上根据庐山牯岭的气象记录，夏季的高强度降水也能达到同样水平，只不过是由于目前庐山地形切割已很强烈，基岩裸露而风化物积存已经很少，缺乏发动大规模泥石流的物质条件。在第四纪泥石流盛行时山上风化物质的堆积存极多，

20×15=300　　第29页

兰州大学

因而可以在集水面积不大的情况下因山势陡峭而发动大规模的泥石流和近造起规模宏大的泥石流扇。庐山的泥石流为主的山麓泥砾沉积应当是气候和构造条件的最佳结合情况下(最湿热的中更新世剧烈断块上升末后——大姑期?)形成的山麓堆积。

三. 庐山在第四纪期间的环境

费斯曼显然意识到冰川论在庐山所遇到的困难[30]。他为冰川论出了两個主意，其中之一是把庐山冰期序列在时间上往早推。李四光原来把庐山冰期与玉木冰期对比，费斯曼则主张增加一个大理冰期，把庐山期与里士冰期对比，从此来逃避冰川地形保存不佳的困难。其实这一设想未见得明智，因为按照李四光所说大姑期的王家坡U谷及诸前積堤都还历历在目(见"冰期

20×15=300　　第 30 页

论庐山冰川遗迹的真伪——困境与出路

兰州大学

之庐山”一文及附图）[31]。身为欧洲人的费斯曼应当知道，在阿尔卑斯山明德冰期的槽谷、冰碛垅均已破坏无遗，剩下的主要是高位的夏盖砾石层，在中国西部相当于明德冰期的聂聂雄拉冰期冰碛也无形态表现，现存槽谷系统是倒数第二次冰期开拓出来的。因此，费斯曼的这一通词于理欠通。费斯曼的第二个主意则是一个真正的贡献，他正确地指出中国的雪线、森林上限、作物种植上限以及亚热带植物的分布高度有明显的由青藏高原向中国东部降低的现象。现在已经清楚，这是由于隆起的青藏高原加热作用的结果，也是隆起的青藏高原的动力作用迫使寒潮为代表的冬季风向华东平原地区长驱南下的结果。近来杨怀仁先生提出华东存在冷槽的概念，根据微体古植物、古脊椎动物和冰

20×15=300　　第 31 页

兰州大学

缘现象的新发现确认晚更新世中国东部有强烈的变冷变干的现象〔32〕。当时的风成黄土一直分布到长江沿岸（下蜀土）以至庐山附近，披毛犀到达上海，云冷杉林大幅度下降。毫无疑问，这些都是完全正确的。不过，问题的关键在于晚更新世的变冷曾否导致中国东部山地发育冰川？晚更新世之前华东一带气温曾否降低到发育庐山那样的山麓冰川的程度？关于第一个问题虽然近年有人曾致力于在华东寻找末次冰期的遗迹〔33〕。但自费斯曼以来人们一般认为末次冰期华东山地未发生冰川，故本文也不拟讨论。关于第二个问题是真正的要害。对中国南方植物区系和古动物群的最新研究说明那里的环境在第四纪变化甚小，植物区系有起源古老、残留种和特有种多和种类丰富的特点；古动物群和华北相比则有古老种类延续时间长、现生种出现早以及整个来说动物群的变化不及华北明显的特点〔34〕。看来是“基本保持第三纪古热带比较稳定的气候”〔35〕。近年来冰川论在这方面取得的支持主要来自孢粉资料

20×15＝300　　第32页

论庐山冰川遗迹的真伪——困境与出路

兰州大学

。刘金陵等曾根据上海、浙江的第四纪孢粉组合认为华东一带第四纪有四次强烈的降温时期，并以之和李四光的冰期序列相对比。[36] 应当认为，在庐山冰期序列（本身有疑问）和孢粉资料之间均缺乏年代学证据情况下来相互对比是问题很大的。更重要的还在于如何分析孢粉组合的气候意义。比如说，被刘金陵等认为相当于大姑冰期的上海水文01孔的带Ⅱ（深度257—252米），有84-92%为针叶树花粉，其中（松和油杉很多）占优势，云杉、冷杉和落叶松虽然很多，但雪松、铁杉也有，更有意义的是还有占孢粉总量6-9%的栎、榆、枫香、栗等。据印度学者H.P.古普塔(1977)对喜马拉雅山南坡山地亚热带地区现代孢粉的研究，地面孢粉只能反映周围植物种类的50%。孢粉各成分的数量更是与周围植物的实际状况不同，此中一是主要原因孢粉产量问题，二是搬运媒介问题。产量特

20×15=300　　　　第33页

兰州大学

高的松科花粉是靠风搬运的（有气囊），因而在孢粉雨中占领先地位；杜鹃、杨梅等虫媒花粉在孢粉组合中数量极少，但植被中则是很重要的成分。[3] 上述0I孔的带正的那些孢粉是一种混杂堆积，显然来自三个垂直带，即亚热带、山地暖温带和山地寒温带。松科花粉占优势并不意味着在植被中也占同样比例，另外孢粉或中暗针叶林植物花粉虽占30%左右，但毕竟还不占主导地位，亚热带性质很强的油杉也占到30%，故孢三个垂直带同时是存在的。

自费斯曼以来人们总是把贡嘎山的情况和东部山地作对比，我们不妨来讨论一下贡嘎山的植被和古今冰川的状况，看庐山一带在第四纪降温期间是否有条件发育冰川。

贡嘎山海拔2,000以下是山地亚热带，生长着栎、棕榈和人工栽培的杉木、柑橘，干热河谷中则生长着耐旱的仙人掌；2000—2800米是山地暖温带，生长着铁杉、柳杉、槭、桦、栎，上段有冷杉混生；2800—4000米是山地寒温带的暗针叶林，以云杉、冷杉为主，林下植物主要是常绿杜鹃；4000—4600米是亚高山寒带，生长着杜鹃为主的高山常绿灌丛和草甸；

20×15=300　　第34页

论庐山冰川遗迹的真伪——困境与出路

兰州大学

4,600—5,000米为高山寒冻带，有多年冻土出现，植被是以地衣、苔藓为主的高山冰缘植被；5,000米以上为终年积雪和冰川。贡嘎山气候雪线为5,000—5,200米，冰川上粒雪线可降到4700—4800米。最长的海螺沟冰川从海拔7556米的主峰获得雪崩补给，冰川作用正差达2800米，冰川末端达到2850米，刚好穿过高山暗针叶林。末次冰期冰川向下延伸8公里达到1850米的高度，相当于目前山地亚热带的上限附近。更早的古冰川进入磨西面主谷，冰碛分布到海拔1900米的大渡河畔的摩岗岭（高于河面约700米）。大渡河两岸有多级侵蚀平台和阶地，最近地质时期下切很强，图8表示了上述基本情况。

由上述可见，贡嘎山地区的暗针叶林无论上界和下界均距雪线有很大距离，分别差1000和2200米。按此推论，华东诸山地即使在更新世寒冷时期被暗针叶林复盖，最高山顶仍在雪

20×15=300　　第35页

兰州大学

线之下，达不到发育冰川的程度。更何况根据第四纪孢粉资料，被认为最冷的上海水文01孔带II仍然显示有三个垂直带存在，而且孢粉中亚热带性质之强是很显著的，故雪线距山顶必然很远。

图8. 贡嘎山大渡河剖面

如果把贡嘎山雪线推到庐山，庐山当今气候雪线应在4,000米左右。* 要使大校场U谷、七里冲谷地和大坳冰斗（均在1,100米左右）有冰川发生，必须使雪线下降近3,000米，降温值为16°-18°C。如果要发育大姑冰期冰川，则需降温19°-21°C。这些数

20×15=300　　第36页

* 庐山亚热带植物分布上限约为1,000米，低于贡嘎山1,000米。雪线可按此类推。

论庐山冰川遗迹的真伪——困境与出路

兰州大学

字超过CLIMAP给出的18,000年前（玉木冰盛期）亚洲东部地区的降温值（4–6°C）达3–4倍，是不可置信的。[38]

近年在浙江庆元县百山祖发现几棵百山祖冷杉，曾被认为是冰期的活化石[39]。其实，在人类没有大规模毁灭天然植被时，华东诸山地云杉和冷杉会更多。我们在庐山小天池距地表　米的泥炭层中分析出云杉花粉，C^{14}年代为4　BP，可见那时还有这种植被。目前在庐山植物园栽培着大量的从日本、欧洲、美洲和华西山地引种的云杉和冷杉，不少都生长良好，能够结实。这从一个侧面反映云杉和冷杉的生境宽容度很大。在西藏察隅2300米的林带我们见过澜沧冷杉和云南松、华山松一起生长很好，胸径超过1米，当地年均温在11°C左右。至少

20×15=300　　第37页

兰州大学

在波密（2750米）年均温8.5℃，云、冷杉林仍生长很茂盛。由此可见，庐山山顶如果不是人为破坏，天然植被中有云杉和冷杉是合乎规律的。在星子县叶家垅网纹红土中近来曾发现有海金砂和云杉花粉同时出现。因此，第四纪期间华东某些较高山地云杉和冷杉应是一直存在的。随着全球性温度变化，山地植被垂直带的位置有一定幅度的升降是可以意料的，但要把它夸大为代表冰期寒冷气候并达到发育冰川的程度则是错误的。

四、讨论

我们根据庐山的地形、沉积和第四纪环境的分析，得出庐山没有经历过古冰川作用的结论。在气候最冷的晚更新世庐山曾经发育以融冻泥流为主的冰缘过程，但还没有发现作为多年冻土的地面标志的冰楔、石多边形等现象，故庐

20×15=300 第38页

论庐山冰川遗迹的真伪——困境与出路

兰州大学

山顶部当时也只处於高山冰缘带的下限附近。根据青藏高原现代多年冻土在大陆性气候条件下垂直跨度可以超过1000米的事实[40]，末次冰期华东一带气候雪线至少不会低于费斯曼所说的2600米的高度。更早时期温度较高，但华东一带降温幅度比晚更新世小，寒冷时期中山地垂直带也一直存在着亚热带和山地暖温带结构，这就排除了冰川发生的可能性。合理的推论是：庐山在晚更新世以前一直处于比较稳定的热带和亚热带的气候环境之下，当山体未强烈隆升以前在和缓的壮年期地面上形成深厚的红壤或砖红壤型风化壳。风化壳的顶部为高岭土为主的粘土，下部则为节理控制的岩块(球)。在山体作剧烈的断裂抬升后就造成发动大型泥石流的最有利的条件。庐山山麓的所谓“冰碛”主要是由泥石流扇形地组成，在不断抬升中遭到程度不同

20×15=300　　第39页

兰州大学

的分割，从保留完好程度及风化深度各不相同来看应是不同时期的产物。随着晚更新世网纹红土形成过程的停止，大型泥石流的发动和泥石流扇形地的塑造过程也相应停止。这是由于山上风化壳松散物质已大部被剥除，泥石流赖以发动的粘土和石块（球）不能继续供应的缘故。泥石流的发动不仅需要风化过程为之作准备，也需要各种物质移动过程参与把松散物质集中起来，坡面的蠕动、山崩土滑都是有效的力量。在湿热环境下，这些坡面过程既是搬运力量，也是一种积极的侵蚀力量，各种假冰川槽谷正是在这种营力作用下塑造出来的，软硬岩层的细节在这种过程下被剥露，显示出构造对地形的控制作用。庐山向我们展示的正是这种地貌过程的结果。

20×15=300　　第40页

论庐山冰川遗迹的真伪——困境与出路

兰州大学

因此，我们应当在庐山寻找的不应该是什么冰川遗迹，而应当是热带地貌过程的遗迹。山上的突岩完全可能是过去深风化剥蚀的剥露地形，被误释为冰桌的摇摆石（桌状突岩）也不排除这种起源。在山麓花岗岩区有典型石蛋地形，伯恩哈德型岛山。古代风化槽则盛产高岭土，说明经过了漫长的热带型湿热风化。奇怪的断蠔石并非羊背石是肯定的，它倒像热带灰岩地形。应当指出，世界上一切古冰川作用过的地区冰期前的风化壳均被剥除，庐山山顶尚存风化壳是冰川论者无法解释的。

当我们把视线转向庐山的上升时，首先进入视野的是巨大的断层崖、山麓梯地以及各级河流裂点。它们是庐山在最近地质时期阶段性上升的证据，结合沉积物分析至少可以划分出地貌演化的相对年代。庐山地区有两级明显的河流裂点。一个是以切入王家坡U谷下段形成深达80—100米的峡谷为代表，起始点高程约250—300米，已溯源侵蚀达到中庵寺以上，曾被误指为冰川

20×15＝300　　第41页

兰州大学

之边沿水道。其实[illegible]冰川[illegible]

[illegible]边沿水道[illegible]一般在侧碛之外,[illegible]冰

川解除后留下[illegible]高位的平台;如果边沿水道侵蚀

下切则在山坡上形成高悬的谷地,往往随冰面

降低而排列成层。在两种情况下均不会出现在

谷底,因边沿水道见于谷底则已无冰川的存身

之地了。因此,把中庐以下峡谷解释为裂点溯源侵蚀的

产物是最合理的。[illegible]是相当典型的裂点现象

。特别是当我们把王家坡谷地出口高度向外延

伸时,自然地和山麓的海拔250米(向外逐渐低

至百余米)的丘陵顶面构成一和谐的地貌景观,山内

是大宽谷,山外是山麓古剥蚀面构成的山麓梯

地。该丘陵顶面上出现的砾石层高于现代河床

是自然的,求助于冰川把巨砾搬上山顶是多余

的。除了山口300米这一级裂点外,我们还注意

20×15=300　　第42页

论庐山冰川遗迹的真伪——困境与出路

兰州大学

到900米以上有另一级裂点，最具代表性者莫过于七里冲手底谷下之三叠泉。在这级裂点以上保存着庐山最古老的地形。仰天坪夷平面、芦林盆地、中谷、西谷等宽缓地形皆因溯源侵蚀所未及而得以保存。古代砖红壤风化壳（至少是其根部）亦得赖以保存。大凡李四光所谓庐山诸冰川悬谷皆与这一级裂点有关，女儿城坚硬砂岩的出现往往促使裂点长期行于一处形成悬谷因为侵蚀循迴裂点与构造裂点相遇而相得益彰。应当指出，正是这一级裂点使庐山顶上有大片平缓地面保存，匡庐乃成为江南首屈一指的避暑胜地。与上述两级主要裂点相对应，庐山可分出三个地貌层次，高层地貌为山顶夷

20×15=300　　第43页

兰州大学

平面和壮年期地形；中层为高丘陵和王家坡大宽谷；低层为山麓梯地、扇形地和各级河流阶地。图9表示庐山地貌结构的基本轮廓。

图9

如上所述，冰川论不仅没有把庐山地貌和沉积历史说清楚，反而给庐山真面目蒙上更多的云雾。鄱阳、大姑、庐山的冰川和沉积序列应当废弃。现有资料说明，可以把那些分布在山麓四百余米或更高的平顶丘陵上的砾石层看作是庐山山

20×15=300　　第44页

论庐山冰川遗迹的真伪——困境与出路

兰州大学

裹带的最早砾石层。所谓鄱阳湖泥砾不是被冰川卷入到大姑期泥砾中，而是由丘陵顶部崩塌到坡下被后来的沉积覆盖。热带地区砖红壤陡崖之下经常出现次生成碎屑砖红壤，在低一级砖红壤中以包裹体出现。[41] 姑塘镇北鄱阳湖畔的现象完全符合这种规律。被称作大姑期（白鹿冰期）冰水堆积的叶家垅河岸剖面发现有厚度近50米的堆积物，底部河流相砾石层覆盖在强风化的白垩纪红砂岩削平面上，上覆网纹红土中含八层铁盘。但铁盘及网纹发育程度均向上部减弱，SiO_2/Al_2O_3比率从下到上由1.67增大到2.36，颜色由深红色变为黄色，代表由砖红壤到红壤甚至黄棕壤的递变。铁盘是古土壤标志，显示冲积扇多次加积后伴随着的风化和成土作用。[42] 剖面顶底的年平均温度相当于从24–26°C下降到15–18°。沉积后的掀升使以铁盘为代表的层面倾向S20°E，11°

？

从鄱阳期泥砾的磨圆度、棱角、分选度偏向于向方，再结合鄱阳湖中泥砾亦有泥砾存在，并在此地分布，可检测此泥砾为古冰川泥砾。

45

兰州大学

，所谓冰水扇的扇面实为一侵蚀面而非沉积面（照片13）。羊角岺泥石流扇从其表面形态保存的完好程度和剖面未风化到底的情况看来，应属于庐山诸大扇形地中形成最晚的一个。在它被断裂和风化形成表面散米的网纹红土之后，热带砖红壤型的风化过程停止。接下去的是大校场冲沟剖面代表的诸过程，即典型红壤型风化过程，初期仍有大规模的泥石流活动，接下去主要是坡面蠕动过程。在提马岺下庐山茶场支沟剖面上也可见到同样的过程序列。在由羊角岺到新桥的路上，在羊角岺泥石流扇的边沿见有埋古土壤和淡色网纹的棕黄色亚粘土，它既不同于无网纹的红土，也不同于复盖在最表面的风积或坡积黄土，可能与下蜀组的底部相当。由此可见，庐山的沉积历史是相当复杂的，

20×15=300　　第46页

论庐山冰川遗迹的真伪——困境与出路

兰州大学

苗的鄱阳、大姑、庐山不仅成因解释不妥，也是过份地简单。必须在详细工作的基础上正确地建立地层系统，并力求作出年代学分层，才能阐明庐山第四纪环境的演变历史，恢复庐山真面目。下面列出我们对庐山地貌演化和沉积序列的初步意见，作出初步结论：

1. 仰天坪期夷平面（1300米以上，残留砖红壤风化壳根部）

——？——

2. 牯岭（第三纪末期）地面（1000米诸宽谷为代表，基岩强风化，残留网纹红土）

——上升，形成900米裂点——

3. 王家坡宽谷及山前丘陵代表的最老扇形地（顶部残留强风化砾石层）

——上升，形成300米裂点——

4. 山区强切割，山麓形成泥石流扇

——断裂活动，河流下切——

5. 晚更新世尚有冒冰相当的堆积（1000米以上为融冻泥流作用区）

——阶地和现代冲沟下切——

20×15=300　　第47页

兰州大学

参考文献

〔1〕李四光（1947），冰期之庐山　中央研究院地质研究所专刊乙种第2号

〔2〕H. Von. Wissmann（1937），The pleistocene Glaciation in China，中国地质学会志，17卷.2期，145–68.

〔3〕Д. B. 纳里夫金（196），亚洲地质史上光辉的一页，科学通报，12卷.4期

〔4〕冈本庆文（yoshifumi okamato）（1972）Piedmont Glaciation in the Taiga Forests of Ice Ages in Japan and Northern Italy similar to those now present in southern Alaska，IGC 24 the Session，Section 12，p. 175–86.

〔5〕G. B. Barbour（1934），Analysis of Lushan Glaciation problem，中国地质学会志，13卷，4期，647–56.

〔6〕R. F. Flint（1957），Glacial and pleistocene Geology. New york—London. p. 423.

20×15=300　第　页

论庐山冰川遗迹的真伪——困境与出路

兰州大学

〔7〕 J.K. Charlesworth (1957), The Quaternary Era Vol. II. p.721

〔8〕 S.柯萨尔斯基(1964)，中国东部山地更新世冰川作用问题，地理译丛，1期，16-19

〔9〕 任美锷(1953)，庐山地形的初步研究，地理学报，19卷，1期，61-73.

〔10〕 黄培华(1963)，关于长江以南地区第四纪冰川遗迹问题，科学通报，10期，29-33.

〔11〕 J.G. McCall (1960) The flow characteristics of a cirque glacier and their effect on glacial structure and cirque formation, in "Norwegian cirque glaciers" (ed. W.V. Lewis), R. geogr. Soc. Res. Ser. 4. 39-62.

〔12〕 E. Derbyshire and Ian S. Evans (1976), The Climatic Factor in Cirque Variation, in "Geomorphology and Climate" (ed. E. Derbyshire). 447-94.

20×15=300 第 页

兰州大学

〔13〕转引自 C.B. Калесник (1963),
Очерки гляциологии. стр. 253

〔14〕D.L. Linton (1963), The forms of glacial erosion.

〔15〕姚檀栋（1981），用积累面积比率法研究庐山第四纪冰川问题的探讨，冰川冻土，3卷1期，82—86

〔16〕E. Derbyshire, K. J. Gregory and J. R. Hails (1979), Geomorphological processes. p.248.

〔17〕Е.В. РУХИНА (1960), Литология моренных отложений, стр. 43.

〔18〕A. Dreimanis and U.J. Vagners (1969).
The dependence of the composition of till upon the rule of bimodal distribution. Etudes sur Le Quaternaire dans Le Monde. Vol. 2

〔19〕张林源、牟昀智（1982） 庐山地区混杂沉积的特征和成因，参加1982年莫斯科INQUA论文.

〔20〕武安斌（1980），疏勒南山岗纳楼5号冰川观

20×15=300　　第　页

兰州大学

代冰碛物的沉积组构特征，兰州大学学报 1980(3).

〔21〕朱俊杰，陈怀录(1982) 庐山地区泥砾的砾组分析，

〔22〕李吉均(1982) 论冰川擦痕，冰川冻土

〔23〕仝〔7〕，p.269.441.

〔24〕L.K. Jeje (1980), A review of geomorphic evidence for climatic change since the late pleistocene in the Rain-forest area of Southern Nigeria, palaeogeography, palaeoclimatology, palaeoecology, Vol.31. 63–86

〔25〕施雅风(1981) 庐山真的有第四纪冰川吗？自然辩证法通讯 1981(2), 41–45.

〔26〕景才瑞.

〔27〕张林源、牟昀智(1981)，庐山羊角岭"泰使构

20×15=300　　第　页

兰州大学

造成因探讨，科学通报，1981(16)．1006-8

〔28〕 Thomas(19), Tropical Geomorphology.

〔29〕 仝〔16〕．p.89-90．

〔30〕 仝〔2〕

〔31〕 仝〔1〕

〔32〕 杨怀仁，徐馨(1980)，中国东部第四纪自然环境的演变，南京大学学报．1980(1)，121—142．

〔33〕 吴锡浩、浦庆余、钱方(1978)，我国东部地区第四纪冰缘与冰川现象的讨论，全国冰川与冻土学术会议论文选集，(待出版)，科学出版社．

〔34〕 李炎贤(1981)，我国南方第四纪哺乳动物群的划分和演变，古脊椎动物与古人类，第19卷，第一期，67-76

〔35〕 王荷生(1979)，中国植物区系的基本特征，地理学报，第34卷，第3期，224-37．

20×15=300　　第　　页

论庐山冰川遗迹的真伪——困境与出路

兰州大学

〔36〕刘金陵、叶萍（1977），上海、浙江某些地区第四纪孢粉组合及其在地层和气候上的意义，古生物学报，第16卷，第1期，1—11.

〔37〕H. p. Gupta（1977），pollen analytical reconnaissance of post glacial deposits from subtropical zone in Nairi Tal district, Kumaon Himalaya, The palaeobotanist, Vol. 24. No. 3.

〔38〕W. L, Gates（1976），Modeling the Ice-Age climate. Science, Vol. 191, P. 1138—44

〔40〕仝〔27〕p.

〔41〕周尚哲（1982）

〔39〕浙江省庆元县万里林场（1976），百山祖冷杉——一种新的冷杉的发现，植物分类学报，第14卷第2期

〔40〕崔之久（1981），青藏高原冰缘地貌的基本特征，中国科学 1981（6）724—33

20×15=300　　第　页

兰州大学

论庐山冰川遗迹的真伪 —困境与出路—

图件

(1) 冰斗平坦指数计算图

(2) 真正的冰川冰斗与大坳冰斗比较图.

(3) 大校场冲沟剖面图

(4) 大校场冲沟剖面巨砾层和暗棕色砂砾层石英组.

(5) 〃 〃 粘土矿物X衍射曲线

(6) 羊角湾泥石流扇

(7) 〃 〃 〃 泥石流组构

(8) 贡嘎山植被、冰川和层状地形剖面.

(9) 庐山地貌结构示意图.

20×15=300　　　　第　　页

论庐山冰川遗迹的真伪——困境与出路

论庐山冰川遗迹的真伪——困境与出路——

照片

(1) 大坳冰斗出口小背斜.

(2) 大坳冰斗侧面貌.

(3) 大校场U谷.

(4) 海子山冰帽冰蚀型槽谷卫星照片.

(5) 冲川剪切带泥带.

(6) 龟背条痕石 (a、b)

(7) 李四光环.

(8) 新月形裂纹磨光面.

(9) 白石咀泥砾层断层.

(10) 大校场冲沟剖面.

(11) 〃 〃 〃 基岩拖曳褶曲

(12) 羊角岭大剖面.

(13) 冠山大剖面

温州新华印刷厂　　20×15=300格

兰州大学

本文理论思想.

1. 冰川学和冰川与冰缘地貌学的最新进展.

2. 热带地貌学的思想.

3. 泥石流研究的进展.

4. 中国晚更新世研究的新进展.

思想方法 广泛用的是比较法. 传统的地貌发育侵蚀循环学说和新构造上升及气候变化的理论. 现实主义原则的灵活应用.

李四光坚信擦痕,有模糊的冰川地貌认识,对泥石流和冰石流就难以分辨,不知道. 对地理环境不熟悉. 故他的庐山冰川说是建立在沙滩上的。从事者不懂地貌传统地貌学的素养. 否则不会犯如此重大错误. 恩格斯所说的非专业人员对专业只能是半通,很适用于李四光的错误. 但他研究扎实. 以理想代替观察. 以

15×20=300 第 页

兰州大学

致又创造出麻粒石、灯盏石、床坑、石梨上冀的“土”冰川学。毕竟他不曾登临过中国的一条冰川，连川西贡嘎山、云南玉龙山、贝康山均未游历，仅凭大学时在本世纪初年在英国伯明翰大学学的一点冰川地质知识就想像L. Agassiz那样在中国成为冰川地质开山祖宗，实是过份的奢望，终于成为笑柄。这不能不为后学者戒。慎之！

15×20=300　　第　页

徐叔鹰先生正
1988.8月初

蘭州大學

关于中国冰川地貌研究的新进展

虽然本世纪卅年代李四光教授就曾致力于在中国东部庐山等地寻找第四纪冰川遗迹[1]，而若干外国学者在中国西部高原和山地所作的冰川遗迹调查则可以追溯到上个世纪，但总的说来他们遗留的问题比解决的问题更多，许多问题甚至长期使中外学者困惑，不是促进而是阻碍了人们对中国冰川地貌的科学认识。最突出的莫过于中国东部以庐山为代表的中低山地第四纪冰期中是否发育过冰川的问题，以及青藏高原上是否存在过第四纪冰盖的问题。关于庐山是否有古冰川的争论在近十年中达到空前激烈的程度，反对者们以施雅风教授为首在中国东部中低山地作了大量的野外调查和室内分析工作，从地貌、沉积和古环境的恢复诸方面对冰川

20×15=300　　25A1034·86·1　　第 1 页

关于中国冰川地貌研究的新进展

兰州大学

论者们提出了全面的挑战，其成果集中地反映在1988年出版的《中国东部第四纪冰川及有关环境问题》一书中[2]。关于青藏高原是否存在第四纪冰盖问题，在本世纪初曾由E.亨丁顿首倡冰盖论[3]，五十年代苏联学者C.B.西尼村也持同一观点[4]。中国学者自六十年代以来在青藏高原进行了多年的野外调查，除个别人外，普遍认为青藏高原并未出现过冰盖这种冰川类型，在1986年出版的《西藏冰川》一书中，比较系统地阐述了这一观点[5]。但是，八十年代到青藏高原进行考察的联邦德国学者M.Kuhle等人又重倡西藏冰盖论，并把西藏高原冰盖的存在看作是全球进入冰期的动因，从而在更大的范围内挑起争论[6]。应当指出，上述两个使中外学者多年来争论不休的问题都有着共同的背景，第一

20×15=300　25A1034·86·1　第 2 页

兰州大学

是反映亚洲东部第四纪环境演变的研究者存在着某些难点，特别是对季风气候下的地貌和沉积有认识不清的地方，第二是冰川地貌的判别标准在国内外都有一部分学者存在着很大误解。例如M. Kuhle就曾提过，在Alps山发现的典型冰川地貌并不能应用到青藏高原上，认为后者的冰川地貌具有其特殊性。这就对地质学上的“均变论”原则提出了严重的挑战。

上述争论的存在说明冰川地貌的研究在中国还有许多问题有待解决，考虑到当今地貌学主要还是一种经验科学，这些问题的存在正说明这门科学是有待发展的。中国学者在近年来的贡献是正确地使用了比较法和均变论的原则，在中国西部对海洋性冰川（温冰川）和大陆性冰川（冷冰川）的堆积过程作了较深入的研究，在

20×15=300　25A1034·86·1　第3页

蘭州大學

中国东部中低山地别对季风条件下的泥石流沉积和真正的冰川冰碛作了认真的研究和区分，积累了相当的经验，对混杂堆积成因判别和识别作出了贡献。

在青藏高原内部及北部边沿，现代冰川是典型的大陆性冰川。雪线处10米深的冰温在祁连山西段的老虎沟冰川上为-12.8°C，在西昆仑山的崇测冰帽则更低到-16.4°C，是中低纬度冰川冰温度的最低记录。推测这些冰川的底部冰温仍为负温，因而冰川与冰床是冻结在一起的，冰川的运动主要是冰川内部流变引起的，不存在底部滑动。在这种情况下冰川的侵蚀是很微弱的，故很难在这些地区找到典型的冰斗和槽谷。相反地，在青藏高原东南部，现代冰川为海洋性冰川，冰温处于或接近压力融点，冰川底

20×15=300　25A1034·86·1　第 4 页

兰州大学

部滑动十分明显。在这种情况下，冰蚀地形发育得很典型。在青藏高原东南部古冰川分布地区，能发现数以千计的冰斗湖和槽谷中的冰蚀湖盆。槽谷的过量下蚀十分显明，槽谷头有时能形成高达千米的冰瀑布。在夷平面上曾发育大型冰帽的地方（一般为数百至数千平方公里），能见到放射状的冰岛型槽谷，成群的羊背岩和冰蚀湖则主要指示面状侵蚀。山间盆地曾为盆地冰川充塞的地方，能见到成群的鼓丘，组成物质多含冰水砂砾，说明古冰川的冰下融水是相当活跃的。野外调查表明，温冰川或温底冰川在第四纪早中期比目前要分布得广泛得多，显示青藏高原不断上升，高原内部越来越变干旱，冰川的大陆性日益强化。总的来说，青藏高原及中国西部山地冰川规模在第四纪中晚

20×15=300　　25A1034·86·1　　第 5 页

兰州大学

期是愈来愈小的。青藏高原目前的雪线分布大体作同心圆状，向高原内部作穹形上升，冰期时梯度更大，而高原地貌是内部低陷而四周为高山所环绕，这就注定了现代冰川主要发育于高原边缘山地，冰期时冰川分布也遵从同一模式，高原内部是大面积的无冰地区，而冻土则分布很广，年代为2.5万前的化石冰楔、成型地的大量出现是强有力的证据。因此，大冰盖的理论是站不住脚的。

关于中国东部中低山地古冰川遗迹问题，迄今发现的有确切第四纪冰川遗迹的地方不多，除了长白山、太白山和台湾中央山脉某些高峰外，古冰川遗迹主要分布于青藏高原东部边沿的玉龙山、螺髻山、贡嘎山、马衔山和贺兰山等地。末次冰期的遗迹一般都很清楚，最多

20×15=300　　25A1034·86·1　　第 6 页

蘭州大學

可以找到三次冰期遗迹，也说明冰期越早规模越大的规律。根据对中国东部冰期时古环境特别是古雪线的重建，看来我国东北冰期时低於2000米的山地、华北低於3000米的山地及华中、华南低於3000—3500米的山地是没有条件发育古冰川的。过去多处报导的冰川泥砾大多是古泥石流堆积，而根据三十年代李四光研究建立起来的庐山冰川模式（鄱阳—大姑—庐山—大理四分法冰川序列）也理应停止使用。

20×15=300　　25A1034·86·1　　第 7 页

兰州大学

参考文献

[1] 李四光：《中国第四纪冰川》，科学出版社，1975

[2] 施雅风、崔之久、李吉均等：《中国东部第四纪冰川及有关环境问题》，科学出版社，1988

[3] Huntington, E., 1906, Panggong, a glacial lake in the Tibetan plateau, Journ. of Geology, 14, pp. 599-617.

[4] B. M. 西尼村，1958，关于亚洲高原第四纪冰川问题，地理译报，第1期.

[5] 李吉均、郑本兴等：《西藏冰川》，科学出版社，1986.

[6] Kuhle, M., 1987, Subtropical Mountain- and Highland-Glaciation as Ice Age Triggers and the Waning of the Glacial periods in the pleistocene, GeoJournal, 14.4 393-421.

20×15=300 25A1034·86·1 第 页

蘭州大學

兰州附近的第四纪冰川与黄土问题*

——为纪念南京大学地理系地貌专业成立卅五周年暨杨怀仁先生七十寿辰而作——

李吉均（兰州大学 地理系）

一、地貌与自然地理背景

兰州处于我国三大自然区，即东部季风湿润区，西北内陆干旱区和青藏高原高寒区的接合部位。高原、黄土、沙漠直接毗邻。地壳运动和气候变化剧烈，从而在第四纪环境演化上打下了深刻的烙印。基本观点是：

1. 构造运动是控制兰州地区冰川演化、地貌发育、黄土沉积的决定性因素；

2. 接合部位的地理位置使本区成为对气候变化十分敏感的地区。黄土剖面中古土壤众多，超过六盘山以东地区，为研究第四纪气候和环境变迁

* 曹继秀、陈发虎、张宇田、陈怀录等同志在研究过程中完成了大量的野外与室内工作，特此致谢

兰州附近的第四纪冰川与黄土问题

蘭州大學

提供了丰富的信息。

具体地说，兰州的成层地貌十分明显，计有夷平面三级（大体上是早第三纪夷平面、新第三纪夷平面和第四纪初期的侵蚀面），河流阶地六级。它们是在地壳间歇上升与气候变化共同作用的过程中先后形成的。

兰州地区上述诸地形，除最高的夷平面（以海拔3600米的马衔山为代表）未被黄土覆盖外，其它均不同程度受到黄土的披覆。海拔2800—3000米的新第三纪夷平面黄土很薄，一般不超过50米，在不断的堆积中又受到吹蚀和侵蚀，以马衔山西北的小水子夷平面为代表。其上有望发现黄土中的冰缘遗迹。形成于第四纪早期的侵蚀面，包括山麓面和黄河的最高级阶地（过去叫甘肃期准平原）。由于黄土的连续堆积，以存在着稳定的下伏平

20×15=300　　25A1034·86·1　　第 2 页

蘭州大學

堆地面（夷平面、宽广的阶地及坡、坪）为前提，只有地形上的坡具有保存厚层黄土的条件。最连续的厚层黄土理应出现在早更新世的侵蚀面和阶地上。相当于洛川塬的下伏上新世夷平面在兰州已被抬升到海拔3000米的高度，故兰州黄土不可能有洛川那样老。代替它们的是地形切割及砾岩堆积时期，五泉砾岩、店家崖砾石层为山麓相及山间盆地相的砾石堆积，说明此时山地构造运动强烈，地形反差急剧地增大。故兰州黄土不可能有洛川那样完整的连续堆积，已知九州台砾石层古地磁年龄测定为1.48±0.11百万年。

由于地近青藏高原的北部边沿，冰期时黄河支流为砾石为主的加积时期，间冰期应当加速下切，这应是一般规律，这使沿阶地向山区追溯其与冰川的关系成为可能，但目前尚未解决这一问题

20×15=300　　25A1034·86·1　完全　　第 3 页

兰州附近的第四纪冰川与黄土问题

兰州大学

倒数第二次

，只有临夏的大夏河北岸其砾石层是末次的冰期加积物质，属堆积阶地，厚达20米。

二．第四纪冰川遗迹．

远离青藏高原的祁连山地如马衔山和贺兰山基本只可找到末次冰期的冰川遗迹。只有高原本部及外缘存在多冰期记录，一般2-3次第四纪冰期遗迹。末次冰期的雪线在甘青交界的达里加山北坡为3900米左右，但在朝向南坡的平缓的夷平面上，冰帽的边沿止于4300米，古雪线应当在4400米左右，相差竟达500米。太子山北坡古冰斗的底部亦在3800米左右，而位于青藏高原最东北角的露骨山则没有发现古冰川遗迹，虽然山顶亦接近4000米。但是，在兰州之南40公里的马衔山，虽然只有3671米，却在北坡发现了数处

20×15=300　　25A1034·83·1　　第4页

兰州大学

保留完好的古冰川遗迹，主要是冰碛堤，末端位置可达3000—3200米，其雪线应当在3400米左右。在山顶（夷平面残余）还可见到可能是倒数第二次冰期的边缘冰碛，当时应为一片的冰帽。眼球状的花岗岩巨砾已有很深的风化。在更北面的贺兰山，向西坡上有底部为3200米的典型冰斗，斗底残留有冰碛物，但冰碛堤不清晰。向北到蒙古境内的杭爰山南坡冰斗底部平均高程为3000米。这样，从马衔山到杭爰山，纬度升高了10度，雪线下降了400米。但是，正如前述，马衔山雪线为3400米，相邻的青藏高原边沿山地如达里加山和太子山则为3800—3900米。相隔咫尺雪线高度却急剧上升400—500米，完全用山体效应来解释是不合理的。因为马衔山孤立在黄土高原之中，气候干旱，相反地位于高原北部边沿的太子山等却比较湿润，古雪线本应该更低一些，但却明显地高出400—500米。看来必须考虑新构造差异运动的影响。即是说，自从末次

20×15=300　　25A1034·88·1　　第5页

冰期的冰盛期（2万年前左右）以来，青藏高原较黄土高度相对上升了400—500米。显然，主要的上升量是在全新世一万年以来完成的。这和本文作者在研究青藏高原隆起问题中得出的结论基本一致[1]。

马啣山在末次冰期中虽然发育了冰川，但由于冰川作用上差太小（仅只200—250米），因而冰川规模也很小，未能形成典型的冰斗和槽谷等成熟的冰川侵蚀地形。隆林沟冰川长1300米，朝向北西，有较好的背壁，东侧粒雪盆有来自主峰冰川的分流补给，形成明显冰川分流口（diffluent col），向下延伸则形成完好的侧碛堤，并于末端汇合为高70米的终碛（照片1.2.3）。在主峰之东，红庄子沟的源头也有冰川下伸，末端抵达2950米的高度。古冰川朝向北西，左

兰州大学

侧碛沿山坡下伸十分清晰。侧碛之上近山顶有一低浅的洼地，应属冰斗发育的初期，已有明显的背壁和岩盆（图1）。看来属于晚冰期的小

冰川没有伸出冰斗多远，在右侧留下侧碛。外坡陡峭，高15—20米，坡度30°。已有厚1～1.5米风化土层覆盖，表面为40公分的黑色高山草甸土，以下为淡棕色土层。

关于末次冰期马衔山主峰附近古冰川的初揆

20×15=300　　25A1034·86·1　　第 7 页

兰州附近的第四纪冰川与黄土问题

蘭州大學

夏厄图可见图2。

蘭州大學

三 兰州黄土与阶地

如前所述，由于兰州地区新构造运动强烈，老的夷平面抬升很高，没有或很少黄土堆积。以九洲台为代表的最高级黄河阶地是目前已知的兰州地区最老的黄土（风成黄土底部）不早于130万年。但是，在高于黄河最高级阶地尚有一些稳定的小型剥蚀面，在兰州黄河南北两岸均保留有此种地面，目前被掩埋于黄土之下，其顶面约高于黄河最高级阶地100-150米。在这一级地面上有可能找到比九洲台更老的黄土。宣家沟剖面是一个可供选择的位置，但是，由于该沟谷时代久远，两岸山脊早已形成，黄土堆积在斜坡上，而且受到滑坡影响，内部有许多错动，恢复原状是困难的事情。黄河北岸大沙沟以北的中和乡附近见到高于黄河约80-300米的基座上有类似冲沟砂砾石层，其上黄土是否老于九洲台有待研究

20×15=300　　25A1034·86·1　　第 9 页

兰州附近的第四纪冰川与黄土问题

兰州大学

九州台黄土剖面是众所周知的，自1985年发表了古地磁年代结果后[2,3]，又进行了古土壤的研究。发现九州台黄土与洛川相比有共同的规律，但也有较大的差异。例如，S1，S2和S3在这裡均为两层古土壤，近来又在马兰黄土中找到两层间冰段古土壤，而在白塔山（第三级阶地）则找到大约形成於8万年前的另外一层古土壤。根据对九州台黄土剖面的精细测量，风成黄土共厚297米，B/M界限在深185米处，故本区的沉积速度为25.3cm/千年，按照贾拉米洛事件的年代计算沉积速度亦维持在26-27cm/千年之间。这样，在B/M界限之下的112米黄土堆积时期应为44万年，则最底部风成黄土应於117万年前形成。但是，根据对黄土中古土壤的研究，九州台剖面下粉砂层（L15）

20×15=300　　25A1034·86·1　　第10页

兰州大学

以下尚有四层古土壤（S_{15}，S_{16}，S_{17}和S_{18}）和夹于其中的三层黄土（L_{16}，L_{17}和L_{18}），显然已属于午城黄土WS-1的范围（图3），底部的S_{18}可与深海氧同位素29阶段对比，大约为130万年前。

在上述297米的风成黄土之下有21米的受河漫滩洪水作用影响的黄土状土层，除底部5米有明显可见的层理外，上部剖面比较均匀，只偶尔见有细砾石（2—20mm直径）漂浮土中，也能发现红色砂粘土（来自第三纪红层）构成的薄层理（2—3毫米）。但是，在这21米黄土状土中仍有三层明显的古土壤，颜色为黄褐色（10YR 5/6）。它们应当是在河漫滩不受洪水淹没的时期在气下环境形成的，也是在河漫滩逐渐向陆地转化过程中形成的。故仍按前述古土壤顺序编号为S_{19}，S_{20}和S_{21}，出现的部位分为距砾石层顶面15米，10米

20×15=300　25A1031·73·1　第 11 页

兰州附近的第四纪冰川与黄土问题

蘭州大學

和5米，厚度1.2—1.5米。

以上诸古土壤层的年龄可与陕西洛川黄土作一对比。洛川剖面午城黄土顶部的WS-1为至少由五层古土壤及夹於其间的薄层黄土所组成，据刘东生等的意见可以和太平洋V28—239钻孔中深1140—1380厘米段落对比，其氧同位素值显示了温湿的气候状况，时间跨度为115—148万年[4]。上述位於下粉砂层之下的诸古土壤层和夹於其间的黄土应当和洛川的WS-1相当，底部应为148万年前。这一推测和孢粉分析的结果基本上是一致的。*下粉砂层（L15）中部颗粒最粗的样品J2D21号完全不见孢粉，是最干冷的时期。上部样品22号虽有较多孢粉，但主要是耐冷和耐干旱的植物，如松（pinus）、雪松（Cedrus）、冷杉（Abies）、云杉（picea）、铁杉（Tsuga）、冷蕨（Cystopteris

* 杨惠秋、江德昕同志对九洲台黄土孢粉作了鉴定，特此致谢。

第 12 页

兰州大学

moupinensis Franch)、麻黄(Ephedra)、蒿(Artimisia)等。位于下粉砂层之下的S15和S16则发现有大量的目前生长在华北暖温带森林中的树种，如油松(pinus tabulaeformis Carr.)、白皮松(pinus bungeana Zucc.)、华山松(pinus armandi Franch)等，特别是还发现有亚热带的植物罗汉松(podocarpus)，林下植物则有石苇(pyrrosia Lingua (Thunb.) Farwell)、百合(Lilium sp.)、益母草(Leonurus sp.)等，说明气候十分温暖湿润，可与王永焱划分的陕西黄土孢粉第IV相当[5]。

由于兰州地近戈壁荒漠，不仅黄土沉积速率快，冰期时气候更严酷，为半荒漠环境，因而剖面中有石膏淀积。特别是在接近砾石层顶部，水下环境受含来自红层的硫酸根，与黄土中的钙离子结合成为石膏。陈怀禄等对这种新

20×15=300　　25A1034·83·1　　第13页

兰州附近的第四纪冰川与黄土问题

蘭州大學

生石膏晶体进行了裂变径迹测年，得出石膏层顶为1.48±0.11 Ma，距此约5米的S_{21}为1.45±0.11 Ma，完全证实了古土壤、孢粉、磁性年代学的结论。

根据以上年代数据可以计算出，布容世73万年中兰州黄土沉积速率为25.3厘米/千年，松山世离石黄土沉积速率为21.7厘米/千年，午城黄土仅为12.7厘米/千年（应当有相当误差的）。另一个有趣的问题是，从图可见，九洲台黄土剖面上S_1以上的马兰黄土超过了50米，沉积速度为布容世黄土沉积速度的一倍。但是，从九洲台地貌发育史来看，这是虚假的。因为，在晚更新世，九洲台已从坡演化为峁，S_1以上的马兰黄土是披盖在峁顶之上的，厚度被夸大了。根据兰州其它地区观察，S_1以上的晚更新世的黄土不超过30米。九洲台马兰黄土厚度问题可见图4。

20×15=300　　25A1034·88·1　　第14页

蘭州大學

按照此地顺序，九洲台为黄河第六级阶地，基座高度为海拔1740米，高出黄河水面约230米。这级阶地向北延伸，基座逐渐升高，在锣锅沟沟头已达海拔1780米的高度，即高出九洲台基座40米。在约10公里的水平距离内阶地面横向降低为4‰的坡度，反映了黄河的向南摆动，存在着微弱的掀升运动。

黄河北岸的第五级阶地以墩洼山为代表，墩洼山顶高1922米（现在已削去约十米），阶

20×15=300　　25A1034·38·1　　第15页

兰州附近的第四纪冰川与黄土问题

蘭州大學

地基座1710米，上覆6米砾石层和11米的冲积粉砂层，以上风成黄土厚187米，古土壤系完全可以和九州台对比，其底部出现上粉砂层及古土壤S12，年龄已超过哈拉米洛事件，估计为100万年左右。

黄河的第四级阶地以五一山为代表，基座高1653米，高于黄河水面140米左右，上覆砾石层6米，冲积粉砂层厚7米，风成黄土厚度为100米。剖面上古土壤清晰地显示了S4的存在，最底部已见到S5，故阶地面的形成约在60万年前。

黄河的第三级阶地以白塔山为代表，其座高出黄河水面70米，冲积砾石层厚度4米，水成的粉砂淤泥层厚10—12米，以上覆盖马兰黄土及离石黄土顶部的S1，共计约35米。根

20×15=300　　25A1034·88·1　　第16页

兰州大学

据最近对黄河支流大夏河与此对应的阶地北塬黄土剖面的研究，其中的古土壤系列及磁化率、天然剩磁偏角，粒度变化和$CaCO_3$含量变化等曲线与南极东方站冰芯2083米同位素温度曲线完全可以对比，故黄土底界已达15万年前。下面的巨厚加积砾石层是在倒数第二次冰期中形成的，故北塬阶地具有气候阶地的性质。兰州白塔山的阶地砾石层并没有异常的厚度，这是黄河源远流长，水量相对稳定，故冰期中不受岩层加积的影响。但是，白塔山代表的黄河第三级阶地的年龄值和气候意义是和大夏河的北塬阶地的黄土剖面一样的。

兰州黄河的第二级阶地高度高出黄河水面25米，砾石层厚3—4米，次成粉砂层厚约10

20×15=300　　25A1034·38·1　　第17页

兰州大学

米，以上有风成黄土5—7米。在接近阶地砾石层顶面的冲积粉砂层中采样作C^{14}测年为3[illegible]40±1100年前。这说明第二级阶地的砾石层是在末次冰期中比较温和的间冰段，即深海氧同位素第3阶段（早期甚至是第4阶段中）形成的。间冰段时期黄土高原气候湿润，但温度较低，以云、冷杉为主的暗针叶林的分布面积很广。

黄河的一级阶地为兰州市主要的城区所在，在东西盆地均为堆积型阶地，高出黄河平均水位8—10米。除冲积砾石层外，冲积黄土厚7—8米。兰州大学建筑施工发现中含古土壤三层，均属全新世。C^{14}测年下层为6680±120年前，故下伏砾石层应为全新世早期甚至末次冰期最盛时（LGM）沉积的。

综上所述，兰州的六级黄河阶地及其上覆黄土的年龄基本是清楚的，与华北其它地区相

20×15=300　25A1034·38·1　第18页

蘭州大學

对比，九州台代表的最高阶地应属湟水期侵蚀的产物，據这山第五级阶地形成于100万年前，在华北没有对等的侵蚀时期，五一山代表的第四级阶地大致对应于铜川期侵蚀，而白塔山代表的第三级阶地则为清水期侵蚀。根据杨钟健三十年代的意见，兰州的板桥期下切是一主要下切时期，接着是皋兰期堆积，按时代顺序则对应于上述第二级阶地上的水成黄土及上覆的薄层黄土，而皋兰期堆积后即为最近的下切，时代主要发生在末次冰期冰盛期以来，约三万年左右。自杨钟健先生研究兰州地文期以来已经半个世纪了，阶地年龄至今尚有些测年数据。关于兰州黄河阶地的形成历史可总结如表1。

再则，兰州黄河在第四纪期间因地壳上升而不断下切，形成著名的兰州式台地（黄汲清

20×15=300　　25A1034·88·1　　第19页

兰州附近的第四纪冰川与黄土问题

兰州大学

，1957）[7]，被当作大面积上升运动的有力证据。根据上述对各级阶地基座高度及形成年代的研究，可以计算出百多万年以来黄河的下切和地壳上升的节奏和速度。图5标明了兰州阶地高度与形成年龄的关系，可以看出黄河的下切是不断加速的。最高的第六级阶地是黄河在地壳比较稳定的状况下长期侵蚀的产物，阶面目前的保留部份仍然宽达10公里，并且在砾石层上尚有厚以米计的受流水作用影响的冲积物，时间跨度

20×15=300　　25A1034·33·1　　第 20 页

蘭州大學

约为20万年，发育了三层古土壤。这就是说，黄河在150—130万年前是比较稳定的，没有明显下切。以后地壳上升，从T6直到T4共下切90米，时间跨度为130—60万年前，下切速度为每万年1.3米。从T4到T3下切速度增为每万年2.5米，而在T3以后的十多万年来则下切了70米，平均速度高达每万年5米。这表明50多万年以来兰州地壳有明显的加速上升的趋势，和青藏高原上升后期加速现象保持着一致的关系[1]。但是，气候因素在兰州黄河阶地的形成中也有重大影响。例如S5和S1分别出现在T4和T3的冲积层上面，表明近70万年以来两次最温暖的间冰期中黄河水量猛增，加速下切，而T2阶地也是在末次冰期温润的间冰段中开始下切形成的。如果把S5与S1分别和first各的霍斯太因和埃姆两个间冰期对比，则T4和T3的上覆砾石层应分别为埃尔斯特和瓦尔特两个普吾冰期的加积产物，因而也是有强烈的气候色彩。总之，冰期进退在地壳上升的背景下对黄河阶地形成仍有重

20×15＝300　　25A1034·88·1　　第 21 页

蘭州大學

的作用，对此须予以足够的重视！

四、结论

从上我们初步讨论了兰州附近的第四纪冰川遗迹和各级黄河阶地的黄土年代等问题，基本结论是：

1、马衔山至少存在着末次冰期的古冰川遗迹，当时雪线为3400米，比邻近的祁连山、太子山等地的末次冰期雪线低500米左右，应是青藏高原近期作剧烈隆升的结果。

2、兰州地区早第三纪的马衔山夷平面（3600米），比青藏高原同级夷平面低500米左右，其上无黄土堆积。新第三纪夷平面以马衔山西北的小水子夷平面为代表，海拔2800米，其上有局部低洼地被不超过50米的黄土覆盖。

20×15=300　　26A1034·33·1　　第 22 页

蘭州大學

3. 早更新世发生的地壳运动使五泉砾石层等受到掀斜、凹陷，因而妨碍了早期午城黄土的堆积和保存。黄河的最高级阶地（T6）成为堆积兰州地区最老黄土的地面，已测得的裂变径迹年代为1.48±0.11 Ma。今后只有在高于此阶地的早更新世山麓面上有可能找到更老一些的黄土，但要发现与洛川剖面底部相似的老黄土是不可能的。

4. 兰州附近黄河各级阶地的形成年代分别是：T6—150万年，T5—120万年，T4—60万年，T3—15万年，T2—3~4万年，T1—1万年以来。

5. 早更新世150万年前的剧烈地壳运动之后黄河不断下切，在50万年和15万年左右有加速下切趋势，反映地壳上升加剧的两个时期，但也正是布容世两个最温暖湿润的间冰期。

20×15=300　　25A1034·88·1　　第23页

兰州附近的第四纪冰川与黄土问题

蘭州大学

参考文献

[1] 李吉均、文世宣等，1979，青藏高原隆起的时代、幅度和形式问题的探讨，中国科学，6期，608—616页。

[2] D. W. Burbank and Li Jijun, 1985, Age and palaeoclimatic significance of the Loess of Lanzhou, north China. Nature, Vol. 316, No. 6027, pp. 429-431

[3] 曹继秀，徐齐治，张宇田，陈发虎，1988，兰州九州台黄土——古土壤系列与环境演化研究，兰州大学学报（自然科学版），24卷1期，118—122页

[4] 刘东生等著，黄土与环境，科学出版社，1985，348页

[5] 王永焱、笹嶋贞雄编，中国黄土研究的

20×15=300　　25A1034·88·1　　第　　页

蘭州大學

郭建廖，陕西人民出版社，1985，153—160页.

〔6〕Li Jijun et al. 1988, Late Quaternary Monsoon petterns on the Loess plateau of China. Earth surface processes and Landforms, Vol. 13, p 125—135.

20×15=300　　25A1024·88·1　　第　页

兰州附近的第四纪冰川与黄土问题

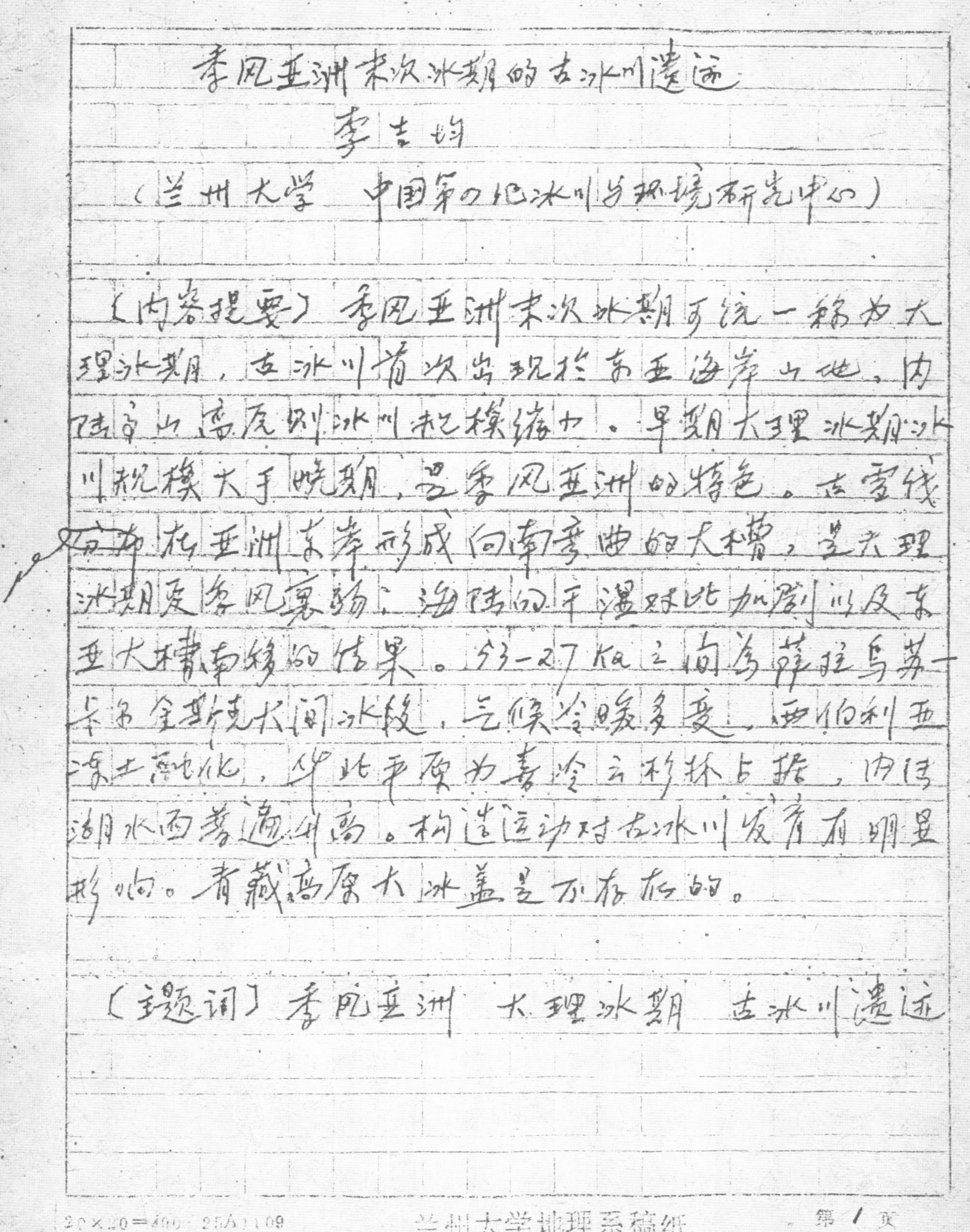

季风亚洲末次冰期的古冰川遗迹

李吉均

（兰州大学 中国第四纪冰川与环境研究中心）

〔内容提要〕季风亚洲末次冰期可统一称为大理冰期，古冰川首次出现于东亚海岸山地，内陆高山高原则冰川规模缩小。早期大理冰期冰川规模大于晚期，是季风亚洲的特色。古雪线分布在亚洲东岸形成向南弯曲的大槽，是大理冰期夏季风衰弱、海陆的干湿对比加剧以及东亚大槽南移的结果。53-27 ka之间为萨拉乌苏—卡尔金斯克大间冰段，气候冷暖多变，西伯利亚冻土融化，华北平原为寒冷云杉林占据，内陆湖水面普遍升高。构造运动对古冰川发育有明显影响。青藏高原大冰盖是不存在的。

〔主题词〕季风亚洲 大理冰期 古冰川遗迹

20×20=400 25A1109 兰州大学地理系稿纸 第1页

一、亚洲季风区的范围

亚洲是世界上最大的洲，太平洋是世界上最大的洋，并与印度洋一道连成世界上最广阔的水面，海陆的热力差异和环流形势的季节变化是形成地球上最强盛的亚洲季风区的根本原因。战后中外学者的研究更令人惊讶地发现，青藏高原的隆起是形成印度洋夏季强大的西南季风（反哈德莱环流）的重要原因。夏天来自太平洋和印度洋的湿润气流登临大陆，在东亚、南亚和东北亚形成广阔的季风雨带。冬季的亚洲大陆为冷高压盘踞，向海洋吹着强劲的干而冷的冬季风。亚洲季风区夏季高温多雨为各种生物的生长创造了有利条件，因而本区成为世界上物种丰富和单位面积生物生产量最高的地区，居住着世界半数以上的人口，物华天宝、人文荟萃，季风亚洲堪称人类乐园。图1的粗线标明了季风亚洲的范围，但由于大气运行的不稳定性，这条界限不是固定的，年际变化和多年变化以及更长的以冰期和间冰期为尺度的变化是很大的。图上把印度西北的塔尔沙漠和巴

20×20=400　25A 1109　兰州大学地理系稿纸　第2页

季风亚洲末次冰期的古冰川遗址

基斯坦未包括在内，该地区是北非和阿拉伯干旱带向东的天然延续，景观上与季风亚洲其他地方有很大差别。亚洲东北部特别是黑龙江以北的远东地区季风也十分明显，有时强大的夏季风直伸到外贝加尔及大兴安岭以北，造成夏季洪水，西伯利亚东北部近海区均受其惠。

二、季风亚洲末次冰期古冰川遗迹

季风亚洲现代冰川规模有限，主要分布在大喜马拉雅山南翼和青藏高原东南部，此外则仅在外兴安岭、堪察加半岛和其他亚洲东北部山地有少量冰川分布。末次冰期季风亚洲的古冰川则分布相当广泛，但分歧意见也很大，如青藏高原有无大冰盖之争近年就很尖锐，冰期的划分与命名也不统一，因而有必要认真对亚洲季风区末次冰期古冰川遗迹作深入探讨。

首先是末次冰期的命名问题。本世纪卅年代云南点苍山大理冰期被提了出来，后为李四光、费斯曼等人所採用遂广为传播[1]。日本早年认为其本土山地有两次冰期，战后经火山灰测年知为末次冰期的早晚二期，命名很多。早年德特拉

20×20=400 25A1109 兰州大学地理系稿纸 第3页

等研究喀什米尔第四纪冰期时完全是按顺序称呼，没有给予特定的名称。西伯利亚和远东冰期的命名也很乱，近年来则渐趋统一，把末次冰期叫做致良卡冰期（致良卡Zyryanka是科累马河岸的一个小城市名，也近北极圈）[2]。七十年代郑本兴等在珠穆朗玛峰地区开展第四纪冰川研究，提出了珠穆朗玛冰期的命名，并分为二阶段，即早期的基隆寺阶段和晚期的绒布寺阶段[3]。后来又把该二阶段分别当作二次冰期，其间插入末次间冰期，这就造成了命名的含义不清。本文作者在七十年代把西藏东南部波密一带的末次冰期叫做白玉冰期，早期终碛位置稍大于晚期。此外，在唐古拉山一带又曾被命名为巴斯错冰期。看来，季风亚洲末次冰期的名称应该统一，而按名称提出的早晚及普及程度来说，大理冰期有优先权；因此，作者建议把大理冰期作为季风亚洲末次冰期的同义语。~~以后希望不要再随意为末次冰期提出局部名称了。~~

图1上标出了季风亚洲21个大理冰期古冰川遗迹分布点，这仅是有代表性的即工作较深

20×20=400 25A1109 兰州大学地理系稿纸 第4页

季风亚洲末次冰期的古冰川遗址

入的那一些古冰川遗迹分布点，其权威性是没有争议的。下面按顺序作一简单述评。

图1

20×20=400 25A1109 兰州大学地理系稿纸 第5页

第1地点表示的是西喜马拉雅山喀什米尔一带的大理冰期遗迹。皮尔穷底山脉是喜马拉雅前山，近40万年隆起量达1300—3000米[4]，主峰达4500米，现代雪线4000米左右，末次冰期终碛下伸到海拔2600～2700米的高度，保持着新鲜状态。近年的^{14}C测年证明西喜马拉雅山末次冰期终碛具有和阿尔卑斯山大致相同的年代，即19500±1500a.BP左右[5]，为大理冰期晚期冰进。

第2地点为著名的珠穆朗玛峰，末次冰期相当于原珠穆朗玛冰期的后期，即绒布寺阶段。在绒布寺谷地西侧以中等高度的侧碛为代表，有2-3列垄脊。康建成和D.伯班克曾对中侧碛的两列冰碛垄进行了相对年代测定，分辨出二者分别形成于18Ka和60—72Ka，即末次冰期的早晚期。与此相应，代表基隆寺阶段的高侧碛则形成于161—202Ka，即属倒数第二次冰期1)。这是用相对年代法研究季风亚洲末次冰期冰碛年代学的一次成功的尝试。他们还计算出末次冰

1) 康建成(1990)，博士论文"15万年以来中国西部冰川序列、黄土记录与环境演变关系的研究"。

20×20=400 35A1109 兰州大学地理系稿纸 第6页

季风亚洲末次冰期的古冰川遗址

期雪线比现代下降200米，倒数第二次冰期为300米。

第3地点是位于加德满都之北的兰坦谷地。日本学者多人近年在此作了古冰川遗迹的研究工作，既作了相对年代测年也作了^{14}C测年。兰坦冰川长20 km，末端海拔4400 m，新冰期冰川最盛时达到现在冰舌以下12 km处，^{14}C测年说明冰川前进发生在3650—3000 a BP之间。在此之前兰坦冰川最大前进直抵Gora Tabela，海拔3200 m，留下所谓的下冰碛层已风化很深，应当是末次冰期的产物。在Gora Tabela之下谷地仍保持U形，但冰碛物已荡然无存，U谷末端止于2600 m[6]。按一般规律推算，末次冰期雪线应比现代至少低600 m，如以U谷的末端（2600 m）位置计算则可达900 m。

第4地点是西藏东南部波密地区的波堆藏布河谷，白玉冰期时则普冰川向下延伸直达白玉村，终碛垄形态完整，点缀着一些冰碛湖和洼地。晚冰期时则普冰川延伸到育仁区之东的扎西贡，形成清晰的弧形终碛，内侧为积水

20×20=400 25A 1-9　兰州大学地理系稿纸　第7页

注地。中日联合考察队近年对则普冰川外围晚冰期以来的多道终碛作了^{14}C测定，完全证实了本文作者在《西藏冰川》一书中的观点（图2）[7],1)。

图2

第5地点是云南省洱海之滨的点苍山，这是大理冰期的命名地；但自三十年代之后很少进一步工作。本文作者于今年元月赴滇，赵俊

1) 关于中日考察的^{14}C测年结果为冰川冻土研究所焦克勤提供，特此致谢。

兰州大学地理系稿纸 第8页

季风亚洲末次冰期的古冰川遗址

对点苍山作一短暂考察，登至3200 m因大雪阻路未竟，但从山下即可望见有形态较完整的古冰斗。特别是文三塔之后正对海拔4090 m的小岑峰，南侧有冰斗十分明显，斗底有堆积物覆盖呈垄状。冰斗底部海拔约3800 m。

第四地点为拱王山。拱王山位于金沙江支流小江和普渡河之间，主峰雪岭海拔4344.1 m，其他超过4000 m的山峰尚有十多座，是滇东北也是云南高原上的最高山。万朝露等近年对洪泥坪一带的第四纪冰川遗迹进行了报导[8]。作者有幸在今年应东川市科委邀请也对该地古冰川遗迹进行了现场调查，主要观点与万朝露等一致，但对他们所指的多级冰斗则认为是冰蚀洼地或终碛阻塞湖。如妖精塘就是介于两条冰坎（亦为构造控制）之间的冰蚀湖，而妖精塘之下的干海子（夏季有水）则为典型的终碛阻塞湖。沈明生和陈晔对该终碛阻塞湖进行了採样，湖相沉积共厚2.5 m，以下为冰碛巨砾。底部湖泥富含有机质，14C测年为 a BP，说明湖泊

20×20=400 25A1109 兰州大学地理系稿纸 第9页

方的终碛垄为末次冰期的沉积。图3是洪塘坪古冰川遗迹分布图，所不易确定的是图中的老冰碛垄，形态略趋和缓，表面已有较深的土壤和风化层发育，可能是晚更新世大理冰期早期（深海氧同位素阶段4）的产物。根据荷费尔法计算在大理冰期盛冰期雪线为3890 m，上述老冰碛垄即大理冰期早期雪线高度应为3810 m，二者相去不大，同为一次冰期是合理的。

第七地点是螺髻山，崔之久等在《中国东部第四纪冰川与环境问题》一书中有详细论述[9]。由于该山南距拱王山只180 km，古冰川发育条件大致相同，曾在末次冰期的冰蚀湖中水下7.5 m深处取样，经^{14}C测年为7200±200 a BP，证明周围的冰川蚀积地形属于大理冰期。

图3

20×20=400 兰州大学地理系稿纸 第10页

季风亚洲末次冰期的古冰川遗址

第8地点为著名的贡嘎山，东坡海螺沟冰川的冰舌伸入原始森林，末次冰期古冰川向下游延伸8.5 Km，达到2000 m以下，比现代冰川下降1000 m左右。末次冰期形成的冰碛垄在青石板和热水沟附近分成高低不同的垄，^{14}C测年分别获得27770±900 a BP和19700±710 a BP的数据，证实它们都是末次冰期的产物。

第9地点为旅游胜地九寨沟，主峰海拔4764 m，成群的古冰斗位于4000 m左右，长海显然是冰川的终碛阻塞U谷形成的湖泊，高大的终碛部份受山崩碎屑掩盖，但总形势仍然清楚。长海之下的上季节海子也是冰碛阻塞湖，海拔3500 m左右，代表末次冰期古冰川所达到的高度。

第10地点为太白山，那里大理冰期的古冰川遗迹从来没有受到怀疑，主要分布在海拔3700 m左右的古夷平面残余——八仙台的周围。据田泽生等研究，大理冰期可分为早晚两阶段，古雪线分别为3350 m和3620 m，冰舌末端可伸达2800 m的高度。〔10〕

第11地点为兰州之南约40 Km的马衔山，

兰州大学地理系稿纸 第11页

这是一个孤立地耸峙在黄土高原上的石质山地，最高点3671m。山顶为古夷平面残余，季节冻土现象明显，冻胀草丘和泥流很发育。近年并发现零星的化石冰土残留在背阴洼地。在山顶西北有一朝北的洼地，中有完整的冰碛垄下伸约1km，终止处形成高峻的终碛，海拔3100m。末次冰期中马衔山可能并未达到雪线高度，古冰川靠夷平面上的吹雪补给，属吹雪冰川性质。

第12地点位于祁连山东段的冷龙岭，南坡的老龙湾沟保存着末次冰期和可能属于倒数第二次冰期的冰碛垄，末端分别达到3300m和3200m。古雪线以冰斗底部为标志在海拔4200～4300m左右，以荷费尔计算则较低，为4000m左右。值得注意的是与老冰碛垄相当的冰水阶地T2和T3均有较厚的黄土覆盖，而T1冰水阶地的土状堆积在近砾石层处有^{14}C测年数据为12665±110 a BP，说明与之相连接的新冰碛垄属于大理冰期晚期（图4）。

第13地点位于贺兰山西坡，有形态完整的冰斗，底部海拔3200m，有形态不十分好的冰

20×20=400 256.11.09 兰州大学地理系稿纸 第12页

季风亚洲末次冰期的古冰川遗址

图 4

20×20=400 兰州大学地理系稿纸 第13页

碛垄保存。

第14地点为中朝边境长白山，天池附近有几个形态完好的古冰斗，其底部在2900m，推算末次冰期的雪线下降值为900m左右。

第15地点为台湾山地，末次冰期的古冰斗保留在海拔3500m左右，塚田松雄曾研究过山麓湖相沉积中孢粉记录所反映的环境变化，说明大理冰期早期（6~5万年前）气候曾经是很寒冷的，喜冷的针叶树成份有大幅度的增加。[11]

第16和17地点是日本列岛的山地古冰川遗迹，日本本州中部在末次冰期有许多山地发育了古冰川作用，雪线下降到2500~2600m，亚高山针叶林也大幅度下降，以至目前的亚热带常绿阔叶林当时从本州迅速退缩到九州四国的最南端，北海道有永久冻土发育，日高山脉有冰川形成，古雪线1500m。[12]

第18地点在俄罗斯远东的锡霍特山，末次冰期有冰斗冰川生成，古雪线海拔1500m，与纬度偏南的日本北海道一样。图1上的19地点为外兴安岭，末次冰期冰川规

20×20=400 ……

兰州大学地理系稿纸 第14页

季风亚洲末次冰期的古冰川遗址

模很大，主要与夷平面和山顶很广有关。这种情况也适合於解释西伯利亚东北部维尔霍扬斯克及科累马上游第四纪冰川规模广阔的事实。弗林特(1971)根据西伯利亚东北部大理冰期有冰川总面积达932400 km²。然而对这一数字有保留意见。[13] 应当指出这是北半球最为寒冷而干旱的地方，上世纪俄国学者沃伊科夫就不相信那里在第四纪冰期中能形成冰盖，后来经过奥布鲁契夫等人的工作，那里第四纪冰川分布广泛的说法才传播开来。五十年代的研究说明，现代冰川在松塔尔—哈亚塔山脉之所以能达到很大的规模，和高山地带降水丰沛有关。那里在接近雪线的2000 m附近年降水量可达700 mm，是临近的北半球寒极—奥伊米亚康低地的三倍。近年的第四纪冰川研究水平有较大的提高，以兹良卡冰期命名的末次冰期年代学的研究有重大进展。

最后还应提到的是位於赤道的新几内亚，末次冰期的遗迹也是很清楚的。卡斯滕兹山有现代冰川14.5 km²，末次冰期雪线降到3800 m的高度。[14]

20×20=400 15A1109　兰州大学地理系稿纸　第15页

三、大理冰期的基本特点

季风亚洲大理冰期的研究近10年来取得了长足的进步，无论是中国、日本、及苏联的东部和南亚，在冰川遗迹的识别、古环境的重建和年代学的研究上均已缩短了和欧洲北美的差距。已故的弗林特二十年前写道"今后很可能在亚洲中部和东部地区看到古冰川地图很大的变化，为世界其他任何地区所不及。"[15] 过去十年中国东部古冰川的争论，极大地推动了对中国东部以至整个东亚的第四纪环境变迁的认识，目前正方兴未艾的关于青藏高原有无第四纪大冰盖的争论也对加深青藏高原冰期古地理的认识起到良好的作用。我们目前已经有可能着手来讨论整个季风亚洲大理冰期的基本特点。

首先，从图1恢复的大理冰期雪线的走向来看，季风亚洲的雪线与内陆相比出现大幅度的南移，相形之下海陆的对立（温度和湿度的差别）比今天更强。如祁连山的冷龙岭和日本本州中部山地处于同一纬度，当今二者的雪线分别为4500 m和4000 m，而末次冰期古雪线则相

20×20=400 25A1109 兰州大学地理系稿纸 第16页

季风亚洲末次冰期的古冰川遗址

应为4000m和2500m，即日本山地大理冰期雪线下降值是冷龙岭的三倍。这充分反映了冰期时夏季风衰弱，大陆内部雨量锐减，并因环极西风扩张，径向环流加强，东亚大槽南移加深，亚洲海岸与内陆的差异进一步加大，因而导致古雪线在东亚近海区形成向南弯曲的大槽。大理冰期季风亚洲各地理景观带大幅度南移，如黄土草原带南侵占据长江中下游，针叶林统治华北，多年冻土带推到辽东半岛和长城一线，都是冰期中气候带南移、海陆对立加强和环流形势变化的结果。

大理冰期以气候干旱和沙漠、干草原南侵为特色，黄土沉积盛行，古冰川发育条件显然是不利的，加以中国东部山地不高，因而只有少数地点有古冰川发育，如长白山、太白山和台湾中央山脉等。只有在青藏高原的东南部有规模较大的冰帽（如川西高原的沙鲁里山的稻城冰帽和新龙冰帽）和大型山岳冰川中心形成，是季风亚洲古冰川活动的敏感地区[16]。另外，俄罗斯的远东和西伯利亚东北部山地也是一个

20×20=400 (25A)1169　兰州大学地理系稿纸　第17页

古冰川活动的敏感地区，如外贝加尔高地目前仅只在科达尔山有冰川面积15 Km²，但大理冰期古冰川面积达到14万Km²，其原因是山顶平坦，古夷平面大面积保存，这种敏感可称之为地形敏感。

季风亚洲大理冰期的古冰川规模早期大于晚期，这和欧洲北美都不相同。众所周知，末次冰期最盛发生在20—18 Ka，冰盖南缘推进最远，世界洋面下降最低，因而被称为盛冰期(LGM)。K.马尔科夫早就提出过欧亚大陆古冰川发育异时性的观点，即当冰期来临时，亚洲东北部首先发育冰川，而当冰期最盛北欧冰盖大发展时，亚洲因水汽匮乏而冰川消退。近来的研究则证明，末次冰期早期即玫良卡冰期古冰川范围比晚期即萨旦冰期(或晚玫良卡冰期)要大得多[17]。日本学者的研究也证明大理冰期早期(幌尻冰期)比晚期(户蔦别冰期)古雪线要低300 m(北海道日高山脉)[18]。他们认为这是因为盛冰期海面下降最低，对马海峡封闭，黑潮不能进入日本海，因而冬季吹越封冻海面的寒风水汽

20×20=400 25A1169　兰州大学地理系稿纸　第18页

季风亚洲末次冰期的古冰川遗址

太减，日本列岛的降雪量也因而减少，故晚期冰川规模小于早期。塚田松雄据古植被类型的变化，推算20 ka前日本西南诸岛的降水只及现代的30—50%[19]。我们发现，即使是在中国西部新构造运动强烈的青藏高原及其周边山地，早期大理冰期也大于晚大理冰期，冷龙岭白水河出山口形成长达3 km的多道终碛系列，经^{14}C测年，证明被推挤变形的老冰碛形成年代大于37380 a BP，而前部终碛年龄则仅为11000 a BP[20]。图5表示了大理冰期早晚期冰碛的这种相互关系。因此，这是季风亚洲末次冰期的普遍规律，值得引起重视。

图5

20×20=400 … 兰州大学地理系稿纸 第19页

关于大理冰期的时间框架，在西伯利亚和远东地区进行了大量的^{14}C和热释光测年，表1是根据有关资料整理得来，把它和临夏北塬晚更新世黄土剖面的磁化率年代表对比，有惊人的相似性，说明冰期时序和黄土均受天文轨道参数变化的控制。此中特别值得指出的是相当于氧同位素3阶段的大间冰段在西伯利亚不仅发

兹良卡冰期	全新世		
			10 Ka
	晚兹良卡（萨旦）冰期		
			25 Ka
	卡金斯克大间冰段	暖	30
		冷	35
		暖	45
		冷	50
		暖	55 Ka
	早兹良卡冰期		
			110 Ka
	末次间冰期		

表1 西伯利亚末次冰期简表
（据Kind[17]，Velichko[2]）

图6 临夏北塬黄土磁化率(2

生大规模的海侵，而且气温上升，有时比现代还高，冻土融化，猛犸死亡；寒冷时期则仅发生冰川扩张，在中国北方则气候冷湿，云冷杉林分布广泛，内陆湖泊水位达到最高，是萨拉乌苏动物群在华北广泛繁衍的时期。这个时段气候冷暖变化频繁，环流形势是太

20×20＝400 25A1109 兰州大学地理系稿纸 第20页

黄土中可见深古土壤与两层黄土互层，

季风亚洲末次冰期的古冰川遗址

稳定的、多变的，可称之为萨拉乌苏—卡尔金斯克大间冰段。

当我们把季风亚洲末次冰期的古冰川分布和规模与中更新世冰期的古冰川相比较时，有一个有趣的现象值得注意。即一方面在近海地区有些山地首次经历了第四纪冰川作用（日本、台湾、长白山等），说明冰川范围在扩大；但另一方面在有多次冰期的地方，末次冰期古冰川的规模普遍在缩小。表面上看来似乎有矛盾，但却是在同一原因支配下出现的结果。日本、台湾、新几内亚末次冰期才有古冰川活动，说明山地只是在末次冰期发生之前才达到接近现代的高度。但也正是山地上升使喜马拉雅山成为青藏高原气候的屏障，高原内部变得更为干旱，以致上升越高，冰川规模减小。远东太平洋沿岸山地的上升也使海洋气团难于深入内陆，西伯利亚末次冰期古冰川规模也相应缩小。因此，季风亚洲末次冰期是在强烈的新构造运动的背景下发生的。本文作者在讨论青藏高原隆起时曾经推测晚更新世十多万年以来大约上升了1500 m，即每年平均约1 cm。张青松等近年系统整理了青藏高原公路沿线

20×20=400 25A1-06 兰州大学地理系稿纸 第21页

20年间重复水准测量的资料，证明当代青藏高原南侧是以每年10 mm的速度上升的，向北则逐渐有所减少，反映了印度板块楔入的影响向北减弱的事实[23]。山地上升是活生生的事实，它的影响是多方面的，古冰川发育也受其影响。

青藏高原东南部季风影响所及地区大理冰期古冰川规模有较大的发展，古雪线在边缘山地可下降近1000 m，川西高原有面积达2000—3000 km²的冰帽形成，但连续的大冰盖是不存在的[24]。至于高原内部，古冰川的扩大十分有限，冰期中形成的冰（砂）楔及古湖泊扩大时留下的湖相沉积的大量¹⁴C测年资料说明冰期时大面积地面是暴露在大气下环境的，大冰盖完全是想象的产物[25][20]。

季风亚洲末次冰期的古冰川遗址

参考文献

[1] 李四光，1947，冰期之庐山，前中央研究院地质研究所专刊乙种第2号。

[2] Velichko, A.A., Isaeva, L.L., Faustova, M.A., 1987, Quaternary Glaciations at the USSR Territory, Moscow "Nauka"(俄文，英文摘要)

[3] 郑本兴、施雅风，1976，珠穆朗玛峰地区科学考察报告，科学出版社。

[4] Burbank, D.W., 1984, The Quaternary Glaciation of Kashmir and Ladakh, Northwestern Himalaya，兰州大学学报（丛刊）V1，35-46页。

[5] 诺特里斯伯格，F.，格依，M.A.，1986，喜马拉雅山和喀喇昆仑山冰川的变化，冰川冻土，第8卷第4期，333-344页。

[6] Takayuki, S., 1991, Late Quaternary glacial fluctuations in the Langtang Valley, Nepal Himalaya, reconstructed by relative dating methods, Arctic and Alpine Research, Vol. 23, No. 4, p. 406-416.

20×20=400 25A1109 兰州大学地理系稿纸 第23页

〔7〕李吉均、郑本兴等，1986，西藏冰川，科学出版社，218-222页。

〔8〕易朝露，明庆忠，1991，云南省东川市雪岭第四纪冰川遗迹，冰川冻土，第13卷，第2期，185-186页。

〔9〕施雅风、崔之久、李吉均等，1989，中国东部第四纪冰川与环境问题，科学出版社，87-106页。

〔10〕仝上，63-79页。

〔11〕Tsukada, M., 1967, Vegetation in subtropical Formosa during the pleistocene glaciations and Holocene, paleogeography, paleoclimatology paleoecology, Vol. 3, p. 49-64.

〔12〕Tsukada, M., 1983, Vegetation and climate during the last glacial maximum in Japan Quaternary Research, Vol. 19, No. 2, p. 212-235

〔13〕Flint, R. F., 1971, Glacial and Quaternary Geology, N. Y. John Wiley, p. 418.

〔14〕Reiner, E., 1960, The Glaciation of Mount Wilhelm, Australian New Guinea, Geogr.

20×20=400 25A1109 兰州大学地理系稿纸 第24页

季风亚洲末次冰期的古冰川遗址

Rev., Vol. 50, p. 491-503.
[15] 仝[13], p. 421.
[16] 李吉均，冯兆东，1984，横断山脉的第四纪冰川遗迹，兰州大学学报（丛刊）V1，61-72页。
[17] Kind, N.V., 1972, Late Quaternary climatic changes and glacial events in the old and new World — radiocarbon chronology, 24th I.G.C., Section 12, p. 55-61.
[18] Minato, M., 1972, Late Quaternary geology in Northern Japan, ibid. p. 63-71.
[19] 仝[2]
[20] 李炳元、李吉均主编，1991，青藏高原第四纪冰川遗迹分布图，科学出版社。
[21] 李吉均、康建成，1989，中国第四纪冰期、地文期和黄土记录，第四纪研究，第3期，269-278页
[22] 李吉均、文世宣等，1979，青藏高原隆起的时代、幅度和形式的探讨，中国科学，第6期，608-616页。
[23] 张青松、周耀飞、陆祥顺、徐叔应，1991，现代青藏高原上升速度问题，科学通报，第7期，529-531页。

20×20=400 2541109 兰州大学地理系稿纸 第25页

[24] 李吉均、周尚哲、潘保田，1991，青藏高原东部第四纪冰川问题，第四纪研究，第3期，193-203页。

[25] Kuhle, M, 1987. Subtropical Mountain- and Highland-Glaciation as ice Age Triggers and the Waning of Glacial periods in the pleistocene. GeoJournal, Vol, 14, No. 4, p. 393-421.

20×20=400 25A1109 兰州大学地理系稿纸 第 页

季风亚洲末次冰期的古冰川遗址

地球上的冰川占据陆地面积的10%左右，而在一万多年前的冰期中，全世界有3800万平方公里的面积被冰川覆盖，莫斯科、柏林和纽约等大城市全在巨厚冰层的覆盖之下。中国地处地球的中低纬度，现代冰川面积约为……，第四纪冰川在这里发育也是有限的。因此，中国人对现代冰川和第四纪古冰川远没有西欧北美的居民那样司空见惯而熟能详。但是这并不说明冰川学和第四纪冰川的研究对中国人是相当陌生和可有可无的。曾几何时，中国在第四纪冰川的争论还甚嚣尘上，直到如今也是余波未了。如何说，当今全球变化及CO_2排放已成国际性的问题，中国人岂能对冰川和与第四纪冰川有关的气候变化的研究等闲视之、置若罔闻。

第一章 中国第四纪冰川研究的回顾与展望

“路漫漫其修远兮，吾将上下而求索”

——屈原《离骚》——

第一节 引言

除了生活在我国西部高山和高原的某些少数民族居民对终年积雪的高山和冰川有所认识外，大多数中国人对冰川雪山是没有感性认识的。仅仅由于广播电视等新闻媒体的普及宣传，人们才从画面或书刊上知道世界上还有高山冰川、大陆冰盖以及地质时期的冰期等事物。今年恰好是人类征服珠穆朗玛峰伟大壮举的五十周年纪念，从这在西藏边疆的珠峰传来的登山健儿的事迹令人激动不已。回想十多年前在人类首次横穿南极的活动中有中国冰川学家参加，人民日报专门为此进行报导与评论，让人们意识到，随着改

蘭州大學

LANZHOU UNIVERSITY

改革开放促进中国国力的上升，中国人才能走出国门参加到这类国际高水平的科学竞赛活动中去。世界需要中国，中国更需要世界，首先要了解世界。我们生活的这个星球是不断地变化着的，气候的变化虽为人所熟知，但一般人也仅限于"寒来暑往，秋收冬藏"或者气候的年际变化，对更长时期的气候变化及气候变化的幅度就知之甚少了。至于第四纪冰期这样的概念，一般人是很少接触的。第四纪冰期中两极冰盖大扩张，英伦、纽约和柏林都为冰川覆盖，年均温降低6-10°C。目前是现代间冰期，小冰期已经过去，冰川时期何时到来却是一个谜。上世纪七十年代西欧北美连续几个冬天大风雪迷漫，人们惊呼冰期即将降临，但到八十年代全球变暖又成热门话题，温室效应引起的全球增温已是公认事实。因此，近二十年来的"全球变化"的研究不仅成为科学界的热点，也成为国际政治问题，各国领导人为此开会，制订因应措施。而美国小布什任内，美国总统布什不批准限制发达国家CO_2等温室气体排放量的京都议定书引起许多国家的不满，中国和印度等新兴国家为维护国家发展利益和发达国家讨论环保问题温室气体排放所进行的讨价还价，说明比

LANZHOU CHINA HTTP://www.lzu.edu.cn/

2

题扉辞

地球上的冰川占据陆地面积的10%左右，却集中了全球70%的淡水资源；而在一万多年前的冰期中，全世界3800万千米²的面积被冰川占据，莫斯科、柏林和纽约等大城市全在巨厚的冰层覆盖之下；冰川外围由多年冻土占据的冰缘区也向前扩展，大江大河水文状况发生巨大变化，海平面下降120—140米。中国由于地处中低纬度，冰川扩大范围有限，但多年冻土向南扩张，风成黄土与干旱荒漠也向东南湿润区扩大范围，东海大陆架成为陆地，台湾海峡露出水面，台湾与大陆直接相连。因此，中国的第四纪气候变化也很剧烈，第四纪冰期气候研究不能忽视，多年来有关这方面的争论颇多，认识也逐步深化，特别是近年全球变化研究升温，其重要性更为提高，

LANZHOU CHINA HTTP://www.lzu.edu.cn/

本书的目的是给这些问题提供一个较全面的回答。

LANZHOU CHINA HTTP://www.lzu.edu.cn/

| 中国第四纪冰川研究的回顾与展望

第一章 中国第四纪冰川研究的回顾与展望

"路漫漫其修远兮，吾将上下而求索"

—屈原《离骚》—

第一节 引言

除了生活在我国西部高山和高原的某些少数民族居民对终年积雪的高山和冰川有一定认识外，大多数中国人对雪山冰川是没有感性认识的。主要是由于当代广播电视等新闻媒体的普及宣传，人们才从各种画面书刊上知道在遥远的极地和高山还存在大陆冰盖，山岳冰川以及地质时期冰川扩大等情况。今年正好是人类首次攀登珠穆朗玛峰伟大壮举五十周年纪念，从这次珠穆朗玛峰登山营地传来的登山健儿的业绩和艰苦奋斗情景仍记忆犹新。回想十多年前秦大河代表中国参加人类首次横穿南极洲冰盖的艰辛历程，人民日报为此作了专门报导与评论，人们意识到与有政策开

放后中国国力上升，中国人才能走出国门参加此类高水平的国际科学探险与考察活动。世界需要中国，中国更需要世界，了解世界，需要了解世界的变化。的确，我们这个星球是不断变化着的，首先是气候变化十分迅速而频繁，其变化的规模也远不止是"寒来暑往、秋收冬藏"，而是沧海桑田那样的变化。冰川学研究告诉我们，目前世界上现代冰川覆盖着陆地面积的11%，有1500多万千米²被冰盖和山地冰川占据，比中国陆地国土面积还大50%。但是，我们目前生活的时期在冰川学上叫现代间冰期，冰川规模并不大，而在一万多年前的冰河时期（简称冰期），全世界的冰川面积达到3800万千米²，北欧和北美大面积陆地被巨厚冰层覆盖，莫斯科、纽约和柏林这样的世界大城均在暗无天日的冰川之下，许多地方气温下降6—10°C，

LANZHOU CHINA　　HTTP://www.lzu.edu.cn/

2

中国第四纪冰川研究的回顾与展望

全世界的海面下降120-140米。中国由于地处中低纬地区，除了青藏高原等西部高山高原冰川曾有大幅度扩张外，东部地区真正"古冰川"遗迹是很有限的（对此有很大争论，此处是本书作者观点）。但是，目前仅广布于东北兴安岭森林中的多年冻土在第四纪冰期中范围有很大扩张，直抵长城一线，华北则成为干草原，黄土沉积一直分布到南京一带，东海大陆架几乎全部露出水面，台湾与大陆相连。因此，中国第四纪冰期虽然冰川扩大不多，地理环境则变化巨大，不能等闲视之。另外，我们目前生活的全新世现代间冰期已延续了10000年。根据极地冰芯记录，上次间冰期也仅只延续10000年左右，是否是新的冰期将接踵而至？我们又该採取何种因应措施，这都是很大的问题。记得上世纪七十年代初，西欧北美连续几年冬天寒

LANZHOU CHINA HTTP://www.lzu.edu.cn/

3

冷异常，暴风雪席卷欧美发达国家。人们惊呼新的冰河时期即将到来，在美国罗得岛大学还专门召开国际会议讨论这一问题。但是，八十年代的连续高温又使人把目光注意到CO_2等温室气体的增加造成“全球变暖”的问题上来，国际上为此启动了“全球变化”的研究，结果认为如果目前温室气体的排放如果不加以遏制，本世纪五十年代全球气温将升高1-3°C，这种升温幅度十分惊人，因而引起世界各国政府首脑的高度关注，历次国际会议均成为讨论热点，终于达成东京气候变化框架协议。但是，两年前刚上任的美国总统布什就拒不批准该协议书，引起许多国家的不满，而发展中国家如中国与印度等国也受到冲击，为了维护国家利益与发达国家在温室气体的排放上展开了尖锐斗争。这说明人

LANZHOU CHINA HTTP://www.lzu.edu.cn/

4

气候变化为核心的"全球变化"问题完全不是一个纯理论问题，而是一个与国家利益及人民生活紧密相关的问题。试设想，当未来一百年大气中CO_2等温室气体含量增高一倍，平均气温增高3.5±1.5°C的时候，喜马拉雅山及中国西部高山多数现代冰川将要融化或大规模缩小，冰川融水对河流的补给将大幅度减少，青藏高原的冻土也将大面积融化，这对干旱区绿洲的工农生产及交通运输将产生巨大影响的，土地沙漠化也会加剧。另外，随着极地冰盖大量消融，世界洋面也将继续以目前每年1-2mm的速度上升，沿海低地的城市、港口以及农田将被淹没，盐水内侵及海岸侵蚀继续加强，台风活动及对人类生存的威胁也必将加大。当然，全球气温升高也将带来正面

LANZHOU CHINA HTTP://www.lzu.edu.cn/

5

影响，比如较旱区将因海洋季风等的加强而降雨增多，生态会向良性循环发展，中国西北近十年已经出现了这一明显趋势，内陆湖水面上升扩大，河流出山径流增加等。对所有这一切有利和不利的影响，我们必须进行研究和预测，提出对策。为了达到预测和采取对策的目的，除了进行观测掌握当前动态外，"以古论今"是行之有效的方法，地球环境和气候的演变是有规律的，科学的目的就是揭示这种规律，为人类服务。本书的目的就是根据多年来特别是近年来中外学者对第四纪冰期的研究，较系统地阐述中国各地第四纪以来冰期和间冰期的气候变化及其遗留下来的地貌、沉积以及化石证据，藉以探索气候变化在不同时间尺度上所能达到的规模和幅度，这将

LANZHOU CHINA HTTP://www.lzu.edu.cn/

6

中国第四纪冰川研究的回顾与展望

成为我们对未来进行预测的基础。应当说，中国人对第四纪冰期和气候变化的研究要比西方发达国家更晚许多，如西方成熟的冰期理论首次由德国学者A.彭克提出是在1885年，他和布吕克纳共同撰写的"冰期中的阿尔卑斯山"是在1909年出版，而李四光先生的"冰期之庐山"写成于1937年，正式发表已在抗战胜利之后。但是，二次世界大战之后特别是新中国建立以来中国人在第四纪冰期和气候变化的研究方面则发展甚快，相对于西方国家在极地冰芯、深海钻探及海底古气候记录的恢复研究方面虽仍存不少差距，但在黄土记录研究方面则已取得世界领先地位，青藏高原冰芯研究也独具特色走出了自己的道路。总结起来，中国人在这方面既有走弯路

LANZHOU CHINA HTTP://www.lzu.edu.cn/

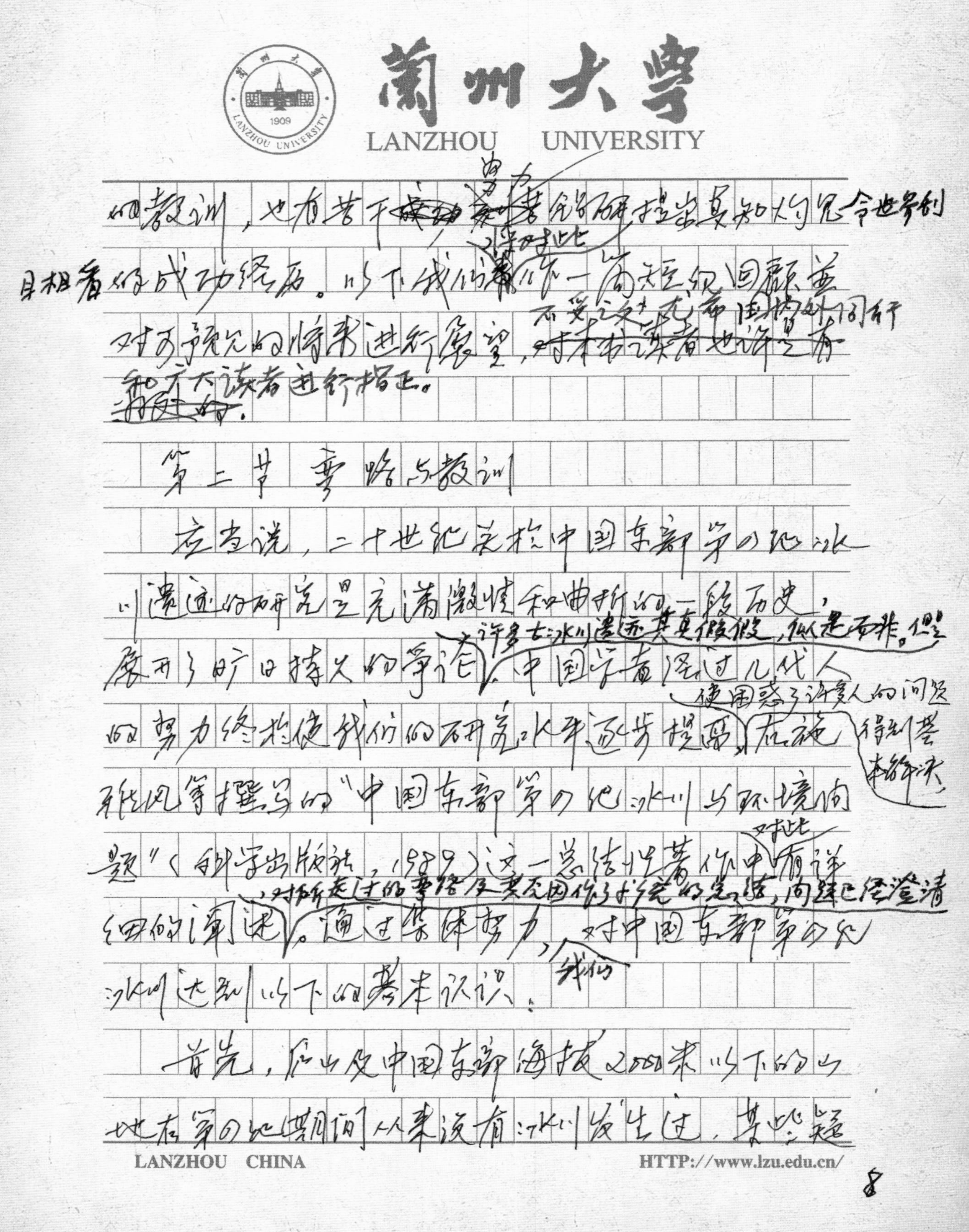
蘭州大學
LANZHOU UNIVERSITY

的教训，也有若干经过努力、对比鉴别研究提出真知灼见令世界刮目相看的成功经历。以下我们作一简短的回顾并对今后研究的将来进行展望，不妥之处尚希同行和广大读者进行指正。

第二节 要略与教训

应当说，二十世纪关于中国东部第四纪冰川遗迹的研究是充满激情和曲折的一段历史，许多古冰川遗迹真真假假，似是而非。但展开了旷日持久的争论，中国学者经过几代人的努力终于使我们的研究水平逐步提高，使困惑了许多人的问题得到基本解决，在施雅风等撰写的“中国东部第四纪冰川与环境问题”（科学出版社，1989）这一总结性著作中有详细的阐述，对于所走过的弯路及其原因作了扎实的总结，问题已经澄清。通过集体努力，我们对中国东部第四纪冰川达到以下的基本认识：

首先，庐山及中国东部海拔2000米以下的山地在第四纪期间从来没有冰川发生过，某些疑

LANZHOU CHINA HTTP://www.lzu.edu.cn/

8

似的古冰川地形完全可以用其他非冰川成因予以解释。所谓的冰川泥砾多数代表湿季风气候条件下的古泥石流堆积，现代泥石流的研究充分证明了这一事实。

其次，八十年代对中国东部第四纪环境的研究取得重大进展，第四纪冰期中中国北方处於冰缘环境之下，冻土南界可达北纬40度，喜冷动物群如猛犸象披毛犀则向南伸得更远，华北平原甚至华东均有其踪迹，冬季风驱动的沙尘暴则把黄土物质由西北沙漠带到黄土高原一直到长江下游，气候的干旱程度由此可见一斑，估计北方的年降水量要比现代少1/3～1/2。目前华北的夏绿阔叶林冰期中被疏草原取代。中国的纬度地带平均向南推移8°–10°。垂直地带性在冰期中也明显下降，雪线和暗针叶林下限均下降约

9

1000米。冰期中海平面下降约140米，东海大陆架几乎全部出露，古海岸远离现代海岸达600余千米，长江入海口相应延长并在中下游下切至少20—45米。应当说冰期中中国的地理环境确实发生了巨大的变化，但这种变化远未达到在江西庐山和安徽黄山这样的山地发育古冰川的程度，因而生活在长江中的喜暖动物如白鱀豚及耐寒能力很弱的杨子鳄和钉螺等才能继续生存渡过冰期。至于银杏和水杉这些第三纪甚至中生代残遗下来的植物能在中国保存，更是与冰川广泛发育的观点格格不入的。

新的研究确认在中国东部有确切证据的古冰川遗迹是在陕西太白山、吉林与朝鲜接壤的长白山，台湾的雪山和玉山等。华北的五台山虽然，

LANZHOU CHINA HTTP://www.lzu.edu.cn/

80

超过了3000米，但仅只发现雪蚀洼地和广泛分布于古夷平面（山顶）上的石海和高夷平面地这样的古冰缘现象。关于台湾雪山等的第四纪冰川遗迹的确认是由大陆学者和台湾学者在九十年代共同完成的。研究证明台湾山地在冰期中受跨海而来的冬季风丰沛降雪的补给，故冰川发育条件十分有利。海峡两岸学者共同致力于科学问题的研究并取得了预期结果，这是很值得称道的。

当我们回顾往事力求记取教训时，发现过去之所以走弯路，一是在成因分析中过分依赖单一的证据，比如擦痕就曾被认为是冰川作用的"铁证"。其实擦痕也是多成因的，而冰川擦痕则有着独特的特征，过去全说不准；"泥砾"是"混杂堆积"的一种，并非冰碛的专属特征。另外，成因的确认必须力求与环境证据相统一

LANZHOU CHINA HTTP://www.lzu.edu.cn/

91

，不能彼此矛盾互相冲突。如上所述，既然第四纪冰期中许多喜暖动植物能够继续活动，而且多种证据指示气候较暖而古雪线下降值较小，则低纬低山要发育冰川是不可能的。当然，所有的研究和分析必须本着"实事求是"即客观和现实致的原则。既然古冰川遗迹是古冰川活动的产物，不研究现代冰川的物理性质、运动规律及其蚀积效应，单凭空臆断必然会导致指鹿为马的闹剧。近年有人在华北高原把风蚀坑以及把广东的水蚀穴一概说为冰川遗迹，仍然是走的这条老路。总之，在中国第四纪古冰川研究中，反映了我们在认识论上存在的片面性和主观性。瞻前顾后，在今后的研究中我们必须做到全面和客观，在充分掌握各种证据和资料的条件下，力求去伪存真和接近客观真理。

12

中国第四纪冰川研究的回顾与展望

最后还不能不提到，近十多年来关于青藏高原第四纪古冰川的规模即是否存在大冰盖的问题也争论颇多。应当说，无论在国内和国外，主流的研究结论多倾向于否定大冰盖论。中国学者曾在1991年编制过"青藏高原第四纪冰川分布图"，图上显示在末次冰期中青藏高原还存在大量湖泊，作为多年冻土存在的标志的"冰(砂)楔假型"，还明确标示了当时山谷冰川末端的位置。这些已经有力地反驳了统一的大冰盖的存在，规模最大的冰帽也出现在青藏高原的东部气候比较湿润的区域，一般也不过是数千km^2，黄河上源有可能存在面积达数万km^2的大冰盖，但尚未完全证实。主张青藏高原第四纪发育大冰盖的学者一个根本的错误在于忽视了高原上古今雪线的分布格局同心圆式的穹窿状，即高原边缘山地

LANZHOU CHINA　　HTTP://www.lzu.edu.cn/

13

因气候相对温润而雪线下降值大，但青藏内部则因气候干燥而雪线下降值很小。冰期中冰川不能作大规模的扩展。新的研究表明，青藏内部以普若岗日等现代冰川外围，末次冰期的冰碛是紧靠现代冰川边分布的，统一的大冰盖根本无从谈起。至于个别外国学者把拉萨市外天葬场的人工石坑当作冰盖下的水蚀洼坑更是轻率之举不足为凭的。看来研究问题总带认识性和片面性，这是中外学者均需避免的。

第三节 新的进展和展望

如果说廿世纪五十年代以前世界上第四纪冰期研究仍然是以A.彭克为首的阿尔卑斯学派占主导地位的话（即经典的阿尔卑斯四次冰期序列，分别为玉木、里士、明德尔和贡兹），六十年代后深海沉积研究揭示的氧同位素冰期旋回不仅冥活了米兰科维奇在二十世纪

二十年代提出的冰期成因的"天文理论"，而且获得了更长时期和更全面的冰期旋回资料，单只布容世约八十万年以来即有七次完整的冰期旋回，这超过了彭克等主张的四次冰期的经典理论。不仅如此，上世纪的后半期我们还亲眼目睹了极地冰盖冰芯和黄土（中国为主）研究的最新进展，不仅共同提出了第四纪气候变化周期由天文轨道参数变化驱动的观点。黄土记录以其周期长为优势，目前已得到2.5Ma以来的详细记录，正在向8Ma甚至22Ma进军，而极地冰盖冰芯提取的记录虽然较短（不过50万年）但却是记录最详细的，可以恢复到年以至季节（冬、夏）的气候诸要素的变化。除了上述深海沉积、冰芯和黄土三大记录系统外，近年来湖泊沉积、石笋以至珊瑚礁等均有良好的研究结果。利用

LANZHOU CHINA HTTP://www.lzu.edu.cn/

15

这些丰富的信息，进行模拟试验，对未来气候变化的趋势加以进行预测，问题只是精度和检验而已，我们已经处于预测未来的门槛上，新的突破即将到来，全球变化及其区域响应的研究日新月异，方兴未艾。

中国学者在全球变化研究，特别是古全球变化研究（第四纪古气候和气候变化研究的现代说法）上处于得天独厚的地位。虽然我们在极地冰芯和大洋钻探方面因国力不足而暂时处于下风，但我们有黄土和青藏高原这两个极特殊的研究对象，它们在世界上是独一无二的。简单地说，黄土是优良的古全球变化的天然记录，能与冰芯和深海沉积（从分辨率角度来说）更为接近。青藏高原则以它高耸天空试验高原的态势矗立在地球的大气层中，操纵着亚太地区的季风系统，可能是除天文因素之外另一个全球气候变化的

驱动因素。中国学者曾赋予它气候变化"触发器"和"放大器"的称号，其作用不可谓不大。从地球系统科学理论角度看问题，地球的各圈层是相互作用和相互制约的，内因和外因同时起作用，决定着一个地区乃至全球变化的规律和特点。

众所周知，深海氧同位素记录到的冰期旋回比陆地上已经发现的冰期要多得多，因为深海氧同位素变化记录到的是全球的冰量变化，其权威性是无庸置疑的。现已查明，自布容世0.78Ma以来，已经发生了7次完整的冰期旋回（全新世开始的新冰期旋回刚开始，尚未进入冰期），大体上每10万年发生一次冰期旋回，恰好与米兰科维奇的地球轨道参数的偏心率周期一致，在此以前的冰期旋

回则比较复杂。从中国的黄土记录中得知，1.6—0.8Ma期间以反映地球轨道参数中的41Ka的地轴倾斜度变化的周期为主，而在2.5—1.6Ma期间所有100Ka，41Ka及23Ka/19Ka周期也可找到。但是，由不同作者在不同地方发现的冰期和气候变化旋回差异很大，这主要决定于地层剖面记录本身的敏感度，天文周期并不能在所有剖面都能找出。冰期旋回既然如此众多而复杂，而陆地上特别是山地冰川的进退在地貌和沉积上留下的只能是断简残章，不可能借以恢复完全的冰期旋回系列。这中间的原因有许多，初步概括可提出以下几种：(1)，天文因素决定的各种冰期旋回并不能都促成冰期，有人称之为"流产"的冰期，即冰川发育未达一定规模就"夭折"了。(2)后期的冰进规模

LANZHOU CHINA HTTP://www.lzu.edu.cn/

18

如果比早期大，早期冰期遗迹将破坏殆尽，而很难寻觅，(3)山地持续上升，将造成与前述同样结果，即后期冰川规模总是大于前期，冰期系列也不可能完全，(4)气候的区域差异使同一冰期具有不同表现形式，早就有人提出冰期"异时性"观点，如欧洲冰盖最全盛时，亚洲北部（西伯利亚）冰川发育条件好而冰进迅速，但一当欧洲冰盖达到全盛，反气旋阻挡大西洋水汽进入亚洲北部故冰川反而变小，(5)洋流改变也影响冰川发育，如全球末次冰期最盛寒冷期可分三阶段，即LGM(21–18Ka)，但此时海面下降达140—150米，日本朝鲜间的对马海峡封闭，黑潮不能进入日本海，故日本列岛玉木冰期早期大而晚期小，(6)冰川性质不同决定侵蚀性差异很大，如青藏高原东南部季风降雨(雪)有利海洋

LANZHOU CHINA HTTP://www.lzu.edu.cn

19

性冰川发育，气候变化引起的冰川变化幅度极大，古今冰川长度可差十倍以上，而高亚西北气候较旱，发育极端大陆性冰川，冰期中雪线也下降极少，冰川范围扩大有限，留下遗迹很少。(7)，有冰川而无冰川作用遗迹，特别是冷底冰川可以不对冰床发生侵蚀，(8)冰川系统生命周期和自组织能力差异，小冰川如小冰期冰川以百年为周期"朝生暮死"，大陆冰盖的发育从生成到全盛而衰亡，将经历万年以上的周期，南极冰盖则已有千万年以上的历史。因此，陆地上据冰川侵蚀沉积留下的遗迹来恢复古冰川旋回系列是很困难的，甚至可以说是不可能的。如此说来，第四纪古冰川遗迹的研究岂不是徒劳白费力气的无谓之举了吗？其实这样的悲观论是不对的，复杂性是客观世界丰富多彩的表现，不要因发现普遍规律而否认特殊规律，

LANZHOU CHINA HTTP://www.lzu.edu.cn/

20

深海氧同位素和黄土研究代替了传统的第四纪古冰川研究。普遍规律的发现也可以指导特殊地区和特殊规律的研究，绝不能代替它。其实，特殊和一般也是相对的，特殊性也包含着普遍性，当它的作用和影响扩大提高时，也就成为普遍性的东西。大家知道，青藏高原的隆起是个区域性的事件，但其对亚洲以及北半球的大气环流变化与季风的形成与演化的影响愈来愈被认为是极其重要的，而美国的Rudiman. W. 等人甚至认为新生代全球的三次大降温（分别发生在37Ma，15Ma和3Ma以来都是和青藏高原（也包括北美洲西部高原等）的强烈隆升，造成侵蚀加强CO_2在大气中的浓度降低，从全球"温室效应"变为"冰室效应"的结果。第四纪冰期正是3Ma青藏高原强烈隆升导致的北半球变冷西欧北美

LANZHOU CHINA　　HTTP://www.lzu.edu.cn/

21

冰盖形成而开始的。

由于Shackleton, N与Opdyke, N（1973, 1976, 1977）的开创性工作，揭示出深海岩心记录到北半球3Ma左右冰盖开始发生，2.4Ma已进入中等规模，深海冰筏沉积大量增加并扩大沉积范围。刘东生等的研究揭示黄土高原的黄土沉积开始于2.5Ma，基本与北半球的冰期同步。如前所述，米兰科维奇天文轨道因子驱动理论已基本证明是正确的，但对2.5Ma以来几次气候变化的转型事件则不能解释。其中的2.5—1.6Ma期间三种轨道参数变化周期均可见是混合型，1.6Ma以后到0.8Ma则以41ka周期为最显著，而0.8Ma以后又以100ka周期为最突出，变化的幅度增大。人们一般把这两次气候转型与北半冰量的变化相联系，特别是0.8Ma的气候转型之紧接着0.9Ma发生的

LANZHOU CHINA HTTP://www.lzu.edu.cn/

22

"中更新世革命"之后，这时全球冰量突然增加15%，达到北半球大冰川的全盛时期。把中国的冬季风强弱与全球冰量联系起来以阐明黄土的堆积速率变化是有道理的，但冰量和季风变化可能均与青藏高原隆升代表的新构造运动有关。高原隆升引起地球的失热（反射率增加）和CO_2的减少，而其热力与动力作用足以改造季风环流，随着高原隆升冬季风的加强已是不争的事实。晚新生代以来以及上述2.5Ma以来每次气候变化及转型均与青藏高原的隆升事件在发生时间上十分吻合，此中的因果关系是极为复杂的，而阐明其机制则尚需努力。特别是0.8Ma的气候转型，与0.9Ma的"中更新世革命"与0.9Ma的"昆黄运动"之间有密切的关系。近年在喜马拉雅山南麓，沉积盆地（祁连山北麓）和天山北麓均发现0.9Ma的构造上升十分强烈，许

LANZHOU CHINA HTTP://www.lzu.edu.cn/

28

多现代水系和沉积盆地都是0.9Ma以后才形成的。河西走廊的黑河及其终端湖泊就是如此，居延海盆地沉积底部不超过0.9Ma，喜马拉雅山南的印度河—恒河平原也是0.9Ma以后形成的（Valdiya. K, 2002）。孟加拉湾海底扇在0.9—0.8Ma沉积速度由每百万年20—70米猛增加为200米，细粒的蒙脱石和高岭石让位于粗粒碎屑沉积，其中的粘土矿物也转为伊利石和绿泥石；阿拉伯海沉积中见到陆源的有机物质在0.85Ma大量增加，推测是由于喜马拉雅山植被覆盖的山地因山地上升（主边界断层活动）而侵蚀量在0.8—0.9Ma大增。

必须指出，无论是高原南部的喜马拉雅山还是高原内部及北部的众多高山，都是在0.8Ma之后才大面积进入冰冻圈和发育冰川的。一般在青藏高原只能发现三次冰期的地貌和沉积系列

LANZHOU CHINA HTTP://www.lzu.edu.cn/

24

，希夏邦马峰和洪扎河谷（巴基斯坦）有四次冰期的报导（郑本兴，施雅风，1976；李吉均等，1983）。现在认为阿尔卑斯山传统的四次冰期均发生在布容世0.78 Ma以来，其中贡兹冰期保留性也极稀少。中国的冰期包括最老的希夏邦马冰期可能也都是中更新世以来的产物。近年来中国古冰川的年代学研究有相当进展。昆仑山垭口最老的山麓冰川遗迹冰碛层的ESR测年为0.71 Ma，是迄今所知最老的中国冰碛年龄（崔之久，1998）。周尚哲和易朝路等对祁连山和天山测得的倒数第三次冰期年龄在0.4–0.5 Ma之间，应是深海氧同位素MIS 12阶段冰期的产物（相当于黄土L5时期。按理说，MIS 16（与L6）是北半球夏季太阳辐射量最小，也即最冷的时期，但迄今未发现此年龄的古冰川遗迹，可见天文现象并非总是能和地

LANZHOU CHINA HTTP://www.lzu.edu.cn/

25

面记录相符合。当然，我们已注意到兰州黄河阶地的砾石层与阶地的生成和冰期旋回有关联的，T_1为MIS2阶地，T_2为MIS4阶地，T_3为MIS6阶地，T_4为MIS16阶地，看来冰期加积间冰期下切是一般规律，在T_4与T_3之间阶地基座高差最大，达到70米，地文期叫清水期侵蚀，时间跨度为0.6–0.2Ma，包括了华北中更新世气候最温暖的时期，也即过去叫做中更新世大间冰期的时段。其实除了S_5所包括的MIS13–15外，也包含MIS7–12阶段，就中还有8、10、12三次冰期。因此，地形演化，冰期系列，米兰科维奇轨道驱动的季风控制的黄土与冰期旋回并不都是彼此完全对应的，显示了自然环境各方面演化历史的复杂性。把冰期、地文期和黄土旋回记录联系起来进行对比研究，互相印证，从中找出它

26

候变化、冰川状况及构造运动的耦合或联动关系，应是深入探讨冰川环境变化奥秘的正确途径。

近年L. Owen和他的合作者在研究喜马拉雅山和喀喇昆仑山末次冰期的古冰川年代学时有新的发现，他们的光释光测年资料说明，MIS 2即末次冰期最盛期（LGM）冰川规模不大，但是MIS 3即间冰段冰川最大，约为30—60 ka。这说明降水量在冰川发育中有重大意义，很符合亚洲季风区气候的特点。因为大量资料说明，在氧同位素第三阶段中国许多地方皆为多雨时期，如昆仑、唐古拉及柴达木盆地均为末次冰期最高湖面时期。但是，也有资料证明，某些地方仍然是18—20 ka冰川最大。古今区域气候的差异影响之巨大，研究者尚须充分注意。总的说来，中国的

27

大部分地区为季风气候，但西北部的新疆地区则仍为西风带控制，冰期是冷而湿润的，有利于冰进。近来在冰芯研究中又有新的发现，同样在季风区降水量的变化趋势也是不一样或完全相反的。印度东北部以及孟加拉国近百年来雨量是减少的，但印度西南部则降水有大幅度的增加，这与印度季风槽活动位置有关。希夏邦马峰附近的达索普冰川在海拔7000米的高度钻取的冰芯分析表明，近百年来降水（雪）量竟减少了50%，减少率远大于山麓印度境内的平原区和孟加拉国。看来这正是青藏高原在气候上的敏感性的表现，预测未来随着全球变暖，喜马拉雅山中部气候将更加干旱。与此相反，中国西北干旱区山地降水近十多年已有明显增加，河流出山径流增大，内陆湖如天山博斯腾湖

LANZHOU CHINA HTTP://www.lzu.edu.cn/

28

水位上升，施雅风先生把它叫做气候转型，即由干旱转向比较湿润，这无疑是西北干旱区的福音。鉴于前述青藏高原以及印度北部目前雨量正在减少，我国西北气候变湿显然与西南季风无关（或者是负相关），水汽应是由西风输送而来，或因局地环流加强而造成的降水增多。当代的气候变化既然如此复杂，第四纪冰期气候变化以及导致的冰川进退，古水文变化也必然是变异纷呈，决非千篇一律，这是研究中必须牢牢记住的。

最后尚须指出，中国的三大自然区及三大地貌阶梯是新生代晚期环境演化的产物，体现了地球上三种典型的地带性规律，即东部季风区的水平地带性，青藏高原的垂直地带性以及西北干旱区与东南部对比所体现的经度地带性（又称干湿地带性），在

LANZHOU CHINA HTTP://www.lzu.edu.cn/

29

第四纪冰期间冰期的往复变化中，各地带的变化是有一定幅度的，一般来说水平地带的南北推移大约是8—10°纬度，垂直地带性升降是300—1200米，经度地带性以沙漠向南扩大及黄土高原向东南扩展为代表，分别不超过200—1000仟米（沙漠化扩大到黄海是不可能的）。任何违背常理的推论均要小心谨慎，比如有报导说广州附近有古冰川遗迹或云南的西双版纳有古冰川遗迹，这显然是错误或一厢情愿的。近年也还有人把川西龙门山前的构造推覆体和飞来峰判定为青藏高原大冰盖搬来的"大漂砾"，并呼吁建立地质博物馆，认为是世界级的"文化遗产"云云，无知到如此而妄称科学，良可叹也！

LANZHOU CHINA HTTP://www.lzu.edu.cn/

30

下 篇
人地关系

武威盆地

祁连山

绿洲地貌

垂直地带性

夷平作用

洪积扇阶地

高台县盐碱地

分带治理

开发西北

西部铁路大十字计划

新丝路经济

西北-东南产业带

地理学的危机

中国变化

地理学理论

现代地理学

统一地理学

甘肃省生态建设

兰州都市圈

大兰州经济圈

（武威盆地及祁连山地貌与土地利用）

武威祁连山及绿洲地貌与土地利用

前言

本文所指地区为石羊河流域中上游，为下图所示。石羊河上游主要支流计有西大河、东大河、西营河、金塔河、杂木河、黄羊河、古浪河，这些河流从西向东流于祁连山高山与冰川，降水混合补给类型。出山口后流经本身造成的巨大洪积扇上，因强烈的垂直渗漏而逐渐消失，只有大洪水时才能直接穿越洪积扇以外平原地区（更主要是人工渠道引水）。石羊河中游系指以上诸河于洪积扇上消失于地下后，在扇形地前缘以地泉水的方式出露（即地下水溢出带），细流汇集成平原上的河流。武威盆地的底部，广大洪积平原的地区上分布着这些河流，较重要的有：清河、海子河、南河、北河（西营河扇形地以下）、清水河（金塔河）、白塔河（有数支流，上源由杂木河、黄羊河补给）、红水河（古浪河补给）。这些平原河流在武威盆地北缘，扎子沟附近先后会合成为石羊大河，北流穿过红崖山水口入民勤盆地，是为石羊河下游。

前言

武威盆地沿兰新铁路西行，展现在人们眼前的第一个较大的绿洲是武威绿洲。绿洲东接腾格里大沙漠，西隔大黄山与永昌相望，北越红崖山入民勤盆地，是为石羊河之尾闾。绿洲沟渠纵横，是河西走廊最为富庶的地区之一。两千年来在历代劳动人民的苦心经营之下，在荒漠中出现如此塞上江南的景色，这是我国劳动人民世代苦心经营的结果。尤其是解放以来，在党和政府的领导下，广大劳动人民更兴起大规模的改造自然征服荒漠的斗争。大跃进人民公社化以来更加上进行着农业水利化的工作，平原区广泛兴修水库塘坝，沟渠纵横，在西缘风沙侵袭的沙漠边缘营造绿色林带正在成长着。在党的以农业为基础的方针指导下，这块绿洲正在逐渐被造成为一个更加强大的粮食基地。为了早日达到此目的，除了要更好地调动人的积极因素外，也必须充分利用物的积极因素，首先要弄清这地区的自然条件。我们坚决反对地理环境决定论的，但我们仍然承认"地理环境当然是社会发展的经常必要的条件之一，而且它无疑是能影响到社会的发展，加速或延缓社会发展进程。"（斯大林《辩证唯物主义与历史唯物主义》）并且，在社会主义时代，我们完全可能逐步实现"把自然的破坏力引导到

绿洲之南部，连山第五为屏障，常披冰雪，溶雪渐着许多河川奔流而下，灌溉着绿洲上广大的良田沃野

武威祁连山及绿洲地貌与土地利用

2

另一方面，使绿洲的破坏力转而为社会造福"（黑钦林："苏联社会经济问题"）因此，研究地区的自然地理条件，进而提出改造和征服自然的根据是十分必需而可能的，尤其对于农业建设有着迫切而现实的意义。本文作者正是怀着这种目的，试图对武威绿洲及其相邻地区尤其是与绿洲的水土资源密切相关的上游山地及山前地区进行初步探讨，并提出地貌条件与水土资源及其利用的有关综合论述。因为没有进行仔细的调查研究，尚不能提出具体改造的意见，这有待进一步工作加以研究（尤其经济方面）。

本文所指地区（武威盆地及相邻祁连山地）在水系上属石羊河流域中上游。（接前段）

解放以前在本区完全谈不上地貌及其他地理工作（刘培桐关于"双"一文除外）。解放以后随着社会经济建设的开展，综合地质地理工作开展起来，尤其地质工作者曾对本区作过许多路线调查、区测普查填图、水文地质勘测、物探等工作，其中也填过一些地貌图，作过一些地貌描述，多数见于各地质队文献中。关于地质方面的基本成果见之于"祁连山地质志"、"甘肃省河西走廊石羊河流域综合地质—水文地质普查报告书"（1960，甘肃地质局，打印）、"河西走廊水文地质研究"（1959，科学出版社）。地貌方面成果多见之于"中国地貌区划"（1959，科学出版社）、"武威的地形和水文"（"地理资料"1958，2期，何宗尧著）、"祁连山现代冰川考察报告"（科学出版社1959）。零星地貌报导多见于更早的兰新铁道则见之于"新疆铁路勘察座谈会记录"（1957，科学出版社）等。前人作过的这些工作，对本文提供了许多资料和依据。作者本人于1960年曾至黄大河上游作过一些考查，1964年对西营河、金塔河、杂木河、黄羊河上游进行了路线考查，除黄大河外，其他各河均未深入到较高的冰川地区，由于考查时间短促，所到的地方是不多的，工作也很欠仔细。因此，本文只是对本区地貌的初步的探索。另外，在1964年野外工作中同行的有陈林芳同志和甘肃地理所自然地理组的陈高强同学，许多工作是共同进行的，尤其一些实测剖面是集体的成果。

二　地质基础与地貌的主要特征

武威盆地及其以南祁连山地均是古生代祁连山大地槽的组成部分。武威盆地属河西走廊凹陷南山与北祁连加里东褶皱带。武威盆地以北有红崖山、傻狼山屹起，东边为阿拉古山，向西则为龙首山、东大山，以至扁山、合黎山，这是阿拉善地块边缘的隆起带，主要为震旦纪及前震旦纪变质岩所成的加里东褶皱。南坡以大断裂与走廊西缘凹陷接触。武威盆地作为西缘凹陷其基底为前震旦纪变质岩，上覆由古生代至新生代的地层，尤其以第四纪沉积为其特征。其南缘与祁连加里东褶皱带也以大断裂接触，是为南山大断层，在地形上有突出的表现。由于走廊凹陷带南北均为大断裂所限，故实属一地堑性质。另外由于大黄山的隆起和石羊河之腾格里沙漠边缘地势高起，故武威地区成

3

为构造上和地形上一个真正的盆地。自第三纪末以来，祁连山急剧隆升，其次是大黄山等和楣隆起，从而使盆地西南抬升，东北相对下降。石羊河水系的倾向正好反映了构造运动的这一性质。祁连山在此为主部南山（乃其最北的一支）冷龙岭，东大河上游都是由下古生代地槽沉积经过变质的，为火山岩、火山碎屑岩、页岩等，西至西营河和杂木河上游则有前寒武纪变质岩出露。这里为祁连山地轴部分。祁连加里东地槽褶皱带有三构造层。下构造层为下古生代地槽型浅海相为主的沉积岩有轻度变质，一般不超过片岩程度。中构造层是指地槽回返后以磨拉石和海陆过渡开始的地台型沉积。此即泥盆系石英岩（D_3）至石炭，上部含火山岩道，并有部分陆相过渡，沉积延续到三叠纪，主要是浅海相陆相沉积。这组中构造层与下构造层为区域不整合，经印支运动作地台型箱状褶皱，地层产状相当和缓，与前者受剧烈褶皱的下古生代地槽沉积地层截然不同。在地表上其出露范围很广，由于倾角较不大，往往形成大的单面山。上构造层是侏罗纪以来的山间盆地式的沉积，全部陆相沉积，除侏罗纪有局部含煤外，主要为红色碎屑（尤其是白垩纪和第三纪），第四纪以来则为内陆磨拉石碎屑，代表该山地的急剧上升。上构造层与中构造层也为不整合接触。根据陈国达教授的意见，这上构造层就叫做地洼构造层，或者说这是后地台期的沉积。晚期祁连山包括河西走廊在内，均属地洼区，处于地洼构造发展史上的地洼阶段。

本区北祁连和它东北地褶皱带在地槽回返后，逐步分裂为一个个山间盆地，由西而东是：皇城盆地、金塔河上游盆地、张义堡—古浪盆地，接受了程序的沉积，但各盆地的发育也各不一样。皇城盆地……金塔河上游盆地主要接受……第三纪在盆地中出露极厚沉积。张义堡—古浪盆地与前述不同，不缺三叠纪以至白垩纪地层，在盆地边缘零星出露。盆地中出露的全是第三纪红层，主要是新第三纪疏勒河组的红色砂岩泥岩。根据盆地地层出露的情况说明在新生代中东段北祁连和它东北褶皱带转下沉区是在东部，西部是上升剥蚀区，故山间盆地中新生代沉积不厚或很薄。祁连山东段构造运动的这种性质一直延续到今天，形成山地高度向东倾斜下降的总趋势。

根据主要的研究，控制本区构造的主要是NWW及NEE两组断裂，并谓此两组断裂由于地壳板块的运动有关，这和B.M.西尼村和我近研究地壳纵性构造的以外学者的意见是符合的。张文佑等特别指出中亚西部此两组断裂（即X型断裂）和新构造运动有关。由于两组断裂的活动把祁连山分解为大大小小相互镶嵌的菱形地

武威祁连山及绿洲地貌与土地利用

4

块，沿着断裂有火成岩活动，使下古生代地槽在以后时期中分段硬化，成为各自独立的次一级构造单元，此即前述各山间盆地。从地质力学的观点来看，本区正处于李四光所指的祁吕贺山字型构造的西翼与脊柱衔接处，在旋扭运动下出现上述各类形地块均作相应的活动。同时根据地震的现象指出本区旋扭运动及继续活动，表现为较新的构造运动。

以上所述的地质构造特征，在本区的地形和水系上有极鲜明的表现。本区褶皱地形为构造地形性质，最明显的莫过于平原与山地之间分界明显，山构造之一为实。

如果说本区大地形或甚至中地形取决于构造及构造运动，则中小地形受外营力的影响，表现出明显的垂直地带性。本区地处中国西部干燥区的最东缘，距海遥远，即入半干燥地区。太平洋东南季风在夏季登陆后绕过可直抵本区，造成东南风降水，故高峻山降水远远超过平原。在天祝黄羊镇(2,715 m Alt)记录到年降水量达799 mm，为祁连山之冠。武威降水方只达172.6 mm。比较植被，山地覆盖率以山地为高。由于降水，特别是山地降水丰富，故植被较好。山地常见垂直带谱比较完整，由下而上：1) 荒漠草原带——位于祁连山山脚以下走廊地区，约在1,900 m以下。绿洲地区为耕地，常受人为影响改变为农林地区，与高山灌丛带直接。2) 山地草原带——1,900–2,600 m Alt，在阳坡可伸到3,200 m Alt。3) 山地森林带——2,600–3,200 m，阴坡为云杉纯林，阳坡上部可见成片柏林，但多混有其他阔叶树种，如山杨、柳、桦等而成混交林，大多是人工砍伐后的次生林。4) 高山灌丛带——3,200–3,500 m，主要植物为柳、锦鸡儿、黄花木本黄陈菜、白花木本黄陈菜、小叶杜鹃、金背杜鹃、花楸及其他木本和草本，覆盖度很高，常达100%。由于植被好而高寒，腐殖质积累很多，故有成山地黑土，但因高寒不能利用。5) 高山草甸带——3,500–4,000 m Alt，主要为苔草、冰草、针茅、早熟禾等草类，在地形平坦的夷平面上及宽大河谷阶地或冰川U谷底部常因排水不良成为沼泽化湿地。苔草生长迅速结成草墩，草墩之间为浅水，常积水停滞常较缺绿色，人畜不能行。6) 高山寒荒漠(苔原)带——4,000–4,300 m Alt，地面裸露，仅见一些垫状植物及雪莲。7) 冰雪带——4,300 m Alt以上即雪线以上现代冰川发育地带，在本区仅占据个别山峰顶部及河谷最上源。

山地上述垂直分带性相应地决定着各垂直带地形外营力的特征，形成不同的气候地形垂直带，从下而上可分为：1) 洪积—冲积平原带，指山麓以下武威盆地各处。此中可分为二亚带，即近山麓的洪积扇三角洲亚带和冲洪积平原亚带。二者以洪积扇前缘为界，地面组成物质、坡度、流水活动均不一样。在洪积扇三角洲亚带上主要物质为山区暴流带来的砾石，表面有厚度(不超过2 m左右)亚砂土，地面坡度常达一度，山麓冲出锥坡角最大可达6–8°，范围较小。出山河流在此因坡度降低减缓，流水呈扇形铺散，卸下负载成为三角

⊗ 未用

5

洲。在冲积洪积平原带上塑造地貌的主要是诸条水河，由于水量稳定负载很小而细，故地面坡度极小，河流迂回，蜿曲发育，但当山区洪暴流很强时，山洪可越过第三级洲直达本平原带，携来大量较细的泥沙，因此沉积物有的是洪积的，有的是冲积的，但其共同特征都是颗粒很细，以沙及粘土为主要成分，堆积相当厚，可在10m以上，以下是较细的砂砾石层。值得指出，此带特征之一由于地势平坦，地下水位很高，常出现沼泽化及湖沼，这是位于第三级洲前缘潜水出露所致，河流下游则多作河流多水期过多的水排泄不畅，加以地下水位高，不利宣泄之所致。由于这一缘故，在本平原带沉积中可以找到湖相沉积以及零星的泥炭。尤其后者可以作为肥料来利用。 2）流水侵蚀（湖沉）带 这指祁连山北前丘陵至中高山地海拔1,900 m alt.以上3,000 m alt.以下的地带，它以带上包括着山地草原带和森林带。此带中以线状流水侵蚀为主要营力，除直接坡面作用营力外又可分为二亚带，在它尤其是它的下部由于植被稀，雨量少，经常剥蚀底土地位，在黄土区坡面冲刷侵蚀是主要的水土流失区。山地森林或山地草原上部段由于地表植被覆盖度高，能拦截降水并使很少形成坡面迳流而渗入地下成地下水，故水土流失现象不显著，在坡度较陡之地方见土被或连同森林的滑塌现象，这是土层含水过多沿基岩面发生滑动的结果。 3）高山冰缘带 这是指3,000m以上直到雪线4,300m左右的广大高山地带，其中分布着岛状的多年冻土，融冻泥流，寒冻风化，雪蚀作用，冰雪融水是塑造地貌的主要营力。3600 m alt.以上为寒冻冻土区，也是古冰川（最近一次冰期）的发育地区，古冰川与冰缘地貌并列，在4000 m以上为高山寒漠，地表完全裸露，雪蚀作用代寒冻风化极发育。3600 m以下主要是融冻泥流、沼泽地以及古冰缘（蚀）形态。 4）高山冰川作用带 指雪线以上为冰川覆盖地区，由于本区冰川处于退缩状态，均萎缩于高山顶部及谷地上源一段，不超过冰斗山谷冰川的规模，而面积很小，但却是各河的主要水源地。

三、夷平面

本区山地地貌的发育特征是夷平面分布极广。

1、夷平面的多级性 关于武威及邻部山地夷平面的报导已有不少，黄汲清[?]曾提到武威南山山顶有为齐削之一典型的夷平面，并对大黄山夷平面有很好的描述。巴甫林诺夫曾在此地提出武威南山有二级夷平面，一级在山前为2200-2400m，一级为3000-3100m，在山内更上为冰蚀带。王锡等先生探讨过祁连山东段的夷平面（古剥蚀面），认为有一级3000m以上至4000m的古夷平面（古剥蚀面）广泛出现于祁连山东段。根据我们的初步调查，本区山地夷平面是多级的，但不止巴甫林诺夫说的两级，至少应当有三级，其高度分别为1）2,400-2,600 m alt. 2）2,800-3,200 m alt.

武威祁连山及绿洲地貌与土地利用

3）3800—4200 m Alt. 或更高。按它们出现的典型地点，分别可叫做 6

1）盆地夷平面（因为均见诸上述各新生代山间盆地，以盆地的顶面形式出现）

2）冬青顶—莲花山夷平面 3）宝瓶掌—二郎山夷平面。各级夷平面都以陡坡过渡，而这些陡坎并不能用断层来解释。而各夷平面分布的部位所切割过的地层与其上覆的沉积都有明显的不同。下面我们分别来描述它们。

2. 夷平面的描述

1）宝瓶掌—二郎山夷平面 海拔3800—4200 m Alt. 带 此夷平面以峰顶面的形式出现，但在毛藏寺以南的宝瓶掌及西营河西支水管桥的东岸二郎山仍有大面积保存。宝瓶掌作N80°E伸延近10公里，宽度1—1.5公里并有分枝如指状伸出（见地形图）。夷平面顶极为平缓，集水凹地极宽浅。夷平面削切在南部前震旦纪变质岩系（4000以上出现的）和……地且有凹形剥蚀面（照片 ）。根据夷平面的纵横剖面均作凹形 由于此级夷平面海拔较高，进入冰缘带的范围，故地面多因排水不良及冻土作用而形成沼泽化现象（照片 ）。地表的微地形为典型的冰缘地形，如……冰丘（照片 ）……（照片 ）、石环（照片 ）、石河等。此级夷平面除宝瓶掌及二郎山大片保存外，一般均表现为平坦的峰顶线（有时也是小块的夷平面）。如东大河支流斜河上游峰顶4000—4300 m高度有一成的地方尚有山顶海子（小湖）出现。黄羊河与杂木河的分水岭毛藏山峰顶平坦，在4100—4300 m Alt.左右，与宝瓶掌遥遥相望。其他更高的峰顶如杂木河和金塔河上游也有小型的平坦峰顶面，海拔5000 m左右，顶上并有小型平顶冰川（水管河上游），可能仍是此级夷平面的一部分。果如此则说明此段夷平面受到了拱曲或大幅度的断裂变形。

2）冬青顶—莲花山夷平面 此夷平面海拔2800—3000 m Alt.，是本区最显著和分布最广的一级夷平面。由武威城南望祁连山，峰顶如斧削（黄羊河）者即此夷平面。在杂木河东岸为冬青顶（或下西顶），金塔河东为莲花山，峰顶平坦，是很好的夏季牧场。但此级夷平面分布最广则在北吕公南马营附近广大山顶，海拔3000—3300 m Alt.，地面波状起伏，并有相对高度约1—300 m的低丘陵突起，阴坡有森林。东大河与西营河之间的草大坂（……）、九条岭以及玉水湾（照片 ）均系此级夷平面。黄羊河与杂木河间毛藏山北延以陡坎下降至此级夷平面（大部掌 大圆台等）（照片 ）。……在……平面偏后上。此夷平面包围着前述宝瓶掌—二郎山夷平面，即在南山（……岭）的山脊向北延伸直接与……相连。…… 河西走廊南缘，在山体更内部为黄羊河峡谷以上。杂木河毛藏寺以上，此夷平面依稀后来被大宽谷所代替（照片 ），峡谷下切达400—600 m。

第一阶段 冬青顶 ……

7

此级夷平面除阴坡有森林外，广大地面为山地草原。由于海拔高，气候较冷，有机质之分解不易，土壤多腐殖质，为山地黑土。夷平面上切沟虽多较宽而短，但很发育，并且多水，故水土流失不大。由于气候较寒冷，不能作农田用地，故此级面亦甚难利用。（缺水）

此级夷平面与高一级夷平面相差在500—1000m，陡坎显著。但值得注意的是二者之间尚有次要的阶梯存在，如在东部掉掌东延降到3,000m夷平面之前，在3,600m及3,400m的高度上出现两级明显的陡坎及相应的台面，亦很平坦，陡坎斜坡呈一凹形坡。另外在金塔河上游盆地后缘亦见有海拔3,500m左右的台阶介于高夷平面及更低夷平面之间。（参插2）毛毽山东延段降到3,000m夷平面之前在3,500m高度上亦出现明显山嘴坡折。由此均告诉我们在东部掉—二郎山夷平面和冷青顶—莲花山夷平面之间尚有次要的夷平面存在，但由于其分布范围有限，只是围绕高夷平面的次要形态，被看作是山前梯地是适当的。若作为夷平面（就夷平广大地面的含义来说）则欠妥当。

冷青顶—莲花山夷平面与更低的盆地夷平面之间亦是以明显的陡坎相接，这陡坎比高约200—400m。陡坎之下普遍有泉水出露，为基岩裂隙水，水质良好。这些泉在盆地后缘连续分布，正好标志着盆地夷平面与冷青顶—莲花山夷平面陡坎的接触界限。这在金塔河上游盆地及哈西—古浪盆地均表现得很清楚。

3）盆地夷平面——海拔2400—2600m。在盆地后缘近陡坎处稍高，在前缘近河西走廊则可降至2300m左右（如黄羊河古浪河以西）。河流切割此夷平面比高约200—300m，出现河流阶地。由于地面组成物为第三纪红层，并位于山地草原带中，流水侵蚀强，地面沟谷切割很密，植被较差，因而夷平面为大面积完整保存者不多，被分割为长梁，顶上有黄土覆盖，故大都呈现黄土梁峁地形。但就整个盆地来说，此夷平面高度相当稳定，缓缓向北倾斜。此夷平面在金塔河上游盆地及张义—古浪盆地表现得最清晰（见素描、照片），在皇城盆地、白庄能分出，但范围不广。

这级夷平面顶部由于有黄土，山地草原土壤较肥，后缘高处并有山地黑土，是重要的农业耕地。天祝县部分主要的耕地区（即金塔河上游盆地）以及张—古盆地一部）以及武威张义堡、哈溪堡的耕地，主要的农业耕地皆在此级夷平面上。

这级夷平面在张古盆地前缘直接以200—300m的陡坎下降入河西走廊。在金塔河上游盆地及西营河皇城附近盆地则被更高一级夷平面或山地环绕，而在直接面临走廊的南山前坡同高度上无该夷平面的表现，不能对比。

8.

3. 夷平面的年龄及成因的初探

1）年龄

这级夷平面除局部地方切过中生代或更老地层外大多切割过新第三纪疏勒河组红层。在此夷平面上普遍能排到河流卵石，局部并有保存好的砾石层，如哈西下松台湾。大陡洞沟山顶红层上均有砾石层，在切割于夷平面中的河谷中普遍有粗砾石组成的阶地。（上有黑土）由此可见它是上新世疏勒河组红层堆积之后，从上新世末开始，可能是在第四纪初期最后形成的本区最新的夷平面。由此类推更高的夷平面均应老于第四纪：冬青顶—黄花山夷平面切过地层主要为南山系和花岗岩，在直沟门以上切过中生代砂岩页岩，在西营河东大河之间除切过C—P外并切过花岗岩（海西）外并切过侏罗纪地层。显然这级夷平面应属第三纪的产物。在哈溪白松湾相当于冬青顶一黄花山夷平面的前坡陡坎上我们见到疏勒河组红层（可能是残存的碎石夹红色粗砂泥质粗岩层，有钙质胶结）一直沿陡坎分布到3000 m夷平面的前缘。我们认为此夷平面并不是切过疏勒河组红层，而是红层覆盖在夷平面的前坡陡坎上直达夷平面的前缘。但夷平面广大地区未被红层埋藏，而是普遍出现红色风化壳。白松湾以上3000 m夷平面基岩灰岩（C—P）的红色风化壳出露甚广，在擦桦沟脑附近夷平面以上及切沟底部地表有1—2 m厚的山地黑土（淋溶），黑土之下出现肉红色风化壳，主要为灰岩及砂岩碎屑在红色黏土中，黏土含碳酸钙淀积，显示经湿热气候淋溶作用，其中所含灰岩碎屑溶蚀成多孔多窝的灰岩（蜂窝岩）。由此可以说明夷平面形成时期是一种湿热气候*，疏勒河组红层是在夷平面被分割时期堆积的，因此这级夷平面可能是在疏勒河组沉积之前形成的，其时代约相当于中新世或更老时期（老第三纪）。

毛毛山（高夷平面）

4000 m I

→ NEE

大东掌

（冬青顶—黄花山夷平面）

3000—3200 m

N2红层堆积面

C—P

红色风化壳

白松湾

盆地夷平面

2400—2600 m

N2

图 毛毛山东麓各级夷平面示意图

*或更可能

或可能是有湿热季节的亚热带半干燥气候。盆地中则堆积着疏勒河组在内的红层，堆积面最后和夷平面接近而达到前一的水平，部分并超覆于夷平面的前缘。这就是图 所表示的情况。夷平面形成的时代也就是红层堆积的時代，这里包括上新世在内的可能更後展的新第三纪时期。從后由于第四纪初新構造运動祁连山上升进入高寒的地带，山区河流水量加大，侵蚀力由于地势終竟加大也相應加大，前此造成的夷平面包括堆积面在内受到侵蚀分割。由于差别侵蚀的结果及古気候的变冷，红层掩覆的地表面下降更快，故上述盆地夷平面實際上是第四纪早期山河流选择侵蚀的結果。但在南営西南喇嘛湖上流此级夷平面也同樣削切中生代地层（？）在大水河及张掖河之间此级夷平面与微平缓的页岩倾斜交切，而且无论是切过何层还是老岩层，夷平面均維持在2,400—2,600公尺的高度上，十分稳定。因此这是在统一的基準面控制下造成的有普遍意义的夷平面，不能单归之於岩性。

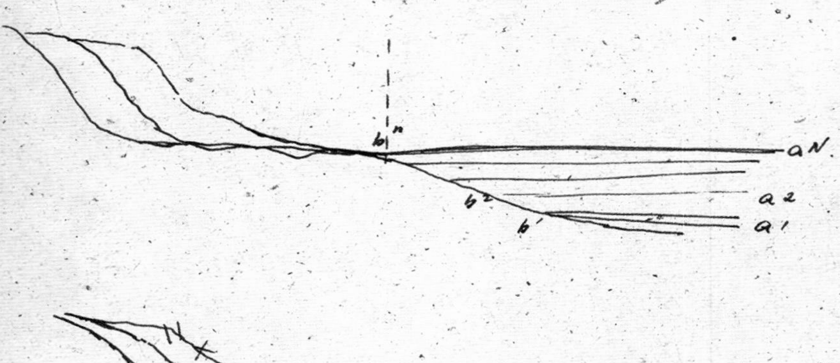

在第二级夷平面的上，我们时常找到一些河流卵石，成分为花岗岩者较多，其次也有砂岩、变质岩等。在图*标记处，我们见到在红层及基岩（砂岩）之上有大量磨圆度在3级左右的巨砾及小卵石，个别磨圆达3—4级，成分主要为砂岩、细砾岩、灰岩，少数为花岗岩。除花岗岩外（小卵石）都和基岩岩性相同。这种可能的砾石层（？）和河流卵石说明夷平面是经过河流作用造成的。

最高的是郭博岸第一二級山夷平面，由于年代久远长期被破坏，目前均位于高山冰缘带中，发育强烈的寒冻风化及高地夷平作用（Altiplanation），因此难於保存夷平面形成时期的松散沉积，因而也就无从用此种相关沉积来判断夷平面形成的年龄和成因。由于其所削切的地层均是古老的地层，虽然是郭博岸的是花岗岩和南山系，（迳望）可能是石炭纪，用这样古老的地层来定夷平面形成的年龄是没有什么意义的。这就使確定夷平面的年龄成为很困难的事情。但是这一点是肯定的，即它应当比第二级夷平面老，其形成时代当於老第三纪。这一推论和中亚及世界其他地区最古老的夷平面（欧洲某些夷平面除外）的形成时代基本是相符合的。至于高夷平面和中夷平面之间的次要阶梯也是老第三纪至新第三纪间的产物。

武威祁连山及绿洲地貌与土地利用

因为夷平面意义为剥蚀基准面来夷平面形态本身能反映出它的成因. 10

2) 成因

关于夷平面的成因传统上有比较争论的问题. 根据我们的观测当地夷平面主要应当是侵蚀的产物它的相关沉积是红色砂砾层. 这级夷平面是山前沉积倾斜平原. 这山麓部分是山麓剥蚀面(因此坡度平缓在5°)但夷平面则仍稳定地向北(东部)倾斜于黄羊河出山口(哈溪河谷)以下直到黄羊峡. 此级夷平面每公里降低30米左右(即1°左右)这和现代黄羊河洪积扇的扇面坡度是一致的。

冬青顶—莲花山(中)夷平面 虽然在前面已说有河流踪迹也应当有河流侵蚀作用 但就此夷平面以它相联系的河相沉积看其相关沉积,夷平面上有红土层化(?)散布着 它应当是在干燥炎热而有季节的气候条件下形成的. 故塑造夷平面的主要营力应是片状洪流 山坡平行后退形成真正的山麓夷平面. 而最后的高地则成为台状当(?)指这的那种荒漠穹丘. (desert dome) 冬青顶的顶部似乎正是保存了这种穹丘的形态。(参插)照片)(*) 这级夷平面在伸入山地时变为大宽谷(既在高原面切400-600 m的峡谷证)与和山地的过界是有明显的夹角 而不是和缓的凹坡.(如图)这不能是(参插)

黄羊河

山麓盆地

3000-3200 m Alt.

2600 m Alt.

杂木河毛藏寺附近河谷横剖面

插图

谷侵蚀旋回的发展之所致。

最高级夷平面表常说的产物其相关沉积可为红层

(*) 关于夷平面上的河流即可看是夷平面形成后第四纪新构造运动地上升山区河流等下切的结果. 尤其是以后在第四纪以上渡江(?)系于N_2红层上来看 这个推论是比较可靠的.

地区夷平作用也应以山麓剥平作用为主. 从其分布遍及前山来看其夷平程度是很高的.

(3) 山区河流阶地及山前洪积扇阶地.

本区各河出山区诸河除夷平面外河谷中有明显的阶地发育, 河流穿切坚硬岩石段后常呈峡谷外(如古浪峡、黄羊峡、双讲峡、骆驼脖子峡等)一段均为箱状谷地(或上侵蚀为古U型谷)。这些箱状谷地宽度300米至一公里不等. 在岩性较弱或构造软弱之地常出现局部的河谷盆地, 成为山区聚落集中之地,(如张义堡、毛藏寺、四沟寨子、九条岭等)。

河流阶地在山区各河普遍有三级（或组）。最低一级5-10m，为河流冲积砾石层加层状亚砂土或黄土（1-2m）一般不出露基座，或只在出口很低的基座（穿过硬岩出露处）。第二级和第三级阶地有基座并有厚层砾石及黄土堆积，结构相同，均为冰水一洪流沉积。二级阶地一般30-50m，三级阶地80-100m。古阶地有分化现象，如四沟寨子附近（金塔河上游）西营河左岸河谷阶地计达五级（见剖面图），不过2-3级及4-5级可合并，看差别不大。在河流某些地段则常缺失第一级和第二级阶地，如九条岭（西营河）和杂木河毛荒寺。在其上地区高阶地上多半为基座，不见砾石层。（剖面）

1. 黄羊河哈溪附近

为下部以冰的为第一级阶地是堆积阶地（下部为河流冲积砾石，上为1-2m亚砂土，再往高河谷不远处）洪流。第二级及第三级阶地均为冰水一洪积阶地。第二级阶地以红层为基座，基座顶与一级阶地同高，上覆砾石层厚 米。砾石分选极坏，粗细混杂，大者50-80cm直径，大小砾石磨圆度较差，扁平石多倾向上游。砾石成分以变质岩为主，花岗片麻岩多成巨砾，其他有绿色片岩、石英岩、石英砂岩、红砂岩等。空隙间粒状砂砾及大多为砾状的粗砂及黄土相混杂，大砾石之间空隙间有层次，显系冰水洪流堆积。三级阶地砾石与此相同，唯半胶结（钙质），砾石上有钙质结皮，砾石层已有风化。二级与三级阶地均有黄土覆盖，尤其第三级较厚，达 米。

剖面

2. 毛荒寺杂木河谷

此处有二级阶地，T1为高出河床2-4米的低阶地，系堆积性质。第二级阶地基座拔河10m，为石炭纪暗黑色块状灰岩夹黄色泥灰岩，基座以上有15m厚的砾石层，砾石粗大，混杂，磨圆度差，很少达3级以上，砾石成分为花岗岩、红砂岩、绿色变质岩。巨砾直径达1米，细的为扁状碎屑及粗砂混杂其间，碎屑中杂有粘土，全层分选不良。砾石层上部有七米厚的黄土夹坡积碎石，碎石层厚10-30cm，成分均取自附近山坡石炭纪灰岩及南山片岩，均为扁平，黄土水平层次很好。更上部纯黄土厚16m（阶地前缘）。此阶地经破坏，宽度不大，后缘为山坡上坡积黄土所掩，与前缘高差很大（12°）。（素描）

黄土下的这坡积碎石层，可能为当时沉积时接近冰缘环境，这和我们在天山乌鲁木齐冰水阶地中的见情况相似。（ ）

此二级阶地更高的，这要算是基岩台地（较不完整）上覆（剖面）坡积黄土，不见河流砾石保存。

武威祁连山及绿洲地貌与土地利用

3. 四排寨子 12

南营河山区出水闸左岸我们见到如下剖面

此与前述二地不同，这里我们见到最多达五级阶地，各级阶地的黄土顶面不很平并阶面缺乏二级新阶地的基座和砾石层（仍很清楚），T_1为堆积阶地，高3—5 m。T_2及T_3的砾石层分别在那边之麦背后山坡下出露，顶面相差10米，分别高15 m和25 m，上覆黄土的顶面在此处不清楚，但均在20 m以上。T_3砾石分选不良，粗细混杂，多胶结现象。T_4基座拔河60 m，砾石厚15 m左右，砾石层中有巨砾和小砾石砂层的透镜体，上覆黄土坚硬，柱状节理发育，崩塌为坡岩。T_5基座拔河75—80 m，砾石厚约5 m，但砾石粒径很大，超过T_4砾石，上部亦有黄土覆盖。最高是N_2红层下部切过南山地层的侵蚀剥蚀面，高出河谷110 m，在南营河各处均出现，红层顶覆厚层黄土，黄土之底亦有砾石层（可惜未仔细观察），这就是当地最平面的顶面了。

4. 九条岭

在九条岭大口坝口西营河谷有明显的二级阶地，低T_1为冲出河床及河床新期堆积阶地，拔河5 m左右。T_2在河流右岸保存较好，是基座阶地，基座为C—P地层，基座顶拔河约20 m，砾石层厚15 m，黄土亦厚15 m左右（见照片　）。在林场背后T_2之上复见有更高一级的阶地基座，但不见砾石层（照片　），这种情况颇同于本营河大河谷相似。

C—P

在武大公路西营以上常见二级阶地，黄土和坡积碎石互层，说明黄土沉积时坡水尚流是进行的。（土塔河以下河右岸公路切过二级阶地，经过剖面上看得很清楚。）

5. 金塔河口

在金塔河口有两级清楚的洪积扇阶地，加上最低一级最新河流阶地共为三级。T_2基座在山口出露高　米，向下倾没，但又局部出露，但大部分则是由洪积砾石及黄土组成的。砾石层出露高度及黄土顶面高度均向下游降低，最后倾没（只继续向下），但就实测剖面处来看砾石层拔河　米，黄土顶高　米。洪积扇阶

地顶不宽 米，顶起伏有黄土冲洪积覆盖。T3 以前的砾石层为基座 13 基座顶高 米，上覆砾石厚 米，完全由钙质胶结，这与 T2 砾石相似，发成锥状对照的。砾石之上有黄土厚 米。故 T3 阶地顶拔河 米。在金塔河口与杂木河口之间 T3 有大面积的保存，但已被分割成长梁状。

横剖面

在南营以上的团庄以北离出河床约200 m的孤立的山顶上，我们找到大量的河流砾石，主要为各种花岗岩、石英岩、云英岩、石英砂岩、石英片岩，其中以黑云母花岗岩风化最强，一击即成粉碎。这些砾石磨圆度极高，多在三级以上。巨砾长轴达30 cm，小者5 cm左右。基岩为由碳化二叠纪绿色砂岩。这些砾石已不成层出露，而是散见于坡残积物中（照片 ）。此山顶比 T3 高出100 m以上，但又比低级夷平面低 m左右，这是第 海拔2100 m 的化动期间高阶地的残留。

剖面（北绿车子灰沟面）

在金塔河口以下河流左岸老爷山前缘有三级阶地：T1 5-8 m，为堆积阶地，T2及T3为基座阶地，均有砾石及黄土覆盖。T2基座40-50 m，T3基座70-80 m。值得注意的是 T3 上的砾石层风化极强（照片 ），砾石大多崩解，有大量石膏填充于砾石层中，显然与砾石风化崩解出石膏结晶有关。T3 的前缘与宽达1公里以上的山前梯地相接，表面已分割为深切河曲，但黄土堆积仍较厚，一般5-10 m。梯地表面坡度很大，达4-5°，后缘比前缘高100 m左右，黄土之下不见砾石层。根据这种情况，它是否就是老爷山边缘被抬升之前段，其时代与强风化砾石层形成时代同时。

前缘T3

6. 西营河口洪积扇阶地

在西营河口左岸出现多级被抬升的洪积扇阶地（照片 ），计有五级洪积扇阶地，如下剖面图所示：T1为疏勒阶地，T2与T3可认为是一组洪积扇阶地（结构相同，相差不大），T4和T5为高部的洪积扇阶地，砾石层以上为黄土覆盖，分割为长梁（脊状的长梁）地形。基座为砂岩和页岩，T5砾石层风化深度与老爷山T3前缘情况相同，唯不见石膏晶体。T5基座高度100 m也和老爷山T3砾石层接近。

剖面

武威祁连山及绿洲地貌与土地利用

综合述研究　　14

1）山区阶地是普遍出现的，但级数不等，最少二级，最多五级。有二级阶地者，斜坡以上也有古阶地是座晚近河流堆积。五级阶地者可以适当合并。因此本区最主要的有三级阶地。

2）除第一级为河谷最新堆积阶地外，~~但基座阶地~~ T2 T3均为基座阶地，两上下阶面相差甚远（30-50m）代表河流堆积中的重大变动（气候及构造变动）。

3）T2、T3结构相同，下部为冰水—洪积砾石层，上部为黄土，从黄土中多含坡积砾石层来看，说明黄土沉积时以后坡积的坡水片流为主。

4）T2在各河谷中普遍出现，保存最完善的阶地，它是最后一次冰期的冰水阶地，T3则是倒数第二次冰期的冰水阶地。

5）洪积扇阶地，该也是三阶级（[illegible]山地河谷阶地对比……）。
洪积阶地 T3砾石风化极强成胶结为砾岩，[illegible]与山区河谷T3砾石不同，是由于洪积扇处于荒漠灰钙土带中，山地河谷处于山地草原土带中，风化条件不同之所致。

6）金塔河同[illegible]的200米[illegible]砾石给我们指出，在低级盆地夷平面形成之后及T3形成之前有更老的河流阶地，现在已经被破坏完了。这样说来，T3之前是重大的构造变动时期，河流强烈下切分割，破坏了老阶地。

五、山地发育历史

从以上关于夷平面和阶地的叙述中，我们可以大体恢复本区的山地发育历史。

1. 燕山运动后老第三纪夷平时期——二级夷平面最后形成，这是中国西部最广泛的夷平面，成为各山地的峰顶面，相关沉积为老第三纪红层。

2. 老第三纪喜山运动后的夷平时期——气候炎热干燥和干湿季节交替，~~夷平作用是~~山足夷平作用占主导地位，在高亢区最后夷平的结果是荒漠穹丘。但总的说来此期夷平程度不如前期，更老夷平面仍大体保留在山顶（高山区夷平面1000 m左右）在山地形成此第二级夷平面，[illegible]成宽谷形式，相关沉积为新第三纪疏勒河组红层。

3. 上新世末新构造运动使祁连山大幅度抬升，在新的（低）地方侵蚀基准面控制下沿软弱岩层（渐新统层）进行选择侵蚀（但也削去部分坚硬岩层）形成盆地夷平面，这是一种山前侵蚀夷平（bahadas）但与山麓有关的山足剥蚀面（pediment）。此级夷平面低于第二级夷平面400 m左右（600）。

相关沉积为玉门砾石层，其形成时期应为Q1

4. 第四纪末至更新世末有强烈的构造运动，河流分割盆地夷平面最后形成今日水系格局，破坏古阶地，形成今之河谷，形态及阶地研究，均由更新世延续至今的产物。形成较普遍的三级阶地。T2及T3均为冰水阶地，与之相应山口有二级古洪积扇。

自中更新世以后本区继续有掀斜式的新构造上升使河流水系形成河谷形态均已稳定。根据新构造运动（山区上升）把下更新世形成的山前洪积倾斜平原卷入上升的山带，在该河党岸河谷方向可见平原以陡崖迭入河西走廊，比高约300 m，可以作为祁连山对河西走廊自更新世末以来的相对上升幅度。 15

对于T3的砾石层和黄土，地质工作者均统归于祁连砾石层，其时代被看作是Q II–III。我们认为根据二者出露在两个高度悬殊很大的阶地上（或古洪积扇）以及各自的风化胶结程度不同，完全有理由把它们划分为二。余伯良在走廊地区工作，早就把祁连砾石层划分为经过构造变动的下部祁连砾石层（Qcx）和未经构造变动的上部祁连砾石层（QcC）。由此可见祁连砾石层沉积过程中有过一次构造运动引起的间断。显然把祁连砾石层笼统当作中更新世和上更新世的沉积，我们认为有理由按这次间断把它划分开来。可以把T3的强风化或被胶结的砾石层叫下祁连砾石层（狭义地理意义）代表中更新世的沉积，T2的未风化松散的砾石层叫上祁连砾石层代表上更新世的沉积。或者分别把它们叫做上阶地砾石层和下阶地砾石层，各代表中及上更新世的沉积。T3和T2之间的间断不仅是构造运动的结果，还有古气候上的意义，由于下祁连砾石层（上阶地砾石层）遭受强烈的风化（*）。

5、全新世即冰后期河流下切，T2被下切而相对升起30–50 m，并造成最低一级堆积阶地（近代产物）。这次下切当是构造和气候因素同时造成的，构造上是山地持续上升，气候上是冰后期气候转暖，山区植被恢复，流水变清，负载减少（冰川及积雪缩小），河流恢复下切能力的结果。

作者在"祁连山地区新构造运动及第四纪冰期探讨"一文中曾列过一个祁连山新生代主要地质事件表，那时我曾经表示过希望今后不断地修改它。通过和其他同志合作的工作，现在可以对它进行一些修订如下

(*) 风化层具有红色，含大量石膏，有的被钙质胶结，它标志着该砾石层沉积后有一个相对干热而炎热的气候时期（……间冰期），T3和T2砾石沉积则是冰期间的洪积期（该期或多两期。）

表

比较本表与过去所列表之不同，补充最多的是地貌方面，三级夷平面被确定为……指出一个准平原化时期，两次地形间歇下降……时代未变。两级高洪积扇及T2、T3阶地分别划归上更新世和中更新世，它们代表祁连砾石的上下二部，代表两次冰期的冰水沉积。

武威祁连山及绿洲地貌与土地利用

15

因而加上下更新世讲是期成了三次冰期，被两次干燥的间冰期分开。第四纪末期的构造上升被提前放在下更新世末和中更新世初。其他方面无大变动。由于本区新生代沉积尤其是第四纪沉积无化石根据，故上述地质时代划分亦有相对意义。

（六、新构造和构造地貌）

~~六、本区经营地貌的若干方式~~

在解释祁连山地貌的起源时，有两种观点经常对峙着：其一是断块的观点，其二是大褶皱穹形上升的观点。地质学家往往倾向于前者，而地貌学者及有地貌知识的地质学者则常从夷平面的变形等情况上证实大褶皱是祁连山地隆升的主要方式。由于本文所论及的地区范围过于狭小，不可能对祁连山整个问题进行探讨，我们准备着重谈：第四纪新构造运动对地貌的影响，并且试图以旋扭构造的观点来解释一些地貌现象。

根据李四光的研究（ ），祁连山的东段包括本文所讨论的地区正好处于陇西巨型旋扭构造的西北部。由于祁连山贺兰山字形构造现在仍然在继续活动，作为脊柱的贺兰山使祁连山向南推动，带动了前弧造成新的旋扭运动。周光等（ ）对武威1927年大地震及山丹一九五四年大地震的调查证明旋扭运动的存在，并指出1927年地震的中心在杂木河和黄羊河之间的冬青顶，1954年地震的中心在白疙瘩。因该震中因地震而发生的断裂系统都顺时针方向排列，指示因旋扭而成的右行性质。王运章在分析河西走廊东段的断裂系统时指出，走廊东段包括走廊南山在内受两组断裂的控制：主要断裂是NNW方向，其次为NEE方向，分别反映NNE和SSW以及NNW和SSE两对力偶的作用。在此种应力作用下，断层作右向扭动，这就是说实际上形成了顺时针方向的旋扭运动。他并且指出顺着弧形断裂存在成岩活动（如武威地区花岗岩的弧形分布），这促使祁连地槽的分段硬化，形成各期地质时期的沉积盆地。苏联学者A.B.伏林（1963）（ ）最近指出中亚天山贝加尔山地、乌拉尔、高加索都是由断块组成的，而且特别指出弧形断块是控制山区水系型式、古夷平面的产状的主要原因。

从新测的1/10万的地形图上，我们看到黄羊河上游水系的型式清楚地反映了李四光所指的中型旋扭构造（或弧形断块）的特征。金塔河上游是一个盆地，水系作扇形排列，在金塔河以西是西营河，以东是杂木河，二河的出山口（入河西走廊盆地）相距36公里，但二者河上游却相向迂回，在金塔河上游的山岭相衔接，形成一个半圆（见图 ），它的位置正好是南山大断层的位置。它的弧很可能是旋扭造成的次一级断裂系统构成的，河流正好是沿着这种断裂带发育，是以水系形式能反映构造性质。这个旋扭构造的中央是一个盆地，而且是一个第三纪的陷落盆地，因而造积古夷平面下降接受新第三纪的沉积。这就是金塔河上游南盆河一带所见的拔河110—120m N_2红层之下的削平基座。它比冷龙岭夷平面相对下降了1400—1600m，这就是新第三纪以来老夷平面差别升降（断裂）的幅度。这个数字是很惊人的。这个陷落盆地是在老构造的基础上陷落的。在盆地的周围有广泛的花岗岩出露，这里在北祁连地槽回返后印支断裂分割地槽为单块的地块，沿断裂曲侵入花岗岩，对地槽起着加固作用。被分割的地块成为地垒或单地，从上古生代起接受着地台型的沉积，表现着地台性的构造运动，直到新生代成为地堑盆地或在成为块断山。据王连章研究，永昌西南东大河上游也是这样一个箱形断块，四周花岗岩出现，中央是皇城凤阳盆地，沉积的地层与金塔河上游盆地一样。另外，我们在了张义堡—古浪盆地之间也见到这样一个类似的盆地，不过其陷落更大，N_2红层披覆未能见到被埋藏的古夷平面。

上述这种箱形断块（或褶皱构造）对夷平面的分布和发育有着重大的影响。以金塔河上游盆地为例，盆地本身是以2400—2800m的下更新世夷平面现在被切割相对深度约200—300m。盆地四周则为3000m左右的夷平面包围着，二者间为显著的陡坡过渡。张义堡—古浪盆地情况也与此相同。

根据前述我们对本区地貌的研究（沉积更也能证明）本区新生代发生过三次主要的造山运动，分别发生在老第三纪末期、新第三纪末期及下更新世末期。再根据刚才所述本区的构造活动是以明显的箱形断块（褶皱构造）为主要方式的，我们现在来讨论一下本区各级地貌类型是怎样在构造内外营力交互作用的控制下形成的。

老第三纪是一个漫长的夷平时期，形成广阔的夷平面。这个夷平面被老第三纪末的构造运动所分割，垂直断裂升降，平面上表现为箱形断块的褶皱构造，二者结合造成了NW向的断块山和地垒。山上发育河流在山前盆地中造成新第三纪的沉积，而以盆地中最厚。同时在山前造成新的夷平面。这个新的夷平面以宽谷次一级的断陷方式延伸入老夷平面组成的山地。以杂木河为例，当时的山口就在毛藏寺（照片），当时切割的深度就是冷龙岭至宽谷面的相对高度，即为1000—1200m。这就是说当时的侵蚀基准面比老夷平面降低了1000m—1200m。这个数字可以代表当时山地上升的幅度。新的夷平面包括削过老基岩的山前平面（剥蚀及侵蚀）也包括盆地的堆积面。这时期一直继续到新第三纪末，新构造运动再次上升。这次上升形成了南山大断层，山体从毛藏寺大约为一线向北推广大了13公里左右，河流出山口相应地向北延伸了同样的距离。新的基准面相对下降了400—600m，并在这一基准面控制下形成了较低一级即2400—2600m的夷平面。这一级夷平面在很大程度上是沿软弱的新第三纪红层分布的范围发育的。因

武威祁连山及绿洲地貌与土地利用

而以在红色盆地中出现最广（照片 ）而在盆地周围古老基岩所構成的夷平面则被保留下来。由于红层不耐侵蚀，因而南山大断层通过红层之处，河流迅速扩大並左右掃蕩，消灭断崖，形成宽广的盆地夷平面。如黄羊河出山口再度退至峡门口附近（即图汉之处）。但杂木河及金塔河则因切割在坚硬基岩中则不易后退那样远，断崖在坡地后退下形成山边侵蚀面。按照山麓峡（西营河以西）以南前顶山来看不会超过3—4公里。此时切入老基岩的河谷甚窄，甚至峡谷（如黄羊河峡门口），说明峡内河流来不及侧蚀。这一时期上升的相对幅度大体也就是400—600m。上升後而基本稳定的南山大断层在原来位置上复活，断崖在通过红层的地方重新显露，而在通过老基岩的地方则更形加高，唯在前坡出现了一个相当于最低级夷平面的山前梯地（照片 ）。沿着盆地夷平面的反倾坡面形成新的水系，如金塔河以东盆地的扇形水系，古浪河黄羊河之间的平行水系，尤其后者充分显示了初生顺向河的性质。自下更新世末以来山地上升也是节奏性的，尤其是中更新世末的节奏性上升形成了高洪积扇及高阶地。上更新世的洪积扇和次高阶地（T2）则代表冰后期上升和气候变化的综合作用的产物。总计各次上升的总幅度达400m左右，这是根据较低夷平面構成的南山断崖的下更新世以来相对高度来计算的。 17

按上述数字计算，自老第三纪末以来祁连山相对上升了2,000—2,200m，此中还未能计算盆地区上升的幅度。单就第四纪来说就上升了1000m左右。现在的祁连山仍在相对上升中，这从地震的频繁剧烈以及1954年山丹地震引起较大的上升的事实中可以得到证明。从南营河出山口到新华公社一段，洪积扇纵剖面上可以看出除了T2基座在出山口露最高向下游倾没外，表明隆升的某种倾斜性质外，还看到在新华公社即新洪积扇的上部几公里范围内，N2的红色砂砾层除有很薄的Q4沉积覆盖外，在洼地谷底已普遍出露。这说明南山大断层以北的盆地区不是一个整体下降的地带，其南部已经被现代地壳运动卷入了上升带，因而第四纪沉积不能保存，以致新第三纪红层直接出露。

（剖面）

由于河流各个段落卷入山地的时代或地貌发育历史及其与构造的关系不同，西部河上游诸河在河谷成因分类上具有不同的性质。杂木河下段出山口沿杂木河断层发育，在毛藏寺则沿着最紧密的一组节理发育，而其支流哈水河则为一平推断层，河谷沿断层发育，并见清晰的擦痕（ ）；西营河石门子附近河谷沿NEE一组节理发育，另一组N20—47°W的节理则为两岸许多冲沟发育的路线。而西营河上游水管站河段以下则沿西北东向的断层发育。这些情况进一步说明上述二河的河段沿着一个块状断块的块体断裂系统发育的，因而它们能切入各种坚硬的老岩体，与地形总倾向显示着很大的不协调。这种河流是次成河性质，但它却是本区最古老的河流，因为在新第三纪它就存在了，不过当时的出山口是在毛藏寺九条岭以南，现在的大宽谷就是其遗留形态。它们的下段则是在第四纪中期当第二级夷平面升起时才下切而成的。由于第四纪时间比新第三纪短10—20倍，而上升幅度却为大体相等（1000米左右），因而相形之下

这种上升快速10—20倍的，因而河流迅速下切，形成箭状谷地甚至山峡谷，尤其是通过 18
坚硬基岩出露的地方更是如此，如古浪峡、黄羊峡、峡门口、冰沟山峡、骆驼脖子峡等。第四纪中期前后在低级夷平面上发育的河流是顺向河，在金塔河上游形成扇形水系（与地形势所致）而在古浪河黄羊河间形成平行水系。这些顺向河有的已切入古老的基岩（如金塔河上游切入了蛇纹岩的古夷平面）叠置河除了新第三纪形成的大宽谷（以成河与第二级夷平面相嵌）要指质是，达到晚第四纪期外，第四纪河谷普遍宽于青藏期谷地，不见自由河曲，但是我们却看到在山间盆地及出山口以上又出现辫状水系，到一些深切河曲，如黄羊河峡门以上一段，另外在金塔河出山口左岸的山前梯地也有这种深切河曲，前者切入第三级夷平面深达600 m，后者切割在Q_2时期的山麓面（现为山前梯地阶层）上深度为150 m左右。由此，反映出来上升的剧烈性质。

我们上面谈到新构造运动的规模、节奏及其对地形发育的影响，现在谈谈区域性向上升的表现形式。我们看到低级夷平面普遍保存在2400—2600 m的稳定的高度上，向北倾斜，每公里下降15—20 m，这和洪积扇形地的坡度是一致的（西营河为13米，金塔河扇为21 m，杂木河扇为20 m，黄羊河20 m，古浪河扇为15 m）。由此可见，下更新世末以来的断裂上升是整个断块的平稳上升，没有掀斜运动。本区分布最广的第二级夷平面，无论出现在前山或后山，其高度保持不变，显然这表明同样是平稳的抬升。只有高级夷平面的高度变化很大，在其部保持作N80°E分布，由东向西高度逐渐由3800 m增至4200 m，坡度达6°。这显然不可能是夷平面的原始坡度。另外，在冰沟河脑此级夷平面升到4200—4500 m的高度，但其倾斜方向却是向北的。这就是说，高级夷平面在分水岭顶是既向东又向北倾斜的。在更西方的水管河脑顶张义堡在5,000 m左右的高度上（林村）而在水管河下游右岸的二郎山夷平面则保持在4000 m左右，二者相去不过20公里，估计有断裂分开此级夷平面。而正是这种断裂运动使夷平面的一些部分陷落成为盆地，这就是前述的狭长构造盆地。其陷落幅度在金塔河上游大约为1,400—1600 m。这样看来，老第三纪末夷平面变形所反映出来的是一种拱曲加断裂（包括掀斜）的构造运动，拱曲轴接近东西向即祁连山走向，就本区范围来说，拱曲轴是向东倾伏的。东端张义堡古浪盆地下沉最多，沉积第四纪地层最厚也反映了构造上升西高东低的这一特点。显然，老第三纪末的这种构造运动和新第三纪第四纪中发生的新构造运动的性质是不同的。不过，这究竟是祁连山一隅的现象，能否推广到整个祁连山新生代构造运动的性质和法则，有待今后的进一步研究。

在关于地质构造影响地貌形态方面还需指出，本区第四纪普遍发育着，这都分布在古生代及中生代地层出露的地区，因为这些时代地层胶结较紧，所以沉积构造比较和缓。

七、干燥地貌的若干方面

一）山足剥蚀面

许多人（如戴维斯Davis，霍姆斯Holmes）倾向于认为山足剥蚀面是湿润区和干燥区共有的地形，但多数是出现在干燥及半干燥区。山足剥蚀面在干燥区最为典型。在武威盆地

干燥地貌的特殊标志是平原极为宽广，这是世界上普遍的现象，中国也不例外。盆地平原及其周围的低山全部在干燥地貌范围内。按布拉克威尔德（1931）的意见，荒漠中最常见的是这样五种平原，即：1）河流泛滥平原 2）构造平原 3）湖积平原（playa）4）山麓洪积平原（bahadas）5）山足剥蚀面。除了构造平原外，各种平原均和周围山地的河流有密切的关系，因此荒漠平原的讨论成为荒漠地貌的主要内容。（风沙地貌是另一个荒漠地貌的课题。）武威盆地是一个陷落的构造盆地，是一个构造平原，但就细节来说则可以再区分三种不同的平原，即山足剥蚀面（pediment）、山麓洪积平原（bahadas*）、冲—洪积（部分湖积）平原。有些河流终点的湖积平原在此盆地，在武威盆地河流贯通，没有典型的（湖积）平原。这三种平原呈环带式分布：在山麓是基岩裸露或只有薄层覆盖物的山足剥蚀面，继之是由洪积扇联合而成的洪积平原，二者共同构成周围山地的山麓坡（piedmont slopes）；洪积扇外缘出现冲—洪积平原。在部分洼地出现沼泽。一是在泉水出露带，如[illegible]河上游的[illegible]湖，与[illegible]河上游的[illegible]湖；另一位置在盆地最低处河流，如蒲洪镇以东北的西[illegible]湖。在这三个带中外营力的方式有所不同，因而造成各种特殊形态及沉积物质。下面将分别谈谈各方面的问题。

大面积的山足剥蚀面出现在北方山麓，即红崖山、[illegible]状山的南麓，其宽度约3—4公里，地面坡度约2°。红崖山等以南山的形态居于周围山足剥蚀面构成的基座上（照片），表面上由基岩直接裸露，或覆盖很少碎屑物质。在武威盆地的南缘祁连山麓，山足剥蚀面的范围很狭窄，不超过一公里，而且是由一系列的干谷的冲出锥联合而成的，因而其[illegible]坡度很大。实际上它是由[illegible]河口右岸山麓的山足剥蚀面，其表面坡度[illegible]，堆积物厚度[illegible]（照片），前缘为4°，向上变为7°—8°，顶部可以达12°。[illegible]的[illegible]坡，堆积物厚度达10m以上，为碎石及数黄土组成，二者以[illegible]方式交错出现。这种山足剥蚀面为同一类的组合面（指堆积物下之基岩面）。[illegible]红崖山的山足剥蚀面与[illegible]红崖山[illegible]的[illegible]，其所以形态不同，主要是[illegible]年代长短的不同。[illegible]的[illegible]于南山山麓年青。在红崖山，山足剥蚀面为[illegible]构成的[illegible]，后者是前者的相关沉积，这就（实为bahadas）水平延展。这表明，后者是前者的相关沉积。这就表明这个山足剥蚀面已开始发育了。但是，在南山[illegible]是[illegible]至少是中更新世开始，这个山足剥蚀面[illegible]在50—100m的古洪积扇阶地上。大大部分近代山麓[illegible]。

* bahadas一字实为"山麓冲积平原"，为扇形地联合而成。由于我们习惯用"洪积"一语，故改译为山麓洪积平原。

冲出谷口下的新山足剥蚀面。这就是说后者主要是汇点前及部分后即全新世的产物。 20

值得注意的是祁连山前山方山足剥蚀面各处均有保存，一种是以山前梯地的方式保存下来，另一种则构成最低级夷平面的一部分。黄羊河出山口右岸的老爷山前缘是中更新世的汇点所覆盖的流水剥切面，后部1.5—2公里是山坡平行后退造成的山足剥蚀面，表面坡度4—5°，但其后缘以一陡坡（照片 ）向上过渡为另一级更高的山前梯地（照片 ）。远处山地分为二级剥蚀面，即分别代表两级山前梯地，都是古山足面被抬升的结果。低级梯地为中更新世产物，高级为下更新世的产物。低级比高级形态保存较完整（照片 ）。西营河支流大沙沟上游，保存着宽广的山足剥蚀面（数公里宽），后缘以陡坡过渡到3000—3200m的夷平面。显然是第四纪初期形成的。由于大沙沟洪流切割，这种大面积的山足剥蚀面才受到较强烈的分割。

山足面后缘所接的山坡就老爷山二梯地说完全符合L.C.金氏的标准图式。老爷山第一级山前梯地的前坡（照片 ）就是一个标准的例子。

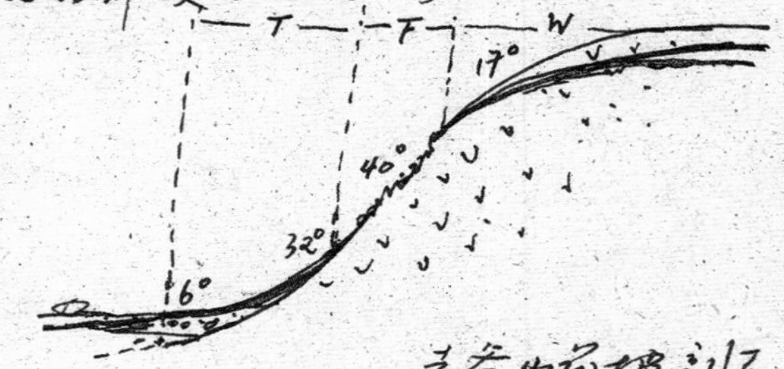

老爷山前坡剖面

T--talus 岩堆

F--free face 自由面（陡崖壁）

W--Waxing slope 凸形坡

关于山足面形成的营力，我们没有仔细调查。我们以为主要是山前暂时性的片流（sheetfloods）以及山坡的风化剥蚀。前者可以从冲出谷的形成山足剥蚀面的物质上得到证明，而没有后者亦难于形成陡崖的平行后退。老爷山是花岗岩组成的山前梯地，无论就老山足剥蚀面的后缘部山坡自由面上都表现出显著的球状风化的特征（照片 ）。按全球很普遍的解释，正是这种花岗岩的球状风化，一方面形成细粒土，另一方面形成花岗岩石蛋。细粉碎屑被片流地表迳流下被搬运到坡下，石蛋保存于坡上。石蛋表面的安息角高度决定山坡保持是陡峻的。细碎屑在片流作用下只要很低的坡度就被搬运，因而形成山足剥蚀面，二者相交为一明显的角度。山坡不断剥蚀更新，但总是由同样大小（决定于节理）的石蛋所覆盖，因而永远保持同样的坡度平行后退。我们认为这一解释是可以接受的。我们就眼看到花岗岩沿着节理显著的球状风化，石蛋粒间的物质由细的粉砂物质，而不是各种粒级的碎屑，也看到由这种石蛋覆盖的山坡（注意照片 ）。

二）山麓洪积平原（bahadas）

如果说武威盆地的山足剥蚀面不很发育（尤其南山前缘）的话，那么它的洪积扇却是很发育的，它们甚至连合形成广阔的山麓洪积平原（或山前洪积倾斜平原）。各河洪积扇以西营河为最大，自出山口到泉水溢出带纵长23公里，横宽24公里（西北向受东大河影响形态不完整），面积近500平方公里，其形态极为典型（照片 ）。由于其规模最大反映西营河水量为各河之冠的3米。在这种情况下,其扇面坡度却是各河中最小的,每公里下降2/15米。金塔河、杂木河洪积扇的大体相当,均长而不宽,彼此形态的独立性不十分显著,因而多在扇间相间洼水。这种联合的山麓洪积平原宽度约为12—16公里(其中包括黄羊河、杂木河洪积扇的喇叭口在内),坡降远比西营河为大,达每公里[illegible]。黄羊河洪积扇长24公里,地面坡度16‰。古浪河洪积扇形态很奇特,其规模极大,从古浪县往下延长42km,大潜行水以下的泉水溢出带。地面总坡度为13‰,与西营河相同,但却比西营河洪积扇长约90%。但它实际上是由明显的两部分组成的,上部为一喇叭口,长约17公里,地面坡度为15‰,两侧为陡崖所限,夹角50—60°。此喇叭口以下长25km的范围内才是真正的洪积扇面,坡度为11‰,是本区最小的洪积扇坡度。

根据上述情况,本区可见三种不同类型的洪积扇。西营河扇形地呈典型扇形,几乎接近一半圆。黄羊河扇形地则以具有发育的喇叭口为其特征,故总长达数十公里,为各河之冠。介于二者之间的是杂木、金塔、黄羊等河的洪积扇,但地面坡度却比前二种均大。造成这些洪积扇大小、形态、坡度不同的主要原因,我们认为有三,即:河流水量大小,流域岩性以及地貌发育阶段。三因素对洪积扇发育的影响是相联系相互制约的。西营河洪积扇的巨大完整及其扇面坡度的很小,主要取决于其水量为各河之冠。黄羊、古浪河洪积扇之巨大,主要取决于流域岩性以红层为主,水土流失严重,因而虽然二河水量较小,但却因河流挟沙量大而洪积扇亦大。古浪河洪积扇(黄羊河的扇)坡度最小,古浪河具有发育的喇叭口,这主要取决于地貌发育阶段。由于两岸为红层,岩性疏松,河流出山口侧蚀作用特别强,迅速形成这种喇叭口(湾式山足面)。湾形山足侵蚀面(embayment)是山足侵蚀面形成的一种主要方式,它的出现代表着地貌的演化进入更成熟的时期(壮年期)。一般都认为不同意用侧蚀作用来解释此种山足面的形成,但在本区有常年流水的大河出山口的情况下,我们认为喇叭口扩大主要仍是河流侧蚀,或许接受布莱克的解释,这里侧蚀和流水及山坡剥蚀退联合作用的结果,但以侧蚀为主。(古浪峡口以下喇叭口中央部分(两侧较低,两侧尤其是西侧)地下有流水通过。喇叭口堆积着黄土及砾石但并不厚(4—5m),下伏基岩面(Rock floor)(两侧坡)很陡为直形坡,只在坡麓见少数坡积成凹坡段。山坡上有平行的细沟和切沟。)古浪河喇叭口湾式山足面所在正好上接古浪峡,为坚硬的志留纪和泥盆纪的变质岩和砂岩,因而山足面的扩大受阻,相反却形成峡谷(古浪峡)。黄羊河古城一线以上一带为红层,但黄羊峡为花岗岩及志留纪地层出露处,故不能形成喇叭口。只有杂木河出山口下有一较大的喇叭口,这同样是红层出露岩性疏松之所致。总结起来是,河流愈大(水量)洪积扇愈大,坡度愈小;岩性愈软弱易侵蚀扇形地也愈大、坡度愈小,地貌发育阶段愈成迹则洪积扇上部形成"削"入口，使老的扇形地变长。新构造运动也是控制洪积扇发育的重要因素，但东段南山大断裂全是同时活动方向一致的，故对洪积扇发育影响一致。只有东大河等发育受西部大黄山隆升影响向东偏移较大。

二洪积扇之间的扇间洼地是三角地，上部是前山的山足侵蚀面，坡度很陡，下部平缓，并被受山洪的冲刷，从地貌发育的整体来看也是山足面的一部分。但有较厚的洪积物。

根据我们在金塔河洪积扇上部所作剖面，一带可见N2红粘土砾石层之上接近地表，故扇形地上部的扇是侵蚀基岩而成的石扇（Rock fan），因而也是山足侵蚀面的一部分。由此看来，山足面（pediments）和山前洪积平原（bahadas）的界线是不容易截然划分的，它们实际上是一个整体，形成它们的营力是流水的片状冲刷及侧蚀作用，山坡的后退是次要的。这反映祁连山区干燥地貌处在[illegible]年轻期，山地高大，洪积扇发育，而山足面范围较小，地面起伏仍是很大的。红崖山一带的干燥地貌则进入壮年晚期状态。

诸洪积扇前缘一般高度为1520m—1580m，顶点高程西营河为1860m，金塔河为1900m，黄羊河、杂木河均近2000m，最高的是古浪河达2100m。[illegible]这也是地形发育程度不同（[illegible]）的反映。我们认为以新构造运动强度不同来解释洪积扇顶（大河出山口）的高度不同，[illegible]不致差这一[illegible]是不足的。[illegible]以下为[illegible]山足面，因而用新构造运动来解释是合理的。[illegible]

组成武威盆地南部诸洪积扇的主体是[illegible]全新世的冲积物，[illegible]黄土状的亚砂土层不过1—2m，[illegible]主要是[illegible]，由此可见这些洪积扇都是Q2以来就形成的。它的扇上部因上升形成数级洪积扇阶地，并且形成侵蚀出露老的（N2）[illegible]部分石扇，但主体仍是中及上更新世的老洪积扇[illegible]

武威祁连山及绿洲地貌与土地利用

三）冲—洪积（部分湖积）平原及风沙地貌 23

在洪积扇的前缘泉水溢出形成清澈的泉水河。由于比降很低而且主要是细粒物质，因而河流要求的坡度很小，这样就形成宽浅的河床，则由河曲很发育（照片）。地面坡度由武威城北至红水河与石羊河会合处30公里之下降了80米，即为2.7‰的坡度，由此以下至红崖山水库（照片）间26公里下降了20米，即尚不到1‰的坡度。组成平原表层的是冲—洪积亚粘土及粘质亚砂土，并夹砂层及细砾石（往上游逐渐增），厚度约5–20m，比洪积扇上大得多。在Q4沉积中并夹有湖相粘土层，以至沼泽泥炭。

诸泉水河切入平原一般5–10m，一般河流只有一级阶地，即平原面被切形成的阶地。但有的地能见到二级阶地现象，如红水河谷，即具显著的二级阶地现象（见照片）。T1拔河6m，T2拔河14m。T1具二元结构，下部为具铁锈之粗砂层含少量砾石，上部有2m左右的亚砂土层，内含红层大量过的炭质屑，显然是人类文化时期的产物。T2为Q4湖河相粘土夹砂层，以粘土为主，砂层中见有交错层。泉河沿河有沼泽化地段。

在平原的沉积过程中山水河的洪水有重大作用，带来大量细粒物质（也包括部分小砾石），这是经常性山麓河流沉积水平带状分异的表现。因此平原本身叫做冲—洪积平原是合理的。它与泛滥平原似乎有着某种类似性。

武威盆地北部，即冲洪积平原下部，由于地下水高，有些地区成为有程度不同的盐渍化现象。

风沙活动在武威盆地不强，这除取决于地区植被较好（即农耕作区）但和风向也有很大关系。石羊河作NNE流向，盛行风为西北风，故风沙南侵偏东而过，对广大绿洲无威胁。只有白塔河红水河间的河间地与风向平行，故风沙侵入，该处新月形及新月形沙丘链高度一般2–5m。但地区很少，植树防沙是完全可能的（照片）。红水河以东为浩瀚的腾格里大沙漠之一部，但由于风向与红水河平行，且为河流所阻，故沿岸横过（照片），对西岸一带绿洲无威胁。腾格里沙漠内部为流沙带与半固定与固定沙地，后者均处于低洼的槽形地中，由于地下水高（一般距地表0.5–1.5m左右），植物较多，形成以草丛沙堆为主的沙漠地貌（照片）。流沙带中则沙丘沙垅起伏连绵，丘间地以横向沙垅、新月型沙丘链为主，走向与西北风垂直（照片）。从沙丘形态看来，此地虽以西北风为主但东南风势亦不弱，我们在夏季7月中曾见到东南风已使反坡大受改造，而坡坡度几近相等，坡顶丘脊极尖锐（照片）。在两种风向的先后作用下，常见到极为壮观的金字塔型沙丘（照片），此外在该沙漠中的负地形除槽形丘间地外，并有许多峰窝状洼地，这与金字塔型沙丘的对立面，为多种风向旋涡式气流（陆龙卷）吹扬作用之所致。这种腾格里沙漠的砂很细，极易吹扬，色黄，流动以西向

24

沙则较粗，色较黄而带灰。可能是河床前者的沙质来自古浪河、大靖河等，侵蚀的巨多红层，而后者较处于半河下游，荒漠地区化的供给，故粗而色近灰。

红水河以西流沙带前高出洪水河达40—60 m(?)，无沙带以东的村落地（老师叫湖区）又低于洪水河的高度，由此观来，二者间的沙带下面可能掩有高阶地。在大河口一道横一线（平行河岸）有陡坡突然升起，显然是高阶地（之一?）的前缘陡坎所在（如下图所示）。

（图 见笔记28页）

关于沙丘移动，我们没有掌握具体资料，但根据老百姓的意见，红水河的下游河间的新月型沙丘移动是迅速的。东南风对沙丘移动有节制作用，表现在沙丘形态上，7月份全依据西北风塑造的定形，但在暖流之沙质则不一样。尤其夏季东南风有和西北风互为消长之势，显然这可能在一定程度上抑制沙丘向东南移动。至于红水河东西两岸沙丘移动速度为何有如此差异呢，看来可能是由于流沙带地形高处，沙丘高较大，东南风有较受阻反挡作用，而红水河西岸则一片平原，此评新月型沙丘高不过数米，比较易向西南及东方纵为力的。~~因此之论及沙丘移动的~~

武威祁连山及绿洲地貌与土地利用

25

（八）农业观点下的地貌区划

地貌工作为农业服务的可能……从地貌观点对地区的农业生产和作为地貌工作者，作出正确的解释和提出合理的改进意见，应当是地貌工作者的任务。由于我们所作的工作很少，而且不够细，因此这里所作的地貌区划只能是初步的尝试。

按照我们的观点，进行农业地貌区划应当考虑的原则是：1）形态 2）地面组成物质 3）外营力性质及作用强度 4）其他因素（如地貌历史）造成的农业利用的利弊条件。至于利用问题，从前三项中已得到反映，不必单独列出。按照这种观点，根据目前对本区地貌研究的基础上，我们提出了如下的农业地貌区划。

一、祁连山地（一级区）

一）冰川—冰缘作用下的石质高山（高寒荒山）（二级区）

这是指峰顶线在3500m以上耕阴祁连山（此处为冷龙岭）主山脊的拔拔的高山。这种山地有如下的地貌类型（中地貌形态），即：1）冰川侵蚀作用的峰顶岩山地，陡崖参差，高寒，基岩裸露，无农业意义。2）峰顶夷平面，本区见于里部峰及二郎山，地面坡度较缓，在冰缘作用下会有高山沼泽草甸土，由于高寒只能供夏季放牧，但高山草甸草质不好，并且夏季亦太寒冷，牲口不易上膘。3）谷地及谷坡，可分为二种，一是古冰川U谷，由于平坦，草场广，可供放牧，性质与前述牧场同。第二类是峡谷及箱状谷，平坦地段可放牧，有时出现较广的谷地平原，如毛藏寺河谷（四院），但亦在2600m以上，不能农用。

二）前山带（流水侵蚀的中低山）

冷龙岭的前山带中山包围着比石质高山更广的范围，后者宽约15—20公里，前者达30—35公里。其海拔在3500m以下。又再分为：

1. 中山（三级区）

包括如下类型。1）中级夷平面山顶，如冬青顶、莲花山，海拔2800—3200m左右，山顶夷平面广阔（如冬青顶达60平方公里，莲花山有20—30万亩草原），这种山地草原带内草质好（半干旱的草原类型），是很好的高地牧场，但是普遍缺水，莲花山有井16口，冬青顶尚急待钻探。冬青顶则饮水需要驮运，放牧困难，由于水源条件不同，后者只有冬天是良好放牧季节，因有雪可供牲口饮用，而前者主要为夏季牧场。[illegible]以上广大夷平面亦同样缺水。这种夷平面顶有厚层的草甸黑土、褐色土，但霜期短，由于缺水居住不便，故非农业用地。打井找水是充分利用草场提高载畜量的根本途径。2）夷平面被分割的中山，如西营河两岸山地，因多位于上古生代及中生代地台型构造区，夷平面分割较成单面山，阴坡为森林，阳坡为草原。森林是宝贵的木材资源，改为有林场管理，草原价值同上。今后应注意合理放伐……增加人工播种森林。

3）峡谷及箱状谷，如杂木河山峡谷，[illegible]1000米，不能利用，[illegible]困难。箱状谷及谷地平原如九条岭大红庄也，在海拔在2200米以下，土质温度均适供农业用，有耕地。适当处可修水库防洪灌溉，亦可提供水能。（九条岭有小水力发电站）

2. 黄土低山丘陵

26

海拔在2600 m以下，切割深度不超过300 m。河流多箱状谷，少数段落为峡谷。由于低山丘陵是低级夷平面分割所致，顶面尚保持较大的平坦地面（梁状）并有厚层黄土（达数十米），山地黄土土能差，但坡度适好。另外较高段落有山地黑土，较肥沃，[illegible]即为山中重要的农业用地。属于此种地段的有：皇城滩盆地、金塔河上游盆地、西[illegible]张义堡一古浪盆地。除河谷平原（如张义堡盆地）有水浇地外，主要是山顶山坡陡地上的旱地，农业是靠天吃饭的。除非引水上山，不能解决此问题。但就当前农作制度，目前主要应农牧业并举，以牧补农，并作粮食储备，另则草场需以外地补充。

[illegible]

本区作物主要为青稞、油菜、洋芋、春小麦亦作处可种，比重不大。是重要的油料作物区，能供外运。牧业除牛羊外尚有家庭养猪亦多，能为农区提供肉食。

由于地面组成物质松散（黄土、红层），处于半干旱山地草原气候下，植被不良，本区易于发生水土流失。剥蚀[illegible]地区水土流失历史悠久，但地面却很少破碎。水土流失必然降低产量，今后宜注意勿在陡坡开垦（目前在30°坡上仍有垦荒），放牧于农田附近宜节制，以免水土流失波及耕地。

二、武威盆地

一）洪积倾斜平原

由祁连山诸河洪积扇联合而成，宽度10－20公里，在黄羊河古浪河以下最宽达30—40公里。地面组成物质一般为不厚（1-2 m）的亚沙土，坡度11‰—20‰，扇间地及扇前缘较平坦。武威耕地的 % 分布于本区。耕地为山水灌溉，流量不稳定，且有春播缺水现象，而且各河的水土资源不平衡。西营河多水而金塔河缺水，杂木河多水而黄羊古浪河缺水，荒地以在黄羊镇以北最广，土厚且细（与坡度有关）。但有利条件是各河并非绝对缺水，只要有水库则洪水时蓄水调剂。另外洪积扇彼此相连，有利于实行开渠调水。因此此区今后水利问题以控制及调配为先（[illegible]），山水如果很好控制尚能大量向下游输送补充泉水之不足以至远调支援民勤。

[illegible] 荒地

本区[illegible]土不厚而砂重，下为透水良好的砂石层，故易渗水不耐旱。主要耕地远离城市及[illegible]山麓诸公社有大量草原用作肥料，不足的地方如西营河洪积扇，尚有地多人少、劳动力不足的问题。因而耕[illegible]故产量低一般[illegible]斤，[illegible]靠近山麓的公社如南营公社，用肥料多[illegible]
[illegible]
本区作物主要是春小麦及各种杂粮。

[illegible]（如南营东山）上下在雨水条件[illegible]多种旱田，但水土流失问题应注意。

二）~~武威~~平原（绿洲）（冲洪积平原）

山中诸河流经洪积扇上，一部分（大的河床）洪滔直奔，另一部分是洪滔润水[illegible]等，有人工渠化[illegible]天平水[illegible]河床[illegible]全部[illegible]朔天滴水皆无。但在洪积扇上下渗的水在扇形地前缘却皆涌出为泉，泉细流汇为河川，蜿蜒穿行于扇前的平原之上。平原上具有土质肥沃、灌溉便利、泉水稳定、旱涝影响不大、积温日照均适宜于各种作物生长的有利

武威祁连山及绿洲地貌与土地利用

条件，风砂侵入波及东北边缘少数地方。因此，武威成为河西走廊农业最发达的一角。事实上粮食总产量达　　斤。但是事实上各部分仍存在不同的问题，分述如下。

1）南部洪积扇山水灌区各处的土地有盐碱化（泉水冲沟）灌溉不能保证（山水受泉水限）的问题。而这一带正好处于城市与乡镇的外围，需要满足人民的多种生活需要，并且肥源充足，劳动力不缺乏，有发展副业的条件。土层的问题应该解决，但水的问题则能改善，一方面应注意合理配水，另一方面可以抽地下水灌溉，土井机井均可。由于地下水埋藏不很深（4-5m），这是易于做到的。井水灌溉在旱年山水少时尤为需要，这是值得投资的。

2）北部（包括红崖山以南原民勤之清源公社）低洼地地下水位过高，以及因红崖山水库修建后地下水位上升，带来引起地区的盐渍化现象。在南部河岸阶地上也有同样问题。公社正在和盐渍化作斗争中取得丰产丰收的经验。清源公社及长城公社尚有风沙危害的问题。明风流沙已推进至清源长城一线以北。以南为武威县地最广的黄羊农场草湖滩荒地，由于缺水未能大面积垦荒，暂且做为割草放牧之地。今后有可能仍将垦殖，即使不垦殖亦不能让风沙南侵破坏草场。因此应大力营造防沙林。农场于1958年在此营了一道防沙林，但林带过疏，多处均成缺口，往往也被风沙突破（照片）。但造林好的新地大队（为长城公社……清源公社）则免受风沙之害。

三）西及北部山地戈壁区。绿洲平原区种植小麦、大麻、棉花、甜菜等多种的粮食和经济作物区

山地指红崖山、阿拉古山等，它们一直向东西延伸。山下为山麓侵蚀区，即石质戈壁。更下方（大致长城以外）为洪积砾石直接裸露之砾石戈壁。在红崖山南麓尚有一些流沙。这广大的山地区特点是缺土少水，因不利农业，只宜放牧骆驼等大牲畜。此处经济提高生产的首先必要解决水的问题，须要向地下取水。

四）东部沙漠区。

该区是腾格里沙漠，但沿石羊河一带河间的沙地也属此。因情况不同分为：

1. 沿水河两岸河间固定沙地

作长条形与盛行风向平行，固沙丘受风蚀不显著，两侧为河流阶地，对两侧农田影响不太大，这是南部黄羊农场广大荒地应该设法造林防沙。沙丘较为不高，丘间低地宽广，此间地只能长芦苇，牧业利用价值不高。

2. 腾格里沙漠

为流动沙丘与半固定沙丘相间。流沙带为新月形沙丘链，半固定沙丘槽地（当地叫"湖"）为昔日河床所经，地下水位高（1-2m），足供人畜饮用。荒漠草地可放牧大牲口（骆驼、牛）。发展芦苇沙米等副业生产，长城公社各生产大队的骆驼、牛均在此放牧，但因时常远离生产队，没有窝铺。

此外，沙漠之利也，单称沙漠之害是不对的。

28.

九、简要结论

一）较论证了武威南部祁连山有三级夷平面，即 1）上部掌夷平面（4000m 左右）形成时代为老第三纪；2）冬青顶夷平面（3000m 左右）形成时代为新第三纪末；3）盆地夷平面（2400—2600m 左右）形成时代为下更新世，埋藏在新生代盆地中。

二）山区河谷有三级阶地，二级高阶地分别代表 QⅡ 及 QⅢ，其发育与老化程度不一样，反映其间经历一次较强烈化时期。阶地组成为石质阶地、堆积阶地、河漫阶地。

三）新生代祁连山有三次强烈上升时期。第一次在老第三纪末，古夷平面抬升，断陷盆地高原相对降低（1000—1200m 左右），形成新第三纪的沉积及夷平面。第二次南山发生在新第三纪末，南山大断层第一次活跃，造成断层、褶皱、挠曲，高差 400—600m，形成山前洪积倾斜平原（低级夷平面）山麓剥蚀面，相应沉积为玉门砾岩。第三次上升在下更新世末，南山大断层再度复活，上升至今（东部段）累计为 500—600m，使低级夷平面抬升造成山前台地。后二次上升以差异为断块平稳抬升。

四）本区祁连山地形水系、岩层分布、断裂状况以及最新地震资料都反映了旋卷构造的存在，它的活动对地貌发育有较重大的影响。本段祁连山有三个中型旋扭构造，即皇城滩盆地、金塔河山间盆地、张义堡—古浪盆地。它们是陇西系旋卷（巨型）构造中的小单位，亦作顺时针旋卷。

五）由于南山大断层的急剧活动，较大河流地貌处于发展的青年时期，其特征是：洪积扇规模巨大，山麓洪积平原（bahadas）宽达 10—20公里，前缘达 60公[illegible]。由于剥蚀造成的山麓侵蚀面则很狭，洪积扇的上部有较多岩扇（rock fan）。在岩性较弱的古浪河发育了规模巨大的湾式山麓侵蚀面（喇叭口）（embayment），地貌在此进入壮年时期。岩性影响地形发育在此表现最鲜明。各河洪积扇规模坡度，主要取决于河流水量，当然及地貌发育阶段。洪积扇顶点的高度则取决于新构造运动（在同一的构造运动前提条件下）也取决于地貌的发育阶段。

武威盆地北方为沙丘及山麓侵蚀面分布之地，其地貌发育则业已进入壮年期，山体残丘。为戈壁沙丘，地下水缺乏，不利农用。

六）本区地貌的农业利用反映出明显的垂直带性。2700m为农作物种植上限。3000m夷平面为高山草原牧场，是本区的主要夏季牧场，但缺水。4000m夷平面为高山草甸牧场，有水但高寒，草质不如前者，亦是夏季牧场。山间盆地为农牧业同时经营地区，山地农业主产青稞、油料，为纯农区提供肉食燃料，主要为旱地靠天吃饭，多年需经营地块，农业应注意水土流失。山前洪积平原山水洪水不稳定，春季缺水秋季水大，且水土资源不平衡，合理用水、控制水、调水为解决这项矛盾的重要方法。为十年九旱[illegible]。冲—洪积平原上为农业土地好，单产较高，是最好的农业用地，应注意解决上端（出山口洪积扇顶部）缺水（打井）、下部盐渍化、东缘风沙危害的问题。

第十，应注意解决牧区与牧区（省间县间）及牧区与农区草场争执问题（纯农区也有兼营[illegible]的争执），使不同族人民内部矛盾（汉藏民族关系）[illegible]，一致合理利用资源天地，争利。

武威祁连山及绿洲地貌与土地利用

蘭州大學

高台县盐碱地的分布规律与防治措施的初步探讨

（提纲）

高台县计有十一个公社，除新坝、红崖子二公社位于祁连山前，地处摆浪河、马营河等的洪积扇上，地下水深达（30—100米或更大），基本上无盐渍化外（不合理的灌水可能引起局部的次生盐碱化现象）；其他各公社均处于黑河冲积平原或山前冲—洪积平原（如南华、高台农场及宣化、镇夷公社之一部）上，地下水埋藏深度均小于五米，许多地方更不及一米，在强烈的地表蒸发作用下，盐分被大量带到地表，造成大面积的盐碱地。此外，农田灌水及渠道渗水更使地下水位抬高，造成不少的次生盐渍化现象。据高台县人委有关部门的初步统计，轻重程度不同的各种盐碱地约占全县耕地的48.6%。如果把洪水地耕地除外，则在川区（指黑河两岸平原）耕地中，盐碱地所占比例当更大。大面积盐碱地的存在是造成高台县粮食产量低，农业生产不能迅速提高的主要原因之一

20×20=400　　　　第 1 頁

兰州大学

。因而防治盐碱是农业区划工作的主要内容。

一、盐碱地的形成和分布规律。

1，人们要想得到工作中的胜利即得到预想的结果，一定要使自己的思想合于客观外界的规律性，如果不合，就会在实践中失败。”（实践论）人民群众在千百年的生产斗争中积累了丰富的改造盐碱地的经验，依靠着这些行之有效的经验，他们在盐碱地中种出了庄稼。但是，由于旧时代小农经济的狭隘性，封建社会所下的紊乱渠系及不合理的灌水，使大规模的、科学的根治盐碱的措施不可能实行，也不可能提出。在社会主义制度下，生产资料归集体所有了，党和政府能从各方面支援农业，因此现在就具备了彻底战胜盐碱的条件和可能。

群众中蕴藏着改良盐碱的丰富的经验，这些从生产中直接得出的经验就是我们进行大规模根治盐碱工作的主要出发点和根据。“从群众中集中起来又到群众中坚持下去”（关于领导方法的若干问题），这也是科学实践特别是农

20×20=400　　第2頁

高台县盐碱地的分布规律与防治措施的初步探讨

蘭州大學

出科学实验的正确工作方法。高台县劳动人民长期以来在盐碱作斗争中掌握了"排、洗、耐、防"四大法宝。前两个字是"釜底抽薪"之法，把地里的过量盐分洗去排走，盐分不上升，盐碱地就变成了好地。后两字是增强作物的抗碱害能力或抑制盐分的上升为害，在未根治碱害的情况下是行之有效的办法。

从群众与碱害作斗争的上述措施中，我们看到他们是在自觉地应用着辩证法的规律的。在盐碱地中种庄稼存在着一对矛盾，一方面是土壤中过量盐分的积累，另一方面是作物的耐盐的限度。这两个方面都是可变的，或者是把过量的盐分排洗走，或者是使作物能适应环境。我们认为，治根本的办法是前者，而应以后者为辅。因为在盐碱地中矛盾的主要方面是过量盐分的累积。高台群众在实践中是深知这一点的，因此他们对排水洗盐最感兴趣。特别是在盐碱为害最重的南华及乐善地区，群众已积累了丰富的经验。

盐分在土壤中的累积和水在土壤中的运动密

20×20=400 第 3 頁

兰州大学

切相连的。水和盐构成一对特殊的矛盾。它们的发展决定着土壤盐碱化向何方向进行（减轻或加重）。毛管水的上升把盐分带上地表土层中，在干燥气候下蒸发很强，（高台的蒸发量为降水量的19倍 ），在地下水位很高的冲积平原地区，毛管水直通地表。大量的水分通过地表蒸发和植物蒸腾作用被带到大气中，而水中的大量盐分则~~大量~~集中在地表土层。耕作层中过量的盐分使土壤溶液具有很高的渗透压，极不利于作物根系的吸水，这样就使作物因生理性干旱而枯死。群众把这叫做"烧苗"。另一方面，过量的Na^+及Cl^-离子能使作物中毒，也是盐碱地不长庄稼的重要原因。但是，水既能把盐分带到地表，却也能把盐分带入地下。在多雨地区，强烈的淋溶作用使盐分从土壤表层转入地下，通过地下水被排走。在干燥及半干燥地区，人工洪水淹地也可以起到同样的作用。老乡说，洪水淹地能使"碱气下降"，这实际上就指的是盐分被人工冲洗下去。由此可见，在水盐运动这一对矛盾中，矛盾的主要方面

20×20=400　　第 4 頁

高台县盐碱地的分布规律与防治措施的初步探讨

兰州大学

是水。但是，水在土壤中的运动是受许多因素影响的，也就是说，它是和其它许多因素处于对立的统一的状态之中的。地下水位的高低，地形起伏以及土壤的质地和结构，沉积物的剖面结构，对土壤水及地下水的运动均有影响，从而也就影响到盐分转移及积累的方向和位置，最后就影响到盐碱地分布规律。我们改造盐碱地，就必须利用天然规律，因势导之，使水盐运动不致引起耕地盐渍化。这是我们的主要任务。

1 土壤的质地和结构对盐碱的影响

沙质土利于土壤水下渗以排盐而不利于毛管水上升造成盐渍化（因毛细管不太发达）。在其它条件相同的情况下，沙质土盐碱化轻于粘质土。沙愈多则愈有利，故群众有"沙压碱，胜金板"之说。但沙太多则漏水太强而不利保墒，不利于作物生长，需要耗费巨大的水量。（在黑河平原上，粘质土灌水3次即可保收，但有的沙土地需灌水6—8次。）

平原地区土壤结构基本上可分为单土与层土。

20×20=400 第5页

兰州大学

重土不仅不利于作物根系的发育，也不利于渗水，对洗盐追也不利。相反地，轻土的透渗性强。故轻土地区洼地蓄水（水库、天然的草湖等）对周围地区盐渍化的影响大于其他土。由于渗透性强，低地最易成为周围高地的排水处，最易引起盐渍化。根据田间观察，地只要低二寸即可能受相邻高地的侧水之害。壤土在平原区不多见，多分布于高埠处，阶地或古河心滩的高处。壤土渗水性能好，且位于高处，地下水位低，故利于排水，一般都是上等好地（当地群众叫上腐地，但上腐地并不全是壤土）。天然的低洼地是盐碱地分布之处，也是重土所在，重土与盐碱似乎有直接的成因上的联系。Na^+离子易于分散粘粒，使土壤水分含粘土物质，随之集中出现在隙间，可能是重土的板状（叶片状）结构形成的原因。重土的结构与天然的沉积层次似乎有直接关系。重土与盐碱常并存。重土不一定是盐碱土（经改良者），但盐碱土常为重土（沙质土除外，沙土无结构）。故改良盐碱土之后尚需改良重土结构不良的耕性。在又理论

20×20=400　　第 6 頁

高台县盐碱地的分布规律与防治措施的初步探讨

蘭州大學

主土是由黄土经长期改良耕作而来的，理由是荒地大部为黄土。但我们在城关公社河西岸见一2.25米的剖面，以下　　米为粗中砂及粘土夹层，有黄色铁锈斑，最底部为 $CaCO_3$ 结核层，中部约85 cm为板状的黄土，上部　　cm为粒状及块状结构的粉砂质主土。地表有轻度盐渍化，生芦草，因近河岸，利于排碱之故。由此可见，荒地不全为黄土，且黄土主土同时见于一剖面上。介于黄土与主土之间有所谓"颗子土"者，其渗水性能亦介于二者之间。土壤质地（沙、壤、粘）及结构（黄土、主土）影响水的渗透性及毛管作用，在不同的土地上解决盐渍化的排水出路需要的措施看来是应该不一样的。

2. 沉积物的结构对盐碱的影响

沙层是利于排盐不利于盐分通过毛管上升的，所以把沙层看作是"隔碱层"。在沙层厚而表土层薄的地方，盐碱不太重，如果加上地形高的因素，常是好地。相反地，如果土层厚而地低则易于引起盐渍化现象。

3. 地势起伏及地下水的水位对盐碱的影响

20×20=400　　第 7 頁

兰州大学

地形不直接影响土壤的盐渍化的[illegible]，它通过地下水的水位变化及运行方向影响的土壤的盐碱化范围及部位。平原上的各种洼地（古河槽、牛轭湖、扇缘泉水、河渠回流、灌溉流水造成的洼地等）是盐渍化最严重之地。因为这种洼地地下水位高，排泄不畅。反之，各种高地则盐渍化轻或没有，如阶地、古河心滩顶部等。

各种天然或人工造成的陡坎对盐渍化的减轻有重要的作用。如大湖湾南岸有高1.5m左右的陡坎，湖水只能壅高，但陡坎以上的耕地仍免盐渍化加强的威胁。但低于1米的陡坎则不能防止盐渍化的扩大。八里铺大队四队之地即因大湖湾水只稍高而受其害。

由上述可见，地形、沉积物及土壤结构质地通过地下水和土壤水的运动影响盐碱化的发展。而地形、沉积物、土质及地下水在扇平原均是作有规律的分异的。从这一点出发，必然的结论是，扇平原的盐碱地的分布及其性质的变化是有规律可寻的。认清这种规律是我们改造盐碱地的基础。

20×20=400　　第8頁

高台县盐碱地的分布规律与防治措施的初步探讨

兰州大学

高台县榆木山以西及合黎山以南的地区为平原部分。组有三种不同的平原。由南而北依次出现：1、洪积扇群组成的山前洪积倾斜平原（大致在铁路以南）2、扇前冲-洪积平原。3、黑河冲积平原。洪积倾斜平原无耕地，由于地下水位深及水质好，有耕地也不会出现盐碱化现象。亦谈不上盐碱地带。扇前冲-洪积平原地下水位升到1-3m高，且沉积物质细而地形坡度又小，地下水流动很缓慢，这是一片盐渍化地区。在荒地上也是如此。（如未开垦前的高台农场及现在尚存的碱滩荒地）南华公社及高台农场之全部及大致以东边渠为界的镇区、宣化公社渠南的部份均属于此范围。此带之北部是平原中坡度最和缓的部份，最不利于排水，最易于盐渍化。南华公社更以东边渠为人工的排水渠，故盐碱为害特别严重。尤其侯庄大队以北出至主要盐渍化最强之处。此区由于Na_2SO_4在地表的大量累积，而地下水径流淡化不多，故涝水不能用，人畜均不能饮。不仅危害农田，给人民生活也带来了大困难。

20×20=400　　第 9 頁

兰州大学

黑河冲积平原之南部大部分是荒漠区（指以水质作标志）。冲积平原可分为二带：即阶地带和河漫滩及古河湾带。阶地带由于位置高，排水好，起伏小，盐渍化轻微，河床切割的形式不深（小），受对盐碱发生加剧，故盐渍化程度轻。河漫滩及古河湾带濒临黑河河床，是近代黑河曲流作用造成的，地形起伏变化很大，物质分异也很显著，除近河岸陡坎处及古河湾中部高地外，大片积地均有盐渍化现象。在高台城以西及大湖湾一宣化一线以东，索把子湖以北的一片地区，地形分异较复杂，也是盐碱危害特重之地之一。这块地方位于摆浪河下游（即达子河）冲-洪积平原及榆木山诸洪积扇之间的洼陷低地的下延部位，由于地势较平，故黑河在此易于形成曲流弯道，河湾、河漫滩特别多。旧索湖实乃一牛轭湖之残部。高台城位于高河漫滩上，以东河漫滩弯道范围缩小，阶地逼临河岸较近，故盐碱地很少。大湖湾以西宋家营以北，高低河漫滩及河弯成条带沿河分布，是盐碱化较重之地，由于位置低而处于地下水之冥，正当盐出处。

20×20=400　　第 10 頁

高台县盐碱地的分布规律与防治措施的初步探讨

蘭州大學

当然，以上是按天然情况论述的盐碱地的分布规律。在高台县由于灌溉历史悠久，不合理的灌水及渠道渗水也造成或加重了耕地的盐渍化。当高台农场开垦未设排水渠时，大湖湾北部的耕地即因地下水抬高而加重了盐碱化。近已修排水渠入黑河，已基本解决问题。当年调查，柔远渠、丰稔渠等垫方渠道，及三清北干渠的渗水对渠道两侧，特别是北侧均引起很强的次生盐渍化，一般在150—200米范围内耕地不能耕种。不合理的耕作亦使盐渍化扩大，新开的地实行粗放耕作，也没有种好绿肥，不少地弃耕，对盐渍化的控制停止了或减弱了，盐渍化继续发展起来。

二、改良措施

既然盐碱地的主要问题是盐分在耕作层中的过多聚集，则解决问题的根本措施应当是把过量盐分从地表耕作层中洗去。目前群众常用泡地及种水稻来洗盐，但是每年必须进行二泡一次，否则盐分仍然要返回地表。因而最根本的是要使盐分被洗下去之后不可能再返回地表。而这只有通过大降低地下水位到临界深度以下才有可能。排阴沟起着重要的作用。排阴使地下水

20×20=400 第 11 頁

蘭州大學

通畅，盐分易于洗去；使地下水降低，盐分不易上返地面；另外是使地下水下降后春潮不生，利于春耕容易犁耕（特别潮湿地，春潮发生后，不能及时播种（地皮软水不能下地））。排阴这种方法在高台地区普遍都是适用的。但是，由于各地区情况不同，排阴的具体作法，以及与排阴措施同时采用的辅助性改良盐碱方法是应有所不同的。

一）分带治理的意见

1. 洪积倾斜平原冲盐渍化地带

（不需要排水）

2. 冲—洪积平原盐渍化地带

本带风沙活动强，有的地方被风积沙丘侵据（如南沙窝及高台农场以西），有的地方过去有风沙活动，现在风沙停息（南华坝？五队）。这些地方地表主要为沙质及粉土质，特别是粘土质地表盐渍化特色。本地带北部地势特别平缓，仅为[illegible]，地下水停滞，水质恶坏，不宜饮用。地下水接近地表。地表常有2cm左右的白色盐结皮，在地下1.5m—2m附近有大量盐结晶。土壤结构以土为主。这是高台盐渍化特征之

20×20=400　　第12頁

高台县盐碱地的分布规律与防治措施的初步探讨

地。改良措施是主要抓排水工程。拟在南华之孙家动力在试行。成绩显著。去年挖了一条横截地下水流路的农沟，（在拟建大队北部），沟深2m。据观测，南侧地下水下降影响范围为200米，北侧为100m左右。但根据今年春耕时情况看来，北侧300米范围内地都是干的，春耕比往年提早半月。可见影响范围更大。（南华排水工程国家投资70万元已有详细计划）。除排水之外，用种植绿肥改良土壤是可行的。本区地多人少，平均每人4—6亩，（尚有大片荒地）故多种绿肥是合适的。另外拉沙改土也有利。用地进沙泥。

3. 冲积平原带

1) 冲积平原阶地带（轻或无盐渍化）

2) 冲积平原河漫滩—古河道盐渍化地带。此带地势低洼，积水更多，为平原排水之尾闾故盐碱危害很大。天然坡降在1.5米或1m以下的低洼之地不宜积水，因影响范围广。应当排水。天然坡降在1米或1.5米以上者，低洼地蓄水种芦苇及养鱼，芦苇等可以举行。由于范围不广，排水沟以垂直于高陡坡修斗沟，斜交等高线

20×20=400　第13頁

蘭州大學

布置农沟、些二级排水沟即可。目前群众自由的排水沟一般均为垂直等高线之斗沟、农沟来挖，而是在相邻二地块有高差时，中间挖一小沟以排泄地表水。目前斗沟均不够深，大多在一米左右。群众一般以为挖沟到地下水位，见有水流出即以为可以了。必须深挖排水沟，否则不能达到大大降低地下水位根治盐碱的目的。但群众反映，本土地沟挖太深易于发生塌岸现象，特别是当沟边地浇水时更易发生此情况。解决这一问题的办法是：①护岸（砌草皮岸，插红柳）②沟边留一定宽度的空地作道路 ③近沟地少种水稻（水稻地渗水多易发生塌岸现象）。总之，不保证排水沟的深度是不行的。本区由于地势很低，有的低地排水是较难收到全功的，但由于多水，在人力许可的条件下应尽量多发展水稻。水稻是高产作物，是耐碱作物，地种水稻实乃是一种非常的洗碱措施，故当时群众对这种碱潮地的办法是三年内一次水稻种二次旱粮。本带应成为高台的水稻基地。本带土地分布的一般规律是高地中心是上潮地，外围是二潮地，低

20×20=400　　第 14 頁

高台县盐碱地的分布规律与防治措施的初步探讨

兰州大学

地边缘是碱潮地，低地中心是草湖沼泽。上面地不需排水，二潮地及碱潮地均需排水，但最边缘的一些碱潮地可以作水稻地，以种稻措施对付盐碱。草原地下的沙可以挖出以改良碱地，但多数却不能用。群众反映此地多为青沙（冲洪积平原上的沙土沙，叫做黄沙经风化日晒，可顶肥料上地）粗而重，又上后不和土掺和一起，浇水时下坠使土地板结而更不渗水。其原因尚待深入考察，但大部份沙是河床沙处于地下还原状态，这与冲洪积平原上经风吹日晒后的“黄沙”显然是不同的。（也许是冲洪积平原上，沙粒细，含矿物质化多养分，而冲积平原河床沙流程远，剩下的主要是石英等稳定的物少养分，而且较粗有关吧，但经风吹日晒后的黄沙亦可用，某些地里沙亦可用，是何道理还需一步调查）。是不宜于大量用以改土的。本带土壤结构亦多为黏土，急需改良，沙改质能适用，更应更注意施用有机肥及种植绿肥以改土。绿肥可增加土壤有机质，可以其庞大的根系疏松土层，适用粘结性，又可以用有机酸中和土中的碱，绿肥是好饲料，能多养牲畜多积肥，故大力推广绿肥是改良盐碱土的

20×20=400　　第15頁

兰州大学

另一较有效的措施。

二）关于排水沟的布局意见。

1. 南华排水工程是合理的。

2. 宣化农场以下经宣化公社至乐善入黑河的排水工程。

3. 南岔湖及镇夷公社的排水工程，有三个可能的出口，即东、中、西路。东路占地少，中路占地多但能彻底排干湖水，并解决五里墩大队一部盐碱地的排水问题。西路入大湖湾，占地亦少，但不能全部排走湖水。现在已经西路排水，这一部已使镇夷公社东联大队重新收回130亩左右的耕地，周围土地盐碱化亦大减轻，但尚非根治。最好是中路排水。应从全局观点说服五里墩社员群众。

4. 凡渠道水位高于地下水位的渠道两侧，特别是北侧，应平行挖排水沟，以截排渠道渗水，避免邻近耕地的盐渍化。如三清北干渠输水对胜利及镇夷大队的耕地盐渍化的影响很显著。据观测输水后观测井自南而北地下水位陆续上升，传递速度很快。

20×20=400　　　　第 16 頁

高台县盐碱地的分布规律与防治措施的初步探讨

蘭州大學

5. 利用天然或人工的排水道，挖大型排水沟。如靠近黑河地、湖地、渠水水位在地下水位之下的渠道地的耕地，应当多挖大型的排水沟，能收举双收之效。特别是某输水渠道，如新开、纳凌、宣善等渠均有很长一段（上段）能起排阴作用。而此种渠道排水，可收上排下洗之效。

三）输水渠系的合理布局

地面水和地下水流向的不协调是造成目前高台平原区地面盐渍化的重要原因之一。地下水是南北或东南西北向的，地面输水是东西向的，东西向的渠道，特别是垫方渠道，向地下渗水造成地下水的高峰，成为表层地下水的挡水墙，从而抬高地下水位，地面盐渍化随以发生或强化。最理想的办法是合诸渠为一渠沿耕地南缘走（三清渠即是），向北或西北引支渠以灌溉田地。这样地表和地下的流向基本协调，可大大减轻次生盐渍化。但对于高台县境的黑河说来，此法较难行，因此段黑河河床多沙质，年度决压不断改移河流潜水，不能以一渠截走河流

20×20=400　　　　第17頁

蘭州大學

全部水量（像山口或黑河东一样），也不能以一渠之所引之水满足全县用水需要。在此种情况下，我们应尽量延长引水口的间距，合并渠道，使渠间距能拉开，减少地下水的横向补给量。特别是那些整个渠道应首先考虑合并到其他较低的（水田）渠道中去，其所浇之地交上一渠负担（害远渠之地方误之清库负担）这部分交给另纳该渠负担）

— 完 —

上述看法及意见均是定性的，定量的观测、计量未作。有的问题的因果规律未弄清（如地盐分何以不能深入土之理由），尚需进一步工作。

1966.6.廿日

于高台县

20×20=400　　第18頁

高台县盐碱地的分布规律与防治措施的初步探讨

兰州大学

关於重新打通丝绸之路的意见

李吉均（兰州大学地质地理系）

在中国历史上丝绸之路是中国经济繁荣和国力強盛时期交通世界的主要通道，是当地力求对世界史的发展施加影响，对人类社会作较大贡献时通向辉煌的黄金之路。通过这条路，指南针、火药、印刷术才得以传播西方世界（经过阿剌伯人民之手）；通过这条路，中亚和西方的文化、艺术才得以东流，和中华民族土生土长的文化相结合，形成像盛唐时代所曾出现的那种标炳於古代史的稀有的灿烂文化。丝绸之路是真正的友谊之路，关係国家兴衰的生命之路。

交通西域（中亚）是强大和独立的中国之国的必要条件，秦汉时期，开初是消积地修筑长城，或採取屈辱的和亲政策（汉初的和亲不同

15×20=300　　第　　页

兰州大学

於和亲)以求妥协，然后才通过长期实践，制定了西交与国，断匈奴之臂的正确战略，解决了与北方少数民族的长期紧张关系，保证了经济文化处于先进水平的以汉族为主体的中华民族的经济和社会发展，而这对整个人类的进步是有利的。唐朝初年，有眼光的统治阶级和它的政治集团在进行统一战争的同时，解决了与北方少数民族的关系问题，政治和军事影响一直向西伸展到西亚以至南亚，获得了较长时期的安定局面，才出现了封建时期最高水平的文明。反之，凡是无力经营西域的朝代，统治集团也不能安保中原土地不被北方少数民族侵扰，北宋之沦变为偏安江南的南宋，最后导致蒙古族的出主中华，未始不是由於处理西夏关系的失败，不能全力对付新兴的北方少数民族的结果。

15×20=300　　第　　页

关于重新打通丝绸之路的意见

兰州大学

自鸦片战争以来，列强侵华多来自海路，故国人眼光皆注目于东南沿海。洋务派之力主兴办海军即反映统治集团战略眼光之东移。但初衷乃不自保，自保不克，乃渐沦于半殖民地之悲惨境地。惟季清之末尚有少数有识之士，对祖国西陲之主权能竭力保全，如左宗棠、曾纪泽之保新疆，赵尔丰之驻西藏，皆是对抗俄英侵略取得成效之举。由此方得以使我祖国河山基本保全，成为后世立国之根本。但外蒙独立使我金瓯已缺，强邻虎视，长城一线实已面临全面之威胁。为国家万全计，我们不仅应对东北华北防务予以高度重视，还应着眼西北中亚，取战略反包围的势态，以牵制敌方。现在已经有一条喀喇昆仑公路南通巴基斯坦，如能假以时日修抵阿富汗，经瓦汉走廊以达伊朗和更西的阿剌伯世界，则汉唐河西的形势将

15×20=300 第 页

兰 州 大 学

在更大的舞台上表演。伊朗和阿剌伯世界现状是受苏联和美国这两霸的双重压迫,欲在夹攻中奋斗回旋余地自然很小,此第三世界国家的极大苦衷。以色列之嚣张和巴勒斯坦人民之苦难俱实为三种力量不均衡的必然结果。我国本身即属第三世界,为团结第三世界国家共同奋斗,以求自由平等,就需打开丝绸之路合力图存。

重新打通丝绸之路在经济上的好处极大,对发展西北地区将起巨大的推动作用,古敦煌的盛况将在更高的水平和更大的规模上重新出现。到时新疆、甘肃将起着上海、天津的类似作用,成为交通外国的重要口岸。当苏联国内形势有变,影响到它的对外政策时,兰新路与中亚铁道接轨,造成横贯欧亚的最捷径的陆上交通线,其前景更为光明。

15×20=300 第 页

关于重新打通丝绸之路的意见

兰 州 大 学

有人会怀疑，重新打开的丝绸之路岂不是也给入侵者提供了方便，这在表面上看来似有理由。但其实不然。历来"移民以实边"都是消极性的政策，是国家有私心的表现。那种怕接触外国，甚至闭关锁国断绝交通的办法，都是心理虚弱的结果，实际上都只能导致失败，而近代史上早已有极沉重的教训的。

打开丝绸之路，中国将像展开两翼的大鹏，奋飞于亚洲和太平洋。世界上将会看到新社会的中国将汇合大陆和海洋的，古老的和现代的，东方的和西方的各种文明，从而孕育出新的更高级的文化，对人类社会的发展作出巨大的贡献。

后语

此文写得很粗略，希望有人合作评论指正。

15×20=300　　　　第　　页

我国西北交通建设的宏观设想

李吉均

（兰州大学 地理科学系）

一、前言

我国西北地区国土辽阔、资源丰富、人口相对稀少，是我国21世纪国家经济和社会发展的战略后备基地。纵观中国历史，凡繁荣强盛的时代均把打通西域交通作为首要任务。汉武帝派张骞交通西域，开拓河西，奠定了西汉强盛帝国的基础；唐初盛世有玄奘西天取经、高仙芝远征大勃律（今巴基斯坦北部），乃带来丝绸之路的空前繁荣。甚至直到上个世纪，晚清之世虽遭帝国主义列强的多次侵略，但有识之士如左宗棠等也能力排众议坚持保卫祖国西北边疆，为中华民族立足于世界民族之林保持根本。在这

我国西北交通建设的宏观设想

21世纪即将到来的时刻，展望世界，随着冷战的结束和苏联的解体，东亚成为世界经济发展最迅速的地区，祖国欣欣向荣，中亚各国又纷纷独立，此乃中华腾飞世界的天赐良机。因此，从国家民族利益的长远角度考虑，现在有必要大声疾呼重视西北、开发西北。其所以必须呼吁开发西北，还在于近年来东西经济和社会发展的差距明显加大，西北又是多民族聚居之地，为国家的稳定和各民族的团结不能不开发西北和重视西北。再则，西北资源丰富，如塔里木盆地的石油是世界上最后一个未开发的陆地上的巨型石油盆地，必须作出总体规划，以石油开发为契机带动西北经济的全面繁荣。因此，开发西北已经是到了机不可失时不再来的紧迫时刻。有人已经把西北比作是中国这个

2

成长中的经济巨人的「跛脚」，任何有识之士都知道「跛脚」的巨人是难以前进的。

如果人们接受上述看法，全中国都要现开发西北，一起来开发西北，这中间就有一个百业并举何者为先的问题。我们认为在西北建设中必须始终贯彻交通先行的原则。像铁路这种现代化的交通工具，它不仅是联系地区和城市的交通线，而且是向落后地区输送资金、人力和技术的巨大通道。在农业为主的时代，我国西北盛行的一句话是「有水斯有土，有土斯有民」，把水的问题提到压倒一切的高度，这无疑是正确的。即使是当今技术发达的现代，水的问题仍然是我国西北干旱区制约工农业发展的重大因素。但是，西北的现代化更有赖于交通运输业的迅速而健康的发展。如果没有解放初头两个五年计划我

3

我国西北交通建设的宏观设想

国西北铁路的大发展，西北各省（区）也就没有现在的经济和社会发展水平。但是，自解放初的交通建设高潮后，近三十年是个交通运输发展缓慢以至停滞的时期，各干线路运输能力均达到饱和甚至超负荷运转，这就成为国民经济发展的"瓶颈"。近年来国家已经意识到这一点，宝中铁路和兰新铁路复线工程的上马是明显的标志。但是，对辽阔的西北和今后经济发展的需要来说这里想还是很不够的。下面我们结合西北地区的地理条件的分析来谈谈对未来西北以铁路为主的交通的宏观设想。

二、我国西北交通的地理条件

陆路交通对地理条件依赖极大。平原广野经常是道路纵横四通八达，但山关险阻常与山地起伏沟壑众多的地形有关，这是人们的普遍

4

常识。自古以来中国交通中亚以至西方各国的丝绸之路就受到地形条件的严格控制。中国西部青藏高原横卧于南，蒙古戈壁沙漠逶迤于北，中间是一狭长的河西走廊，吴传钧先生语。这一点注定了河西走廊成为中国西北交通的主要孔道。但是，更仔细地看，在中国西北有四条雁行式排列的人口和经济密集地带，其分布方式大约为北西西和南南东走向，这就是渭河谷地、河湟谷地、河西走廊和天山北麓。这无疑是由于中国西部地质构造特点所控制的，顺着北西走行是巨大山系和河谷展布的位置。目前的陇海线西段（宝天、天兰）和兰新铁路就是沿着这四条人口和经济密集带延伸的。这也是古丝绸之路的主要路线。今天被称为新的亚欧大陆桥的铁路线也就是这条干线。毫无疑问，随着大陆桥的开通，西北经济的振

5

我国西北交通建设的宏观设想

兴起也将得到很大的推动。因而西北建设应当牢牢抓着大陆桥这条经济大动脉，沿线布置产业，形成新的经济增长极，使大陆桥不致成为匆匆过客。兰州，这个解放后迅速发展起来的中国西北的铁路枢纽成为人们普遍关注的目标。它正是新中国初期铁路建设高潮中所形成的由中国内地向西北发展的桥头堡。目前是西北地区仅次于西安的第二个经济和文化中心。但它的功能首先是大西北的铁路枢纽，这一认识不能动摇。它现在已经是兰新、陇海、包兰、兰青四大铁路的交汇点，远不止是古丝路上的一个渡口城市。兰州还是进入青藏高原的门户，目前铁路已经修抵格尔木市。为了充分发挥铁路交通枢纽的功能，我很同意兰州铁路局及甘肃省有关负责同志的意见，在二十世纪末和21世纪初应当为兰州"加强中央，打通两厢"。其主要措施是修兰州—宝鸡段铁路复线，解决千军万马奔天水这个狭窄瓶颈的难题。再就是修天水—阳平关新线，避开秦岭天险，打通西北通向西南的大路，并可直出襄樊下中南。这样，大西北的铁路网东边的出口就基本畅通起来，为迎接西北大发展扫清道路。作者认为，从长远来说，国家还应修一条横穿黄土高原的大铁路把北京和兰州直接联结起来，其所经地方大致是兰州—固原—庆阳—延安—太原—北京。目前兰州至北京无论北线南线均接近2000公里，均是围着黄土高原绕道而行。当然，二线沿途所经都是人烟稠密的精华地带，有利于沿线经济发展。但是，穷困的黄土高原也是由于交通不便才始终处于贫穷的怪圈之中而不能自拔，以致大量

我国西北交通建设的宏观设想

的煤炭和石油天然气均得不到开发，农民反而乏料供缺，弄得只能铲草根作燃料的地步，因而生态环境极端恶劣。为了根治黄土高原五千万人民的贫困，上述运煤联结兰州—北京的铁路是值得修的，政府可以把廉价的煤炭运给黄土高原缺乏燃料地区的农民，短期即可达到良好的生态效益，水土保持不致成为一句空话。更重要的是交通便利后黄土高原内部才能货畅其流人尽其用，才能输入资金技术。兰州—北京铁路的修建将为西北提供由天津新港出海的港口，并把西北和华北更密切地联结起来，促进共同繁荣。

以上是建立强大西北铁路网而加强兰州铁路枢纽的一些设想，是为了解决大西北的东向联络问题。但是这个大西北本身不能永远只靠一条大铁路（兰新线），它的运力即使复线铺设完成也仅及5000万吨，这不足以解决由东运油东运国防物资的运输问题。因此，在打通和强化西北铁路网东联通道的同时，有两条铁路干线应当及早建设，一是格尔木至库尔勒的铁路，一是格尔木至拉萨的铁路。这两条路线早在国家规划的蓝图之中，已经作过前期勘测。但由于各种原因未能开始建造。九五之末和二十一世纪之初，这两条铁路是不能再被搁置的了。这两条铁路不仅是经济建设所必须，也是政治上各民族共同繁荣和安定团结所必须。西藏是中国的神圣领土，但帝国主义和民族分裂主义分子长期想把它从祖国分离出去，为了西藏的经济繁荣和社会稳定，青藏铁路非修不可。技术上和资金上的困难是可以克服的，国家的利益是高于一切的。当然，修建这些铁路对我国

9

科学技术也是一种挑战，但中国科技人员有能力克服它们，某些方面如冻土区和沙漠地区筑路已经有了相当的科学储备。

二、我国西部铁路大十字计划

本文作者曾提出过一个大胆的我国西部铁路大十字计划。其目的是克服自然天险对中国西部以至亚洲中部的阻隔作用，营造一条北起俄罗斯的伊尔库茨克，经蒙古高原、居延海入中国，在酒泉和嘉峪关与亚欧大陆桥接轨，西行绕敦煌、南穿当金山口抵格尔木，沿青藏铁路南下到拉萨并越喜马拉雅山山口南行与印度大吉岭铁路相接，一直到加尔各答出印度洋。这条干线正好与亚欧大陆桥直交，因此叫做西部铁路大十字计划。通过这个铁路大十字，亚洲中部被蒙古高原和青藏高原阻隔的各大民族和经济文

10

化区就可以安全畅通无阻，使落后的亚洲能克服地理上的相互隔绝而联合起来。民族间的隔离是造成相互不信任的重要原因，只有文化与经济的交流能克服彼此的疏远甚至敌意，这个世界才能达到共同繁荣，一种新的人类文明才会诞生。毫无疑问，这样的宏伟规划必须得到相邻各国政府的一致支持才能完成，而且只有经济发展到一定程度才有此迫切要求。但是，作者预言，按当代亚洲各国纷纷改革开放、经济正突飞猛进地朝前发展的势头来看，实施这一铁路大十字计划的时机将很快成熟。

应当看到，在甘肃这个狭长省份，东西两头正兴起两个发展中心。东部是兰州中心（放大看包括西宁、白银市），西部则是嘉峪关—玉门石油和黑色金属冶大本中心（还有国际瑰宝的敦煌旅游中心与航天核工业中心）。在古代中国的丝绸之路上，玉门敦煌就如近代中国的上海、香港，因而才会在茫茫戈壁的石窟中留下如此辉煌的艺术宝库。玉门关在古代中国西部是个十字路口。处在二十一世纪前夕，当我们放眼整个亚洲和世界的时候，要重振丝路雄风，上述铁路大十字的设想就是一种天然而合理的选择了。它寄托了亚洲文明全面复兴的希望，而且将在各种文化的接触和溶合之中诞生新的更高级的文明。展望未来，让滚滚车轮带来新世纪之风，揭去那~~神秘的~~青藏高原和戈壁的神秘面纱。

（附图一幅）

12

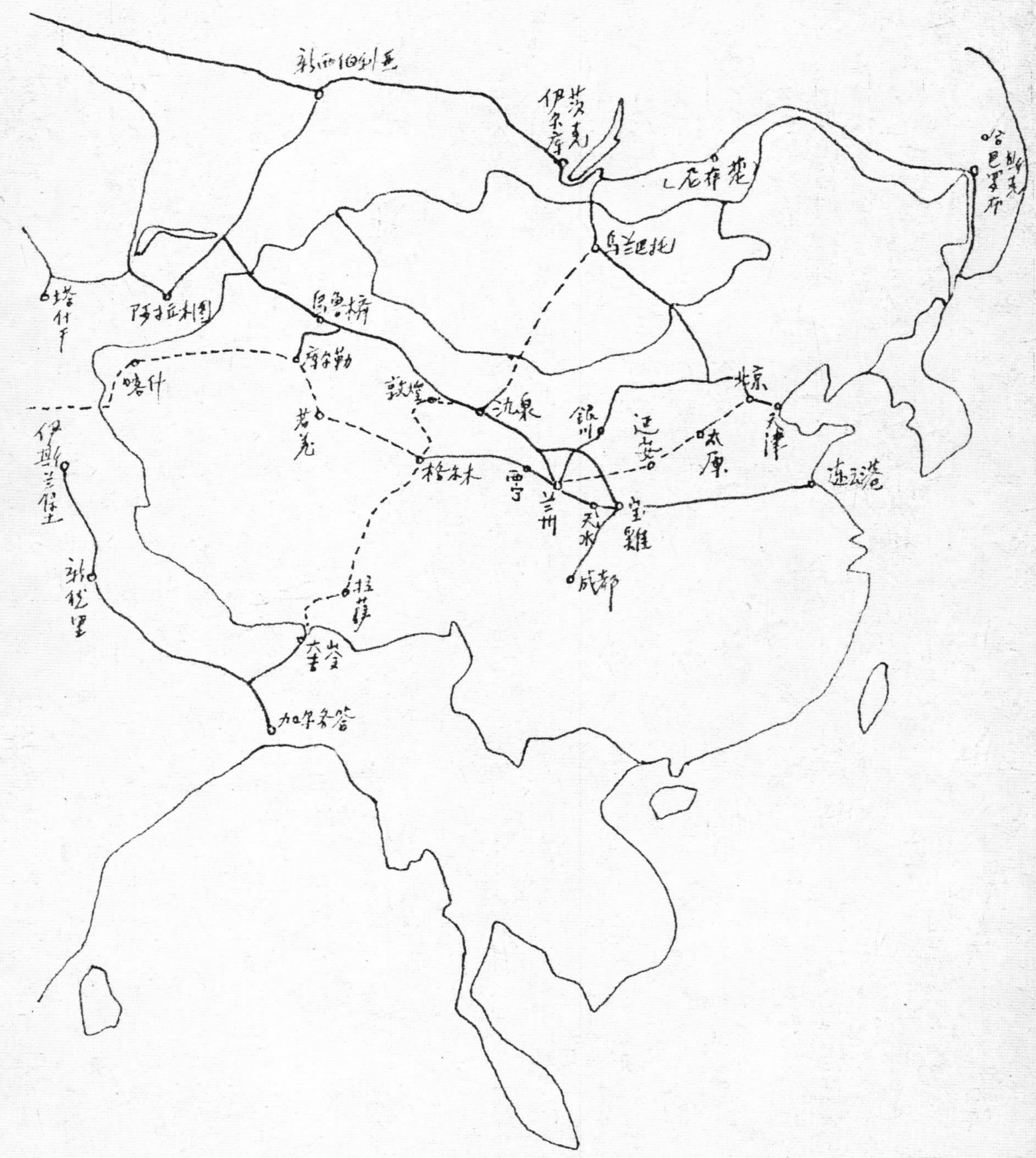

图　中国西北铁路大十字设想（虚线为拟建设铁路）

我国西北交通建设的宏观设想

兰州大學

浅谈新丝路经济

兰州大学地理科学系 李吉均

一、西域与丝绸之路

以汉民族为主体的中华文明起源于黄河流域，更确切地说是渭河流域。人文始祖伏羲氏相传生于现在的天水（秦安），大地湾文化（>8000 a BP）也在这里发现。这不应是偶然的。周秦文化是汉文化的主体，孔子即深於文王周公所订的典章制度，延续二千余年的中国封建制度是秦始皇奠定基础的。因此，渭河流域是中华民族的诞生地是完全成立的。长安作为首都延续达2000年，终于随着大唐盛世的衰落而丧失了它在全国的政治和经济中心的地位。从此中国的封建社会所创造的文明也极盛而衰。

以中原为中心的封建王朝，为维护国家的主权不受异民族的打击，经营西域是必须的。古时候主要危害自北方的游牧民族，因此征服河西走廊，张中

20×15=300　　25A1034·94·3　　第 1 页

兰州大学

因之，"断匈奴之臂"成为必不可少的战略决策。在当时，当时的河西本是大月氏这个民族的故地，在西汉初年匈奴的老上单于不但是把大月氏赶走，而且把大月氏王的头割下来作为饮器。张骞是奉命出使西域和流落中亚阿姆河一带的大月氏取得联系准备联合夹攻匈奴的。不料大月氏迁至阿姆河这个新居，已经是乐不思东归了。因此这个结盟愿望未能成功。但是，倒是和乌孙这个活动于伊犁河谷的部落国家成功地建立了联系，还采取了和亲政策。西汉的这位公主恐怕是嫁得最远的一位了，留下了至今依然令人伤感的诗句。至于汉武帝后来派贰师将军李广利远征大宛，其目的是掠夺战马，已经发展成侵略战争了。

西汉以来经营西域始终没有停止，政治和军事上是为了中原王朝的安全服务，经济上和文化上则实现了古代西方和东方的陆路交流。这是在近代航海技术发明以前，世界舞台上的伟大业绩。德国的李希霍

20×15=300 25A1034·94·3 第 2 页

易把它称作"丝绸之路"，这是中华民族的骄傲。而且经过丝绸之路中国古代的三大发明传到西方，为工业革命提供了技术基础，因此，古丝绸之路在世界文明发展史上是功不可没值得大书一笔的。

可以说没有中华民族开发西域的伟大壮举就没有古丝绸之路，没有古丝绸之路也就没有三大发明的传播西方，工业革命即使不是不可能的也会是要被推迟的。

二、新亚欧大陆桥、开发中国西部的思考

在当代已进入全球文明时代的情况下，古丝绸之路昔日的风光已难再现。通过海洋、空中交通已迅速缩短了世界相距遥远国家之间的距离。但是，人类的经济活动主要还是在陆地上进行的。通过现代化的陆路交通把欧洲和亚洲连接起来仍然是令人神往的，这就是新亚欧大陆桥应运而生的原因。对中国来说就是重新打开西大门，交通友邦，不仅

蘭州大學

为此，这也是开发我国西部全面振兴中华经济的重大战略。中亚五国的独立和睦邻友好关系的建立为此提供了难得的机遇，正在腾飞的中国经济也急需开发西部并向广大的亚欧腹地拓展，实现经济文化的广泛交流。

历史的经验值得注意，中国的汉唐盛世需要打开西大门，经营大西域。

他国的经验值得注意，当今世界诸大国的兴起无不伴随着新的领土的开拓或原有不发达国土的开发。美国在南北战争之后解决了国内的南北政治矛盾，接着便进行西进运动，解决东西部的经济差距。在上世纪末的不到廿年的时间修建了五条横贯大陆的铁路，人口大量西移，直抵太平洋岸。西部的矿产和资源成为支撑美国经济起飞的重要条件。这样，在十九世纪九十年代实现了美国的

20×15=300　25A1034·94·3　第 4 页

浅谈新丝路经济

兰州大学

工业化，并在工业总产值上跃居世界第一，奠定了美国本世纪称雄于世界的经济基础。帝俄虽然也被称为世界列强之一，但在日俄战争中吃尽了苦头，但只是在苏联时期向亚洲开拓，不仅建立了乌拉尔重工业基地，而且开发西伯利亚和远东，较好地解决了东西部经济不平衡的问题，才从产业布局上奠定了战胜希特勒德国和日本的基础，造就了廿世纪下半叶中另一个世界上举足轻重的超级大国。试设想，如果当年苏联领导不坚持建立乌拉尔重工业基地，一旦老的工业基地顿巴斯失守，苏联将陷入手无寸铁的境地。另外，如果不开发西伯利亚和远东，苏军也将失去远东作战的后勤支持，日俄战争中沙俄派波罗的海舰队赴远东作战的悲惨结局即使不重演，战争也会困难得多。现在苏联虽然已解体了，但俄罗斯依然存在，其潜在的

20×15=300　　25A1034·94·3　　第 5 页

兰州大学

世界大国地位仍是不可忽视的。

新的世纪的中国要彻底抛掉"东亚病夫"这顶帽子，应当像上世纪的美国那样，政治上处理好南北问题，经济上处理好东西问题，大力开发西部，打开西大门，才能重新崛起而屹立于世界民族之林。

三、新丝路经济是"串糖葫芦"型的经济

新亚欧大陆桥在中国西北地区由四个西北东南向排列的产业带组成的。一是中华民族的发祥地，位于秦岭北坡的渭河谷地，以西安、宝鸡、天水等工业城市分布的地方。二是河湟谷地，位于祁连山南，是青藏高原东北的"水口"，兰州、西宁等内陆大工业城市位于其间。三是河西走廊，目前是商品粮（甘肃目前70%的商品粮来自河西）和蔬菜基地，又是玉门油矿、酒钢及金昌镍公司所在地。四是天山北麓，以乌鲁木齐、玛拉

20×15=300　　25A1034·94·3　　第 6 页

兰州大学

斯、石河子等新的工业城市和兰州为基地成为大西北产业的前沿阵地。由新亚欧大陆桥联结起来的这四个产业地带是大西北的精华所在。

大西北主要是干旱和半干旱区，这里的经济是由水资源决定的绿洲型经济，平面分布上犹如“长藤结瓜”。把交通看作输水分和营养的“藤”，如果不是枝干粗壮就难以使“瓜”硕大甜美。一是要解决好交通，二是要调节好水资源，三是要建立对称性相联的绿洲生态系统，但又不能破坏周围的生态平衡。国家应当仿效上世纪下半叶美国开发西部的经验，大力修建铁路为主的交通干线。不应把铁路只看作运输物资人员的通道，在新区开发中它是最有效的杠杆，应当舍得投资，有超前眼光。为近期内青藏铁路和通向喀什的南疆铁路就应立即列入议程。水资源调控上一是开源，二是节流。西

20×15=300　　25A1034·94·3　　第 7 页

蘭州大學

像南水北调是大调水工程，只当远方合部的调水工程计划。美国西海岸的洛杉矶已成为全美第二大城市，其水资源供给的大部分靠外来调水。调水主要是解决工业和城镇用水，农业应当是调节水，以工程调水搞农业是极不经济的。应当指出在节水方面上西北潜力极大，以色列以不到20亿方的天然水资源建立起供应500万人口以上的发达经济和农业。中国不可能短期达到以色列的节水标准，但逐步接近是应当努力的。建立良性循环的绿洲生态系统首先是管好水分配好水，防止或纠正忽视下游造成人为的生态破坏现象。例如武威石羊河水由于上游用水过多，使下游民勤湖区三十万亩良田弃耕，地下水严重超采的结果是不可收拾的。又如内蒙额济纳旗近年大面积胡杨林枯死，人畜饮水也发生困难，沙漠前进已包围和逐渐吞没绿洲，这已引起中央各部委和中科院院长们

20×15=300　25A1034·94·3　第 8 页

的极大关注，一致呼吁应抢救敦煌绿洲。

广大的大西北能养活多少人，应当说这一问题不难回答。如果依靠落后的简单再生产，依靠自然经济，目前的人口就已经超载，如甘肃的河西就是如此。如果经济能有一个长足的发展，甚至达到像当今以色列那样的水平，单只甘肃的河西就可养活2000万人，新疆应当达到一亿人或更多。当然我们不能让人类从东到西大搬家，而是指出潜在的可能性。大西北的人民应当发奋图强，建设更加美好的家园，而国家的大力支援也是绝不可少的。

20×15=300　　25A1034·94·3　　第 9 页

兰州大学

地理学在中国的前景

一、什么是地理学的危机？

从事地理学的教学和科研工作已有四十多个年头，经常碰到人谈地理学的危机。在前些年所谓革命浪潮的年代中，年青人还大喊过"砸烂地理学"云云。改革开放以来，人文地理学的研究领域解禁了，伴随着"科学春天"的到来，许多人也欣慰地谈论地理学的"春天"。但是，没有多久，高校入学考试不再考地理，市场经济的发展用人单位更多地倾向于录用实用型人才，原有地理学的教学内容不少已显得陈旧或不实用，以致毕业生出路不佳，地理学面临危机之声又甚嚣尘上。近十年来，在教学改革中许多院校的地理系纷纷改名，以利于招收学生和学生的毕业分配。特别是九十年代国家提倡理科分流，分别培养基础性和应用性人才后，一些实用性的专业或专门化如雨后春笋般地出现，诸如旅游、环保、土地资源、城市规划

20×15=300　　25A1034・96・3　　第 1 页

地理学在中国的前景

兰州大学

以至房地产开发等成为十分热门的办学专业。毫无疑问，这极大地拓宽了地理学的领域，地理系的毕业生也因此占领了一部份人才市场。地理学在求生存和发展的奋斗过程中取得这些成绩颇不容易，本身也说明地理学是一门适应性很强的科学。但是，这种主要由市场驱动的发展本身也包含着不利的方面。十分明显的是，解放后曾经蓬勃发展的自然地理学是被削弱了，地貌和第四纪研究曾经是地理学中的强项，目前不仅专业难办，研究工作也困难重重。在许多高校地理系中这方面的课程被取消或削弱，研究单位中这方面的研究也大大萎缩。本来“地貌与第四纪地质”是一个专业，而且是放在地理学中的一个专业，也有相应的博士点和硕士点。鉴于全球变化成为当前地球科学的

20×15=300　　25A1034·96·3　　第 2 页

兰州大学

热点，与全球变化特别是与全球变化直接相关的第四纪地质被地质学"收回"了。同样，气候学和气候变化的研究过去并不被大气科学所重视，而地理学长期以来把气候学当作是自然地理学中的主要支撑学科，其地位和地貌学不分上下。但是，由于全球变化和气候异常、CO_2增加导致的未来全球气温的上升趋势引起广泛的忧虑，大气科学以前所未有的热情全部关注气候学。在气候变化研究领域中，地理学家的声音正在日趋式微。因此，当我们看到地理学不断地向横向发展，向经济和社会靠拢，显示出人文化的总大趋势的时候，它的自然科学的基础却在被削弱，本人以为这才是地理学的真正危机。其实这正是二次世界大战后美国地理学所经历过的道路，盲目追逐市场导致自然地理学的衰落，损害了地理学的科学性，是不足为法的。

二、走向实验科学

但是，当代地理学的主流却显示二战后科技进步已使地理学由近代地理学走上现代地理学

20×15=300　　25A1034·96·3　　第　页

地理学在中国的前景

兰州大学

的发展阶段，其特征是新技术和实验（野外和室内）方法的广泛採用，纯描述的地理学已经过去。遥感与地理信息系统以及其他计量与地理模型的推广应用更使这一过程达到前所未有的高度。可以认为，当代地理学正在从经验科学走向实验科学，这是地理学革新之路。回想本世纪五十年代中国大学地理系和科研单位所拥有的仪器设备之简陋，当今我国地理学正在被新技术武装起来。这是中国地理学现代化的物质保证。举冰川学为例，五十年代中国开展冰川研究时，不过是把冰川规模进行测量，获得冰川进退、运动速度以及挖雪坑、观测冰川积消，再加上常规的水文气象观测等项目。虽然我们也通过艰辛的努力查清了中国冰川的分布，其与大气环流、地貌等的关係，以及对于旱区河川径流

20×15=300　　25A1034·96·3　　第 4 页

蘭州大學

的补给作用等。但是，一向被人们称为"大地胸膛上最敏感的温度计"的冰川给人类提供的古气候变化的信息仍然是十分粗略的，冰期的原因及演化规律总是扑朔迷离的。近十年这方面取得了长足的进展。大洋钻探从深海提取的岩芯经研究建立了代表过去气候变化的氧同位素曲线。阿尔卑斯经典的四次冰期被证明是不全面的，米兰科维奇天文轨道因素驱动冰期的理论恢复了活力。与此同时，极地冰盖冰芯的研究提供更详细的冰期气候变化的记录。特别是九十年代以来我国西部山地冰芯的研究异军突起。通过实验室的精确分析不仅获得了近千年来以年为单位的气温和降水的变化记录，也能给出十多万年以来气候变化的长周期记录。更有甚者，在喜马拉雅山七千米高的冰川上还

20×15=300　25A1034·96·3　第 5 页

地理学在中国的前景

兰州大学

能查明邻近的印度汽车尾气开始污染大气的年代。这是地理学走向实验科学的活生生的例子。但愿地理学的其它分支都能有突出的进展，地理学的革新必将加速，其对科学和国家的贡献必然更大。

三，变化的中国

当人们一致关注全球变化的时候，中国地理学家尤其应当集中注意力研究中国变化。改革开放以来，中国的GNP已提高四倍，1998年已接近约一万亿美元。须知世界上最强大的资本主义国家美国开国之后差不多花了200年的时间才在本世纪七十年代初达到一万亿GNP的生产规模。中国比美国只晚了二十多年即达到同一水平，发展速度可谓惊人。考虑到美国与中国的国土面积大体相等，同样的生产规模对环境造成的压力也相似。但是，发展速度不同将导致结果大不相同。由于中国发展太快，环境本身的自我调节与恢复能力显然无法抵御

20×15=300　25A1034·96·3　第 6 页

兰州大学

强大的外力破坏。结果就出现了可称之为生态崩溃式的灾难。九十年代黄河断流、长江大水及沿海赤潮频繁发生。全世界城市污染的前十名中国就占了八个。中国的经济是快速发展了，但我们正在为自己挖掘坟墓，毁坏我们自己赖以生存的江河国土。地理学家应当责无旁贷地担负起监测"中国变化"并研究治理方略的责任，再不要让人，布朗教授来扮演中国救父的角色了。应当说明，黄河断流及长江大洪水早有端倪，但当它们突然出现在中国大地上时国人无不为之震惊。作为地理学家而不能预见到这一点，应当汗颜而无地自容。痛定思痛更当奋起以效命于未来。除了黄河断流外，其实西北地区罗布泊、居延海干涸及胡杨林枯死的报导早已连篇累牍，不过是发生在西北遥远之地人们未加

20×15=300　　25A1034·96·3　　第 7 页

地理学在中国的前景

兰州大学

注意而已。

中国经济发展是快速的，中国环境的变化也是快速的，地理学既面临挑战也是发展地理学的大好机遇。钱学森先生慧眼独具，早就提倡除了社会主义的物质文明建设、精神文明建设、民主与法制建设之外，还应该列入社会主义的地理建设，以规范我们的经济活动，在追求经济效益的同时让我们拥有一个清洁而优美的环境。

四，呼唤理论

中国地理学的理论建树不多，尽管我们早就发明了指南针，但先民们长期相信天圆地方的假说，并且总认为中国居天下之中，并以此为国名，实为~~夜郎自大的表现，也是~~地理学落后的表现。我们有"人法地、地法天、天法道、道法自然"的朴素唯物主义的天人合一的思想，

20×15=300　　25A1034·96·3　　第 8 页

至今仍为西方思想家所推崇，认为是可持续发展的理论依据。我们也有“天时不如地利、地利不如人和”以及“天定可以胜人，人定可以胜天”的合于辩证法的人地关系思想，比西方的地理环境决定论高明。但是，除了禹贡、山海经、汉书地理志以至汗牛充栋的历代地方志、“天下郡国利病书”“读史方舆纪要”以及有科学思想萌芽的“徐霞客游记”外，就是“大唐西域记”这样的所谓实录也大多记载一些怪诞不经的神话。因此，古代中国地理学虽然提供了大量的记载，是名符其实的关于地理事物的记述（Geography），但却缺乏像样的理论，较之西方已是落后许多。比如古代希腊人就知道经纬度并划分出热带温带等气候带，已经知道地球形状为球体等，而中国人知道地球为圆形却是很晚的事，是

地理学在中国的前景

兰州大学

从西洋传教士哪里学来的。明末意大利传教士利玛窦著"万国舆图"，中国士大夫才知道有五大洲。郑和下西洋比哥伦布发现新大陆早半个世纪，更比麦哲伦环绕地球航行一周的壮举早一百年，但中国并未因此受益，后来又走向闭关锁国的落后挨打的道路，地理学理论的落后应当是一个原因。郑和只是为了宣扬国威，地球是方是圆并不清楚，哥伦布与麦哲伦则笃信地球是球形，西行为东归，甚至把美洲土著叫做印度人，错误中包含着智慧。中国近五百年来落后于西方，地理学理论上的落后是一个原因。有鉴于此，中国的重新腾飞于世界必须地理学有一个重大的发展，而新的地理学理论的创造尤为重要。钱学森先生呼吁地球表层学（即地理科学），西方则提倡发展地球系统科学，没

20×15=300　　25A1034·96·3　　第 10 页

兰州大学

有这种新型的科学就难于研究像全球变化这样的极富挑战性的世界性科学问题，规划和实现社会的可持续发展。地理学由于横跨在自然科学和人文社会科学之间，有最佳的地位来研究这些当代科学前沿问题为经济和社会发展作出重大贡献，并在实践中扬弃自己发展成为全新的现代科学。中国经济建设和社会改革的前所未有的速度和规模造成的人类生存环境的变化也为中国地理学的发展提供了十分难得的机遇。我们既要注意市场的需要，但又要在变化的市场中保持清醒的头脑，随俗而不媚俗，并在理论研究上力求有超前意识。中国及其所在的亚太地区在廿一世纪有可能发展成为与西欧北美并驾齐驱的文明世界的中心，与此相适应，地理学也将有重大的发展。正如地理大发现促

20×15=300　　25A1034·96·3　　第 14 页

地理学在中国的前景

兰州大学

进西方国家进入资本主义和现代化的道路并使古代地理学转变为近代地理学一样，世界最大的洲和最大的洋所在的亚太地区在从工业化社会发展阶段走上繁荣之路相伴随的将是近代地理发展为现代地理学的过程。全球变化研究和社会可持续发展呼唤现代地理学，中国的改造和建设呼唤现代地理学。现代地理学已经初现端倪，就目前已经呈现出来的有五大特征，第一，现代地理学是统一地理学，理由是人类活动是如此广泛，地球表层系统到处打上人类的烙印，自然与人文如此深刻地交织融合而又对立制约，没有理由把二者分割开来；第二，现代地理学是全球地理学，人类住在同一个地球村，全球化是人类当代活动的特色，一个国家的环境污染将波及全球，诸如人口爆炸、资源匮乏、

20×15=300　　25A1034·96·3　　第 12 页

兰州大学

战争与和平都是全球性的问题，全球变化研究更需要全球视野与多学科合作；第三，现代地理学是研究地球表层各圈层相互作用的科学，地球按圈层划分，我们已拥有发展成熟的大气科学、水文科学、地质学、土壤学和生命科学等，但人类生存的地理环境是统一的，现代地理学应把自己的研究重点放在各圈层的相互作用及其与人类活动造成的智能圈的耦合与联动上，要克服拼盘式的综合或见物不见人的综合，这往往是方面综合的地理学的致命弱点；第四，现代地理学是建设地理学，社会的可持续发展和人地关系的协调是现代地理学的主要目标，参与决策和追踪研究应当是地理学家的社会责任；第五，现代地理学是高技术地理学，空间对地观测和计算机应用为主的地理信息系统，现代化的野外观测和室内实验分析与模拟，以及数字化地球等将逐渐取代

20×15=300　　25A1034·96·3　　第 13 页

地理学在中国的前景

蘭州大學

传统的方法，地理学将逐渐变为实验科学，这是地理学现代化的保证。

在理论创造方面当前亚太地区面临良好的机遇，这里是全球季风最强盛的地区，青藏高原隆升及其全球性的影响尚未充分揭露，与太平洋赤道暖流有关的厄尔尼诺现象、西太平洋暖池的作用刚开始研究，中国三大自然区虽然在五十年代已被揭示，但其生成演化的控制因素与内在联系并不很清楚，黄土这种新生代的粉尘堆积被证明有与深海沉积和极地冰芯一样的古全球变化记录，尚有巨大的科学潜力值得继续研究，而亚洲中部干旱区的形成演化与三十年代德日进已提到的"亚洲干极"，七十年代特洛尔所提到的"亚洲干旱核心"都是尚待发掘和深化的重大理论问题。但大致已经明确，亚太地区

20×15=300　　25A1034·96·3　　第14页

兰州大学

新生代岩石圈的变形造成的大气环流的变化和地理环境的分异以及由此决定的人类活动是一环套一环的耦合系统，地球系统科学将从此中寻觅实例并揭示各圈层互动的规律，原始性的知识创新日积月累必将会引起新的理论突破。西欧北美的工业化搞了三百多年，造成环境破坏和社会动荡曾震撼全世界。亚太地区快速的工业化更难免生态环境的迅速恶化及社会动荡。凡此诸种问题都是进入廿一世纪现代地理学研究的前沿领域。现代地理学将在亚太地区获得发展的广大空间，并有可能居于诸科学的前沿，为人类社会的进步提供更好的服务。

20×15=300　　25A1034·96·3　　第 15 页

地理学在中国的前景

甘肃省生态建设和经济发展~~的若干~~问题之浅见

李吉均

（兰州大学地理科学系）

甘肃省的地理位置十分重要，它是中国东部人口密集经济繁荣的季风地区通向西北干旱区和青藏高原高寒地区的交通孔道。在中国历史上，甘肃是连合中国三大地缘政治区域的纽带。可以说，没有甘肃就没有统一和强大的中国。汉武帝开拓丝绸之路首先经营河西，终于打败了强大的匈奴，建立了古代史上与罗马帝国东西交相辉映的世界中心。唐王朝打败突厥，丝绸之路復通，位于丝路要径的甘肃经济十分繁荣，"资治通鉴"记载（天宝十二年）"是时中国盛强，自安远门西尽唐境凡万二千里，闾阎相望，桑麻翳野，天下称富庶者无如陇右。"此中所称陇右，主要即指甘肃，当时不仅农牧业发达，商业繁荣也作出重要贡献，这只要从敦煌莫高窟唐代的石窟艺术之盛即可推知。当时

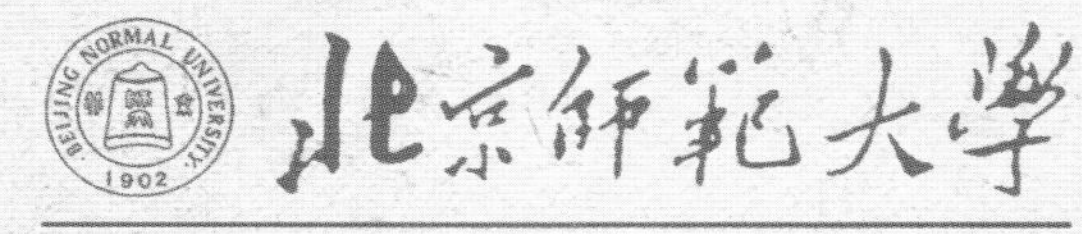
BEIJING NORMAL UNIVERSITY
Beijing100875,P.R.China

国际贸易发达的程度。因此可以说，中国的统一为甘肃的繁荣提供了基础和条件。以古证今，当代中国改革开放二十余年，经济发展迅速，与中亚各国建立了睦邻友好关系，重振丝路雄风的条件已经具备，生长在甘肃的中华儿女应当抓住这个历史机遇，作出无愧於古人的业绩，为振兴中国贡献力量。但是，甘肃的经济薄弱，生态脆弱是全国最落后的省区之一，如何认识省情，扬长避短，方能走出适合於自己的发展路子。近些年来，甘肃省的领导提出"工业强省"的思路，提出经济增长比全国平均水平高一点，人口增长比全国低一点，以期达到逐步赶超的目的。这些想法无疑都是正确的，但如何实现，则还是一个难题。比如说，以人均GDP为例，2003年长三角地区15个城市的人均GDP已达3600美元，甘肃则仅为600美元，差了五六倍。按全国20年发展纲要，到2020年全国人均GDP应为3000美元，长三角已经提前17年实现，甘肃则需在未来17年

甘肃省生态建设和经济发展问题之浅见

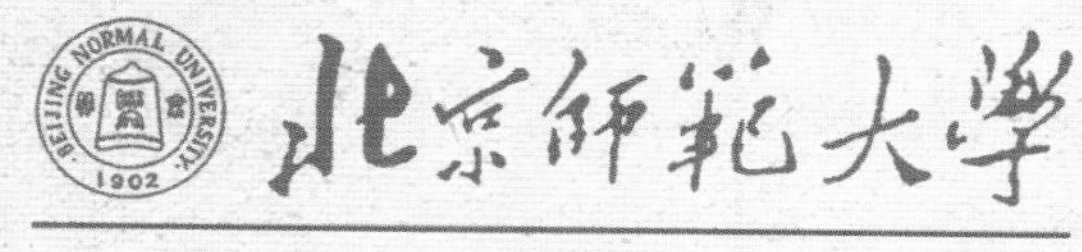

经济增长5倍，方能与全国一道进入富裕型小康的境界。这将意味着以每年10%的速度增长。这样的发展速度正好是长三角当前的发展速度，甘肃这样的欠发达地区是难于达到的。因此，我们必须实事求是，不能盲目攀比和急于求成，大跃进时期甘肃的地方领导人冒进浮夸曾经给甘肃人民带来的教训我们必须永志不忘。特别是中央提出以人为本和全面、协调与可持续发展的科学发展观的今天，我们更要对发展的速度有清醒的认识。如果我们的发展速度真正是有效益和对提高人民的生活水平有作用的，这种发展人民一定是欢迎的。

科学发展观要求做到五个协调和统筹，其核心是协调人地关系，即不能以牺牲生态环境来换取经济发展。甘肃生态环境特别脆弱，这是众所周知的，但由于自然环境的差异很大，在生态环境的保育上也必须分区指导。从人地关系的现状分析，可以把甘肃划分为四个功能区：

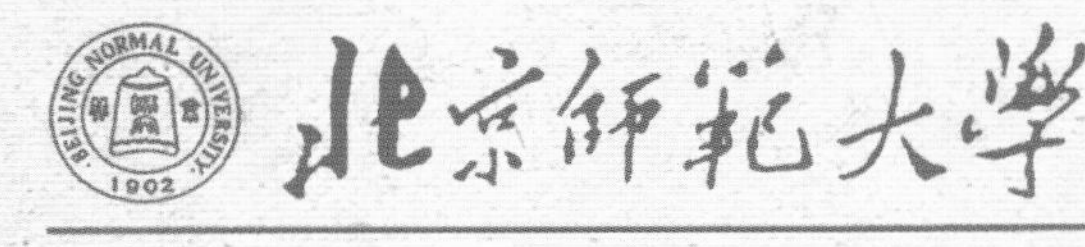

是青藏高原区，包括甘南高原和祁连山地，人地关系相对宽松，为甘肃宝贵的水源地和森林分布之地；二是河西走廊绿洲及戈壁荒漠区，人地关系除个别地方（如民勤）外比较协调，是甘肃粮食主产的商品粮基地；三是黄土高原区，是甘肃人口集中分布之地，生态破坏严重，人地关系十分紧张，土地垦殖过度，人口生育太多；四是陇南山地（或西秦岭山地），虽然水热条件是甘肃最好的，但因地形破碎，山高谷深，人口垦殖过多导致水土流失及泥石流洪水灾害频发，也是人地关系十分紧张的地区。就甘肃省全省人口的分布来说，青藏高原、陇南山地及河西走廊虽然土地面积占全省的3/4，但人口不过1/3，地广人稀。黄土高原面积不过全省的1/4，但集中了全省2/3的人口，而且甘肃省的兰州、白银、天水等大中城市均分布在该区，是甘肃省精华所在，也是甘肃困难之所在。上世纪八十年代中央领导即提倡在黄土高原种草种树制止生态破坏，但效果不大，主要是经济

甘肃省生态建设和经济发展问题之浅见

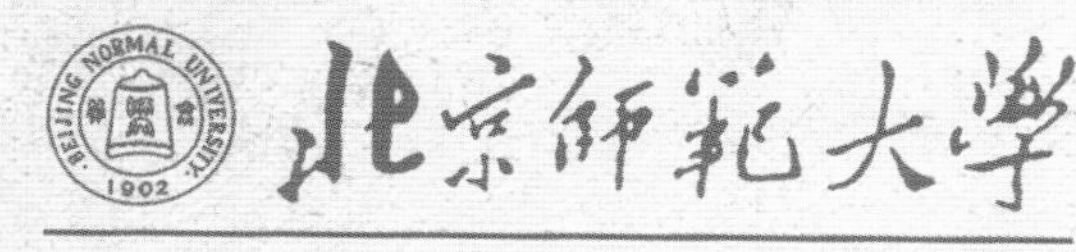

BEIJING NORMAL UNIVERSITY

Beijing100875,P.R.China

小平纸，缺乏有力措施，自中央提出西部大开发和山川秀美的号召后，实施着退耕还林（草）的政策，黄土高原才进入良性的生态循环。陇南山地水土流失严重，退耕还林也是必由之路，应与黄土高原一样，锲而不舍地抓下去。如果说黄土高原与陇南山地的生态破坏都属于当地农民自己破坏自身受害因而只要政策兑现，农民本身是有积极性进行生态修复工作的话，另一种生态恶化如民勤的生态破坏则主要是由于水资源配置的不合理造成的。即中上游的过量用水，使进入下游的水量大幅度减少，迫使下游农民垦殖耕地超采地下水，因而使地下水急速下降，地面生态系统被严重破坏，以农业为主的经济处于不能持续发展的窘境，已经因水源问题而大面积弃耕，出现数以万计的生态难民。民勤绿洲正在崩溃，这是甘肃面临的最迫切的生态灾难，政府领导和本省的有识之士包括科技人员均要关

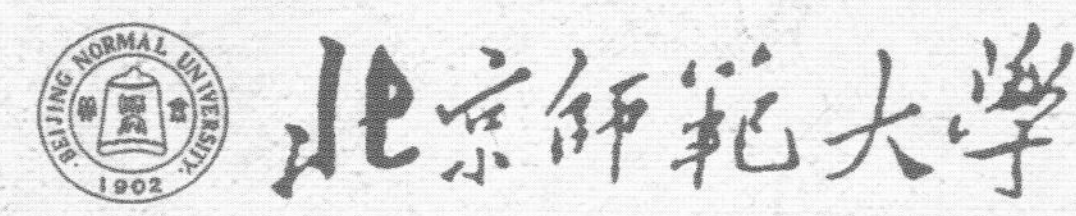

BEIJING NORMAL UNIVERSITY
Beijing100875,P.R.China

注民勤绿洲的消亡问题，提出可行的解决办法。看来出路是：区内合理配水、节约用水和实行生态移民。我认为甘肃的生态建设，目前必须狠抓荒漠化和陡坡地的退耕还林（草），对民勤绿洲的崩溃实行抢救。这应当是当务之急，不能做表面文章和走过场，抓而不狠等于不抓。实际上，随着农业经济的发展，农民收入的提高，由农牧业经营造成的生态破坏总是要趋于缓和的。本文作者八十年代在定西地区就亲眼看到农村妇女跪在地上铲草根，这种现象目前已经少见，而且山坡上水分条件较好的地方，草木丛生已与十多年前完全不同，因此对生态问题抱悲观态度也是不对的。

应该注意到，农村地区的生态破坏是人们所熟知的，办法也很清楚，只要政策正确，有资金投入，发动群众，问题不难解决。目前突出的问题是城市的环境和生态问题。由于经济

甘肃省生态建设和经济发展问题之浅见

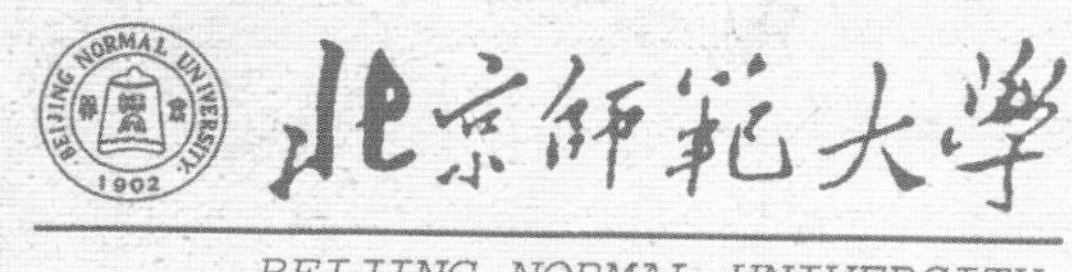
BEIJING NORMAL UNIVERSITY
Beijing100875,P.R.China

发展，城市人口迅速增加。甘肃省是处在全国城市化滞后的地区，2000年全国城市化为36%，甘肃省仅为24%，落后全国12个百分点，但较之1980年仍然增加了10个百分点。城市化发展很快，但城市基础设施的投资不足，往往房地产开发对公路建设有安排，但废水处理、垃圾处理，有害气体排放的控制缺乏投资，至于绿地建设、娱乐场所也因用地紧张而很少顾及。因此，中国的城市是世界上污染最严重的城市，有一年世界排名前十位的污染城市中国就占了大半。甘肃省由于经济条件差，建设卫生而文明的城市任务十分艰巨。据说，为旅游点修厕所竟上了省政府的办公会上。因此，建设生态城使之适合于人居住是甘肃城市建设的迫切问题。鉴于城市以经济为核心，没有清洁生产城市是治不了的，必须推广生态经济和循环经济，把现代城市建设奠定于理性基石之上。

城市化是经济发展特别是工业化的外在表现，

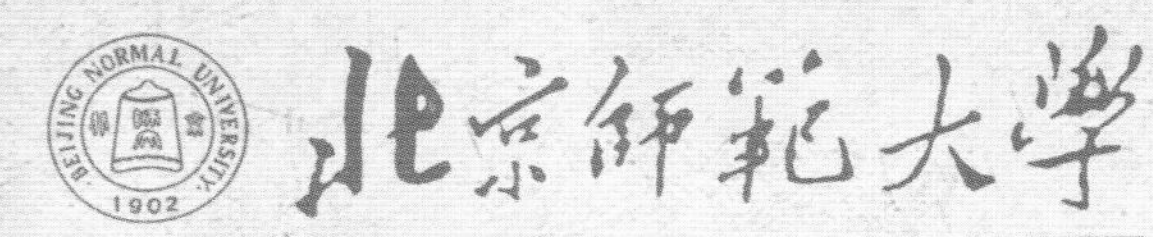

BEIJING NORMAL UNIVERSITY
Beijing100875,P.R.China

甘肃省改革开放以来经济发展严重滞后，城市化也严重滞后，不仅落后于全国，在西北五省（区）也居于末位，以2000年为例，新疆（34）、青海（35）、宁夏（32）、陕西（32）均远高于甘肃的24，分别高出8-11个百分点。城市化严重滞后，既是工业化滞后及畸形发展的结果，也是阻碍农业人口向城市转移，从根本上妨碍了农民的脱贫致富。对于这个问题不能不引起政策决策人的关注。长期以来，中国城市发展的指导方针是限制大中城市发展，促进小城镇发展，在上世纪八十年代，中国东部乡镇企业大发展，一批小城镇发展起来，甘肃省实际上错过了这一历史机遇，九十年代全国特别是东部大中城市突破了政策限制，外资进入及城市产业的升级吸引大量农村人口进城打工，形成中国历史上空前的"民工潮"，有近亿农村人口进入城市打工，许多人逐渐沉淀下来，成为新的城市居民，这是东部城市化快速

| 甘肃省生态建设和经济发展问题之浅见

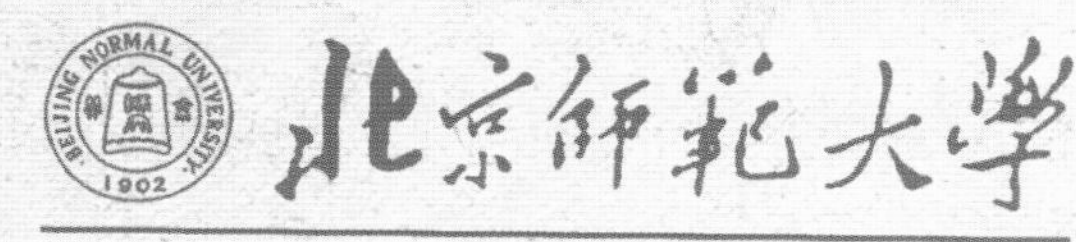

Beijing100875,P.R.China

发展的根源。甘肃省的工业发展滞后一方面是缺乏投入，更重要的是长期形成的以探掘冶金等粗加工为主的工业未能形成较长的产业链，不仅产值低，也不能大量吸收农村进城打工的农民工。针对这一情况，甘肃省必须调整工业内部的产业结构，更要在城市发展上有新的思路。不能大中小城市齐头并进，应该首先做大大城市和地区中心城市。学习中国东部发展的经验，必须是锦上添花，使大城市成为地区经济发展的增长极。在本世纪头十年集中发展兰州都市圈和河西走廊诸城市。事实证明90年代以来这些城市经济发展速度相对较快，这和它们分布在交通干线上有关，也和自然条件相对良好有。兰州所在是青藏高原东北边缘出水口，四周形成一个向心水系，沿黄河的干流及支流形成一批天然的卫星城市。只要把交通搞好，兰州水源能源均不缺乏，是西北

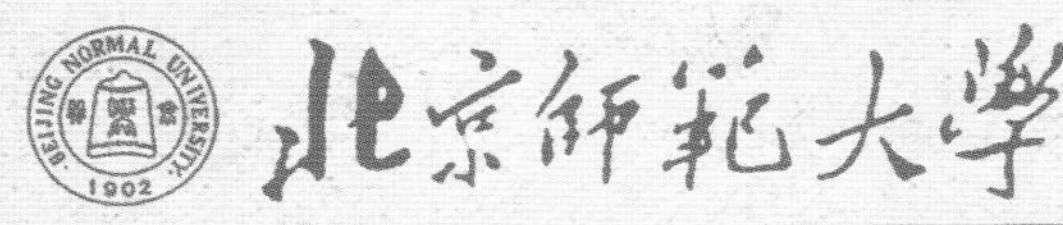

BEIJING NORMAL UNIVERSITY
Beijing100875,P.R.China

地区难得的发展特大城市的所在。孙中山早年就把兰州命名为中国的"陆都"，认为应该把兰州建成中国内地最大的航空港。临航空港虽无从谈起，但兰州确实已成为中国西部联络东南西北的最重要的交通枢纽，重要的铁路公路均辐聚于兰州，把兰州发展为大西北的制造业和商贸中心不仅是必要的也是可能的（首先是有充足的能源和水源）。国内一些学者从现状出发认为兰州的经济实力和人口规模都在重庆、成都和西安之后，因而把兰州列西部的二等城市，这是犯了一个战略性的错误，当然1985年白银市独立建市也削弱了兰州市的规模和经济力量。从城市发展的规律来说，特大城市必须有它的辐射范围，与周围次级城市构成功能互补的都市圈。就兰州来说，白银市无论如何均在其影响范围内，而且包括临夏、临洮、定西均应纳入兰州都

甘肃省生态建设和经济发展问题之浅见

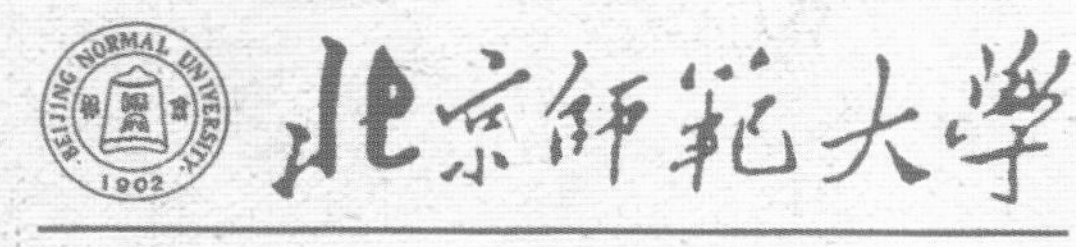

BEIJING NORMAL UNIVERSITY
Beijing100875,P.R.China

市圈内，涉及的总人口近800万，要把这800人口迅速纳入城市化的轨道，调整产业结构，由畸形的重工业和原材料工业必须尽快改观，鼓励私营工商业，按市场配置资源，以求大量吸收农村剩余劳动力。美国的第二大城市洛杉矶为我们树立了楷样，中心城市洛杉矶有300万人口，加外围都市圈的中小城市达1000万，成为美国西海岸最为生机勃勃的特大城市和都市圈。处在古丝绸之路要冲的兰州是大西北开发的桥头堡（不是西安），它本来就是解放后以计划经济指导下形成的新兴移民城市，在文化交融中过程形成在西部地区相对比较开放的城市，少一些西安的传统和保守，也少一些成都因位于天府之国而拥有的自在和安闲，有希望在21世纪成为中国西部最为重要的中心和外向性城市（面向中国西部民族地区和中亚各国），陆上交通枢纽，不远的将来

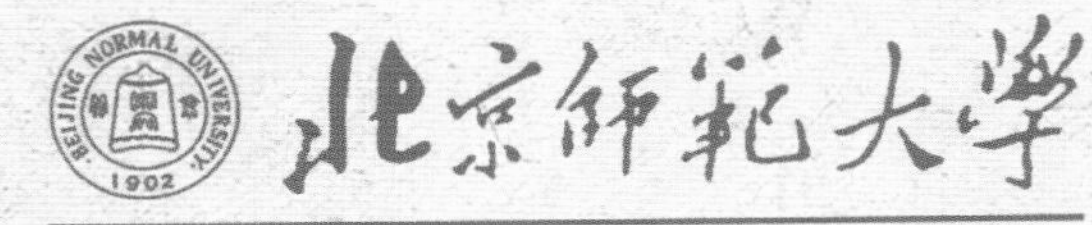

BEIJING NORMAL UNIVERSITY
Beijing100875,P.R.China

成为制造业和商贸中心，进一步发展金融信息中心，则大兰州对中国的贡献将充分体现出来。在大兰州向西的延长线上，广布着河西走廊诸绿洲城市，不仅农业发达，而且工矿业和旅游业得天独厚，○百多万人口应逐步集中城市，由于土地平旷，便于机械化操作，应告别小农时代，土地集中经营，成为甘肃商品粮和经济作物的主产区。如果甘肃省把大兰州和河西走廊两地的工作做好，无论生态建设和经济建设都会有了主心骨，就会走出西部发展"锅底"的窘境。

最后再声明，本文作者在经济和生态方面均系小学生，是在中央提倡的科学发展观的启发下产生上述一些不成熟的思想，写出来向读者求教，如有不妥，不会固执己见。~~这是作者的由衷之言。~~切盼斧正，谢

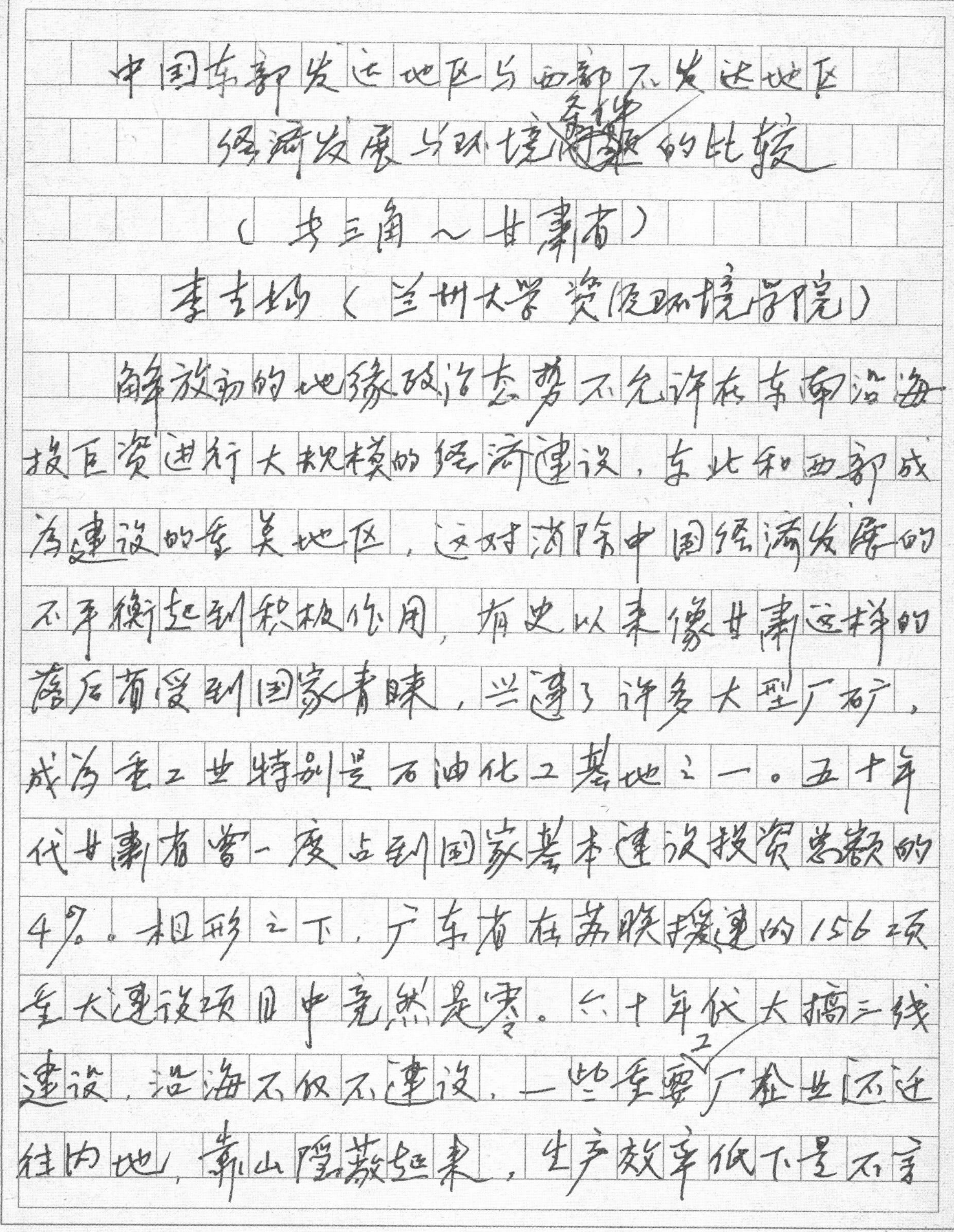

中国东部发达地区与西部不发达地区经济发展与环境条件的比较

（长三角～甘肃省）

李吉均（兰州大学资源环境学院）

解放初的地缘政治态势不允许在东南沿海投巨资进行大规模的经济建设，东北和西部成为建设的重点地区，这对消除中国经济发展的不平衡起到积极作用，有史以来像甘肃这样的落后省受到国家青睐，兴建了许多大型厂矿，成为重工业特别是石油化工基地之一。五十年代甘肃省曾一度占到国家基本建设投资总额的4%。相形之下，广东省在苏联援建的156项重大建设项目中竟然是零。六十年代大搞三线建设，沿海不仅不建设，一些重要工厂企业还迁往内地，靠山隐蔽起来，生产效率低下是不言

DRAGON 20 x 15 = 300 第 1 页

而喻的。这是中国改革开放前经济建设较之亚洲四小龙的发展速度严重滞后的原因之一。

改革开放以来，中央放弃了均衡发展的政策，给沿海省市以倾斜政策，吸收外资，引进先进技术和管理经验，珠江三角洲和长江三角洲等沿海地区经济蓬勃发展，带动了整个中国经济的快速发展，这是有目共睹的，证明中央决策是完全正确的。经过二十多年的发展，中国东部形成了三个经济发达的地区，这就是广州、深圳为首的珠江三角洲；上海为首的长江三角洲和京津冀地区。这是中国现代经济发展的三个火车头。改革开放之初珠三角由于地近港澳，得风气之先，大量外资拥入，经济发展速度最快，GDP年增长速度平均在两位数。二十一世纪开始以来，长三洲的潜力开始显现，

DRAGON 20 x 15 = 300 第 2 页

中国东部发达地区与西部不发达地区经济发展与环境条件的比较

。2002年，长江三角洲十五个城市的7600万人口，GDP总量占到全国的19.5%，人均GDP达到3650美元，约为甘肃省的六倍。长三角在吸引外资及对外贸易上已经超过珠三角，大有后来居上之势。目前，珠三角提出9+2的泛珠三角的设想，大有和长三角互相争夺腹地的架势。如果处理得好，这种竞争是有利于全国的经济发展的，恶性竞争则是不可取的。

长三角以6%的全国人口，产出了占全国19.5%GDP的份额，这种贡献是值得称赞的。甘肃省以2%的全国人口GDP贡献仅为1%。甘肃省是落后太多了。甘肃省领导提出GDP年增长率比全国高一点，人口增长率比全国略低一点，实行赶超战略，这是完全必要的。但即使达到这样的理想速度，也还是无法赶上像长三角这样的发达地

DRAGON 20 x 15 = 300 第3页

区的。在近几年中，长三角的GDP增长速度已经达到13%，按此计算，2010年人均GDP将达到8000－10000美元。甘肃省在今后年代即使达到10%的增长速度，2010年也不过人均GDP为1200美元。虽然中央提出西部大开发战略，给甘肃这样的落后省以巨大支持，但上述计算表明差距将不是缩小而是进一步拉大的。这在相当时期几乎是不可避免的，不以人的意志为转移的。但这不是说我们就可以安心等待甘肃省经济形势的好转，或经济杠杆自己起作用来纠正这种不平衡。正确认识省情，积极探讨对策，找出适合自己发展的道路，应是我们不可推卸的责任。

从历史地理学的角度分析，位于黄河上游的甘肃省本来是黄河流域中华文明的起源地，大地

DRAGON 20 x 15 = 300 第 4 页

湾文化对应于传说中的伏羲女娲，是华夏文化的发源。统一中国的秦王朝也是从这里走向关中并缔造了中国历史上第一个中央集权制的大帝国的。汉武帝开辟河西，打通丝绸之路，把甘肃的战略地位提到了空前的高度。在中国历史上，凡强大的朝代，甘肃特别是河西必需置于中央的控制之下。唐朝是中国经济文化发展最辉煌的时期，甘肃的经济也十分繁荣，也是历史上唯一的一次。《资治通鉴》记载（天宝十二年，即公元753年）"是时中国强盛，自安远门西尽唐境凡万二千里，闾阎相望，桑麻翳野，天下称富庶者无如陇右"。此中所称陇右，主要即指甘肃，当时不仅农牧业发达，由于丝绸之路畅通，商业十分繁荣，当时中外交通给甘肃带来的经济利益也必然十分丰厚。莫高窟唐代艺术之盛也

DRAGON 20 x 15 = 300 第 5 页

是经济贸易繁荣的记录，把当时的敦煌比之今日的上海是并不过份的。甘肃在盛唐时期的繁荣像昙花一现般地匆匆过去，以后再也没有辉煌过，这是很值得研究的。本文作者初步认为，甘肃生态环境脆弱、人口的过多增长促进土地退化，以及明清以来闭关锁国政策使丝绸之路断绝中外贸易行进是两大主要原因。解放后如前所述甘肃有的工业曾在计划经济体制下受到国家大力支持，建立起了石油化工及採矿冶炼为主的重工业，但轻工业十分落后，第三产业更不发达，难以吸纳农村人口进入城市，故城市化率极低，迄今仍只有26%（全国已达40%。）。亚欧大陆桥建成了多年，但至今未见对甘肃有何重要促进。甘肃引进外资之低也是十分可怜的，　年仅为　美元，为全国的　%。这也就

DRAGON　20 x 15 = 300　第　页

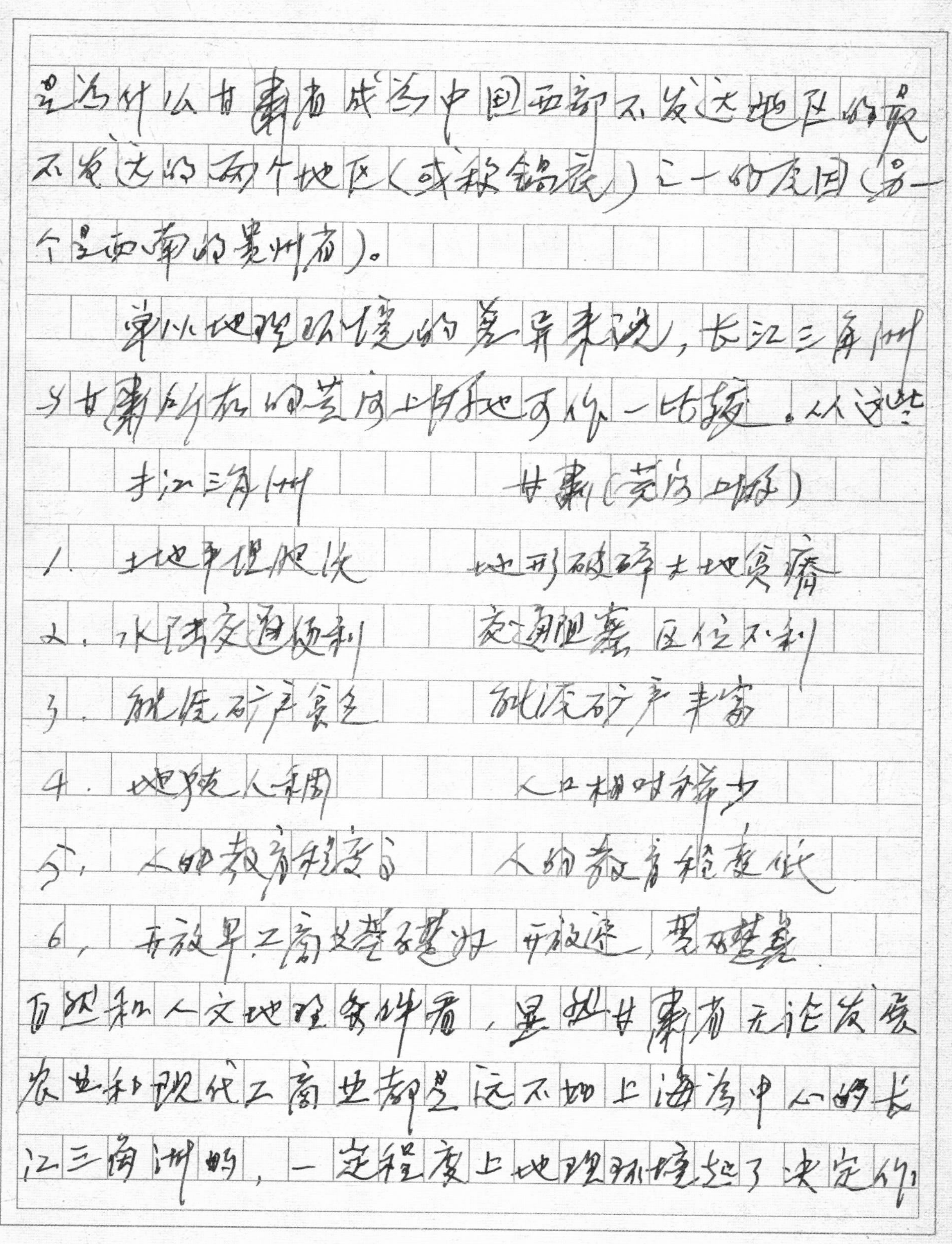

是为什么甘肃省成为中国西部不发达地区的最不发达的两个地区（或称锅底）之一的原因（另一个是西南的贵州省）。

单从地理环境的差异来谈，长江三角洲与甘肃所在的黄河上游地区可作一比较。从这些

长江三角洲	甘肃（黄河上游）
1. 土地平坦肥沃	地形破碎土地贫瘠
2. 水陆交通便利	交通阻塞区位不利
3. 能源矿产贫乏	能源矿产丰富
4. 地狭人稠	人口相对稀少
5. 人的教育程度高	人的教育程度低
6. 开放早工商业基础好	开放迟、基础差

自然和人文地理条件看，显然甘肃省无论发展农业和现代工商业都是远不如上海为中心的长江三角洲的，一定程度上地理环境起了决定作用

DRAGON 20 x 15 = 300 第 6 页

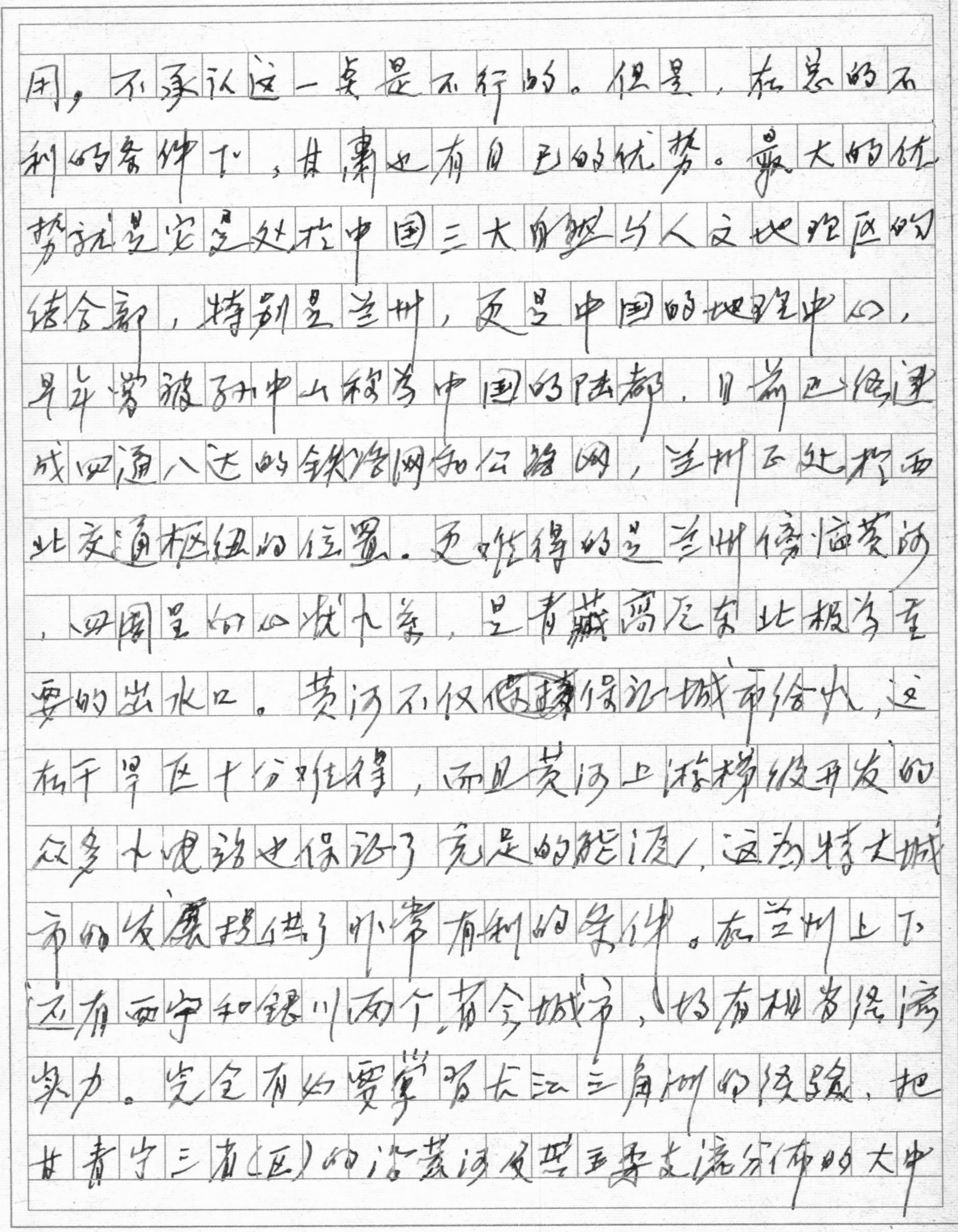
困，不承认这一点是不行的。但是，在总的不利的条件下，甘肃也有自己的优势。最大的优势就是它处在中国三大自然与人文地理区的结合部，特别是兰州，更是中国的地理中心，早年曾被孙中山称为中国的陆都。目前已经建成四通八达的铁路网和公路网，兰州正处在西北交通枢纽的位置。更难得的是兰州傍临黄河，四周是的山水大系，是青藏高原东北极为重要的出水口。黄河不仅保证城市给水，这在干旱区十分难得，而且黄河上游梯级开发的众多水电站也保证了充足的能源，这为特大城市的发展提供了非常有利的条件。在兰州上下还有西宁和银川两个省会城市，均有相当经济实力。完全有必要学习长江三角洲的经验，把甘青宁三省(区)的沿黄河及其主要支流分布的大中

DRAGON 20 x 15 = 300 第 7 页

中国东部发达地区与西部不发达地区经济发展与环境条件的比较

城市组织起来，实行优势互补，合理调整产业结构，把目前以石油加工和有色金属冶炼为主的重工业畸形发展改为轻重工业均衡发展的西北区最大的制造业中心。其产品不仅占领西北多民族地区市场，还应当瞄准中亚五国的市场，重振丝绸之路的雄风。短期内难于做到这一点，但以10—20年为期，到2020年，应力争其实现。为此，要调查本国市场，也要调查中亚五国市场，以市场需求来兴建新的产业，而不是继续采原材和初级产品。中国是在世界性的产业结构大调整中抓住机遇成为"世界工厂"的，中国本身的产业结构未来也必然要进行区域性的大调整，东部和境外资金也必然会逐渐向内地。如果能未雨绸缪，抢占先机，发展速度必然加快。大兰州经济圈首先要充当好西北大开发桥头堡

DRAGON 20 x 15 = 300 第 8 页

的作用。逐步建成大西北最大的制造业和商贸中心，当地国际化的程度也会相应提高。向西延伸，河西走廊诸城市应依托自己的矿产、旅游及农业资源迅速形成产业经济，提高城市化水平，把农民人力从土地上解放出来，实行土地的集中经营，成为甘肃主要的商品粮和经济作物基地。甘肃省如果把大兰州经济圈和河西走廊两地工作做好，全省的经济建设和生态环境保护都有了主心骨，就会走出西部大开发中目前处于"锅底"的窘境。

DRAGON 20 x 15 = 300 第 9 页

中国东部发达地区与西部不发达地区经济发展与环境条件的比较

中国东部发达地区与西部不发达地区
经济发展与环境条件的比较
（以长三角和甘肃省为例）

李吉均（兰州大学资源环境学院）

一、东部发达地区与西部的比较

1. 改革开放前的均衡发展

2. 〃　以来的倾斜政策

3. 二十多年来东西差距拉大及未来预测

二、甘肃历史上的辉煌

1. 大地湾的文明（8000年）

2. 盛唐陇右富甲天下（?）的原因

三、三角洲和山地地形地理环境的比较

1. 地理环境决定论（?）

DRAGON　20 x 15 = 300　第　页

2. 出路何在？

~大兰州经济圈~

"是时中国强盛，自安远门西尽唐境凡万二千里，闾阎相望，桑麻翳野，天下称富庶者无如陇右。"

~《资治通鉴》天宝十二年（公元753年）

DRAGON 20 x 15 = 300 第 页

中国东部发达地区与西部不发达地区经济发展与环境条件的比较

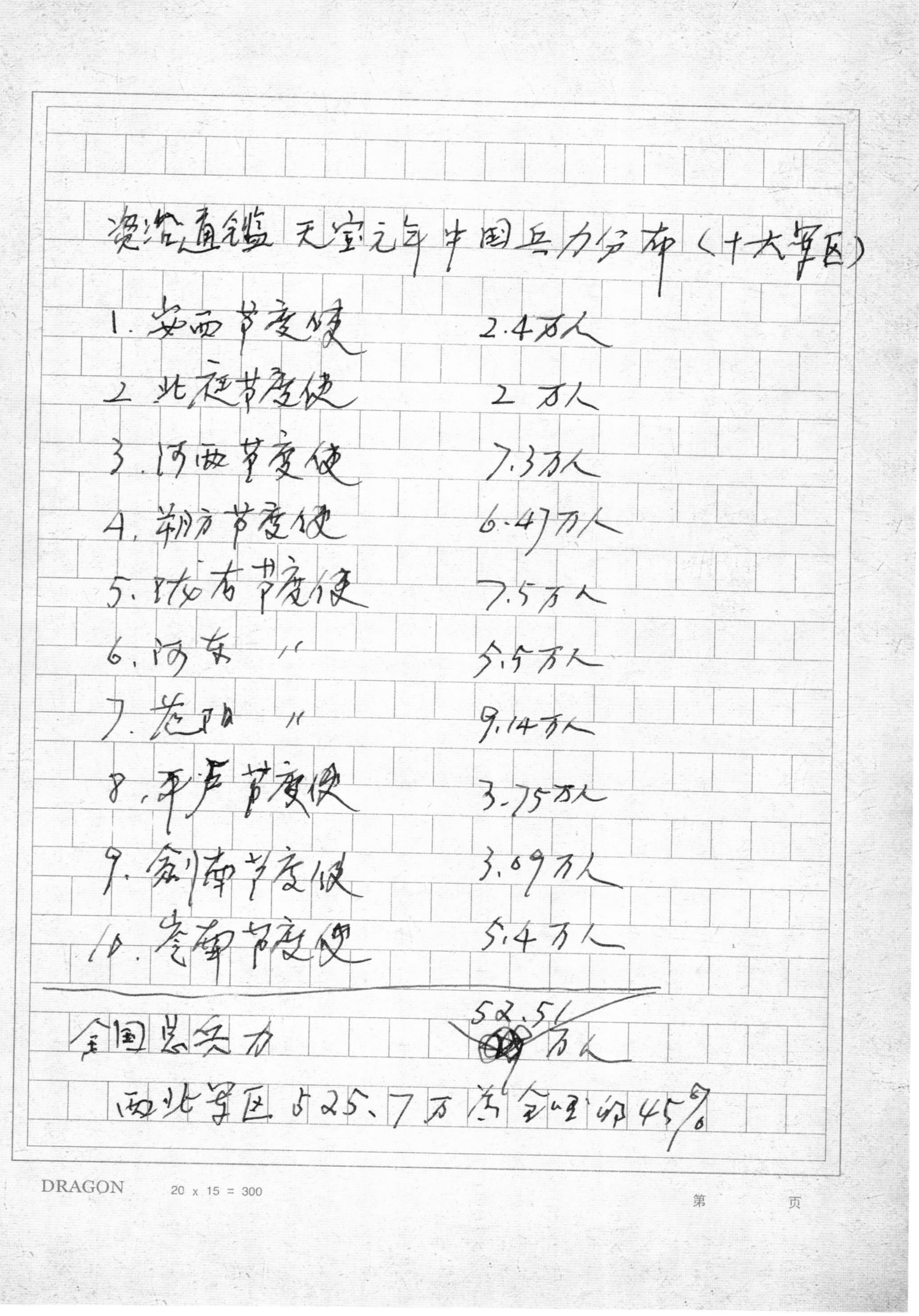

资治通鉴 天宝元年中国兵力分布（十大军区）

1. 安西节度使 2.4万人
2. 北庭节度使 2 万人
3. 河西节度使 7.3万人
4. 朔方节度使 6.47万人
5. 陇右节度使 7.5万人
6. 河东 〃 5.5万人
7. 范阳 〃 9.14万人
8. 平卢节度使 3.75万人
9. 剑南节度使 3.09万人
10. 岭南节度使 5.4万人

全国总兵力 52.51 万人

西北军区占25.7万 占全国的45%

DRAGON 20 x 15 = 300 第 页

后记

Epilogue

李吉均先生一生扎根祖国西部，足迹遍布祖国的山川高原，勇于探索，持久地追求科学真理，学术建树卓越；脚踏实地、身体力行、求真务实和治学严谨的作风，激励了一批批的学子成长为国家的栋梁之材。先生胸怀天下，心系地理学科和西部地区的长远发展，提出了一些前瞻性的战略规划和发展思路，以实际行动践行了“把文章写在祖国的大地上”的庄严使命。

先生教书育人和科研创新60余载，留下了大量珍贵的讲义、手稿和笔记等精神遗产。一个鲜明特点是，先生的手稿保存相对完整，时代跨度大，不仅包括先生大学时代的野外实习笔记，而且还完整地保存了祁连山冰川考察、第一次青藏高原科学考察等野外记录。这些珍贵的手稿，蕴含着先生教学上“春风化雨、润物无声”的治学理念和“做人、做事、做学问”求真务实的精神内核，饱含着先生“追求真理、精益求精”的科学精神，记载着先生对青年学子“德才兼备”的殷切期望，更再现了他献身国家、追求卓越的奋斗历程，也是留给后人的宝贵精神财富。

整理手稿的过程中发现，先生许多稿件均是多版本完整保存。仔细对比，不难发现，先生在创作过程中，曾几易其稿、精益求精，原貌记录了先生学术研究中缜密思考、一丝不苟的心路历程。以先生发表的经典文章《青藏高原隆起的时代、幅度和形式的探讨》（1979年《中国科学》）一文为例，手稿中不仅有一气呵成的原始初稿，也有定稿前精心雕琢的稿本，实属珍贵。正因如此，才使得这篇文章发表至今被广泛引用，成为青藏高原研究的经典文献。这些细节不仅体现了先生学术思想的发展脉络，而且表明了先生在治学中的严谨态度和求真精神。需要说明的是，过去发表的多是精心雕琢后的终稿，本版“李吉均手稿”呈现的既有初稿，也有终稿，目的是让读者更全面地理解先生的学术思想形成过程。另外，个别手稿所附图表因保存不当而缺失，实为憾事。

先生一生特别注重人才培养和讲义编写。早在20世纪60年代，就编写了《冰川学讲稿》和《古典地貌学的理论和评价》等讲义，但均未正式出版。此次出版先生1964年《冰川学讲稿》的手稿原版，一为回溯先生早期的治学思想，二为见证先生一生以冰川和地貌为主线的执着学术追求。作为我国冰川学研究的开拓者之一，先生1958年参加施雅风先生领导的祁连山冰川考察，20世纪70年代出版《冰雪世界》科普读物、带领青藏科考冰川组开展藏东南冰川的科学考察，在兰州大学地理系创办冰川冻土专业，主导编撰油印稿的《普通冰川学》，参编全国经典教材《地貌学》，主编《西藏冰川》和《横断山冰川》，如此等等，无不凝聚着先生深挚的冰川情结。

2005年，先生因手术事故身体留下永久性伤害，致右手不能书写，所以“文集”中无之后年份的手稿，殊为遗憾。然而，先生对科学的探索从未止步，仍坚持科研和野外工作，继续践行着“读万卷书、行万里路”的人生格言。

本书是“兰州大学名师旧稿影丛”之一，它的出版，得到了许多单位和个人的关心、支持和帮助，诸如先生家人和弟子，宣传部安俊堂部长、吴春华副部长和辛江龙老师，出版社雷鸿昌社长、张国梁编审和王曦莹编辑，兰州大学资源环境学院领导、南京师范大学地理科学学院领导等，他们对手稿从组织策划、收集整理到编辑出版，倾注了心血，寄予了厚望，在此谨表衷心感谢！最后，特别感谢王乃昂教授领衔的中国科协老科学家资料采集小组所有成员和研究生的辛苦付出！

编委会

2023年8月